中国传统肉制品加工理论与技术

王守伟 编著

科学出版社
北 京

内 容 简 介

本书全面、系统地介绍了中式传统肉制品加工的基础理论、加工原理和相关技术，以期反映中式传统肉制品现代加工理论和技术。全书共分 11 章。第 1 章对中式传统肉制品的简史、分类、现状和趋势进行了阐述，第 2、第 3 章详细介绍了中式传统肉制品加工基础理论，包括原辅料品质特性、加工过程品质变化规律、不同处理方式加工原理等。第 4～8 章按照中式传统肉制品的基本分类（酱卤、腌腊、肉干、熏烧烤、发酵），重点介绍了中式传统肉制品品质特征、传统加工工艺、加工新技术和典型产品，深入浅出地综述了大量前沿理论和技术进展。第 9～11 章重点介绍了中式传统肉制品的食品安全控制、品质检测及清洁生产技术。

本书集科学性、实用性、操作性于一体，可供肉制品行业相关的科研人员、教学人员、企业管理人员和技术人员等参考借鉴。

图书在版编目(CIP)数据

中国传统肉制品加工理论与技术/王守伟编著. —北京：科学出版社，2022.4
ISBN 978-7-03-072019-1

Ⅰ. ①中… Ⅱ. ①王… Ⅲ. ①肉制品-理论与技术 Ⅳ. ①S513

中国版本图书馆 CIP 数据核字（2022）第 257400 号

责任编辑：吴卓晶 周春梅 / 责任校对：王万红
责任印制：吕春珉 / 封面设计：东方人华平面设计部

科学出版社出版
北京东黄城根北街 16 号
邮政编码：100717
http://www.sciencep.com
北京中科印刷有限公司印刷
科学出版社发行 各地新华书店经销
*
2022 年 4 月第 一 版 开本：B5（720×1000）
2022 年 4 月第一次印刷 印张：23 1/2
字数：471 000

定价：188.00 元

（如有印装质量问题，我社负责调换〈中科〉）
销售部电话 010-62136230 编辑部电话 010-62143239

序

肉类食品在我国居民的日常生活中占有重要地位，“无肉不欢”“无肉不成席”等俚语，无不强调了肉制品在中式传统饮食中的重要性。这主要是由于肉类食品不仅能为人类生长、发育提供所需的优质蛋白质，同时还能带来精神上的愉悦和享受。中式传统肉制品历经数千年的传承和发展，时至今日已形成极为丰富的产品体系。但是，总体而言，我国中式传统肉制品工业化水平和科技含量依然不高，大量广受欢迎的传统技艺与产品有待深入挖掘并进行工业化改造。我国肉类工业是典型的科技驱动型产业，科技创新推动了高温肉制品、低温肉制品、冷却肉3个典型发展阶段。随着传统饮食习惯的回归，中式传统肉制品逐渐成为产业发展新支撑，而相关理论与技术的突破也为其提供了源源不断的创新动力。例如，近年来出现的自然气候模拟技术使得高度依赖季节性、区域性的肉制品四季生产、大范围生产成为可能。所以，肉制品加工理论与技术的研究对于推动行业可持续发展具有极其重要的意义，同时也是一项长期、艰苦而又繁杂的工作。

我国肉制品工业化始于对西式肉制品加工技术的引进和学习，中式传统肉制品的理论和技术研究起步较晚。与西式肉制品相比，中式传统肉制品加工工艺更加多样，用料更为丰富，因此其品质形成过程发生的各种化学、生化变化也更为复杂。西式肉制品加工的大部分研究成果具有一定的借鉴意义，但在指导中式传统肉制品生产的适用性方面仍有欠缺，这就需要我们的科研工作者依靠自身的努力去研究并加以解决。令人欣慰的是，近几十年随着我国经济水平的提升，肉品相关科研领域受到的关注度不断提升，研究投入也不断增加，涌现出了一大批在国际上具有领先水平的研究成果，为产业发展提供了有力的技术支撑。

中国肉类食品综合研究中心是我国唯一一所肉类食品专业研究机构，从事肉类食品研究30多年，是我国肉类研究领域的先行者，为我国肉类工业发展做出了不可磨灭的贡献。该书是作者在中国肉类食品综合研究中心多年研究成果的基础上，结合国内外最新的研究成果所撰写的一本全面、系统的科技书籍。书中详细阐述了中式传统肉制品在加工过程中品质形成所蕴含的基本科学原理，按照分类对各种肉制品加工技术进行了鞭辟入里、入木三分的讲解，并对人们关心的肉类食品安全相关的控制技术做了全面论述。该书兼具学术性和实用性。希望该书的问世，能为广大科技工作者、企业家朋友及广大从业人员带来更多的借鉴与思考。

中国工程院院士

前　言

我国拥有源远流长、灿烂瑰丽的饮食文化，中式传统肉制品作为民族饮食文化的瑰宝，在历经数千年的传承和发展后，逐渐形成一套独特的加工体系。随着我国经济的持续快速增长和居民消费能力的不断提升，传统饮食方式日益回归，中式传统肉制品迎来新的发展机遇。在此背景下，近年来我国在中式传统肉制品加工理论研究和技术应用方面取得重大突破，涌现出大量科技成果，极大地提高了中式传统肉制品加工的工业化和标准化程度。然而，中式传统肉制品品类繁多、地域性强，产业发展极不均衡。目前，多数中式传统肉制品加工企业为中小型企业，部分产品品类仍处于作坊式、半机械化、半自动化加工状态，质量安全控制水平相对较低，亟须全面提升行业整体科技实力。本书通过系统阐述中式传统肉制品加工基础理论、加工原理和相关技术，旨在为相关从业人员提供参考，从而推动行业技术进步与产业发展。

本书汇聚了中国肉类食品综合研究中心诸多专家学者的智慧和心血。在撰写过程中，重点对中国肉类食品综合研究中心30多年积累的科技成果和生产实践进行了总结、归纳和凝炼，并在此基础上查阅了国内外海量高水平科研文献、书籍、会议资料，全面系统地阐述了中式传统肉制品品质形成机理、加工原理、质量安全控制、清洁生产等最新进展，并着重介绍了相关的新技术和新装备。全书共分11章。各章具体分工如下：第1章由王守伟、臧明伍撰写；第2、第3章由王守伟、臧明伍、张哲奇、张顺亮、田寒友、赵冰、周慧敏、杨君娜、陈曦、朱宁撰写；第4～8章由王守伟、臧明伍、张顺亮、成晓瑜、张哲奇、赵冰、田寒友、陈曦、曲超、戚彪撰写；第9～11章由赵燕、李家鹏、李莹莹、成晓瑜、田寒友、范维、赵文涛、张颖颖、佟爽撰写。李丹、李素、李贺楠、李笑曼、李金春、米瑞芳、牛琳茹、齐婧、王辉、王尚轩、熊苏玥、张凯华、邹昊、吴嘉佳等也参与了部分章节的撰写与校对工作，在此一并表示感谢。全书由王守伟统稿。

中国工程院院士、北京工商大学校长孙宝国应邀为本书做序，在此表示衷心感谢！

由于撰写时间紧及受作者经验和水平所限，书中难免有疏漏和不足之处，敬请同行专家和广大读者批评指正。

王守伟

2021年11月

目　　录

第1章　绪　　论

1.1　传统肉制品简史

中华饮食文化博大精深，具有广视野、深层次、多角度、高品位的文化特征，在世界饮食文化中独树一帜。其中，传统肉制品更是源远流长、种类繁多，其多种多样的独特加工方式衍生出酱卤肉制品、腌腊肉制品、肉干制品、熏烧烤肉制品、发酵肉制品 5 个大类、500 多个产品品种，作为中国民间智慧的结晶，历经 3000 余年，世代相延而永盛不衰。

由于古人缺乏有效的食品保鲜技术，风干肉、炙烤肉、腌腊肉、酱卤肉和烟熏肉这些含盐量高、水分活度低的肉制品就成为当时最主要的肉类食用方式。古汉语中有很多文字是用来描述这些产品或其加工工艺的："脯"指的就是肉干；"炙"则是禽兽去毛、以竹签或铁签贯穿成串儿置于火上烧烤；"渍"是将切成薄片的牛肉于酒中浸渍的烹饪工艺；类似的文字还有"熬"（含义近似于现代汉语中的"煎"）、"炮"（烧烤的一种）等。当然也有古今同意的"腊"，从古到今都指腌制后进行风干的工艺。

我国历史典籍中也记载了纷繁多样的肉制品及其烹调方法。先秦《诗经·大雅》中"尔酒既湑，尔肴伊脯"（你的美酒已滤清，你的菜肴有肉干），记录了当时贵族将肉脯作为伴酒佳肴的情景。《论语》中则有"自行束脩以上，吾未尝无诲焉"（只要是主动给我十条干肉作为见面礼物的，我从没有不给予教诲的）的说法，将奉上干肉作为登门拜师之礼节。"旨酒欣欣，燔炙芬芬"（美酒饮来欣欣乐，烧肉香喷喷），描述了先秦时期烤肉饮宴的盛景。《礼记·内侧》记载了周代"八珍"，即淳熬（肉酱油浇饭）、淳母（肉酱油浇黄米饭）、炮豚（煨烤炸炖乳猪）、炮牂（煨烤炸炖羔羊）、捣珍（烧牛、羊、鹿里脊）、渍（酒糖牛羊肉）、熬（烘制的肉脯）和肝膋（网油烤狗肝）8 种食品（或者认为是 8 种烹调法）。这些都表明早在先秦时期我国已经具有极高的肉品烹制水平。在我国著名的汉代马王堆一号墓曾出土的有关饮食的遗策中还含有大量与肉品烤制相关的记载。北魏时期，贾思勰编撰了我国最早的完整的农学专著《齐民要术》，在卷六中把当时肉类食品的烹饪工艺及储藏方法进行了总结和归纳，并进行了详细介绍。南北朝之后经济的发展尤其是国际贸易的繁荣使得肉制品加工工艺更加多元化，肉制品品种更加丰富，在这一时期火腿等产品陆续在江南地区出现。唐开元二十七年（739年），宁波人陈藏器编撰的《本草拾遗》一书中首次出现了“火骽，产金华者佳”（据《康熙字典》，“骽”同于“腿”）的记载，距今已有1200多年。北宋文豪苏东坡曾两度任职杭州，在他编撰的《格物粗谈·饮馔》一书中首次记载了火腿的烹饪与储藏方法。到了明代，肉品加工逐步开始以作坊的形式进行大规模生产，韩奕所著的《易牙遗意》一书中关于火腿加工工艺的记载已经极为详细，文中写道：“火肉（即火腿），以圈猪杀下，只取四只精腿乘热用盐，每一斤肉用盐一两从皮擦入肉内令如绵软。以石压竹栅上置缸内二十日。次第翻三五次，以稻草灰一重间一重叠起，用稻草烟熏一日一夜，挂有烟处，初夏水中浸一日夜，净，仍前挂之。”可见当时的火腿加工已经达到了一定程度的标准化。

经过长期的传承、完善，我国传统肉制品形成了成熟、系统的产品体系和加工工艺，并且在色泽、风味、滋味等方面各具特色，反映了我国不同区域消费者的饮食嗜好，形成了独特的肉制品饮食文化。例如，我国的酱卤肉制品口感醇厚、酱香悠远，品种形制在各地均不相同。月盛斋酱肉，用料讲究，火候严谨，入口即化；苏州的酱汁肉，甜中带咸，形如方块，色泽呈樱桃红，入口酥肥而不腻；北京天福号酱肘子，肉皮油亮，熟烂香嫩，不咸不淡；南方的酱鹅则色泽鲜亮、香味浓郁、口感丰富。

烤鸭作为熏烧烤类肉制品的典型代表，兼具外表焦酥和内里细烂，同时色泽亮鲜、入口回味不绝，集中体现了中国的“吃文化”，誉满全球。目前知名度最广的当属北京烤鸭，以色泽红艳、肉质细嫩、味道醇厚、肥而不腻闻名于世，其原料选材、加工工艺甚至食用方法都极为讲究。除北京外，南京和广州地区对烤鸭也极为喜爱。事实上，北京烤鸭两大流派之一的焖炉烤鸭就很可能起源于南京。此外，“金陵三叉”之一的叉烤鸭，将鸭叉起烤制而成，鸭腹中填以葱、菜叶，烤制呈金黄色，食用时满口留香，也极负盛名。广州烧鸭与北京烤鸭和南京烤鸭相比，工艺差距较大，经过腌制的烧鸭入味更足，肉质更为细嫩，也更为贴近百姓生活，是日常佐餐的常备之物。清末时《羊城竹枝词》描绘广州的风土人情，就讲到了“焙鸭家家火一炉，不须官税不须租”，反映了广东“烧鸭”“焙鸭”之盛。

传统腊肉历史悠久，在我国黄河流域和长江流域均有食用，产品种类更是多种多样，湖南腊肉、广式腊肉、川味腊肉虽同为腊肉，但风味品质大相径庭。其中湖南腊肉源于三湘腊肉，从明代开始经过工艺的不断改进和提高，如今以其“干”“爽”“香”三绝驰名中外；广式腊肉则起源于唐宋年间，选料上乘，工艺精湛，肥膘透明，肉质鲜美可口，深受当今年轻消费者的喜爱，不少品种远销东南亚及欧美等地；川味腊肉香辛料添加较丰富、以麻辣鲜香的口味为主，其肉质红亮，咸鲜适度，并具烟香之味。

进入近现代后，我国肉制品加工从手工作坊式的生产转向工业化、科学化、现代化、规模化生产，实现了由经验到科学、由手艺到工艺、由人工手动到机械设备自动的转变，尤其在近30年取得了极大的成就。但是传统肉制品的工业化程度与西式肉制品相比仍然存在较大差距，所以需要在充分发挥我国肉制品所具优势的同时，充分借鉴西式肉制品工业化的经验和成熟技术，积极开展相关理论研究，破解阻碍传统肉制品工业化的关键技术难点，更好地继承和发展我国传统肉制品，使其在当代焕发新光彩。

1.2 传统肉制品基本分类

我国传统肉制品经过几千年的传承、衍化和发展，产品种类难以胜数。即便同一类产品，食品特性在不同地区也具有极大的差异，产品分类难度较大。不同地域环境、饮食习惯及原料等差异，促成了各自的独特风味。根据工艺和产品特点，可以粗略地将传统肉制品分为酱卤肉制品、腌腊肉制品、肉干制品、熏烧烤肉制品、发酵肉制品五大类，如图1.1所示。

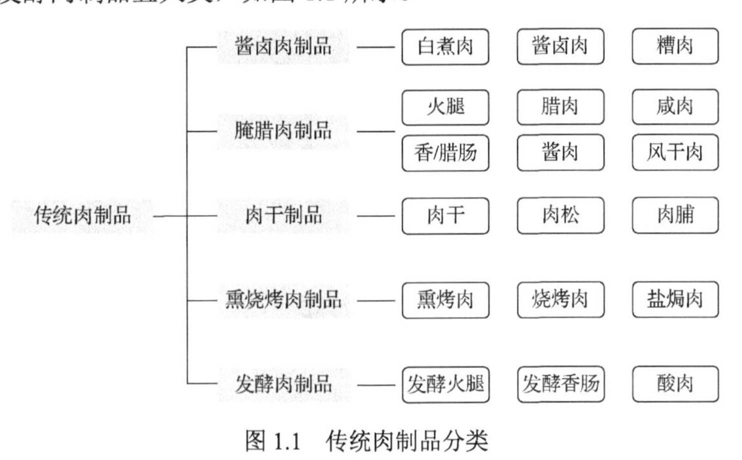

图1.1 传统肉制品分类

1.2.1 酱卤肉制品

1. 定义与分类

酱卤肉制品是指以鲜（冻）畜禽肉和可食副产品为原料，添加食盐、酱油（或不加）、香辛料，经预煮、浸泡、烧煮、酱制（卤制）等工艺加工而成的肉制品。酱卤肉制品是传统肉制品的典型代表，不同地区饮食文化的差异丰富了酱卤肉制品的种类、风味和口感。几乎所有的畜禽肉及可食副产品都可以用来制作酱卤肉制品，如酱卤猪头肉、酱排骨、酱肘子、酱猪蹄、酱牛肉、烧鸡、酱鸭、糟鹅、卤肝、卤猪肺、卤猪耳、白切猪肚、卤猪杂、卤羊蹄、卤鸡爪、卤鸡翅、卤鸭脖。酱卤肉制品品种因地而异，衍生出花样繁多的地方特色产品，部分产品享誉全国及海内外，如黑龙江、吉林、辽宁的熏酱猪蹄、熏酱鸡爪、熏酱猪头肉、沟帮子熏鸡等，华北地区的北京月盛斋酱牛肉、天福号酱肘子，华东地区的德州扒鸡、南京盐水鸭、符离集烧鸡、白切鸡、苏州酱汁肉、糖醋排骨、蜜汁蹄髈、苏州糟鹅、绍兴糟鸡，华中地区的河南道口烧鸡、江西酱鸭，华南地区的广东卤肉、广州白切鸡及西南地区的泡椒凤爪等。根据加工工艺特点，酱卤肉制品可分为白煮肉类、酱卤肉类和糟肉类。

2. 酱卤肉制品特点

1）白煮肉类

白煮肉类是酱卤肉类未经酱制或卤制的特例，其最大特点是保留了原料肉固有色泽和风味，食用时需要蘸料汁调味。

白煮肉类以清淡为主，南方较为常见，较具代表性的有南京盐水鸭（图 1.2）、镇江肴肉（图 1.3）、广州白切鸡（图 1.4）、上海白切鸡等。《白门食谱》云盐水鸭“清而旨，久食不厌”，因“金陵八月时期，盐水鸭最著名，人人以为肉内有桂花香也”，故又名桂花鸭。肴肉晶莹剔透、入口即化，主要盛行于江淮一带，尤以镇江肴肉而闻名，曾有“不腻微酥香味溢，嫣红嫩冻水晶肴”的赞誉。白切鸡是广东和江苏、浙江、上海消费者钟爱的传统美食，其皮脆肉嫩，因多选用三黄鸡为原料，故肉皮金黄。广州白切鸡与上海白切鸡的区别在于煮制方式不同，广州白切鸡是将鸡放于水中用文火煮制，上海白切鸡则是将鸡放入烧沸、已关火的热水中焖制。

图 1.2　南京盐水鸭

图 1.3　镇江肴肉

图 1.4　广州白切鸡

2）酱卤肉类

酱卤肉类是指原料肉用酱汁或卤汁煮制而成，产品肥而不腻、肉嫩易嚼，原料肉的肉香味与酱汁、卤汁的独特风味相互作用，赋予酱卤肉香气浓郁、滋味醇厚的感官享受。酱卤肉类可分为酱制肉类和卤制肉类。酱制肉类酱香味浓、色泽多呈酱红色或红褐色；卤制肉类加工中主要使用盐水和香辛料，其色泽较酱肉类浅。

较具代表性的传统酱制肉类既有北方的月盛斋酱牛肉（图 1.5）、天福号酱肘子（图 1.6），又有南方的苏州酱汁肉、江西酱鸭（图 1.7）等。月盛斋酱牛肉、天福号酱肘子和六味斋酱肉历史悠久，制作工艺已入选国家级非物质文化遗产。月盛斋酱牛肉集肉香、酱香、药香、油香于一体，不柴不腻、不腥不膻、咸中透香；天福号酱肘子肉皮酱紫油亮，以“肥而不腻、瘦而不柴、皮不回性、浓香醇厚”著称；六味斋酱肉作为山西传统美食，以“熟而不烂、甘而不浓、咸而不涩、辛而不烈、淡而不薄、香而不厌、肥而不腻、瘦而不柴”闻名。苏州酱汁肉皮糯肉嫩、酥润可口，以红曲米上色，使肉呈樱桃红色。苏州酱汁肉为时令美食，多在清明时节与青团一同食用。酱鸭在江苏、浙江一带颇享盛名，产品甜中带咸，六安酱鸭色泽橙黄、苏州酱鸭呈琥珀色、杭州酱鸭则呈枣红色。江西“皇禽”酱鸭口味以香辣为主，入口鲜香、有嚼劲，被誉为“全国第一家独特酱鸭产品”。酱汁除了常见的酱油、黄酱外，也有酸甜口味的糖醋酱、蜜汁酱，以其制作的糖醋排骨、蜜汁小排等在江苏、浙江一带颇受欢迎。

图 1.5 月盛斋酱牛肉

图 1.6 天福号酱肘子

图 1.7 江西酱鸭

烧鸡则是传统卤制肉类的典型代表，在卤制前要油炸上色，其色泽较为鲜艳。河南道口烧鸡（图 1.8）、山东德州扒鸡（图 1.9）、安徽符离集烧鸡和辽宁沟帮子熏鸡，并称我国“四大烧鸡”。道口烧鸡源于清顺治年间，以陈皮、肉桂、豆蔻、白芷等 8 味料加老汤熬制而成，其酥香软烂、熟烂离骨、肥而不腻，号称“色、香、味、烂”四绝。德州扒鸡创始于清康熙年间，选用白芷、砂仁等 8 种药材和桂皮、香叶等 8 味香辛料（也称“八珍八味”），取文武之火慢扒 8h 而成。德州扒鸡金黄透红、香气醇厚、熟烂脱骨，其制作工艺已入选国家级非物质文化遗产。烧鸡造型各异，道口烧鸡呈元宝形，德州扒鸡、符离集烧鸡呈伏卧衔羽状。除了东部地区的烧鸡，还有西北地区的陇上美食“陈老三一口烂”卤肉等。

3）糟肉类

糟肉类是以鲜（冻）畜禽肉为主要原料，经清洗、修选后，再经白煮、糟制等工序制作而成的熟肉制品（图 1.10）。糟肉类由原料肉以酒糟或陈年香糟糟制而成，保持了原料肉固有的色泽和曲酒香气，产品皮白肉嫩、酒香浓郁、口感软糯。较具代表性的有苏州糟肉、南京糟鸡等。苏州糟肉自古闻名，其中，松鹤楼的糟鸡、杜三珍的糟鹅、陆稿荐的糟肉在夏季尤为畅销。

图 1.8 道口烧鸡

图 1.9 德州扒鸡

图 1.10 糟肉

1.2.2 腌腊肉制品

1. 定义与分类

腌腊肉制品是以鲜（冻）畜禽肉或其可食副产品为原料，添加或不添加辅料，经腌制、烘干（或晒干、风干）等工艺加工而成的非即食肉制品。腌腊肉制品是传统肉制品的又一典型品类，华南、华东、华中、华北、西北、西南、东北地区均有各自特色的腌腊肉制品，如华南地区的广式腊肉、广州腊关刀肉、广州腊猪头肉、腊鸡、生抽肠、老抽肠、腊金银肠、广式腊肠等；西南地区的四川腊肠腊肉、缠丝兔、涪陵咸肉、四川板鸭、诺邓火腿、牛干巴等；华中地区的湘西腊肉、柴火腊肉、土家腊肉、湖南腊肠、酱板鸭等；华东地区浙江金华火腿、江苏如皋火腿、咸肉、南京板鸭、风鸭、风鹅、如皋香肠、山东莱芜香肠等；西北的风干牛羊肉、陕西腊牛肉；华北地区的北京、天津清酱肉及东北的风干肠等（图 1.11）。

图 1.11 各式腌腊产品

根据原料及加工工艺，腌腊肉制品可分为火腿、腊肉、咸肉、香（腊）肠、风干肉等。

2. 腌腊肉制品特点

1）火腿

火腿是由猪的前、后腿肉经干腌工艺加工而成，以金华火腿和如皋火腿最负盛名。火腿皮面黄亮、平整，肌肉切面呈深玫瑰色或桃红色，脂肪切面呈乳白色或微红色，香气浓郁，其小分子肽、氨基酸、脂肪酸等营养物质含量丰富，易于消化吸收。

比较著名的火腿有“南腿”金华火腿（图 1.12）、“北腿”如皋火腿，素以“色、香、味、形”四绝著称于世。金华火腿以肌红脂白、香气浓郁、滋味鲜美、外形美观、保存期长等特色闻名中外。如皋火腿的特点是皮薄爪细、式样美观（形似竹叶、琵琶）、精多肥少、色泽鲜艳、风味独特、营养丰富。

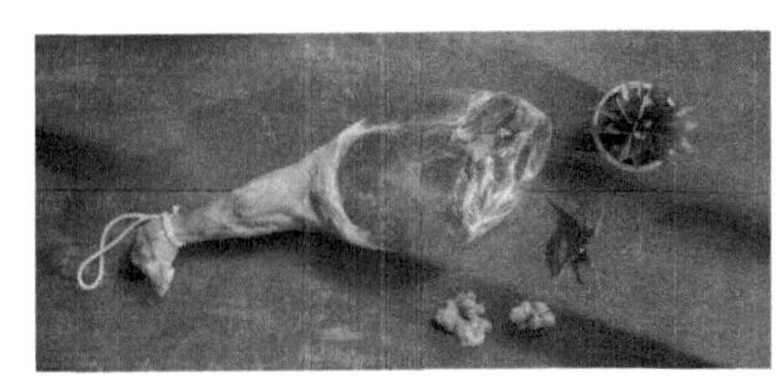
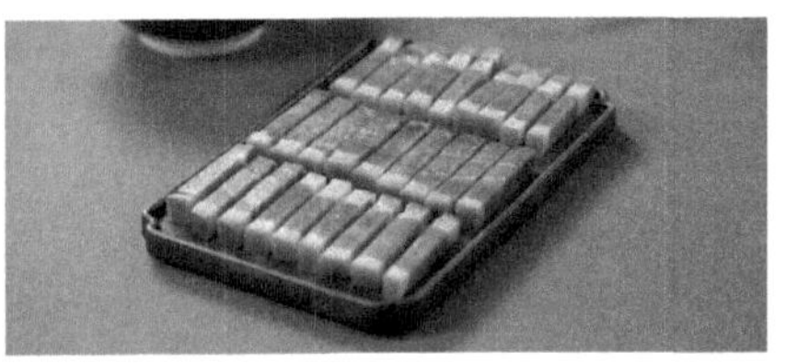

图 1.12　金华火腿

清酱肉又名京式火腿，由畜禽肉经食盐、酱料（甜酱或酱油）腌制，酱渍后，再经烘干（或晒干、风干等）工艺加工而成，最早由山东饭庄制作，并因山东人将酱油称为清酱而得名。北京清酱肉（图 1.13）曾与金华火腿、广东腊肉并称中国传统三大名肉，但近年来声名不显。北京清酱肉肉色酱红，肥肉晶莹透明如凝玉，瘦肉不柴不散，清香爽口、利口不腻，风味浓郁、嚼劲十足。

图 1.13　北京清酱肉

2）腊肉

腊肉是以鲜（冻）畜禽肉为主要原料，配以其他辅料，经腌制、烘干（或晒干、风干）、烟熏（或不烟熏）等工艺加工而成的非即食肉制品，因在农历腊月加工而得名。它具有色泽美观、风味浓郁、干爽易存的特点，以其独特的色泽和风味得到消费者的喜爱。

腊肉（图 1.14）主要分布在长江以南的省份，尤其以广东、湖南、四川、云南、贵州 5 省为主，其中广式腊肉、川式腊肉、湘式腊肉是我国腊肉的典型代表。广式腊肉咸甜爽口，伴有甜味和醇厚酒香。川式腊肉以腊味中伴随麻、辣、香而知名，色泽鲜明，表皮金黄油亮，瘦肉呈鲜艳的玫瑰红色，肥膘透明或乳白，腊香浓郁，咸香绵长。湘式腊肉富有咸香腊味，并伴有烟熏香味，皮呈酱紫色，肥肉淡黄、肉质透明，瘦肉棕红、味香利口，食而不腻。川式腊肉和湘式腊肉多经熏制，风味较为相似。

图 1.14　腊肉

3）咸肉

咸肉是以鲜（冻）畜肉为主要原料，配以其他辅料，经腌制等工艺加工而成的非即食肉制品。咸肉也称腌肉，味偏咸，瘦肉呈红色或玫瑰红色，肥膘呈白色。常见的咸肉有咸猪肉、咸羊肉等，根据其腌制部位的不同可以有连片、段头和咸腿。咸肉切面有光泽，脂肪呈白色或者微黄色，肌肉色泽鲜红色或玫瑰红色，质地紧密，弹性好，闻之有咸肉的特色风味，蒸熟后咸香四溢。

4）香（腊）肠

香（腊）肠是以鲜（冻）畜禽肉为原料，配以其他辅料，经切碎（或绞碎）、搅拌、腌制、充填（或成型）、烘干（或晒干、风干）、烟熏（或不烟熏）等工艺加工而成的非即食肉制品。香（腊）肠脂肪呈乳白色，瘦肉呈鲜红、枣红或玫瑰红色，肥瘦分明；肠体表面干爽，有收缩后的自然皱纹，断面组织紧密；腊香味浓郁，咸甜适中。湖南腊肠、广式腊肠、川味香肠（图 1.15）、如皋香肠均是具有代表性的传统香（腊）肠品类。

图 1.15 广式腊肠和川味香肠

不同种类的香（腊）肠特点也各不相同。广式腊肠具有外形红润、色泽鲜亮、清新醇厚、鲜美可口等特点。川味香肠则肥瘦相间，色泽诱人，熏香扑鼻，麻辣鲜香，香而不腻。如皋香肠条形整齐、肉质紧密、色泽鲜艳、咸甜适度、香味浓郁、营养丰富、精肉耐嚼而不老、肥肉油而不腻，十分可口。

5）风干肉

风干肉以鲜（冻）畜禽肉为原料，经腌制、洗晒（或不洗晒）、风干等工艺加工而成。代表性产品有板鸭（图 1.16）、风鸡、风鸭、风鹅等。南京板鸭因肉质细嫩紧密、形似一块板而得名，食之鲜、香、酥、嫩，与江西南安板鸭、福建建瓯板鸭和四川建昌板鸭并称“四大板鸭”。重庆白市驿板鸭以色、香、味、形著称，其形如蒲扇、肉皮金黄、清香鲜美、腊味香浓。

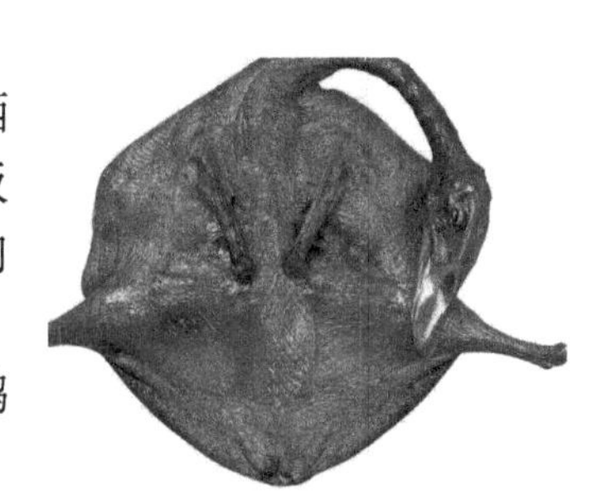

图 1.16 板鸭

1.2.3 肉干制品

1. 定义与分类

肉干制品是肉经预加工、脱水干制而成的熟肉制品。肉干制品也是传统肉制品的典型代表，历史悠久。内蒙古的通辽牛肉干，东北地区的驿站马肉干，青藏地区的牦牛肉干，川渝地区的五香牛肉干、麻辣牛肉干，陕西的西乡牛肉干，江苏的靖江肉脯、太仓肉松、如皋肉松，广东的东陂牛肉干，福建的明溪肉脯、鼎日有肉松等均是知名的肉干制品。

基于加工方式和产品特点，肉干制品可分为肉干、肉松和肉脯。

2. 肉干制品特点

1）肉干

肉干是以畜禽瘦肉为原料，经修整、预煮、切丁（或片、条）、调味、复煮、收汤、干燥制成的熟肉制品（图 1.17）。肉干可呈条状、块状或片状等不同形状，色泽根据加工工艺不同而有差异。烘干的肉干色泽酱褐泛黄，略带绒毛；炒干的肉干色泽淡黄，有绒毛；油炸的肉干色泽红亮红润，外酥内韧，肉香味浓。肉干根据加工原料不同，可分为牛肉干、猪肉干等；基于形状，可分为肉粒、肉片、肉丝、肉条等。据传在元代，由于牛肉干易于制作、便于携带、营养丰富的特点而被成吉思汗用作军粮。西乡牛肉干经腌制、烘烤、卤制、干燥而成，肉表面呈红褐色，内部呈淡红色，肉质紧致、略有弹性、瘦而不柴、酥而不绵，还含有酱卤肉制品的浓郁风味，以色红、味酥、风味悠长而驰名全国。驿站马肉干源于明清时期的东北驿站，以马肉配以砂仁、桂皮、茴香、精盐等腌制、蒸煮、烘干而成，其表皮油亮、口感细腻、醇香味美，有“人间龙肉”的美誉。

图 1.17　肉干制品

2）肉松

肉松是以畜禽瘦肉为原料，经修整、切块、煮制、撇油、调味、收汤、炒松、搓松制成的肌肉纤维蓬松成絮状的熟肉制品。肉松呈金黄色或淡黄色的絮状或颗粒状，纤维纯洁疏松，柔软而又有嚼劲。从加工原料看，肉松可分为猪肉松、鸡肉松等；从肉松形态看，可分为绒状肉松和球状肉松（图 1.18）。太仓肉松和福建肉松最为知名，分别是绒状肉松和球状肉松的典型代表。太仓肉松选用猪肉后臀尖精肉，经切条、煮松、炒松、搓松制成，其纤维细长、颜色金黄、味道鲜美、入口即化，是绒状肉松的典型代表。球状肉松又称油酥肉松，是将炒松后的肉松再加入植物油脂炒制成颗粒状或短纤维状的熟肉制品，较具代表性的是福建肉松，其色泽深红、口感酥甜、油而不腻。

图 1.18　绒状肉松和球状肉松

3）肉脯

肉脯是以去除筋腱和肥膘的畜禽瘦肉为原料，经切片（或绞碎）、调味、腌制、摊筛、烘干、烤制等工艺制成的熟肉制品。与肉干加工方法不同的是，肉脯不经水煮，直接烘干制成（图1.19）。肉脯选料精细、配制讲究、味道鲜美、营养丰富。肉脯色泽均匀，呈棕红、深红或暗红色，口感干爽薄脆、红润透明、瘦而不塞牙、入口化渣。从加工原料看，肉脯可分为猪肉脯、牛肉脯等；从加工方式看，肉脯可分为传统肉脯（以大块肉为原料）和肉糜脯。明溪肉脯干、靖江肉脯均是具有代表性的肉脯品牌，其制作工艺分别入选国家级非物质文化遗产名录和江苏省非物质文化遗产名录。明溪肉脯干的制作可追溯至南宋末年，其醇香韧爽、红润剔透、咸中微甜，与长汀豆腐干、连城地瓜干、武平猪胆干、上杭萝卜干、永定菜干、宁化老鼠干、清流笋干并称“闽西八大干”。靖江肉脯始创于1936年，产品色泽棕红、薄而晶莹、光泽美观、鲜香扑鼻，在国内外享有盛誉。

图1.19 肉脯制品

1.2.4 熏烧烤肉制品

1. 定义与分类

熏烧烤肉制品是以畜禽肉或其可食副产品等为主要原料，辅以调味料（含食品添加剂），经腌（卤）、煮等工序进行前处理，再以蒸汽或火苗或其他热介质进行熏烤、烧烤或盐焗等工艺制成的熟肉制品。我国传统熏烧烤肉制品种类繁多、遍布各地，如河北的柴沟堡熏肉，辽宁的沟帮子熏鸡，北京烤鸭，江苏、浙江地区的叫花鸡、金陵烤鸭，广东的广式叉烧肉、烤乳猪、盐焗鸡，新疆和内蒙古的烤全羊、烤羊腿等。

基于加工方式，熏烧烤肉制品分为熏烤肉制品、烧烤肉制品和盐焗肉制品。

2. 熏烧烤肉制品特点

1）熏烤肉制品

熏烤肉制品以畜禽肉或其可食副产品等为主要原料，配以调味料和食品添加剂，通过用木材、木屑、茶叶、甘蔗、糖等材料不完全燃烧产生的熏烟或使用烟熏液赋予产品良好烟熏风味的一类肉制品。熏烤肉制品的代表性产品有柴沟堡熏肉、沟帮子熏鸡、百乐熏鸭、新疆熏马肉等。各种畜禽可食副产品也是重要的熏烤肉制品原料，如熏牛舌、熏牛百叶、熏猪肚、熏猪肝等。

图 1.20　柴沟堡熏肉

柴沟堡熏肉（图 1.20）将卤制的肉用柏木熏制而成，距今有 200 多年的历史。其“皮焦红而柔韧，嚼之微筋有齿劲；肉松嫩而脂少，食之爽淡不见腻；柏香馥郁，熏味馋人；久存不腐，蚊蝇不恋”。尤为知名的“玺”字号熏肉采用“腐三（焖、煮、煨）熏二（气、烟）”的制作工艺，曾有“飘香熏肉知多少、唯有郭玺入万家”的美誉。沟帮子熏鸡创始于清光绪年间，由仔公鸡经卤制、白糖熏制而成，其色泽枣红、烂而连丝、咸淡适宜、烟熏味浓。

2）烧烤肉制品

烧烤肉制品是以畜禽肉或其可食副产品为主要原料，配以调味料（含食品添加剂），置于加热装置中烤制、脱水熟化而成的一类肉制品。北京烤鸭、金陵烤鸭、叉烧肉、叫花鸡、烤全羊是最为典型的烧烤肉制品。

基于烤制方式，北京烤鸭可分为挂炉烤鸭和焖炉烤鸭，分别以全聚德、便宜坊为典型代表。便宜坊烤鸭相传是由明成祖朱棣迁都北京时引入。北京烤鸭（图 1.21）多采用皮下脂肪肥厚的填鸭烤制而成，其鸭皮酥脆、鸭肉软嫩、肥而不腻。金陵烤鸭以麻鸭为原料，采用焖炉烤制而成，吴敬梓在《儒林外史》中对金陵烤鸭有“举叉火炙，皮红不焦，谓之烧鸭”的描述。叉烧肉则属南方风味，以广东叉烧肉（图 1.22）最为知名。叉烧肉色泽鲜明、软硬适中、香甜可口，基于猪肉部位的不同，可分为烧枚叉、烧上叉、烧花叉和烧斗叉等。叫花鸡是江苏常熟地区的传统名菜，用泥土和荷叶将鸡包裹后进行烘烤而成，其色泽枣红明亮、荷叶清香扑鼻、入口酥烂肥嫩。烤乳猪在西周时期称为“炮豚”，清朝康熙年间被列入满汉全席。烤乳猪色泽红润、皮脆肉嫩、香而不腻，《齐民要术》中曾有“色同琥珀，又类真金，入口则消，壮若凌雪，含浆膏润，特异凡常也”的描述。烤全羊是新疆、内蒙古地区少数民族招待宾客的一种传统肉制品，其外表金黄油亮，外层肉焦黄发脆、内层肉绵软鲜嫩，民国时期阿勒坦噶塔在《达斡尔蒙古考》中曾有“餐品至尊，未有过于乌查者”的赞誉，“乌查”即为烤全羊。

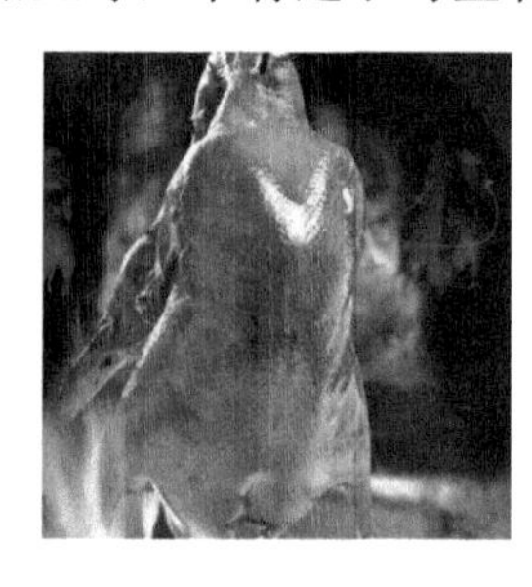

图 1.21　北京烤鸭

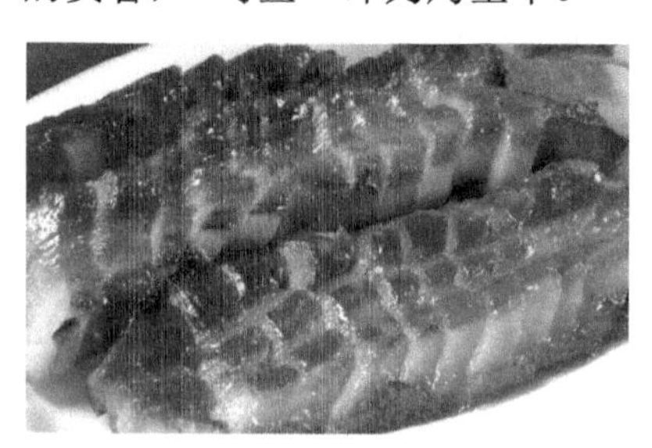

图 1.22　广东叉烧肉

3）盐焗肉制品

图 1.23　盐焗鸡

盐焗肉制品是以畜禽肉或其可食副产品等为主要原料，配以调味料（含食品添加剂），经盐渍、蒸汽加热或类似工艺加工熟制而成的肉制品。典型产品有盐焗鸡（图 1.23），以肉质细嫩、皮爽脆、骨酥软、入口清香驰名广东乃至全国。

1.2.5　发酵肉制品

1. 定义与分类

发酵肉制品是畜禽肉在自然或人工条件下经特定微生物发酵或酶的作用加工而成的肉制品。我国传统发酵肉制品大多为自然发酵，如宣威火腿、酸肉。根据加工原料及加工工艺，发酵肉制品可分为发酵香肠、发酵火腿和酸肉等。

2. 发酵肉制品特点

1）发酵香肠

发酵香肠是发酵肉制品中产量最大的一类产品，主要是指将绞碎的肉与动物脂肪、盐、糖、香辛料及发酵剂等添加物均匀混合后，灌入肠衣，通过微生物和内源酶作用，形成具有稳定微生物特性和典型发酵风味的肉制品。发酵香肠风味独特、保质期长，并且具有较高的营养价值。传统加工采用自然发酵，并添加适量碳水化合物促进微生物生长代谢。风干香肠既属于腌腊肉制品，同时也兼具发酵赋予的风味，也可以划入发酵肉制品类别。

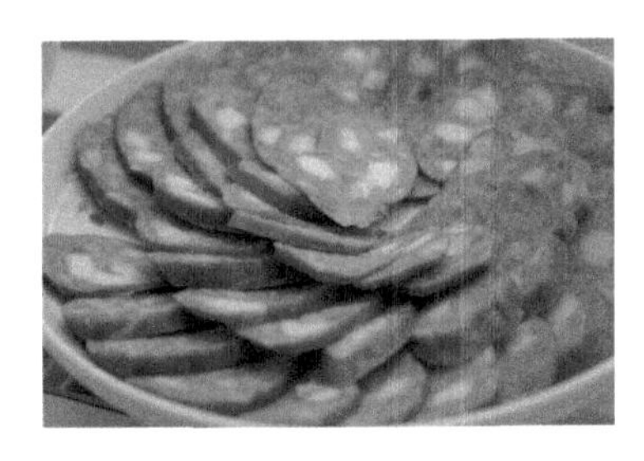

图 1.24　发酵香肠

发酵香肠（图 1.24）经发酵成熟后瘦肉呈红褐色，脂肪呈乳白色，切面有少量特有香辛料的细小颗粒，风味独特，味美适口，入口醇香，久吃不腻，食后留有余香，易于保存。

2）发酵火腿

发酵火腿通常是以带皮、骨、爪的猪腿作为原料，添加食盐、香辛料等进行腌制后，经过长时间自然发酵及干燥脱水加工而形成的肉制品。发酵火腿产品色泽鲜艳、红白分明、风味独特。我国现存的发酵火腿主要是产于云南省的宣威火腿（图 1.25）。宣威火腿也称云腿，因形如琵琶，又称“琵琶腿”，以“鲜、酥、脆、嫩、香”五大特色闻名于世，其营养价值丰富，肉质弹性滋嫩，质感油而不腻，香味浓郁飘远。《宣威县志》曾评价宣威火腿为“身穿绿袍，肉质厚，精肉多，蛋白丰富，鲜嫩可口，咸淡相宜，食而不腻”。

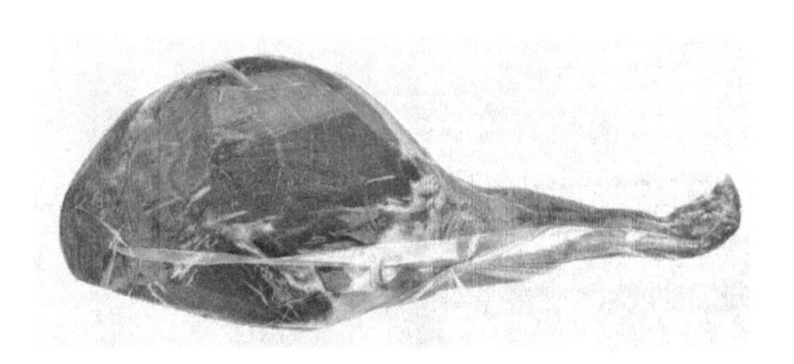

图 1.25　宣威火腿

3）酸肉

酸肉是一类具有 2000 多年历史的乳酸细菌型发酵肉制品，古称“鲊”，主要流行于湖南、贵州、云南等地，是侗族、苗族、傣族等少数民族特色肉制品。酸肉酸香醇厚、风味独特、储藏期长，发酵成熟过程中蛋白质和脂质降解产生多肽、氨基酸和脂肪酸等小分子物质，使其营养价值提升、易于消化吸收。

不同地区酸肉加工过程中所采用的原辅料种类、制作工艺及当地环境中的微生物种类都存在一定差异，形成了各自的地域风味特点。重庆、贵州地区酸肉以新鲜猪肉切块作原料，拌以炒至金黄色后用研细的小米或糯米与配料揉制均匀后装坛，压实并水封，发酵 1～2 个月后即可。贵州遵义酸肉和贵州荔波酸肉见图 1.26 和图 1.27。湘西地区则把猪肉切成长条，用盐腌制后，拌以炒或煮熟后的米粉或小米，一层肉一层辅料，用棕片或箬竹叶盖于顶层再加盖封严，仅需发酵 20d 左右。广西地区则是将 5～10cm 厚度的猪肉块撒盐，拌上米粉、配料及自产的糯米酒，密封发酵 2～3 个月即成。

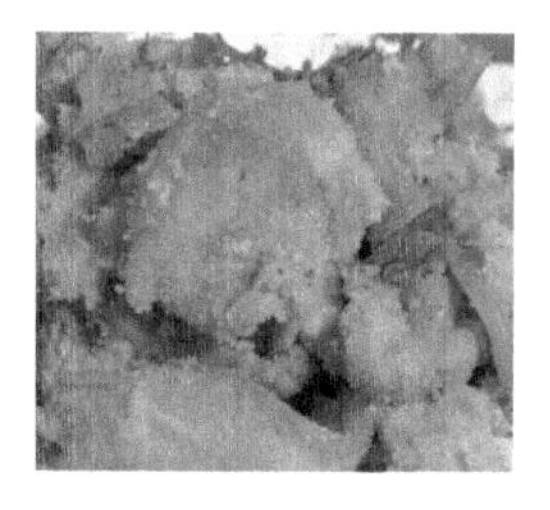

图 1.26　贵州遵义酸肉

图 1.27　贵州荔波酸肉

1.3　传统肉制品发展现状与趋势

1.3.1　传统肉制品发展现状

1．传统肉制品产业发展概况

改革开放以来，随着我国经济持续快速增长，肉类工业有了长足发展，肉制品生产能力和供给保障能力不断增强。2010～2019 年肉制品产量从 1200.00 万 t 增长到 1775.00 万 t，年均增速为 4.45%，肉类深加工率不断增加（图 1.28）。同期规模以上肉制品生产企业营业收入（图 1.29）由 0.22 万亿元增加至 0.41 万亿元。经过多年的发展，传统肉制品基本形成完善的工业化产品体系，与西式肉制品形成竞争发展的良好局面。随着我国居民传统口味的回归，传统肉制品消费量占比不断提升，2010 年传统肉制品消费量与西式肉制品消费量的比例为 1∶1.22，而到 2016 年这一比例达到了 1∶1。

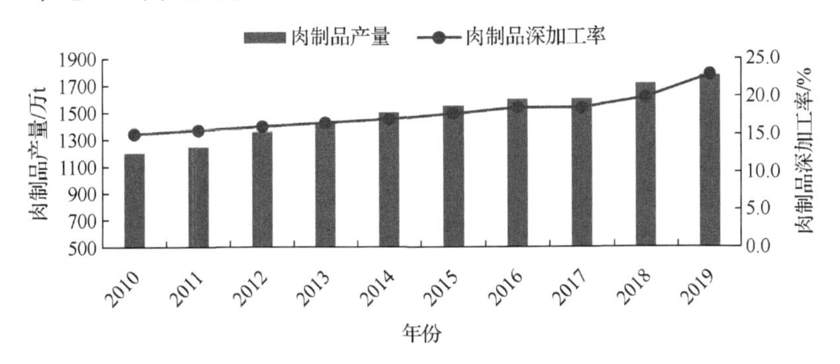

图 1.28　2010～2019 年我国肉制品产量及肉制品深加工率

（数据来源：IBIS World 及中国统计年鉴）

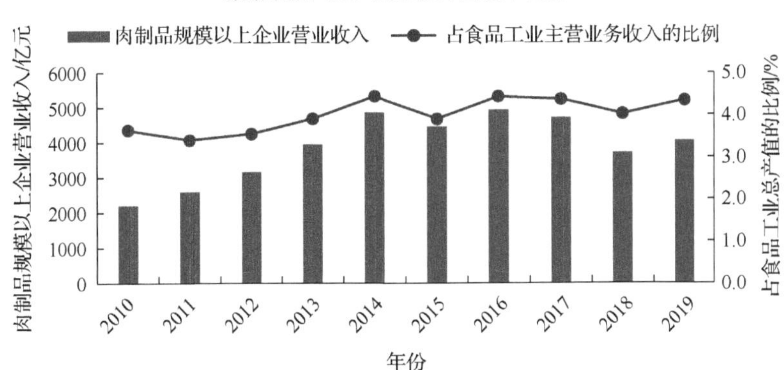

图 1.29　2010～2019 年我国规模以上肉制品企业营业收入及其在食品工业总产值中的比例

（数据来源：中国统计年鉴、食品工业年鉴）

2. 传统肉制品产业存在的问题

传统肉制品历经数千年延传至今，是我国劳动人民智慧的结晶，在一定程度上也是我国历史文化的缩影。为适应工业化发展需要，传统肉制品产业不断吸收借鉴现代食品加工技术和现代管理运营理念，通过引进西方肉制品加工设备和工艺方法，其生产工艺和产品类别不断得到优化，产品类别更加丰富、口味更加多样，现代化和工业化水平显著提升。但是与西式肉制品相比，传统肉制品产业依然存在诸多不足之处。

1）传统肉制品工业化和标准化程度依然不足

我国传统肉制品有很大一部分尚未实现工业化生产。传统肉制品生产工艺中采用了较多如腌制、漂洗、煎炸等工序，这些工序普遍存在工业化和自动化难度较大的问题。以传统香肠生产中脂肪粒清洗这一重要环节为例，猪脊膘经过切丁或绞制后表面会出现浮油，影响产品外观和风味。传统的清洗方法是用手工采用50～60℃温水将脂肪粒搅拌开后进行清洗，存在劳动强度大、产品质量不稳定、安全隐患高等问题。我国传统肉制品的传统工艺和配方大量依赖经验控制，标准化和工业化程度较低，产品质量的稳定性难以把控。例如，酱卤肉制品加工往往采用传统老汤卤制工艺，其加工过程受到许多因素的影响，即便采用相同配方和加工工艺制作，最终产品也难以保持一致的风味品质。常用的灭菌工艺也不完全适用于传统肉制品的杀菌，因其会严重改变传统肉制品原有的风味和感官特性，而新式非热杀菌模式目前尚未得到广泛应用。此外，已经实现工业化生产的肉制品很多也存在货架期短、感官品质劣变或不稳定等问题。

2）传统肉制品食品安全控制水平不高

传统肉制品多采用烧烤、烟熏、腌制、发酵、风干等加工方式，容易产生危害人体健康的化学物质，亟须提升传统肉制品安全过程控制水平。例如，烟熏工艺赋予腌腊肉制品特有的风味，但同时会产生苯并[a]芘等有害物；在烧烤肉制品的加工过程中易形成杂环胺等有害物质；发酵肉制品生产中脂肪过度氧化会产生丙二醛等有害物质；蛋白质在风干肠的加工中受微生物的作用易氧化降解生成有害产物生物胺。传统肉制品生产规模化程度依然较低，大量小微企业无力建立现代化的质量或食品安全管理体系，生产环境卫生条件差、布局不合理，导致原辅料、半成品和成品被污染、交叉污染的情况屡见不鲜，而且这些小微企业往往缺乏相关专业知识，食品添加剂超量、超范围使用的情况也较为严重。例如，亚硝酸盐具有发色、护色、防腐、增香等功能，并可以抑制肉毒杆菌的生长，是一种极为常用的肉类食品添加剂，但是其本身具有一定的毒性，超标、超范围使用则对消费者健康造成危害。我国肉制品中亚硝酸盐检出率和超标率都处于较高水平。此外，部分传统肉制品需要自然风干或自然发酵、成熟等工艺，这些环节都极易受到微生物污染，甚至导致产品腐败变质。

3）传统肉制品加工装备落后

由于我国工业化起步较晚，传统肉制品行业工业化水平滞后，与西方发达国家肉类产业相比少了近百年的积累，尤其是缺乏对应的工业化加工设备。现有传统肉制品加工设备和工具较为简陋，即使是部分已实现工业化的传统肉制品，大多也是采用西式肉制品生产设备，相对于传统肉制品生产适用性较差。虽然近年来我国传统肉制品加工装备开发取得一定成果，整体机械化、自动化程度有所提高，但总体来说我国传统肉制品加工适用性装备种类依然较少，尤其是生产企业自主研发创新能力不足，研发投入较少，知识产权意识薄弱，产品同质化严重，产品在自动化、标准化、可靠性方面与国外存在较大差距。

4）传统肉制品存在营养不均衡的现象

肉制品本身具有较高的营养价值，能够有效满足人体生长发育的营养需求，但如果加工不当或过量食用对健康也会产生不利影响[1]。当前，我国部分传统肉制品还存在高盐、高糖、高脂肪等问题。盐在传统肉制品加工中具有非常重要的作用，它可以防腐、增加产品的风味、改善产品的组织结构。世界卫生组织（World Health Organization，WHO）推荐的每天食盐摄入量应控制在5g以内，过量食盐的摄入则会诱发高血压，增加心脏病和卒中的危险。营养调查显示，我国人均盐摄入量高达9～12g/d，其中腊肉、卤肉制品等高盐肉制品的大量摄入是重要的影响因素之一[2-3]。蔗糖、葡萄糖等甜味剂能够改善产品的滋味，并能使肉质松软，色调良好，提高肉的保藏性，被广泛应用在传统肉制品加工中，尤其是在广式腊味等产品中。然而，过多摄入糖分容易增加肥胖、糖尿病等代谢性疾病的风险。传统肉制品选料中常选择五花肉等脂肪比例高的原料，油炸型肉干和烧鸡等产品油炸工艺需要使用大量油脂，因此许多传统肉制品的脂肪含量和热量均较高。脂肪尤其是含有大量饱和脂肪酸的动物脂肪的过量摄入，与一些慢性疾病（如缺血性心脏病、动脉粥样硬化、某些癌症）及肥胖密切相关。

5）传统肉制品加工业污染、耗能高

食品工业是高能源消耗产业，其能源消耗约占整个制造业的1/3。能源消耗和环境污染问题已成为制约传统肉制品发展的重要因素。传统肉制品在清洗、解冻、烤制、蒸煮、干燥、消毒、冷却等工艺中都有大量的能源消耗。例如，采用水解冻时需要耗费大量水作为解冻介质，流水解冻时耗水量高于静水解冻。炭烤是加工传统烧烤肉制品最经典的方式，但是加工中能耗高、污染重。热风干燥能给肉制品带来较好的干燥效果，但是也需要耗费大量的能源。此外，肉制品加工企业用水量大且废水中所含的有机污染物和总氮浓度均较高，不经处理容易导致地表水富营养化及地下水污染。

6）传统肉制品资源难以满足消费者多元化的消费需求

我国传统肉制品品种十分丰富，但是大多数品种还未得到有效开发和推广，尤其是很多地区性产品、少数民族特色产品和落后地区的产品没有得到发掘，很多优质产品仍然停留在前店后厂的小作坊加工模式，缺乏规范化生产工艺，加工仍然高度依赖熟练技工的主观感觉。现有的工业化产品也存在产品形式单一的问题，多以软罐头形式出现，在加工中很多产品失去了原有的风味和口感，能够较好保持产品原有特征的肉制品较少。尤其是近年来休闲食品发展较为迅速，而传统肉制品的休闲食品化较为滞后，仍然以肉干、肉脯产品为主。

1.3.2　传统肉制品发展趋势

十九大报告指出“我国经济已由高速增长阶段转向高质量发展阶段，正处在转变发展方式、优化经济结构、转换增长动力的攻关期，建设现代化经济体系是跨越关口的迫切要求和我国发展的战略目标”，肉类产业的发展也面临新的机遇与挑战。据联合国粮食及农业组织（Food and Agriculture Organization of the United Nations，FAO）和经济合作与发展组织（Organization for Economic Co-operation and Development，OECD）统计，2011～2015年，我国肉类人均消费增长速度总体呈下降趋势，肉制品人均占有量增幅缓慢（图1.30）；肉类消费进入从“量”向“质”的结构性转变时期，我国居民对肉类消费需求趋于多元化，尤其是高端肉制品的市场需求不断增加，肉类消费升级加快，为肉类工业发展带来了新契机。

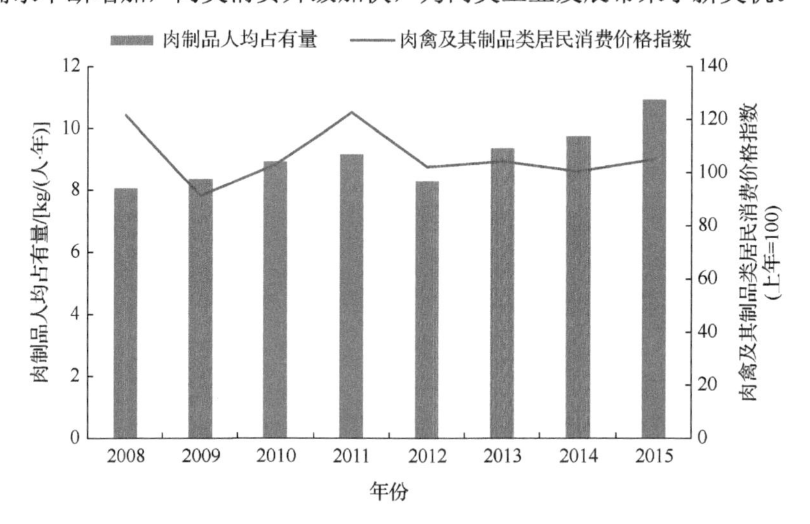

图1.30　2008～2015年我国肉制品人均占有量和肉禽及其制品居民消费价格指数

新形势下，我国肉制品加工业发展的主要矛盾已经由过去的总量不足转变为结构性短缺。随着经济的持续快速发展，城乡居民的收入和生活水平也将持续提高，生活节奏的进一步加快、网络社交的发展等均会导致肉类食品消费结构的变化，消费者将更加追求品种的多样化、食用的便捷化，更加重视产品的安全性和营养价值，这对传统肉制品产业提出了新挑战。总体来看，传统肉制品产业发展将呈现如下趋势。

1. 传统肉制品加工自动化、智能化程度将不断提高

近年来，传统肉制品加工工业化、自动化程度不断提升，如快速腌制技术、烘干成熟一体化技术、自然气候模拟设备、连续性自动化卤煮生产线、智能化炒

制设备等的开发和应用，极大地提升了传统肉制品的生产效率，克服了季节因素、环境因素、人为因素等对产品生产和食用品质的影响。金华火腿传统工艺需要30余天的腌制时间，采用现代工艺静腌与真空滚揉相结合，利用自动控温、控湿装备等形成快速腌制技术，能够有效减少肉料的腌制时间[4-5]。传统肉制品通常形状不均匀，加工中容易出现受热不均匀、产品品质不一现象，气体射流等新型技术能够保证物料表面受热均匀，同时还控制了苯并[a]芘等有害物质的生成。可食膜、纳米材料等新型包装材料和气调包装、贴体包装等包装方式，在有效延长传统肉制品保质期和流通半径的同时，还能满足产品新鲜度、绿色可持续等新型消费需求。现阶段对传统肉制品消费需求不断增加，同时人力成本、能源价格、环保等方面压力持续增大，使得传统肉制品产业的发展仍将以不断提升自动化、标准化、智能化水平为最主要趋势。随着现代信息技术与传统制造业融合的加速，通过开展传统肉制品装备数字化设计、仿真优化、智能感知等技术研究，研发连续化、成套化和智能化的传统肉制品加工装备，并集成危害分析和关键控制点（hazard analysis and critical control point，HACCP）、良好操作规范（good manufacturing practice，GMP）、卫生标准操作程序（sanitation standard operating procedure，SSOP）等管理体系及在线无损快速检测、加工全程监控、物流运输过程监控等技术，形成贯穿于肉制品加工、冷链物流、经营和销售全产业链的信息化、智能化管理系统，将减少传统肉制品对劳动力的依赖[6]，降低废水排放、节能降耗[7]，从而实现传统肉制品加工由传统制造向现代制造转变。

2. 传统肉制品工业化品质保真程度将不断提升

传统肉制品之所以经久不衰，历久弥新，关键在于其独特的风味、色泽和口感，所以在现代化工艺条件下使产品在整个流通环节依然具有与传统工艺同样的食用品质是保证传统肉制品持续、良性发展的关键。目前传统肉制品风味、质构定量调控技术已经取得了阶段性成果。如阐明了传统特色肉制品风味和质构品质形成机理及关键控制因素，建立了基于色泽、滋味、香气、质构和感官的数字化评价体系，研发了风味调控剂、抗氧化肽等加工辅料，创立风味、色泽“阶段定向补偿”固化技术，建立芽孢诱导-杀灭-靶向抑菌高效中温杀菌技术等，使某些产品的风味、色泽一致率高达98%，一定程度上解决了杀菌、储藏过程中产品风味和质构劣变的难题。但是，由于肉制品是复杂体系，影响因素众多，传统肉制品加工工艺又千差万别，产品的风味和质构变化规律也各不相同，很多产品依然存在工业化产品食用品质与传统产品差异较大的问题，未来随着对肉制品品质变化机理研究的不断深入及相关加工技术的不断发展，传统肉制品的保真程度将不断提升，真正做到工业化产品也具有“原汁原味”。

3. 传统肉制品安全、营养、健康属性将不断增强

我国消费者随着收入的增加和健康意识的提升，对产品食用品质以外的其他附加属性的重视程度也不断提高，其中又以安全、营养、健康最受关注。传统肉制品大多属于高盐、高脂肪、高糖膳食，并且在加工过程中采用的烧烤、烟熏、卤煮等工艺在产生产品特有风味的同时也会导致产品中苯并[a]芘、反式脂肪酸、杂环胺、甲醛、亚硝胺等物质的产生，加之可能存在的微生物污染、原料中的兽药残留等均对产品的食用安全及消费者的健康产生一定的威胁。目前，我国已经开始逐步在传统肉制品中应用绿色加工技术、安全风险快速识别和高效控制技术、食品营养强化技术等，具体包括无烟熏制技术，热力场烤制技术，原料兽用抗生素、微生物、肉种真伪快速检测技术，亚硝胺与生物胺“微生物发酵”阻断技术，苯并[a]芘“多级吸附过滤”减控技术，以及钠盐和脂肪替代技术等，使产品对人体健康更为友好。未来随着传统特色肉制品加工和储存过程中关键化学危害物、生物危害物变化规律和食物-健康效应的进一步明确，产品生产过程控制技术及肉制品营养强化技术的发展，中式传统肉制品的健康属性还将进一步得到提升。

4. 传统肉制品的休闲化产品将成为新的增长点

随着我国工业化、信息化程度不断提高，生活节奏也在不断加快，导致生活方式与之前发生了天翻地覆的改变，其中一个典型的改变就是休闲食品作为三餐外的“第四餐”迅速兴起。研究显示，2004 年我国休闲食品行业产值仅为近 2000 亿元，但是到 2019 年就接近 20000 亿元，增长了近 10 倍，市场规模年增长率高达 11.72%。虽然近年来增长势头迅猛，然而我国休闲食品人均消费量仅为美国的 1/120，可以预见未来我国休闲食品仍然具有很大的发展潜力[8]。肉制品作为休闲食品的一个主要类别，由于其较高的营养价值和良好的食用品质受到消费者的广泛喜爱，未来随着我国休闲食品市场的进一步扩张，其市场规模也会进一步扩容。与坚果、面制品等不同，传统肉制品的种类和口味更加多样。虽然目前我国市面上休闲肉制品种类相对单一，以肉干、肉脯为主，酱卤、熏烧烤、发酵等肉制品由于工艺、保鲜、风味调控技术及包装形式的限制尚未开发出较好的休闲化产品，但是可以预见，随着未来相关技术的进步，多种多样的传统肉制品休闲食品将会大规模涌现，并将有效满足消费者的多元化消费需求，同时推动传统肉制品产业的可持续发展。

参 考 文 献

[1] 郭燕枝，孙君茂. 实现《中国食物与营养发展纲要（2014—2020 年）》发展目标的思考[J]. 营养学报，2016，38（3）：218-221.

[2] 许世卫. 中国2020年食物与营养发展目标战略分析[J]. 中国食物与营养，2011，17（9）：5-13.
[3] 李春保，印遇龙，周光宏. 肉类营养与人体健康研究的战略思考[J]. 中国科学院院刊，2019，34（2）：66-72.
[4] 王虎虎，刘登勇，徐幸莲，等. 我国传统腌腊肉制品产业现状及发展趋势[J]. 肉类研究，2013，27（9）：36-40.
[5] 付智星，王卫，侯薄，等. 传统腌腊肉制品安全隐患控制及其品质提升[J]. 食品科技，2016，41（10）：98-101.
[6] 张德权，惠腾，王振宇. 我国肉品加工科技现状及趋势[J]. 肉类研究，2020，34（1）：1-8.
[7] 彭增起. 肉制品绿色制造技术[M]. 北京：化学工业出版社，2018.
[8] 王蒙蒙. 休闲食品产业商业模式研究[D]. 湛江：广东海洋大学，2019.

第 2 章　肉类加工基础

2.1　肉的结构、性质与宰后变化

通常所说的肉是指畜禽在屠宰之后，除去毛皮、内脏、头、蹄、尾的胴体，包括皮肤、肌肉、骨骼、软骨、腱、肌膜、血管、神经、淋巴结和腺体等，可大致分为肌肉组织、脂肪组织、结缔组织和骨骼组织。4 种组织的化学组成差异极大，且组成比例因畜禽的种类、品种、年龄、性别、营养状况、肥育程度而异。一般来说，肉品中肌肉组织含量越丰富，蛋白质含量就越多，营养价值相对越高；脂肪组织含量越多，肉口感越油腻，整体的营养价值也越低。

2.1.1　肌肉组织

肌肉组织是肉的主要组成部分，分为骨骼肌、平滑肌和心肌 3 种，其中骨骼肌含量最大。在显微镜下观察时，骨骼肌和心肌有明暗相间的条纹，因而又被称为横纹肌（图 2.1）。骨骼肌的收缩受中枢神经系统的控制，所以也被称为随意肌，而心肌和平滑肌被称为非随意肌，其中与肉制品加工有关的主要是骨骼肌，所以下文主要对骨骼肌进行介绍[1]。

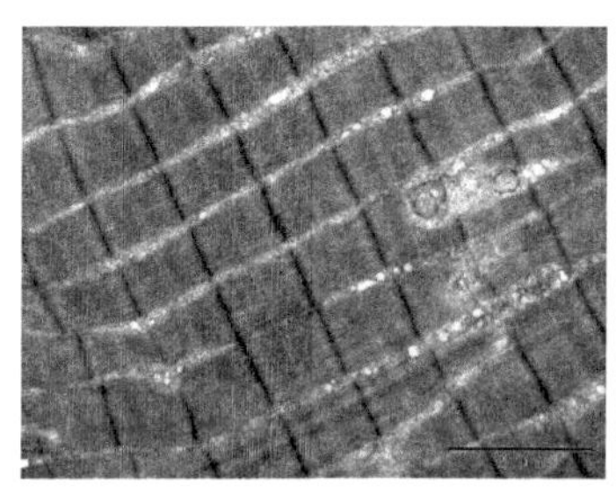
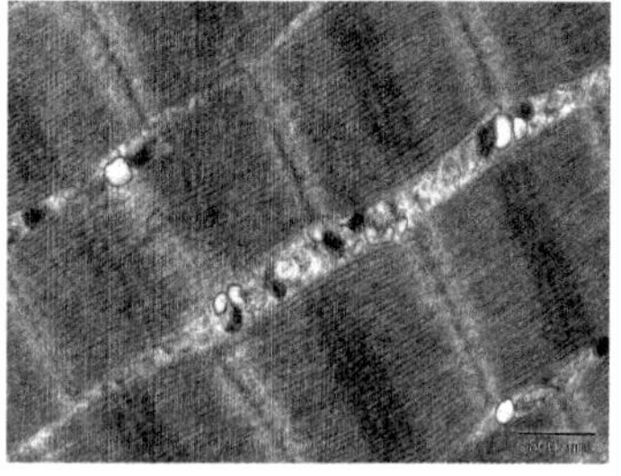

图 2.1　横纹肌的显微结构

1. 宏观结构

家畜身上有 300 多块形状、大小不同的肌肉，但其基本结构大致相同。肌肉的基本结构单位是肌细胞或肌纤维，根据肌纤维的外观和代谢特点，可将其分为红肌纤维、白肌纤维和中间型肌纤维。每 50～150 条肌纤维聚集成一束，称为初级肌束。初级肌束被一层结缔组织膜即肌束膜包裹。数十条初级肌束集结在一起并由较厚的结缔组织膜包围形成次级肌束。许多条次级肌束集结在一起形成肌肉块，其外面被一层较厚的结缔组织膜——肌外膜包围。不同部位的肌纤维在生化性质和组成上存在较大差异，不同动物的肌肉之间肌纤维的生化特性也具有明显的差异，这些差异形成了不同类型肌纤维的特点。

2. 微观结构

构成肌肉的基本单位是肌纤维，也称为肌纤维细胞，这种细胞呈长线状，不分支，两端逐渐变细，直径为 10～100μm，长度为 1～40mm，最长可达 100mm。肌纤维是多核细胞，由细胞膜、细胞质、细胞器、细胞核构成。肌纤维的细胞膜为肌膜，细胞质为肌质（又称肌浆），肌浆内有肌纤维特有的细胞器——肌原纤维等。

1）肌膜

肌膜由蛋白质和脂质组成，韧性很好，可承受肌纤维的伸长和收缩。肌膜向肌纤维内凹陷，形成网状的管，称为横小管，又称为 T 小管。

2）肌浆

肌浆填充于肌原纤维周围，是细胞内的胶体物质，水分含量达 75%～80%。肌浆内富含肌红蛋白、酶、肌糖原及其代谢产物和无机盐等。骨骼肌的肌浆内有发达的线粒体分布，习惯上把肌纤维内的线粒体称为肌粒。肌浆中有一种重要的细胞器称为溶酶体，其内含有多种能消化细胞和细胞内容物的酶。在这些酶中，能分解蛋白质的酶称为组织蛋白酶，它们能够使肌肉蛋白质水解形成滋味物质、风味前体物质等，并可改善肉的嫩度，在肉成熟和加工过程中具有重要意义。

3）肌原纤维

肌原纤维是肌肉的收缩装置，呈细长的圆筒状结构，占肌纤维固形物的 60%～70%，其直径为 1～2μm，长轴与肌纤维的长轴相平行并浸润于肌浆中。肌原纤维结构如图 2.2 所示。

一条肌纤维含有 1000～2000 根肌原纤维。肌原纤维由肌丝组成，肌丝分为粗肌丝和细肌丝。粗肌丝主要由肌球蛋白组成，直径约 10nm，长约 1.5μm。细肌丝主要由肌动蛋白组成，直径为 6～8nm。粗肌丝和细肌丝顺着肌纤维方向整齐地交替排列于整个肌原纤维，在电子显微镜下观察时呈现明暗相间的条纹。光线较暗的区域为暗带（A 带），光线较亮的区域为明带（I 带）。I 带的中央有一条暗线，称为 Z 线，两条 Z 线之间的部分称为肌节（图 2.2）。肌节是肌原纤维的重复构造单位，也是肌肉收缩的基本机能单位。肌节的长度主要取决于肌肉所处的状态：当肌肉收缩时，肌节变短；当肌肉松弛时，肌节变长。哺乳动物肌肉放松时典型的肌节长度为 2.5μm。当肉经过加工后，肌原纤维断裂，肉的嫩度会明显改善。当肌肉收缩时，肌原纤维不易断裂，肉的嫩度较差。

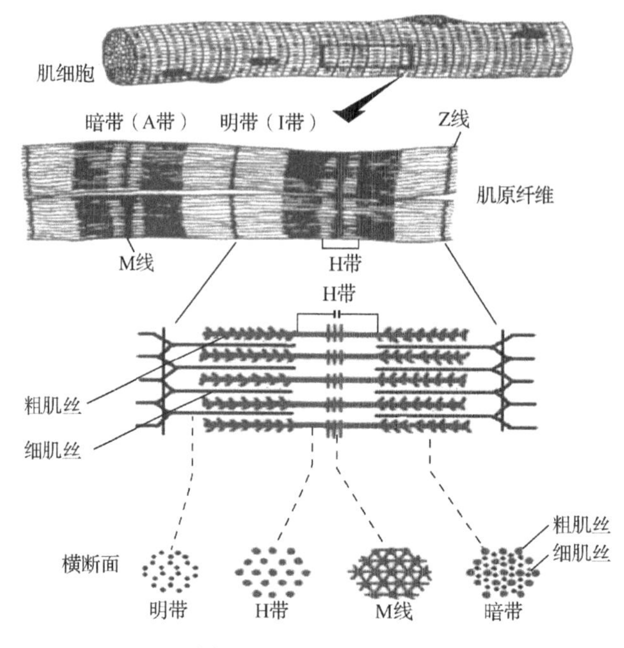

图 2.2　肌原纤维结构

4）肌细胞核

肌细胞长度变化较大，每条肌纤维所含的肌细胞核的数目不定，一条几厘米的肌纤维可能有数百个肌细胞核。肌细胞核呈椭圆形，位于肌纤维的周边，紧贴在肌膜下，呈有规则的分布，核长一般约 5μm。

2.1.2　脂肪组织

脂肪组织中脂肪占绝大部分，高达 90%以上，其余部分以水为主，约占 8%，剩余为蛋白质及少量的酶、色素和维生素等。脂肪组织由脂肪细胞组成，脂肪细胞或单个或成群地借助疏松结缔组织连在一起。脂肪细胞是动物体内最大的细胞，一般直径为 30～120μm，最大的可达 250μm。脂肪细胞中心充满脂肪滴，细胞核分布在周边。脂肪细胞越大，内部的脂肪滴越多，出油率越高。

脂肪在体内的蓄积数量和部位由于动物的种类、品种、年龄、基因和育肥程度不同差异明显。猪体内脂肪多蓄积在皮下、肾脏周围和大网膜，羊体内脂肪多蓄积在尾根和肋间，牛体内脂肪多蓄积在肌肉内，鸡体内脂肪多蓄积在皮下、腹腔和肌胃周围。其中，脂肪以蓄积在肌束内最为理想，这样的肉断面会呈现优美的大理石纹样，烹制后鲜嫩多汁且风味诱人，具有较高的食用品质。总体来说，脂肪能够明显改善肉的感官性状，增加适口性，促进蛋白质的吸收，并且还是风味的重要前体物质之一，在肉品风味的形成方面具有重要作用。

2.1.3　结缔组织

结缔组织在动物体内起到支持和连接各个器官组织的作用，其分布于体内各个部分，构成器官、血管和淋巴管的支架；包围和支撑着肌肉、筋腱和神经束，连接皮肤与机体。

结缔组织通常占胴体的 8%～15%，含量主要取决于畜禽的种类、年龄、使役程度和部位。役用和老龄的家畜，其肌肉中的结缔组织多；同一畜体躯体的结缔组织前半部分比后半部分多，下半部分比上半部分多。

2.1.4　骨骼组织

骨骼组织和结缔组织相同，也是由细胞、纤维性成分和基质组成，但不同的是骨骼组织的基质已被钙化，所以很坚硬，具有支撑身体和保护器官的作用，同时又是钙、镁、钠等元素的储存组织。成年动物的骨骼含量较为恒定，变化幅度较小。不同畜禽骨骼组织占胴体重量的百分比见表 2.1。

表 2.1　不同畜禽骨骼组织占胴体重量的百分比

种类	百分比/%
猪骨	5～9
牛骨	15～20
羊骨	8～17
兔骨	12～15
鸡骨	8～17

骨骼由骨膜、骨质和骨髓等构成。骨膜是由致密结缔组织包围在骨骼表面形成的一层硬膜，内有神经、血管。骨质根据构造的致密程度分为骨密质和骨松质。骨密质主要分布在长骨的骨干和其他类型骨的表面，致密而坚硬；骨松质分布于长骨的内部、骺及其他类型骨的内部，疏松而多孔。骨骼按形状分为管状骨、扁平骨和不规则骨。管状骨骨密质厚，扁平骨骨密质薄。在管状骨的骨髓腔及其他骨的骨松质层孔隙内充满着骨髓。

2.1.5　肉的化学组成

畜禽胴体结缔组织和骨骼组织比例比较恒定，变化较大的是肌肉组织和脂肪组织。脂肪比例因品种和肥育程度不同而变化很大，如瘦肉型猪一般在 25%左右，而肥猪则可高达 40%以上。从化学组成分析，肉主要由水分、蛋白质、浸出物、矿物质、维生素和脂肪 6 种成分组成。一般来说，猪、牛、羊的分割肉中含水 55%～70%，含粗蛋白 15%～20%，含脂肪 10%～30%；家禽肉的水分在 73%左右，其胸肉脂肪含量极少，为1%～2%，而腿肉在6%左右，前者粗蛋白约为23%，后者为18%～19%。畜禽肉的化学成分因动物种类、性别、年龄、营养状态及畜体部位的不同而有所变化[2]。

1. 水分

水分在肉中的含量最多，不同组织含水量差异很大。肌肉含水量为70%～80%，皮肤含水量为60%～70%，骨骼含水量为12%～15%。脂肪组织含水量很少，所以动物越肥胖，其胴体水分含量越低。肉中的水分含量及其持水性能影响肉制品的组织状态、品质、风味及储藏性。肉中水分的存在形式分为以下3种。

1）结合水

结合水是指与蛋白质分子表面借助极性基团与水分子的静电引力而紧密结合的水分子层，约占肌肉总水分的5%。结合水无溶剂特性，冰点很低（-40℃），不能为微生物所利用。

2）不易流动水

肌肉中约有80%的水分以不易流动水的状态存在于肌丝、肌原纤维及肌膜之间。它能溶解盐及其他物质，并在-1.5～0℃结冰。这部分水量取决于肌原纤维蛋白凝胶的网状结构变化，通常我们度量的肌肉系水力及其变化主要是指不易流动水。在肉制品加工过程中，部分不易流动水损失于肉汤中。

3）自由水

自由水是指存在于细胞外间隙中能自由流动的水，约占总水分的15%，主要靠毛细管虹吸作用滞留在细胞外间隙，在肉类的储藏加工中很容易损失。

2. 蛋白质

蛋白质也是肌肉的主要成分，占总重的18%～20%。蛋白质按照其在肌肉组织中的位置和在盐溶液中的溶解程度可分为3类：肌原纤维蛋白，占总蛋白质的40%～60%，存在于肌原纤维中；肌质蛋白（又称肌浆蛋白质），占总蛋白质的20%～30%，存在于肌浆中；基质蛋白，约占总蛋白质的10%，存在于基质中。

1）肌原纤维蛋白

肌原纤维蛋白支撑着肌纤维的形状，因此也称为结构蛋白或不溶性蛋白，主要包括肌球蛋白、肌动蛋白和肌动球蛋白3种。此外，尚有少量原肌球蛋白、肌钙蛋白和两三种调节性蛋白质。

（1）肌球蛋白。肌球蛋白是肌肉中含量最高也是最重要的蛋白质，约占肌肉总蛋白质的1/3，占肌原纤维蛋白质的45%～55%，肌球蛋白是粗肌丝的主要成分，构成肌节的A带。肌球蛋白是一种有黏性的蛋白质，易形成凝胶，微溶于水，在中性盐溶液中可溶解，等电点为5.4。肌球蛋白可形成具有立体网络结构的热诱导凝胶，其溶解性和形成凝胶的能力与所在溶液的 pH、离子强度、离子类型等有密切关系。在 pH 为 5.6 时，肌球蛋白加热到 35℃就可形成热诱导凝胶；当 pH 为 6.8～7.0 时，加热到 70℃才能形成凝胶。肌球蛋白形成热诱导凝胶是非常重要的工艺特性，直接影响碎肉或肉糜类制品的质地、保水性和风味等。

（2）肌动蛋白。肌动蛋白也称为肌纤蛋白，占肌原纤维蛋白的 20%～25%，是构成细肌丝的主要成分。肌动蛋白能溶于水及稀的盐溶液中，在半饱和 $(NH_4)_2SO_4$ 溶液中可盐析沉淀，等电点为 4.7。肌动蛋白的作用是与原肌球蛋白的横突形成交联，共同参与肌肉的收缩过程。肌动蛋白不具备形成凝胶的能力。

（3）肌动球蛋白。肌动球蛋白又称为肌纤凝蛋白，它是肌动蛋白和肌球蛋白按（2.5～4）∶1 的比例结合的复合物，肌动球蛋白又能分解为肌动蛋白和肌球蛋白。肌动球蛋白的热变性分为两个阶段：一部分随着温度的升高一次性反应变性；另一部分依 pH 的不同而缓慢地变性。前者变性速度快是由于肌动球蛋白中肌球蛋白的变性；后者变性速度慢是由于肌动球蛋白本身的变性。由此可见，肌动蛋白与肌球蛋白结合在一起，比单独的肌球蛋白对热更稳定。高浓度的肌动球蛋白溶液更容易形成热诱导凝胶，进而改变肉加工过程中的工艺特性。

2）肌浆蛋白

肌浆蛋白是指在肌纤维细胞中，分布在肌原纤维之间的液体和悬浮于其中的各种有机物、无机物及亚细胞结构的细胞器等。肌浆蛋白的主要功能是参与肌细胞中的物质代谢。肌浆蛋白主要包括肌溶蛋白、肌红蛋白、肌球蛋白 X、肌粒蛋白和肌浆酶等，下面介绍前 3 种。

（1）肌溶蛋白。肌溶蛋白是一种清蛋白类的单纯蛋白质，存在于肌原纤维中，约占肌纤维蛋白的 22%。肌溶蛋白能溶于水，易发生变性沉淀，其中可溶性的不沉淀部分称为肌溶蛋白 A，也称肌白蛋白，分子质量为 150 000Da；沉淀部分称为肌溶蛋白 B，分子质量为 80 000～90 000Da。

（2）肌红蛋白。肌红蛋白分布于哺乳动物的肌肉细胞中，分子质量为 15 000～17 000Da，等电点为 6.78，是由一条多肽（由 153 个氨基酸构成，分为 8 个螺旋）和一个辅基（血红素）共同构成的球状蛋白质（图 2.3）。其中，去除血红素的多肽即脱辅基血红蛋白也被称为球蛋白/珠蛋白（globin）。血红素由卟啉环与铁原子络合物形成，呈色的关键是其含有的共轭双键，共轭双键共振能够吸收可见光进而使其呈现出不同的颜色。血红素的中心铁原子具有 6 个配位键，其中 5 个分别与卟啉环的 4 个吡咯环氮及多肽链中组氨酸的咪唑基配位，结构较为稳定，而第 6 个配位键性质较为活泼，

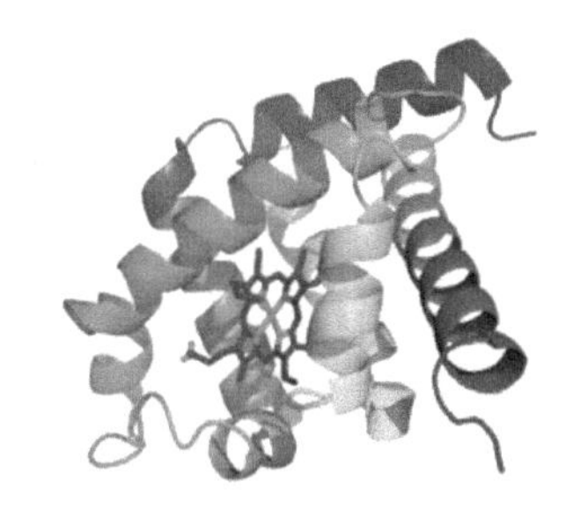

图 2.3　肌红蛋白结构示意图[4]

可以与多种分子结合形成多种衍生物。最为常见的 3 种衍生物就是与水分子结合的脱氧肌红蛋白（deoxymyoglobin，DeoMb）、与水分子结合且铁离子被氧化的高铁肌红蛋白（metmyoglobin，MetMb）及与氧分子结合的氧合肌红蛋白（oxymyoglobin，OxyMb）。这 3 种衍生态分别呈现不同的颜色，所以这 3 种蛋白质的含量及比例就决定了最终肉品呈现出的色泽。其中，脱氧肌红蛋白随着浓度增加，主要呈现出紫粉到紫红色；氧合肌红蛋白通常呈鲜红色；高铁肌红蛋白则主要呈现褐色[3]。

（3）肌球蛋白 X。肌球蛋白 X 最初于提取肌凝蛋白后的肉浆溶液中被发现，是一种不溶于水而溶于中性盐溶液的球蛋白态蛋白质，占肉浆蛋白质的 2.1%，等电点为 5.2。

3）基质蛋白

基质蛋白是指肌肉组织磨碎之后在高浓度的中性盐溶液中充分浸提之后的残渣部分，其中包括肌膜、毛细血管壁等结缔组织，与肉的硬度有关。它主要包括硬性蛋白质类的胶原蛋白、弹性蛋白、网状蛋白等。由于在这几类蛋白质中缺乏人体必需氨基酸或必需氨基酸含量极低，所以属于不完全蛋白质。

（1）胶原蛋白。胶原蛋白是构成胶原纤维的主要成分，约占胶原纤维固形物的 85%。胶原蛋白性质稳定，具有很强的延伸性，不溶于水及稀盐溶液，在酸或碱溶液中可以膨胀。胶原蛋白不易被一般蛋白酶水解，但可被胶原蛋白酶水解。胶原蛋白对热反应敏感，遇热会发生热收缩，热收缩温度随动物种类的不同而有较大差异。当加热温度大于热收缩温度时，胶原蛋白会逐渐转变成明胶，使肉的硬度下降、嫩度提高且易于消化。在肉制品加工中常利用胶原蛋白的这一性质加工肉冻类制品。

（2）弹性蛋白。弹性蛋白是构成弹性纤维的主要成分，约占弹性纤维固形物的 75%，具有很强的弹性，但强度不如胶原蛋白。弹性蛋白的氨基酸组成主要为甘氨酸、脯氨酸、缬氨酸，不含色氨酸和羟脯氨酸。弹性蛋白不溶于水，对酸、碱、盐稳定，普通加热条件下不能形成明胶，只有加热到 130℃以上时才能水解，因此其含量对肉的硬度有很大影响。弹性蛋白不能被胃蛋白酶、胰蛋白酶水解，但可被弹性蛋白酶、无花果蛋白酶、木瓜蛋白酶、菠萝蛋白酶水解，因此用上述酶对其进行处理可显著改善肉的嫩度。与胶原蛋白和网状蛋白不同，弹性蛋白坚硬难溶，普通加热不能分解且难以被人体消化吸收，所以营养价值很低。

（3）网状蛋白。在肌肉组织中，网状蛋白为构成肌内膜的主要蛋白质，其中约含 4%的结合糖类和 10%的结合脂肪酸。网状蛋白的氨基酸组成与胶原蛋白相似，用胶原蛋白酶水解可产生与胶原蛋白同样的肽类。

3. 浸出物

浸出物是指除蛋白质、盐类、维生素外其他能溶于水的浸出性物质，包括含氮浸出物和无氮浸出物。

1）含氮浸出物

含氮浸出物是非蛋白质的含氮物质，包括肌苷、游离氨基酸、磷酸肌酸、核苷酸类、尿素等，这些物质是肉中滋味物质的主要构成及香味物质的重要前体物质。例如，腺苷三磷酸（ATP，核苷酸的一种）在酶的作用下逐级降解为肌苷酸以及磷酸肌酸分解产生的肌酸在酸性条件下加热生成的肌苷，均是肉或肉汤中鲜味的主要来源。

2）无氮浸出物

无氮浸出物为不含氮的可浸出有机化合物，包括碳水化合物和有机酸。碳水化合物主要包括糖原、葡萄糖、麦芽糖、核糖和糊精。糖原是动物体内碳水化合物的主要存在形式，在动物肝脏中储量最多，高达2%～8%，而在肌肉中的含量仅为0.3%～0.8%。动物被宰杀后，肌糖原逐渐分解为葡萄糖，葡萄糖再经无氧酵解后生成乳酸，进而使肉的pH产生变化，因此动物体内肌糖原的含量对动物宰后肉的品质及加工性能存在一定的影响。肉中的有机酸主要是乳酸，含量为0.04%～0.07%，其余还有微量的甲酸、乙酸、丙酸、丁二酸（琥珀酸）、反丁烯二酸等。一般认为有机酸主要影响肉品的风味特征。

4. 矿物质

肉中除碳、氢、氧、氮4种元素以外，其他的元素成分均称为矿物质或无机盐，含量占总质量的0.8%～1.2%。矿物质在肉中有的以单独游离状态存在，如镁、钠等；有的主要与蛋白质以螯合状态存在，如铁、铜、锌等。肉中主要矿物质含量见表2.2。

表2.2　肉（100g鲜样）中主要矿物质含量

矿物质名称	含量/（mg/100g）	平均含量/（mg/100g）
Ca	2.6～12.0	4.0
Mg	14.0～31.8	21.1
Zn	1.2～8.3	4.2
Na	36～85	28.5
K	297～451	395
Fe	1.5～5.5	2.7
P	109～213	171

矿物质对肉的保水性和脂质氧化腐败等都有影响，一般 Na^+、K^+与细胞膜通透性有关，可提高肉的保水性，Ca^{2+}和 Mg^{2+}参与肌肉收缩，可降低肉的保水性。

5. 维生素

瘦肉是维生素B族的良好来源，这是由于维生素B族主要存在于肌肉组织中；肉中维生素C的含量极低；脂溶性维生素含量与脂肪组织含量呈正相关；动物脏器如肝脏、肾脏中维生素种类齐全且含量较为丰富。

6. 脂肪

肉中脂肪含量占总质量的10%~30%，主要由磷脂和甘油三酯组成，不仅能够为人体提供必需脂肪酸，对肉品的质构特性也具有重要影响。一般认为肌内脂肪含量为2%～3%时肉的质构特性最好，低于2%时会降低肉嫩度，而高于3%时则会过于油腻。肉中脂肪是由20多种脂肪酸构成的，其中最主要的是硬脂酸、软脂酸、油酸和亚油酸。通常情况下，反刍动物脂肪中硬脂酸含量更高，且亚油酸含量偏低。

2.1.6 肉的物理性质

肉的物理性质中密度、比热容、热导率等都与肉的形态结构、动物种类、年龄、性别、肥度、宰前状态等有关。

1. 密度

肉的密度是指每立方米瘦肉的质量（kg）。它受动物种类和肥度的影响，脂肪含量多的肉密度小。

2. 比热容

肉的比热容为1kg肉升降1℃所需的热量。比热容的大小与肉的含水量和脂肪含量有关，含水量越多肉的比热容越大，脂肪含量越多肉的比热容越小。表2.3列出了不同种类肉的比热容等物理特性。

表2.3　肉的比热容等物理性质

肉的种类	含水率/%	比热容/［kJ/（kg·℃）］		冻结潜热/（kJ/kg）
		大于冰点	小于冰点	
猪肉	47～54	2.43～2.64	1.42～1.51	155～180
牛肉	62～77	2.93～3.52	1.59～1.80	205～260
羊肉	60～70	2.85～3.18	1.59～2.14	201～234
鸡肉	74	3.31	—	247

3. 热导率

肉的热导率是指肉在一定温度条件下，每小时每米传导的热量。热导率受肉的组织结构、部位及冻结状态等多种因素影响，测定准确率较低。肉的热导率大小在一定程度上决定了肉冷却、冻结及解冻时温度升降的快慢。

4. 冰点

肉的冰点是指肉中水分开始结冰的温度，也称为冰冻点。冰点的大小取决于肉中盐类的浓度，盐的浓度越高冰点越低。

2.1.7　肉的宰后变化

肉宰后生化变化主要包括僵直和成熟。动物屠宰后虽然生命停止，但动物体内酶活性依然较高，许多生化反应还在继续，此时肉温还没有散失，肌肉柔软，具有较小的弹性。在储藏一定时间后，由于组织中残存的氧气耗尽，肌肉中的糖原不再像有氧存在时最终氧化成二氧化碳和水，而是在缺氧情况下经糖酵解作用产生乳酸。无氧酵解使 ATP 的供应受阻，体内 ATP 消耗造成肌肉内的 ATP 含量迅速下降。ATP 的减少和乳酸浓度的提高（导致组织的 pH 降低），导致肌质网功能失常，使得肌质网中的 Ca^{2+}逐渐释放而得不到回收，致使肌浆 Ca^{2+}浓度升高，引起肌动蛋白沿着肌球蛋白的滑动收缩；同时由于 ATP 的丧失又促使肌动蛋白细丝和肌球蛋白粗丝之间结合形成不可逆的肌动球蛋白，从而引起肌肉的连续且不可逆的收缩，收缩达到最大限度时肉的伸展性消失，肉体变为僵硬状态，无光泽，关节不活动，这种现象称为死后僵直。此时肉加热食用质地粗硬，持水性差，加热后重量损失严重，不适合加工、食用。尸僵持续一定时间后如果继续储藏，肉体会自身解僵，肉又变得柔软起来，此过程称为肉的成熟。肉的成熟包括尸僵的解除及在组织蛋白酶作用下进一步成熟的过程。其中，钙蛋白酶是肌肉宰后成熟过程中嫩化的主要作用酶，当钙蛋白酶启动肌原纤维蛋白降解时，Z 线崩裂，同时引起其他蛋白酶的作用，促进肌原纤维的降解。钙蛋白酶在肉嫩化中的作用主要表现为以下 3 点。①肌原纤维 I 带和 Z 线的结合变弱或断裂，促进了肌原纤维小片化指数（myofibril fragmentation index，MFI）的增加，从而有助于肉嫩度的提高。②连接蛋白降解。肌原纤维间连接蛋白起着固定、保持整个肌细胞内肌原纤维排列的有序性等作用，而被钙蛋白酶作用后，肌原纤维的有序性被破坏。③肌钙蛋白降解。肌钙蛋白由 3 个亚基构成，即钙结合亚基（TnC）、肌钙蛋白抑制亚基（TnI）和原肌球蛋白结合亚基（TnT），其中 TnT 分子质量为 30 500～37 000Da，能结合原肌球蛋白，起连接作用。TnT 的降解弱化了细丝结构，有利于肉嫩度的提高。

肌肉在成熟嫩化过程中的主要变化包括：肌原纤维Z线减弱甚至降解，直接导致肌原纤维小片化；肌间蛋白降解，破坏了肌原纤维亚结构中的横向交叉连接，肌纤维周期性地丧失；肌肉中巨大蛋白降解，肌肉的伸张力减弱，肌原纤维软化；肌丝蛋白和雾状蛋白降解，促使粗纤维丝释放游离；肌钙蛋白T消失及分子质量低于28 000Da的多肽出现。在选取肉制品加工的原料时，一般应选用解僵后的肉，此时肉保水性有所恢复，变得柔嫩多汁，具有良好的风味，最适合加工食用。

2.2 肉的品质形成机理

2.2.1 色泽

色泽是我国消费者极为看重的感官品质，如传统饮食讲究“色、香、味、形、器、质、养”，排在第一位的就是“色”。古代文人墨客也常对食物的色彩进行描述。如陆游诗云：“羹香红糁熟，炙美绿椒新”，苏轼说“纤手搓来玉色匀，碧油煎出嫩黄深”，杜牧的“越浦黄柑嫩，吴溪紫蟹肥”等都足见色泽之于美食的重要程度，而在传统肉制品中更是如此。相较于其他食品，肉制品的色泽不仅为消费者提供感官上的愉悦，同时也是消费者对产品品质（新鲜程度、熟制程度、加工工艺等）判断的最直观依据，每年全球肉品市场上都因产品色泽劣变导致巨量的经济损失。因此，如何让肉制品呈现比较好的色泽并且具有较高的稳定性，对于肉品产业来说至关重要。

1. 肉的色泽形成机理

肉中对其颜色有明确贡献的物质主要有肌红蛋白、血红蛋白（hemoglobin，Hb）、细胞色素c。血红蛋白主要存在于动物的血液中，在肉用动物屠宰放血时随着血液基本流失殆尽，所以在通常情况下其对肉色贡献不大。细胞色素c分为还原型和氧化型，水溶液分别呈现桃红色和深红色，但是由于其含量较低且位于细胞内，对肉色贡献相对较小。事实上，在放血充分的肉品中，肌红蛋白对肉色的贡献占80%～90%，是影响肉品色泽的决定性因素[4]。

在活体及新鲜的猪肉中，存在高铁肌红蛋白还原机制，所以肌红蛋白中的铁离子主要以二价存在。肌红蛋白的主要存在形式是脱氧肌红蛋白和氧合肌红蛋白，所以同一种动物其新鲜的肉色泽往往偏红、紫色调。在这种情况下，氧气分压对肉色影响较为明显。如分割后迅速真空包装的肉块及刚刚分割出来的肌肉剖面中由于氧分压较低，肉品中肌红蛋白的存在形式以脱氧肌红蛋白为主，肉色呈现紫红色；而新鲜的肉品暴露于空气中，较高的氧气分压使肌红蛋白与氧气结合形成氧合肌红蛋白，使肉品的色泽逐渐偏向鲜红色调。但是随着时间的延长，肉品中的高铁肌红蛋白还原机制在离体后逐渐失效，血红素中的二价铁离子逐渐被氧化成三价铁离子，肌红蛋白变成高铁肌红蛋白，肉色也就开始由鲜红色变黯淡，逐渐向褐色调变化。当高铁肌红蛋白在3种肌红蛋白中占比超过60%，肉色就会呈现明显的褐色。在肉品加热过程中，蛋白质的空间结构随着温度的升高发生改变并在80℃以上基本变性，肽链的笼状结构被破坏，使位于其中间部位的血红素铁暴露出来并更易被氧化，同时大量的自由基及脂肪氧化产物生成也加速了铁离子的氧化，所以通常情况下随着肉品的熟制，高铁肌红蛋白变性后形成的高铁血色原含量迅速增加，肉色也很快地呈现出棕褐色。

但是由于3种肌红蛋白热稳定性差异较大，且肌红蛋白变性形成的高铁、亚铁血色原色泽差异明显，所以不同状态的肉品在不同温度、时间下熟制，其颜色也千差万别，且与熟制前其中3种肌红蛋白的含量密切相关。如熟制前的牛肉如果高铁肌红蛋白和氧合肌红蛋白含量较高，肉品颜色在较低加热温度下就会呈现出明显的褐色；而当熟制前肉品中脱氧肌红蛋白含量较高，则肉品就能在较长时间的加热处理后依然保持较为鲜艳的色泽。此外，不同物种由于肌红蛋白组成不同导致其热稳定存在差异，使得不同物种的肉品熟制时色泽变化也存在较大差异。但研究显示，如果氧化时间足够长，最终所有的肌红蛋白都会被氧化为高铁肌红蛋白[5-7]。

2. 肉色变化的影响因素及作用机理

肉品色泽变化的影响因素众多，主要包括肉用动物自身的月龄、种属、亚种、性别、肌肉的部位、运动量，肉制品在生产过程中所采取的加工工艺、包装方式、储藏条件，以及添加的食品添加剂如亚硝酸盐、钙盐、植物多酚类物质等，具体变化机理及不同因素之间的相互作用极为复杂[4,8-14]。

1）肉用动物的生物学特性

不同种属的动物由于其肌肉中血红蛋白含量存在较大的差异，故呈现出不同的色泽。例如，猪、牛、羊等畜肉，其肌肉组织中肌红蛋白含量较高，所以肉色呈现极为明显的红色；而鸡肉、鸭肉等禽肉及鱼肉等由于肌红蛋白含量偏低，所以肉色主要呈现为淡黄色至白色。即使是同样的物种，不同的亚种甚至是不同的部位、月龄，其肉色都会出现较大差异。以猪肉为例，出生阶段猪肉中肌红蛋白含量一般偏低，而随着月龄的增加其肌红蛋白含量会逐渐增加，其肉色的红度值也明显升高；散养的猪由于运动量较大，往往肌红蛋白含量较高，肉色也会更加红亮，这主要是由于运动量较大的猪其肌肉组织更为致密且丰富，同时更少的脂肪含量也会使其黄色度降低，这也是不同部位猪肉色泽存在差异的原因[15]。

2）高铁肌红蛋白还原能力

高铁肌红蛋白还原能力是生命体维持正常生理功能、完成氧气代谢的基础，通过酶促反应或非酶促反应将高铁肌红蛋白转化成为还原态的肌红蛋白，保证其能够顺利完成对氧气的储存及运输。在生命体死亡后，生物组织对高铁肌红蛋白的还原能力依然会在短期内存留，这也是屠宰分割后的胴体依然能在较长一段时间内稳定保持鲜艳色泽的原因。但离体组织中能量循环、生化代谢等已经被破坏，还原高铁肌红蛋白所需的底物和能量得不到补充、酶逐渐失活，所以随着储藏时间的延长，该能力会不断降低直至完全丧失。因此，胴体在屠宰前所具有的还原能力，以及其储存加工中各种因素对该能力的增强或抑制都会直接影响肉品的色泽变化[3]。

3）线粒体

线粒体是细胞中制造能量的结构，是细胞进行有氧呼吸的主要场所。在生物的有氧呼吸过程中，由肌红蛋白把氧气运输给线粒体产生能量，二者关系极为密切，所以线粒体也可以通过影响肌红蛋白的氧化还原状态对肉的色泽产生影响。线粒体对肉品色泽的影响是一个长期持续且极为复杂的过程，具体的作用途径主要有两个：一个是线粒体消耗氧气、降低组织中的氧分压，影响不同衍生态肌红蛋白的比例；另一个是通过还原高铁肌红蛋白影响肉品色泽。在第一个途径中，通常情况下线粒体的存在会增加氧气消耗，氧气含量的降低则会促进氧合肌红蛋白脱氧变为水合肌红蛋白，而水合肌红蛋白相较于氧合肌红蛋白更容易被氧化为高铁肌红蛋白，导致肉色逐渐由红转褐。但是当组织中的线粒体含量较高时，其大量的氧气消耗又使得肉品内部氧分压降至极低水准，而这种近似真空的内部环境又利于高铁肌红蛋白的还原，降低肉品褐变速率。第二个途径的作用机制则是高铁肌红蛋白的还原依赖于线粒体产生的电子，同时高铁肌红蛋白还原酶也主要位于线粒体上，使得高铁肌红蛋白的还原高度依赖线粒体的存在[16]。此外，近年来有些研究者认为，肉的初始色泽很大程度上是由线粒体和肌红蛋白对氧气竞争性利用决定的。总之，虽然线粒体对于肉色调控非常重要，但是由于肉品中的生化反应极为复杂，目前明确的一些通路尚无法完全阐明其对色泽的影响机制。

4）pH

pH 是影响肉品色泽变化的重要因素，不仅能够通过改变肉品中肌纤维之间的空间结构影响肌红蛋白对光的吸收和反射来改变其色泽，还能够通过影响 3 种主要肌红蛋白衍生态的稳定性来影响肉品呈现出的颜色及保持颜色稳定的能力。研究表明，在其他条件相同的情况下，当 pH 由弱酸性升高至中性，肌红蛋白的稳定性也会随之提升，从而减缓肉品色泽变化速率；较高的 pH 也使得高铁肌红蛋白还原速率及氧合肌红蛋白的合成常数增加，有利于增加肉品色泽的稳定性，同时提高其红色度；但肉品较高的 pH 会显著提高肌肉纤维的持水力，阻隔氧气在组织内部的传递并形成较为稳定的无氧环境，使更多的肌红蛋白以脱氧肌红蛋白形态存在，而脱氧肌红蛋白又是3种常见肌红蛋白中热稳定性最差的，所以pH升高对肉色的变化又有一定的加速作用[17]。总体来看，pH越高，肉的色泽就越偏向于呈现红色调且稳定性更强，这一点已经在牛肉、火鸡肉、鸡肉等多种畜禽肉实验中被证实。

5）脂质氧化

肉品色泽与肌红蛋白的氧化程度密切相关，已有证明肉品中脂质氧化和蛋白质氧化是密切关联且相互影响、相互促进的。脂质氧化过程中会生成大量的自由基，这些自由基会对构成蛋白质的氨基酸及肽链骨架进行攻击，使蛋白质的化学基团及空间结构发生变化，促使蛋白质产生自由基，而且一些脂质二级氧化产物还会与蛋白质结合形成复合产物，这些产物也可能是加剧蛋白质进一步氧化的因素。近年有研究发现4-羟基壬烯醛（4-hydroxynonenal，HNE）能够与多种氨基酸如组氨酸、赖氨酸及精氨酸等残基结合并加速其氧化，同时这一能力还能使其抑制酶活性，使高铁肌红蛋白无法被还原，该物质对蛋白质氧化的影响已经得到体外实验的验证。此外，脂质氧化也会消耗组织中残存的氧气，使氧合肌红蛋白转化为其他衍生态，改变肉的色泽。

6）加热温度及方式

加热对肉色的影响极为显著，主要源于肌红蛋白发生热变性后血红素铁的氧化加剧，而肌红蛋白的热变性与加热温度、时间、方式均密切相关。此外，温度还会影响线粒体活性、脂质氧化程度、酶活性等参与肉色反应的体系及影响肌红蛋白的溶解度，造成肉色的红度值下降。总体来说，同样的肉块，随着加热时间的延长及加热温度的升高，肉色会更加偏向于褐色。

7）抗氧化剂与促氧化剂

3种肌红蛋白的热稳定性从高到低依次是脱氧肌红蛋白、氧合肌红蛋白、高铁肌红蛋白。而抗氧化剂具有较强的还原能力，能够有效地将肌红蛋白维持在热稳定性较高的脱氧肌红蛋白和氧合肌红蛋白状态；不仅能够使肉品在加热前呈现较为好看的红色或红紫色，还能够让肉品在加热后红度值更高，色泽更为鲜艳。抗氧化剂对脂质的氧化也有较强的抑制作用，也有利于控制脂质氧化导致的蛋白质加速氧化现象。与抗氧化剂相对应，促氧化剂如氯化钙能够显著提高肌红蛋白及脂质的氧化程度，使得高铁肌红蛋白加速产生并在加热早期就呈现出明显的褐色。抗氧化剂可以促进生鲜肉中肌红蛋白以还原态的氧合肌红蛋白或者脱氧肌红蛋白存在，使肉呈现鲜红色或者红紫色。例如，食品抗氧化剂异抗坏血酸盐、琥珀酸盐和乳酸可以使肉中的大多数肌红蛋白处于还原态，增加了加热时的热稳定性，在一定程度上避免了提前褐变（premature browning，PMB）现象。但是，有些抗氧化剂并不能阻止PMB现象。相反，一些促氧化剂则会促进高铁肌红蛋白的形成，使肉加热时容易出现 PMB 现象[18-19]。

8）包装方式

包装方式可以通过改变包装内部的气体比例及成分达到影响肉品色泽的目的。众所周知，普通环境中氧气的含量为 21%，而包装可以通过改变其内部环境中的氧气含量来显著改变肉品的色泽。例如，在真空或者纯氮气环境中，包装内部氧分压接近 0，一定程度上抑制了肌红蛋白氧化为高铁肌红蛋白，但同时较低的氧气分压使得肌红蛋白主要以脱氧肌红蛋白存在，肉色偏红紫；氧气分压接近正常空气中时，短期内由于氧合肌红蛋白含量较高，肉色呈现出自然的红色；而在高氧的包装中，由于脂质和蛋白质氧化加剧，肉色在较短的储存时间内就可能会呈现比较显著的褐色。添加某些特殊的气体也会对肉色产生显著的影响，如一氧化碳由于极易与肌红蛋白形成较为稳定的衍生态碳氧肌红蛋白（carboxymyoglobin，COMb），且其稳定性极高（大于常见的 3 种衍生态），所以不仅能够让肉色呈现出明显的樱桃红，还能在较高温度下保持较好色泽（肉品中心温度加热至 70℃左右，脱氧肌红蛋白变性比例比碳氧肌红蛋白高约 20%）。

9）酶及蛋白质

酶是由活细胞产生的、对其底物具有高度特异性和高度催化效能的蛋白质或核糖核酸（ribonucleic acid，RNA），肉品色泽变化的某些生化反应也受其影响。例如，乳酸脱氢酶参与还原型烟酰胺腺嘌呤二核苷酸（nicotinamide adenine dinucleotide，NADH）的再生反应，能够将乳酸转化成为丙酮酸和 NADH，而 NADH 则能够将高铁肌红蛋白还原，从而使肉品保持较好的色泽并提高其稳定性；高铁肌红蛋白还原酶则通过直接参与催化高铁肌红蛋白还原来影响肉品色泽；过氧化物酶-2 和肽甲硫氨酸亚砜还原酶则是通过其抗氧化能力达到影响色泽的作用；其他如醛糖还原酶、肌酸激酶、β-烯醇化酶和丙酮酸脱氢酶等与糖酵解和能量代谢相关的酶也已经被研究证明与肉品的红色度呈正相关。除酶外，其他的蛋白质如肌浆蛋白对肉色稳定也具有重要意义。研究显示牛背最长肌（longissimus lumborum，LL）由于含有较多的肌浆蛋白，所以比腰大肌（psoas major，PM）的肉色更加稳定；而热休克蛋白-27 000Da 和磷酸化应激诱导蛋白 1 作为伴侣蛋白可能主要是通过对肌红蛋白的保护起到稳定肉色的效果。

10）其他处理（超高压、亚硝酸盐、钙盐）

肉品色泽的变化极为复杂，除前述的诸多因素外，还有很多因素会导致其发生改变。例如，有研究发现猪背最长肌施加 150～200MPa 压力可以在长时间的冷藏中更好地维持肉样的红色，可能是由于这个压力下高铁肌红蛋白还原酶（metmyoglobin reductase，MetMbase）活性较高，具有更强的高铁肌红蛋白还原能力。高铁肌红蛋白还原酶的活性在 200MPa 时达到峰值，当压力继续增加则会导致其活性受到抑制，不利于肉品色泽的保持。亚硝酸盐是肉品加工中常见的护色剂，其作用机理是通过歧化反应生成一氧化氮，而一氧化氮与肌红蛋白极易结合形成较为稳定的亚硝基肌红蛋白（NO-Mb）。不同的钙盐对肉色也会产生影响，如注射抗坏血酸钙的肉其色泽劣变的速率明显高于氯化钙和乳酸钙，且随抗坏血酸钙浓度的提高，肉色劣变速度逐渐加快，这可能是由于抗坏血酸钙更容易加速肌红蛋白的氧化，如氯化钙可加速脂质氧化和肌红蛋白的氧化速率，提高线粒体的通透性，抑制电子传递链介导的高铁肌红蛋白还原和 NADH 的产生，从而降低了高铁肌红蛋白的还原力，促进肌红蛋白的氧化并加速肉色的劣变。钙盐还可以通过影响肉品的 pH 改变肉色，如氯化钙处理的猪背最长肌 pH 下降速度加快，推测是由于钙离子浓度升高，激活了钙离子/腺苷一磷酸（AMP）控制的磷酸化酶，加速了糖酵解进而使 pH 下降速率增加。此外，还有一些其他因素会对肉色产生影响，如鱼肉中氧化三甲胺含量较高时，容易使蒸煮后的肉呈现出青绿色[20-23]。

2.2.2 风味

肉的风味（flavor）是指食品在摄入前、中、后阶段对人的嗅觉、味觉及触觉器官产生的刺激与三叉神经共同作用导致的复合感受，通常情况下被分为滋味（taste）和气味（odor/aroma）两大类。滋味相对较为明确，包括酸、甜、苦、咸、鲜，但是气味的感知则极为复杂。人类能够识别的气味多达 1 万种以上，其中大部分的气味难以被明确地定义和区分。生肉的风味较为单一且微弱，但加热后则会呈现很强的特有风味，这是肉中的蛋白质、脂肪和硫氨酸等发生一系列复杂的化学反应造成的[24]。

1. 滋味

滋味可以说是肉制品乃至食品中最为重要的品质特征，对消费者购买行为尤其是重复购买行为起到至关重要的作用，了解肉制品中的呈味物质和其生成机理及影响因素对于提升肉制品的食用品质意义重大。本节中滋味物质主要关注由肉品本身物质经过一系列物理、化学变化产生的呈味物质，不包括加工中额外添加的呈味物质。

1）主要滋味前体物质

（1）蛋白质、多肽和氨基酸。蛋白质是肉品的主要组成成分，也是肉制品中滋味物质的重要前体物质。蛋白质本身并不具有滋味，这是由于分子质量大于 6000Da 的物质无法进入味蕾细胞，也就不具备呈味最基础的物质特征，同时蛋白质复杂的空间结构使得呈味基团无法与味蕾上对应的受体相结合。通常情况下，可以稳定被人感受到的呈味物质主要是分子质量低于 3000Da 的肽、小肽及游离氨基酸（free amino acid，FAA）。在肉品成熟、加工过程中，肌肉蛋白会在内源性蛋白酶——组织蛋白酶（主要是组织蛋白酶 B 和组织蛋白酶 D）和钙蛋白酶的作用下降解为多肽，多肽又在二肽酶、氨肽酶等的作用下水解为具有呈味特性的小肽和游离氨基酸。此外，热加工导致的蛋白质变性也对蛋白质和多肽生成的滋味物质具有一定的贡献。值得注意的是，某些学者认为氨基酸也是滋味的前体物质，如研究表明缬氨酸和异亮氨酸斯特雷克尔（Strecker）降解反应产生的 2-甲基丙酸、3-甲基丁酸和 2-甲基丁酸对肉品的甜味具有贡献[25-26]。

（2）ATP、核糖核酸。ATP 是生物体内广泛存在的一类不稳定高能化合物，由 1 分子腺嘌呤、1 分子核糖和 3 分子磷酸基团构成，是生物体内最直接的能量来源，也是呈味肌苷一磷酸（IMP）、AMP 的重要前体物质。ATP 生成呈味核苷酸主要发生在动物宰后僵直过程中[27]，具体反应路径如图 2.4 所示。此外，核糖核酸在核糖核酸酶催化下可以生成鸟苷一磷酸（GMP）[28]。

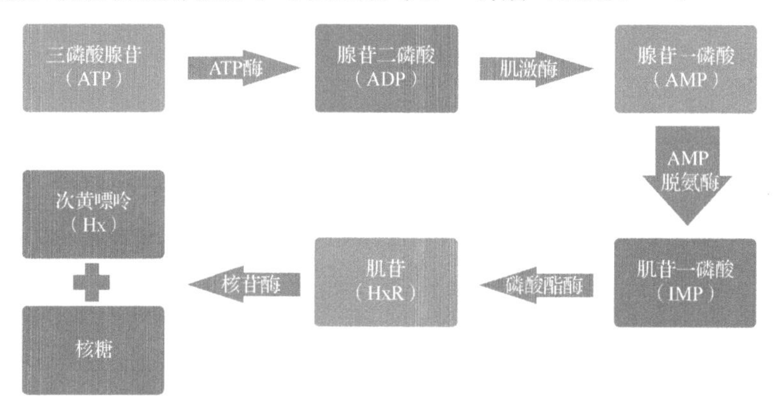

图 2.4　ATP 生成呈味核苷酸反应路径

2）主要滋味物质

（1）氨基酸及其钠盐。游离氨基酸是肉品中的一类重要呈味物质，不同种类的氨基酸呈味特性、感觉阈值都存在较大差异。甜味氨基酸主要有甘氨酸、*L*-丙氨酸、苏氨酸、丝氨酸、赖氨酸、脯氨酸、羟脯氨酸，其中几乎所有的 *D* 型氨基酸都呈现出较高的甜度。鲜味氨基酸主要是谷氨酸和天冬氨酸，但是只有 *L* 型才会产生鲜味，*D* 型并无鲜味，但是甘氨酸、丙氨酸、半胱氨酸、组氨酸、甲硫氨酸、脯氨酸和缬氨酸在与 5′-核苷酸和游离氨基酸的混合物中都被证明具有增鲜作用。游离氨基酸的滋味取决于分子结构中的亲水基和疏水基，亲水基与鲜味、甜味有关，疏水基主要提供苦味。此外，某些氨基酸的钠盐也具有较强的呈味特性，最典型的如谷氨酸钠，但是其在鲜肉中含量相对较低，在肉制品中主要来源于外部添加[29]。鸡肉和牛肉的呈味物质分别如表 2.4 和表 2.5 所示。

表 2.4　鸡肉呈味物质[30]

滋味	呈味物质
甜味	糖类（葡萄糖、果糖等），氨基酸类（甘氨酸、丝氨酸等）
咸味	无机盐、谷氨酸单钠盐、天冬氨酸钠
酸味	天冬氨酸、谷氨酸、组氨酸、天冬酰胺、乳酸、磷酸
苦味	肌酸、Hx，氨基酸类（组氨酸、缬氨酸、酪氨酸等）、苦味肽
鲜味	谷氨酸、谷氨酸钠、天冬氨酸钠、IMP、GMP、某些肽（谷氨酸-天冬氨酸、谷氨酰谷氨酸、谷氨酰丝氨酸）

表 2.5　牛肉呈味物质[26]

滋味	呈味物质
酸味	天冬氨酸、谷氨酸、组氨酸、天冬酰胺、琥珀酸、乳酸、乙二醇酸、磷酸、吡咯烷酮羟酸
甜味	葡萄糖、果糖、核糖、甘氨酸、丙氨酸、丝氨酸、苏氨酸、赖氨酸、脯氨酸、羟脯氨酸
苦味	肌酸、肌酸酐、次黄嘌呤、鹅肌肽、肌肽、其他肽类、组氨酸、甲硫氨酸、缬氨酸、亮氨酸、异亮氨酸、苯丙氨酸、色氨酸、酪氨酸
咸味	无机盐类、谷氨酸单钠盐（MSG）、天冬氨酸钠
鲜味	MSG、IMP、GMP、某些肽类

（2）呈味肽。呈味肽的分子质量通常为 150～3000Da，包括甜味肽、苦味肽、鲜味肽、酸味肽、咸味肽、kokumi（浓厚感）肽等。肽的呈味受构成它的氨基酸，尤其是位于肽链两端的氨基酸影响。例如，天冬氨酸与丙氨酸形成的二肽呈现强烈的鲜味，天冬氨酸与谷氨酸形成的二肽同时呈现咸味和鲜味，谷氨酸、丝氨酸、亮氨酸和丙氨酸形成的四肽则同时呈现酸味、鲜味和苦味等。此外，肽链的空间结构对其滋味也可能存在一定的影响。采用蛋白质水解法和氨基酸合成法制备的多肽，即使氨基酸组成完全一致，其滋味也存在较大差异。与氨基酸相同，多肽的滋味也与疏水基数量密切相关，这一特性在蛋白质水解过程中尤为明显，通常随着蛋白酶解程度不断增加，肽链中疏水性氨基酸侧链暴露越多，其苦味强度越大[31-33]。

（3）呈味核苷酸。呈味核苷酸主要是 5′-核糖核苷酸类，IMP、GMP、AMP、尿苷一磷酸（UMP）、胞苷一磷酸（CMP）均是重要的鲜味物质。这些物质的磷酸和糖的连接可发生在 2′、3′或 5′位上，但只有 5′的连接具有滋味活性。肉中最主要的呈味核苷酸为 IMP，在肉品中含量较高，而 GMP 含量则相对较低，但是有研究认为其对肉品的滋味仍然具有极大贡献。除上述物质外，次黄嘌呤（Hx）也具有呈味特性，但是其主要呈现苦味，对肉品的滋味产生不利影响[34]。

（4）其他。除上述 3 类物质外，肉品中的有机酸、还原糖、无机盐等对肉品的滋味也会产生一定的影响。有机酸类物质主要提供酸味（乳酸）、苦味（肌酸）；还原糖可以提供甜味；无机盐则主要呈现咸味。但是这些物质在肉品中的天然含量较低，除了某些极端条件，通常不会对肉品的滋味产生较大的影响。

3）肉品滋味的主要影响因素

（1）畜禽的种类和部位。不同畜禽由于基因的差异，其蛋白质的氨基酸组成，酶的种类、含量、作用位点，肌肉中 ATP 含量等均存在差异，这是不同畜禽肉品之间滋味出现差异的物质基础。例如，有研究测定了鸡肉、牛肉和猪肉中的 IMP 含量，结果显示上述 3 种动物肉品种 IMP 含量分别为 115mg/100g、163mg/100g、186mg/100g。鸡肉、牛肉、猪肉中 *L*-谷氨酸的含量也不尽相同，分别为 44mg/100g、33mg/100g、23mg/100g。由于滋味本身仅有 5 种，所以动物种属对其肉品滋味的影响主要还是体现在滋味的强度方面[35]。

（2）加工方式。肉品加工会对呈味物质的生成途径产生影响，进而影响肉品的滋味特性，如加工时间、加热方式、加热温度、添加的辅料等。一般情况下，随着炖、煮、卤制时间的延长，肉品中蛋白质的解离程度逐渐升高，小肽和游离氨基酸含量会逐渐增加，肉品的滋味也会更加浓郁，但是当加热温度较高且加热时间过长时游离氨基酸含量反而会降低，这可能是由于美拉德反应较为剧烈，游离氨基酸被大量消耗。类似地，采用砂锅加工的肉制品滋味更好的原因可能也是砂锅传热效率较低，加热过程中反应较为缓和，而高压锅、电磁炉、普通金属汤锅则由于内部反应更为剧烈，滋味物质被消耗、分解，导致不良风味的产生，典型的有鲜味物质 IMP 被解离为呈苦味的 Hx。此外，高温加工对内源酶活性的抑制和破坏也会对呈味物质的生成造成影响。具体的加工工艺对肉品的滋味也会产生影响。研究显示烤鸭、盐水鸭、水煮鸭 3 种产品中滋味物质含量呈烤鸭>盐水鸭>水煮鸭的趋势。辅料和调味料对滋味物质的影响则主要是通过控制相关酶的活性干预滋味物质的生成。例如，氯化钠就可以抑制组织蛋白酶和氨肽酶的活性，进而改变蛋白质水解产物的构成。某些滋味物质呈味特性还会受到 pH 的影响。如牛肉辛肽在 pH 为 3.5 时呈酸味，pH 为 6.5 时呈鲜味，在 pH 为 9.5 时呈咸味和甜味。如果加工工艺改变了 pH，那么肉品的风味也会出现相应的改变[36-41]。

（3）呈味物质间的相互作用。呈味物质间的相互作用对产品的滋味也具有较大的影响，典型的是鲜味物质和鲜味物质之间及鲜味物质与咸味物质之间都存在着极为明显的协同作用。例如，5′-核苷酸可以和鲜味游离氨基酸发生协同作用，尤其是谷氨酸钠与 GMP 以 1∶1 混合时味觉强度是等量 GMP 的 30 倍。此外，多种呈味物质混合还存在呈味特征改变和风味抑制作用，如谷氨酸寡肽就是很好的苦味掩盖剂。肽类与其他呈味物质的交互作用主要是其同时含有两性基团——氨基和羧基，使其具有了缓冲能力，进而使滋味发生细微的变化。

2. 气味

与色泽相同，作为最先被消费者感受到的产品特征之一，气味也是影响消费者购买、食用的重要因素。传统肉制品经过腌、熏、炸、烤、焖、煎、卤、煨等一系列精工细作之后，其气味极为浓郁，让人食指大动。与之相对，如果肉制品中存在异味如膻味、酸败味、哈喇味、腐臭味等，就会对肉制品的食用品质造成极大损害。肉制品气味的产生主要源于肉类在加工过程中尤其是热处理过程中发生的一系列极为复杂的化学反应[42]。

1）主要气味前体物质

气味前体物质是指一类本身并不具有气味，但是能够在特定条件下转化成气味物质的成分。气味前体物质主要包括一些小分子水溶性化合物和部分脂质[43]。

（1）多肽及氨基酸。肉品的熟制过程伴随着蛋白质空间结构的改变及热降解，使其部分化学键断裂并生成分子质量较小的多肽，多肽进一步水解，生成小肽及游离氨基酸。这些物质进一步降解，除了能够产生 H_2S、NH_3、半胱胺等挥发性风味物质，还伴随产生噻唑类、噻吩类及其衍生物。最典型的如胱氨酸、半胱氨酸加热形成的噻唑、噻吩及其衍生物，都是香气化合物的重要组成部分，并且氨基酸和小肽还是气味最主要的生成途径——美拉德反应和 Strecker 降解反应的底物。

（2）还原糖。核糖是肌肉中组成核糖核苷酸特别是 ATP 的主要糖类之一，与半胱氨酸一起是美拉德反应的主要底物，生成多种具有典型的肉类香气且嗅觉阈极低的含硫化合物。除参与美拉德反应之外，肉品中的还原糖还会随着温度的升高而不断脱水发生焦糖化反应，产生特别的香气。还原糖在降解初期，降解的中间产物多为二酮、醛、醇、呋喃及其衍生物，主要是脱水反应并伴随着异构化、苷元移位等；随着加热时间及温度的升高，糖分子中碳—碳键断裂，生成以醛酮类为主的小分子降解产物如戊糖降解生成糠醛，己糖降解生成羟甲基糖醛；反应温度进一步增加，产物则主要为呋喃衍生物、醇类、芳香烃类等。

（3）脂质。脂质氧化及水解是肉品气味生成的主要途径之一，所以脂质也是重要的气味前体物质。脂质主要包括皮下脂肪和肌内脂肪，对气味的贡献差异较大。主要由饱和脂肪酸构成的皮下脂肪虽然对气味也有一定的贡献，但是研究显示在去除皮下脂肪后肉品的整体气味变化不大，说明其并非气味的主要来源；而肌内脂肪主要是不饱和脂肪酸含量丰富的磷脂，目前已经被证明对气味贡献较大，是肉气味形成的主要途径[44-45]。甘油三酯中的主要脂肪酸是油酸、棕榈酸和硬脂酸，占甘油三酯总脂肪酸的 75%～80%；磷脂中的主要脂肪酸是亚油酸、花生四烯酸、油酸、二十碳五烯酸、棕榈油酸和亚麻酸，约占磷脂总脂肪酸的 63%。热处理过程中脂质自动发生氧化反应，产生醛类和酮类等物质；具有 2 个或 2 个以上双键的非共轭脂质易发生自动氧化反应产生氢过氧化物，分解产生脂质氧自由基和羟基自由基，脂质氧自由基进一步反应生成醛类或酮类等物质。含 6～10 个碳的饱和与不饱和醛类是所有肉类中主要的挥发性物质，如油酸的主要氧化降解反应产物庚醛、辛醛、壬醛、2-癸二烯醛和 2-壬烯醛等醛类物质；亚油酸氧化降解产物主要有戊醛、己醛、2-庚烯醛、2-辛烯醛、2-壬烯醛、2,4-癸二烯醛和 2-戊基呋喃等，在适宜浓度下都具有令人愉悦的水果清香、脂香、肉香等气味；亚麻酸氧化降解的产物是戊醛、1-戊醇和苯甲醛，其中苯甲醛具有苦杏仁味、焦糖味等特殊风味；而花生四烯酸第 12 位碳上的氢过氧化物裂解产生的辛烯基团与氧反应生成辛烯基氧自由基再进一步反应生成的 1-辛烯-3-醇则具有特殊的蘑菇香气、油脂香气。

（4）硫胺素。硫胺素热降解产物非常复杂，主要产物有呋喃类、嘧啶类、噻吩类和含脂肪族硫化合物等。产物中如 2-甲基-2,3-二羟基-3（或 4）-噻吩硫醇、2-甲基-4,5-二羟基-3（或 4）-噻吩硫醇具有煮牛肉或烤牛肉的风味；而与含硫多肽等一起加热时，会产生类似禽肉的气味物质。

2）气味主要生成途径

肉品的气味基本是在生产加工过程中产生的，生肉只有极为淡薄的脂肪、金属气味。目前一般认为肉类气味主要有以下几个生成途径：美拉德反应、脂质降解、硫胺素降解、脂质氧化体系-美拉德体系相互作用和糖降解，但各途径的具体生成机制尚未完全明确，有待进一步深入研究。

（1）美拉德反应。美拉德反应路径主要分为 3 个阶段。初级阶段主要是还原糖和氨基化合物发生羰氨缩合及分子重排，氨基化合物的游离氨基与还原糖的游离羰基发生羰氨缩合脱水生成不稳定的化合物席夫碱（schiff base），因其性质不稳定会立即环化为 *N*-葡萄糖胺（葡基胺），*N*-葡萄糖胺经过阿马道里（Amadori）或 Heyns 分子重排转变成果糖胺(1-氨基-1-脱氧-2-酮糖或 2-氨基-2-脱氧-1-醛糖)。美拉德反应的中间阶段从 Amadori/Heyns 重排产物开始，释放出氨基，并生成脱氧邻酮糖，糖链进一步断裂生成还原酮或二氢还原酮。因条件不同有 3 种不同的反应路径，在酸性条件下果糖胺会发生 1,2-烯醇化反应，生成羟甲基呋喃席夫碱或者呋喃席夫碱，再经过脱氨基作用最后生成羟甲基呋喃；在碱性条件下，果糖胺会进行 2,3-烯醇化反应，再经过脱氨基后产生还原酮类化合物，随后生成二羟基还原酮，再进一步反应生成丁间醇醛和无氮的聚合物或者裂解生成乙醛类物质，也可进一步脱水与胺类物质结合生成类黑精；在反应路径三中果糖胺发生裂变形成二羰基化合物（二乙酰、丙酮醛、3-葡萄糖醛酮等），二羰基化合物和游离的氨基酸发生缩合反应形成醛类及 α-氨基酮类物质，即 Strecker 降解反应，降解生成的羰氨类化合物经过缩合产生吡嗪类物质。最终阶段各个产物进行醇醛缩合、杂环化与醛氨聚合生成等多种反应最终导致棕色的含氮聚合物及共聚物类黑精的生成[42]。美拉德反应生成的挥发性气味化合物主要包括吡嗪、烷基吡嗪、烷基吡啶、吡咯、呋喃、呋喃酮、噻唑和噻吩等。

（2）脂质降解。脂质降解主要是在脂肪酶催化下由甘油三酯生成甘油二酯、单甘酯和游离脂肪酸的过程。脂肪酶种类较多，依据来源不同分为内源酶和外源酶。腌腊肉制品中由于原料均是整块加工且外部经过腌渍、烟熏等工艺导致微生物含量较低、酶活性较差，脂肪的水解主要是肌肉、脂肪细胞的内源酶在起作用，其中最主要的有脂蛋白脂肪酶（LPL）、激素敏感性脂肪酶（HSL）、单酰甘油脂肪酶（MAGL）、溶酶体酸性脂肪酶（LAL）。外源酶主要是由乳酸菌（lactic acid bacteria，LAB）分泌的，主要存在于风干香肠、发酵香肠中，分为可以水解甘油三酯的任意 3 个酯键，完全降解甘油酯生成甘油和脂肪酸的非特异性脂肪酶及只作用于特定酯键的特异性脂肪酶，产物包括游离脂肪酸、单甘酯和（或）甘油二酯，单甘酯、甘油二酯被酶再次催化最终生成脂肪酸和甘油。此外，某些研究发现微球菌（*Micrococcus*）也具有降解脂肪的能力，但目前尚未得到广泛认可。

脂质降解生成的游离脂肪酸其氧化的小分子产物对肉品气味贡献较大，但是由于脂肪酸直接与氧结合，其自由能和反应活性能均很高，且氧分子结构中的两个平行自旋的不成对电子的自旋阻遏现象也使其很难与具有成对电子的不饱和脂肪酸结合，导致脂肪酸无法与氧气直接结合，所以无论是脂质的酶促氧化还是非酶促氧化均是基于自由基的链式反应，分为引发期、增殖期和终止期[46]。

在肉品中引发期通常是脂肪酸受活性氧或者是铁离子作用失去一个活性氢原子形成烷基自由基（$RH \rightarrow R\cdot + H\cdot$）。活性氧不同于氧气，具有更强的氧化能力，产生过程为 $O_2 \rightarrow O_2\cdot \rightarrow H_2O_2 \rightarrow \cdot OH \rightarrow OH— \rightarrow H_2O$，其中 $O_2\cdot \rightarrow H_2O_2 \rightarrow \cdot OH$ 都具有较强的氧化能力。铁离子则主要是通过与腺苷二磷酸（ADP）结合生成[$ADP\text{-}Fe^{2+}—O_2$]并在一定条件下可逆转化为[$ADP\text{-}Fe^{3+}—O_2$]，并以这两种复合物形式诱导脂质氧化。

增殖期烷基自由基与氧分子发生反应生成过氧化物自由基（$R\cdot + O_2 \rightarrow ROO\cdot$），过氧化物自由基又从其他脂肪酸分子中夺取一个氢，形成氢过氧化物 ROOH（$ROO\cdot + RH \rightarrow ROOH + R\cdot$），氢过氧化物是氧化的主要初级产物，本身并不具有气味。反应过程中不同的脂肪酸产生的 R·和 ROO·均不相同且稳定性极差，可以分解成特定的具有气味的小分子物质，其中，R·可以分解为低分子的醛、酮、醇类物质，ROO 则可以转化为环过氧化物，这也是脂肪氧化产生小分子挥发性风味物质的主要途径，所以肉品中脂肪酸的种类也就决定了其最终呈现的气味物质特征。大量研究均发现肉品中磷脂含量低于甘油三酯却对气味贡献更大的原因也可能是其含有较高比例的多不饱和脂肪酸（尤其是亚麻酸和花生四烯酸）。此外，磷脂参与了细胞膜结构的组成，相比甘油三酯也更容易接触到活性氧。

在终止期，两个自由基相互结合或者一个自由基与一个质子结合形成稳定的分子（$R\cdot + R\cdot \rightarrow RR$；$ROO\cdot + ROO\cdot \rightarrow ROOR + O_2$；$ROO\cdot + R\cdot \rightarrow ROOR$），反应终止。

（3）硫胺素降解。硫胺素是一个含硫、氮的双环化合物，其降解是噻唑环中 C—N 及 C—S 键断裂并形成羟甲基硫基酮，羟甲基硫基酮进一步分解得到一系列的含硫环化合物。目前已鉴定的硫胺素分解产物有 68 种，一半以上是含硫化合物、硫取代呋喃、噻吩、噻唑、双环化合物和脂环化合物，且多数具有诱人的肉香味。其中硫化氢（H_2S）可以与呋喃酮等杂环化合物反应生成含硫杂环化合物，赋予肉强烈的香味，而 2-甲基-3-呋喃硫醇和双（2-甲基-3-呋喃基）二硫本身就具有浓烈的肉香气。

（4）脂质氧化体系-美拉德体系相互作用。由于脂质氧化产生的醛类、酮类、羧酸等物质的羰基可以与蛋白质的氨基或硫醇基发生美拉德反应并生成一系列具有香气的物质，所以脂质氧化体系-美拉德体系相互作用也对气味具有重要影响。作为证明的是肉品中确定对气味具有贡献的挥发性物质中存在 2 位点上带有 *n*-烷基取代物（C_4～C_8）的噻唑；而 2-烷基唑带有更长 *n*-烷基取代物（C_{13}～C_{15}），50 多种烷基-3-噻唑和烷基噻唑已经被从牛肉中分离出来，其上的 *n*-烷基则主要由脂肪醛提供。而羊肉中检出的烷基吡咯则可能由脂质氧化产物的 4-癸二烯与氨发生反应生成。此外，二烯和 H_2S 则被证明在压力条件下能够生成带有 C_4～C_8 烷基取代的 2-烷基噻吩。值得注意的是，肌内脂肪还会对部分美拉德反应产物的生成产生较强的抑制作用，有研究在肌肉中添加不同比例的肌内脂肪发现，当样品中肌内脂肪缺乏时，由美拉德反应生成的部分化合物如杂环类等含量明显增加[47]。

（5）糖降解。在较高的温度下糖会发生焦糖化反应并产生具有特殊气味的物质。焦糖化反应的产物主要有两类：一类经脱水生成焦糖；另一类在高温下裂解生成小分子醛酮类，如戊糖可生成糠醛、己糖可以生成羟甲基糠醛等，而随着加热温度和时间的延长，则会产生具有芳香气味的呋喃衍生物、羰基化合物、醇类、脂肪烃和芳香烃类物质。目前已经明确的反应路径有核苷酸如肌苷单磷酸盐加热后产生 5-磷酸核糖，然后脱磷酸、脱水，形成 5-甲基-4-羟基-呋喃酮。羟甲基呋喃酮类化合物很容易与 H_2S 反应，产生非常强烈的肉香气。

3）过熟味生成机理及调控机制

“过熟味”（warmed-over flavor，WOF）又称热异味，是肉品在经历加热→冷藏→再加热处理后产生的特殊不良气味，一般被描述为湿纸板味（cardboard like）、亚麻籽油味（linseed oil like）、酸败味（rancid）、苦味（bitter）、硫化味（sulphur-like）等。我国居民多喜食热食，所以很多肉制品在食用前经过了复热甚至多次加热，这导致 WOF 大量产生，严重影响了肉制品的食用品质。

（1）WOF 的构成及感官描述。由于肉品中气味物质构成复杂、现有检测技术尚不完善及呈味物质自身特性（在适宜浓度下呈现良好气味但是在过高浓度下呈现不良气味）等因素的影响，国内外对 WOF 的具体物质构成尚无统一结论，但是已经初步确定脂肪族醛及其氧化产物和硫化物是其主要构成，而且基本是肉制品中的原有物质在复热过程中由于含量过度升高所致，与复热过程中生成的新物质关系不大。

脂肪醛及其氧化产物如戊醛、己醛、庚醛、辛醛、壬醛、2,3-辛二酮、2-戊基呋喃、2-庚酮、（反,反）-2,4-癸二烯醛、（反,反）-2,4-庚二烯醛、（反）-2-癸烯醛、二甲基二硫化物等在浓度较低时会呈现出青草香气、油脂香气、水果香气等。对肉的呈味有积极贡献，但是当其浓度高于一定阈值后就会呈现出令人不悦的气味。很多研究表明这类物质在肉品复热过程中含量变化较为剧烈，如己醛含量甚至可能增加几十倍，所以被认为是肉品中 WOF 的重要来源。与脂肪醛及其氧化产物类似，肉制品在加工、储藏和二次加热过程中由于含硫氨基酸和含二硫键及以上的硫化物持续分解，生成了大量小分子的中间产物，其中一部分中间产物继续和脂源性小分子化合物生成次级产物——含硫杂环化合物。研究发现，这些环状或脂肪族含硫小分子化合物浓度在冷藏过程中含量依然出现明显的增加，其呈现的气味也由肉香、烤香转化为具有刺激性的臭鸡蛋味，所以也被认为对 WOF 具有重要贡献。此外，含硫小分子化合物也会与肉制品中的蛋白质或脂肪等成分发生交联互作，也会导致不良气味的产生[46-48]。

WOF 的感官描述主要是从气味、滋味、整体风味和余味几个方面进行（表 2.6），国外研究人员将其整体风味大致概括为金属味/血腥味、熟肉味、酸败味、乳酸/新鲜的酸味、植物油味等，代表性气味则主要包括湿纸板味、亚麻籽油味、橡胶味/硫臭味、坚果味、青草味和脂肪味。表 2.6 中列出了其感官描述及对应的参考标准。

表 2.6　WOF 感官风味剖面描述

感官描述		参考标准	
气味	湿纸板味	湿纸板	气味参照
	亚麻籽油味	热亚麻油/亚麻油基涂料	
	橡胶味/硫臭味	热橡胶/煮鸡蛋的蛋白质	
	坚果味	新鲜榛子碎	
	青草味	新鲜青豆	
	脂肪味	猪背脂（新鲜，未氧化）	
滋味	甜味	1g/L 蔗糖水溶液	滋味参照
	咸味	0.5g/L 氯化钠水溶液	
	酸味	0.3g/L 一水柠檬酸水溶液	
	苦味	0.05g/L 盐酸奎宁水溶液	
	鲜味	0.5g/L 味精水溶液	
整体风味	金属味/血腥味	0.1g/L 硫酸亚铁水溶液	整体风味参照
	新鲜熟猪肉/鸡肉	无褐变的烤制猪肉/鸡肉	
	酸败味	氧化植物油	
	乳酸/新鲜的酸味	天然纯酸乳	
	植物油味	新鲜菜籽油	
	猪膻味/动物臭味	0.06μg/mL 甲基吲哚精炼植物油溶液	
	鱼腥味	煮沸的鱼高汤	
	金属味	不锈钢条	
	肝脏味	熟牛肉肝脏	
余味	涩味	0.02g/L 硫酸铝溶液	余味参照

目前国内外对 WOF 的评价尚无统一指标，几种常用的评价指标在评价效果上都存在一定的争议。例如，已醛含量变化较为显著且不同浓度下风味变化较为明显，所以很多研究中将其作为确定 WOF 变化的依据；类似的还有硫代巴比妥酸反应物值（TBARS 值），能够反映脂质氧化的程度，而脂质氧化产物如醛、酮等对 WOF 贡献较大，所以也常被用作评价指标；甚至有学者研究认为已醛和 TBARS 值具有相同的定量效果。但是有学者发现，采用抗氧化剂降低脂质氧化程度后，已醛和 TBARS 值都有明显降低，感官评价却显示 WOF 并无明显变化，此外这两个指标也无法反映蛋白质降解对 WOF 的贡献。因此，近年来对 WOF 的评级往往是基于感官评价、风味成分、化学参数的多指标综合评价方法，但是无论哪种方法都尚未实现对其的定量评价[45,48-50]。

（2）WOF 生成的主要影响因素。WOF 的生成主要基于脂质和蛋白质的氧化级联作用。目前已知的影响因素可能包括肌内磷脂含量、铁离子、加工处理、畜种、加热等。肌内磷脂是肉品中多不饱和脂肪酸的重要来源，而多不饱和脂肪酸氧化则是导致 WOF 的某些醛、酮类物质的重要来源，通常多不饱和脂肪酸含量越高，复热时 WOF 强度越大。血红素铁（结合态铁）和非血红素铁（游离态铁）等金属离子能够催化脂肪酸的氧化，通过加速脂质氧化产物的生成导致 WOF 含量增加。加工处理的影响主要是由于斩拌、冷冻等都会破坏肌肉组织的完整性并导致铁离子、磷脂等大量释放及肉中的抗氧化酶系变性，加速氧化反应并导致 WOF 增加。畜种对 WOF 的影响主要是由于不同畜肉中不饱和脂肪酸及天然抗氧化成分含量存在差异且脂质氧化难易程度不同，总体上脂质氧化顺序为鱼肉>禽肉>猪肉>牛肉>羊肉，然而特定气味如湿纸板味在牛肉中的产生速率要快于猪肉和鸡肉；携带 *RN* 基因的猪肉糜在蒸煮中呈现更多的酸味和金属味。此外，加热温度、加热方式对 WOF 均有影响，加热温度对 WOF 的影响并不呈线性关联，在 70～90℃复热时，WOF 随温度上升而明显增加，但温度超过 100℃时 WOF 含量增加反而变缓；相较于传统水蒸加热、煎炸和烧烤，生鲜肉微波加热后冷藏再加热产生的 WOF 则更为显著[51-54]。总体而言，WOF 的影响因素可以概括为底物的含量、底物和氧的接触、内源抗氧化剂和抗氧化剂的含量及处理、加工和存储的条件。

（3）WOF 调控机制。目前对 WOF 生成机理尚无定论，所以对 WOF 的调控依然主要以抑制肉品的氧化程度为主，如通过添加抗氧化剂、金属螯合剂及改善包装方式来阻止或延缓 WOF 的生成。目前合成抗氧化剂（丁基羟基茴香醚 BHA、二丁基羟基甲苯 BHT、特丁基对苯二酚 TBHQ、没食子酸丙酯 PG）和天然抗氧化成分（维生素 C、维生素 E、美拉德反应产物 MPRS、迷迭香提取物、西印度樱桃提取物、丁香、肉桂、胡椒、葡萄皮及葡萄籽提取物、乳清蛋白提取物、山莓提取物、角豆果提取物、荷叶粉、蜂蜜等）都已经被证明能够在一定程度上抑制 WOF 的生成，具体抑制效果为：美拉德反应产物>丁香>抗坏血酸>肉桂、TBHQ>BHA>PG，迷迭香提取物>葡萄皮提取物>绿茶和咖啡提取物。此外，由于美拉德反应产物具有抗氧化性，所以在肉品中添加还原糖或提高加工温度也能在一定程度上降低 WOF 生成。研究还发现抗氧化剂和金属螯合剂（磷酸盐、柠檬酸、维生素 C、乙二胺四乙酸 EDTA 等）在抑制 WOF 上具有较好的协同作用。基于类似的原理还有采用低氧气调包装或真空包装，通过减少肉品与氧气的接触达到抑制氧化而减少 WOF 的效果。还有研究者采用超临界 CO_2 萃取法去除肉制品中的 WOF，结果显示所采取的压力越高效果越好[55]。

2.2.3 质构

肉制品的口感虽然不像风味、色泽等特征能够影响消费者的购买意愿，但对消费者食用感受具有较大的影响。传统肉制品极其重视产品的口感，如“肥而不腻，瘦而不柴”“入口即化”“外脆里嫩”等词语都是用于形容肉制品的口感，而肉制品口感则由其质构特性决定。

1. 肉品质构特性

质构特性属于物理性质，是指原料产品在机械加工过程中所产生的力学性质、光学性质和结构状态，可被人以触觉、视觉、听觉等方式感知，由剪切力、保水性、硬度、弹性、回复性、黏聚性、咀嚼性、延展性、多汁性等多个指标组成。其中，剪切力是指刀具切断待测肉样时所需的力，剪切力的峰值代表样品的嫩度值。肉的保水性则影响加工过程中的汁液损失、咀嚼时的多汁性等。质构特性主要具有以下几方面特点：①由原料肉自身特性、加工工艺、储藏条件等多种因素决定的复合性质；②属于机械的和流变学的物理性质；③主要由肉制品与手、口腔等接触而被感知；④间接影响肉制品的颜色、光泽度、外形等。肉品的质构特性及其变化规律对生产设备的研发制造、生产企业的设备选型、生产工艺参数的优化及产品品质的提升均有重要意义。

2. 肉品质构形成机制

肉制品的配方组成、加工工艺等显著影响其质构特性，质构的形成主要依赖于加工过程中细胞骨架蛋白、结缔组织、肌原纤维蛋白[56]的变化。细胞骨架蛋白以细丝状存在于肌原纤维的间隙，包括连接蛋白、伴肌动蛋白、肌间线蛋白，对肌原纤维蛋白结构具有调节作用，与肉的成熟嫩化有关。结缔组织的主要成分是胶原蛋白，与肌肉嫩度、韧性息息相关[57-58]。肌原纤维蛋白在加热、加盐、添加多糖等条件下，蛋白质分子展开，形成凝胶网络结构，对肉品质构特性具有重要作用[59]。肌原纤维蛋白主要包括肌球蛋白、肌动蛋白、肌动球蛋白等，肌球蛋白是粗肌丝的主要成分，在加热条件下易发生凝固从而形成黏性凝胶；肌动蛋白是构成细肌丝的主要成分，可与肌球蛋白形成交联结构参与肌肉收缩；同时，肌球蛋白可与肌动蛋白结合形成黏度较高的肌动球蛋白，高浓度肌动球蛋白易形成蛋白凝胶。当离子强度较高时，以单体形式分散的肌球蛋白形成的凝胶网络孔径较大，而在低浓度的离子强度下，肌球蛋白分子组装成细丝状，在加工过程中形成的凝胶网络结构更均匀、孔径较小。以肌球蛋白为例，其凝胶形成可分为两步。将肉样加热至 30～50℃，肌球蛋白的头部发生聚集；加热至 50℃以上，形成更大的聚集体，尾部的螺旋结构发生变化，凝胶网络形成。在热致凝胶化的过程中，蛋白质 α 螺旋含量下降，β 折叠和无规则卷曲含量增加，从而可能导致疏水基团暴露增加，诱导化学交联，形成三维凝胶网络[60]。

肌肉的保水性取决于细胞结构的完整性和蛋白质的空间结构，在肉品加工过程中，肌原纤维蛋白[61]通过形成凝胶网络结构而截留水分，从而增加制品保水性。但是，细胞膜脂质过度氧化或因冻结形成的冰晶可破坏细胞膜的完整性；肌肉成熟过程中细胞骨架蛋白的过度降解可破坏细胞微结构；pH、温度骤变则引起肌肉蛋白质的收缩、变性、降解。上述因素可导致肌肉保水性下降，从而造成肉品汁液损失[62]。

热诱导凝胶与肉品的硬度、咀嚼性等密切相关。肉品含水量、含盐量、蛋白质含量、脂肪含量、淀粉含量、胶类物质添加量等均会影响其硬度。食盐可促进盐溶蛋白质的溶出，从而增加肉品硬度；磷酸盐可增加体系的离子强度，使得产品碱性增强，偏离等电点，可一定程度上螯合金属离子、解离肌动球蛋白，从而增加产品硬度。此外，水分、脂肪含量的增加，黄原胶、阿拉伯胶的添加通过改变肉品中肌原纤维蛋白的交联，影响其凝胶性能，从而影响肉品硬度。同时，胶类物质的添加将改变肉品中蛋白质的空间网络结构，从而影响产品的凝胶能力，影响其脆性、弹性，而磷酸盐的适当添加则可提高肉品保水性，从而提高产品脆性。在一定范围内，肉品黏着性与淀粉含量呈正相关，肉品弹性与水分含量也呈正相关。肉品的咀嚼性与其硬度、弹性等密切联系[63]。

根据肌肉在成熟和加工过程中的生理生化变化对质构特性的影响，已实现多种技术对肉品质构的改善[64]。真空滚揉技术是提高肉品嫩度的一种方法，肉块在滚揉机中进行机械运动，造成细胞损伤、肌纤维断裂，同时，促进 Ca^{2+}的释放和肌纤维蛋白的酶解，从而提高肌肉嫩度、弹性。高压处理也可改善肉品质构[65]，在一定压力下，蛋白质凝胶结构弹性增加，但持续增加压力，凝胶变硬。目前，关于高压嫩化的作用机制还不十分清晰，可能是由于高压激活了钙蛋白酶系统，同时促进了细胞骨架蛋白的降解，从而造成肌纤维断裂、小片化，导致肌肉纤维松弛。

3. 肉品质构的影响因素

肉品的质构特征受到其所含有的结缔组织（肌外膜、肌内膜、肌束膜）的含量和性质变化、肌原纤维蛋白的种类和结构变化、肌间脂肪的含量和分布变化及肌肉持水力的变化等的直接影响[66-69]，而上述因素的变化则又由肉用动物自身的特性、屠宰加工工艺、储藏运输条件等因素决定。

1）宰前因素对质构的影响

（1）畜种。家畜种类对肉的质构影响极大[70]。例如，与猪和羊相比，牛的肌肉最粗糙，这可能与其结缔组织含量较高有关。与普通牛肉相比，矮脚牛肉嫩度较差，这可能与肌束大小和半腱肌硬度有关。此外，即使不同家畜在结缔组织的含量上差异不显著，胶原蛋白的差异也可引起品种间肉的质构差异。总体来看，畜种之间的基因差异是导致其质构差异的根本原因。研究者将婆罗门牛通过杂交手段引入瘤牛（*Bos indicus*）基因，直接导致其嫩度降低；Aali 等[71]发现伊朗肥尾和稀尾羊肉品质差异是钙蛋白酶抑制剂基因不同所致。最新研究显示养殖生态系统对肉品品质也会产生一定的影响[72]。

（2）畜龄。在动物成年前，随着畜龄的增长，动物肉品中结缔组织含量下降，但是肉硬度反而上升。有研究显示造成这一变化主要是由于成年动物肌肉中胶原蛋白、结缔组织成熟、交联程度增加，胶原蛋白的热不溶解性增强，进而降低了肉品嫩度。但是在动物成年后，其肉品的质构随年龄增长的变化就不再显著，如 50 月龄和 90 月龄的牛肉其质构特性差异极小[73]。此外，畜龄对质构的影响不仅受到结缔组织、肌肉组织变化的影响，也与胴体成长、脂肪含量的变化、长期运动导致的肌肉致密程度增加等因素有关[74]。

（3）营养状况。营养状况较差的家畜肌内脂肪含量偏低，肌内脂肪可以降低肉品的硬度，因此较为消瘦的动物其肉质往往偏硬；营养状况较好的家畜由于肌内脂肪含量丰富，所以嫩度较高。除影响肌内脂肪含量外，调节动物营养状况还可以通过改变肌肉中胶原蛋白的含量、控制生长速度、增加非交联胶原蛋白的含量等途径改善肉品的质构特性[75]。例如，日粮中添加辣木可改善羔羊的嫩度[76]；饲料中添加甘露醇可改善兔肉的肌肉品质，包括脂肪、蛋白质、背最长肌水分含量及肌肉硬度等[77]。

（4）来源部位。胴体不同部位的肉质也存在明显差异[78]。例如，感官评价和质构仪测试都显示生肉中剪切力最小的部位为背最长肌，最大的为皮肌；而熟肉中剪切力最小的部位是腰大肌，最大的是胸下颌肌。即使同一肌肉组织的不同位置也存在质构差异，如牛的半膜肌硬度由近端向远端逐渐增加；猪的背最长肌外部比内部更嫩[79-80]。导致肌肉质构差异的主要原因是不同肌肉部位中肌外膜、肌内膜、肌束膜的相对比例不同，胶原蛋白种类、成熟交联含量及弹性蛋白含量存在差异。例如，弹性蛋白虽然在肉中含量较低，但由于其具有抗降解、抗热变的能力，所以当弹性蛋白含量增加，熟制肉品就会具有更高的硬度。此外，使用频率高的肌肉如半膜肌、股二头肌等因为肌纤维比使用频率低的肌肉更加粗大，也导致其质构特性发生变化，如剪切力升高等[81]。

2）宰后因素对质构的影响

（1）宰后糖酵解。宰后糖酵解是导致肌肉中结缔组织含量和分布出现差异的主要原因，酵解速率、酵解程度均会影响肌肉质构特性[82]。这是由于宰后肌肉中的肌糖原会在糖酵解酶作用下持续分解，并大量生成乳酸，进而导致肉品的 pH 降低；而肌肉中糖储备量降低，肉的 pH 升高则会导致钙蛋白酶活性降低，进而导致其参与的肌肉蛋白质降解反应受抑制，使得肉品中蛋白质降解程度降低，硬度、剪切力等增加。肉的 pH 迅速下降还可以通过影响导致肌浆蛋白变性并沉积在肌原纤维蛋白上，使得肌原纤维蛋白的溶解度降低，含量发生变化，从而最终影响肉品的质构特性[83-84]。

（2）僵直和成熟阶段的处理。肌肉僵直阶段的质构变化与肌肉收缩程度紧密相关，当肌肉收缩时肌纤维的弹性增加，胶原蛋白的疏松结构变得有序、致密，肉质硬度增加。研究显示肌肉在高于 25℃和低于 10℃时都会出现过度收缩，分别被称为热收缩和冷收缩，收缩比率能达到初始肌节长度的 30%和 50%。热收缩是由于较高温度下酶活性较高，使得僵直进程加速；冷收缩则可能是由于肌肉中肌质网在低温下失能导致其中钙离子被大量释放至肌浆中，钙离子能够增加肌动球蛋白 ATP 酶活性且此时肌肉中尚有较高 ATP 残留，所以肌肉出现最大限度收缩，引起暗带滑动，消除了肌节中的 I 带，硬度增加[85-86]。冷收缩的肌肉在僵直解除后依然具有较高的硬度。如果肌肉在僵直前快速冻结，解冻时糖原快速酵解，仍会发生僵直现象，这可能与肌动球蛋白 ATP 酶的作用有关。尽管解冻僵直会导致肉质变硬，但若不解冻直接煮制则会导致肉质过嫩，这可能是因为高温条件下肉的 pH 接近活体 pH，肌肉保水性更好。分割肉于僵直前冻结，后续缓慢解冻，则可极大地缓解肌肉收缩、硬化[87]。

（3）电刺激。电刺激可在胴体温度较高的情况下快速降低 pH，激活溶酶体蛋白酶、钙蛋白酶，防止冷收缩导致的硬度增加。电刺激还可加速肌肉代谢，缩短尸僵时间，降低尸僵程度，从而提高肌肉嫩度。例如，宰后的马肉样品经 60s 电刺激、14d 成熟后，其剪切力较未处理组下降了 13.8%[88-89]。

（4）加工工艺。加工工艺对肉制品质构的形成具有重要作用。原料肉的解冻方式、腌制剂成分、辅料配方、机械加工、高压处理、热加工等均可影响肉制品的质构特性。

与−20℃冻结、−80℃冻结方式相比，液氮速冻可更好地保持肉羊内脏的质构特性[90]。超声波解冻可提高鸡肉的解冻速率，但易造成鸡肉保水性差，其中 180W 超声波解冻对鸡肉品质的负面影响相对较小[91]。相比室温解冻、静水解冻、流水解冻和微波解冻的肌肉样品，低温解冻对样品的解冻损失、烹饪损失影响最小，肌肉持水力最大，盐溶蛋白损失最少，具有最好的嫩度、弹性等质构特性，与新鲜原料肉差异较小[92]。彭泽宇等[93]研究表明，低温高湿解冻（如 4℃、90%湿度解冻）可有效缓解蛋白质变性，改善猪肉质构品质。

亚硝酸盐是腌腊肉制品常用的添加剂，其添加量和腌制时间对肉制品质构特性影响显著。辅料中水分、盐分、脂肪的添加量均影响肌原纤维蛋白的溶出及网络结构的状态，此外胶类、淀粉类物质的种类和添加量、植物蛋白及生物酶制剂等对肉制品质构影响较大[94]。当添加 6%绿豆蛋白时，香肠的硬度、弹性、咀嚼度较优[95]。

机械加工方式可改变肌肉纤维结构[96]，如斩拌工艺能够显著改变肉制品的质构特性。适当的斩拌有助于形成致密的蛋白质网状结构，提高肉制品的持水力，从而改善肉制品的质构。斩拌时间过长，则会使产品中脂肪粒变小，蛋白质部分变性，使得凝胶弹性、黏着性、硬度减小；斩拌时间不足，盐溶蛋白无法充分溶出，肌原纤维蛋白的凝胶特性较差[97]。针对不同肉制品，需要根据产品要求确定适宜的斩拌速度、斩拌时间。例如，乳化香肠的最佳斩拌工艺为：初始温度 5℃，中速斩拌，斩拌时间为 360s[98]。

高压处理可以改变肌肉中肌原纤维蛋白的状态，在肌肉僵直前进行高压处理可起到肉质嫩化的作用，而僵直后的肌肉若想达到相同效果，则需要采取高压结合热处理的方式[99]。此外，辐照、超声处理也可提高肌肉嫩度[100-103]。

热加工对肌肉嫩度-硬度的影响具有两面性，加热促使胶原蛋白转化为明胶，增加结缔组织嫩度，但是明胶凝聚也导致肌原纤维蛋白硬度增加，而这两方面变化的强弱取决于热处理的温度和时间。热加工时间主要作用于胶原蛋白嫩度，热加工温度主要作用于肌原纤维蛋白硬度。热加工还可导致肌纤维收缩，肌浆蛋白沉淀，肌原纤维蛋白形成凝胶，这对肉制品的黏着力也具有重要作用。此外，随着热加工温度的升高，肌肉剪切力、硬度、咀嚼性均呈现先增加后降低的趋势。研究显示，在不同加热温度下，鹅肉肌纤维的状态存在较大差异：加热温度为 55～60℃时可导致肌纤维收缩；温度升高至 65～75℃则会使肌内膜、肌束膜与肌纤维分离，并且随着处理温度的增加肌纤维破坏的程度也随之加剧；当温度升高至 95℃时，肌内膜基本消失。因此，90～95℃加热处理有利于鹅肉形成较好的质构特性，具有很好的食用口感[104]。

4. 肉品质构控制

1）原料肉储藏

家畜屠宰后，采用水平吊挂、分割肉快速冻结的方式储藏原料肉，使用前进行低温解冻，可极大地缓解肌肉收缩、硬化。

2）机械处理

家畜屠宰后半小时内，对胴体进行低电压刺激可显著提高肌肉嫩度。摔打、斩拌、滚揉等机械处理均可造成细胞损伤、肌纤维断裂，改变肉制品质构特性。

例如，真空滚揉可破坏结缔组织，促进肌肉组织中水分与溶质快速均匀分布，赋予肌肉更好的嫩度、弹性。虽然高压对肌肉作用机制还没有统一定论，但是适当的高压处理可明显改善肉制品的质构，但压力过高则产生质构劣变现象[105]。此外，电场、磁场、超声波可能破坏肌肉细胞膜、肌原纤维蛋白结构，所以适宜的机械处理可以使肉制品具有更好的质构特性。

3）腌料、辅料成分

肉制品的含水量对其质构影响较大，根据肉制品的特点改变其含水量可调整产品硬度、弹性、咀嚼性等质构特性。肉制品的pH、食盐、磷酸盐的添加量能够显著影响肌肉蛋白质的溶解性、功能特性，从而改变其产品的质构特性。如磷酸盐可提高肉制品的保水性、内聚性；食盐可增加蒸煮后肉糜的硬度；氯化钾、氯化钙等部分替代氯化钠可增加香肠的脆性。大豆分离蛋白（SPI）能较好地控制肠类制品的汁液流失，增强肉制品的质构稳定性。生物酶制剂，如转谷氨酰胺酶的适量添加可促进肌肉稳定凝胶网络结构的形成，改善肉制品硬度、弹性[106]。

4）蛋白酶

部分蛋白酶具有嫩化肉的作用，酶的嫩化作用主要与蛋白质裂解有关，若酶解过度则导致肉制品质构劣变[107]。细菌和真菌蛋白酶作用于肌原纤维蛋白，植物源性蛋白酶主要作用于结缔组织，宰前活体注射可保证酶液更均匀地分布于肌肉中，其允许用量为5%～10%。动物屠宰前（1～30min）被注射商用剂量的该类蛋白酶，可大大改善由冷收缩造成的肌肉变硬。此外，人为激活内源酶（组织蛋白酶）也可起到嫩化肌肉的作用，如增加饲料里维生素A的含量可通过促进溶酶体蛋白酶的释放改善肉品质构。

5）控制成熟、热加工条件

成熟可增加肌肉嫩度，不同温度和成熟时间对肌肉质构具有影响。肌肉中的蛋白酶在37℃环境下的作用强度高于5℃环境下的作用强度，所以低温成熟所需的时间高于高温成熟所需的时间。低温长时和高温短时成熟均可改善肉嫩度，但当温度高于40℃时，成熟速率随温度持续升高而下降，这可能是由于高温下蛋白酶变性，活力降低。

2.3　肉品加工中的组分变化

2.3.1　肉品加工中的蛋白质变化

肉品在加工、储藏过程中，蛋白质会在各种外界处理的作用下发生一系列的生化反应，如磷酸化、变性、降解、氧化、凝胶、乳化等，并对肉制品的质构、色泽、风味品质产生影响[108-109]。

1. 蛋白质磷酸化

肉加工过程中蛋白质磷酸化主要是在蛋白质激酶催化下，ATP 的磷酸基转移到底物蛋白质氨基酸（丝氨酸、苏氨酸、酪氨酸）残基上的过程。畜禽被屠宰后能量供应中断，组织主要通过糖酵解补充能量。糖酵解过程会产生大量乳酸，导致肌肉 pH 下降，同时通过蛋白质磷酸化和去磷酸化途径实现高能磷酸键的转移。对家畜胴体进行电刺激，可加速屠宰后相应酶类的去磷酸化水平，从而加速磷酸肌酸、糖原和 ATP 的消耗，加快 pH 下降速率，进一步激活钙蛋白酶，促进溶酶体组织蛋白酶释放，防止肉质过硬。同时，电刺激对热休克蛋白的磷酸化水平也有影响。此外，在肉制品冷藏、腌制等加工过程中，肌动蛋白、肌球蛋白轻链、肌钙蛋白、原肌球蛋白、肌间线蛋白等多种肌肉蛋白均会发生不同程度的磷酸化反应。蛋白质磷酸化反应可以通过影响糖酵解过程，进而影响肌肉收缩和蛋白质降解。张彩霞等[110]研究了腌制温度对蛋白质磷酸化的影响，发现腌制温度越低，肌浆蛋白磷酸化水平越低，而肌原纤维蛋白磷酸化水平越高，温度对单一蛋白质磷酸化水平影响各异，从而调控肉品品质。李蒙[111]通过蛋白质组学技术和生物信息学分析，明确肌红蛋白、糖代谢酶的磷酸化是肉色调控的关键途径之一，磷酸化降低肌红蛋白二级结构稳定性，加快其自动氧化速率，调控肉色稳定性。王颖[112]分析了肌联蛋白磷酸化对宰后肌肉嫩化的作用机制，发现可通过调控 pH 提高 μ-钙蛋白酶活性，加快肌原纤维蛋白降解，促进宰后肌肉嫩化进程。磷酸化可促进肌联蛋白降解，加速宰后肌肉嫩化进程；而碱性磷酸酶作用的去磷酸化位点引起肌联蛋白结构改变，有利于 μ-钙蛋白酶识别，从而促进其降解。肉制品加工过程中蛋白质磷酸化反应是肉制品品质形成的重要因素[113]。

2. 蛋白质变性

变性主要是肌肉蛋白质的物理变化，包括分子重排[114]。畜禽被屠宰后，ATP 逐渐耗尽，肌肉蛋白质没有使其保持结构、功能的充足能量而发生变性[115]。宰后成熟期，肌肉处于低于生理值的 pH、25℃以上或 0℃以下、干燥或非盐溶液的环境下，肌浆蛋白、肌原纤维蛋白会发生不同程度的变性。陈胜[116]研究发现相较于 15℃空气解冻和 15℃静水解冻，4℃低温解冻可降低解冻过程中蛋白质变性的程度，降低蛋白质表面疏水性，更好地保持肉品质构特性；真空滚揉腌制可增加蛋白质变性的程度，提高鸡肉腌制液吸收率，从而改善鸡肉嫩度。热加工过程中，肌肉蛋白质发生热变性，蛋白质结构改变，其疏水性增加，蛋白质聚集加剧。

3. 蛋白质降解

肌肉成熟过程中，结缔组织中弹性蛋白、胶原蛋白被部分降解，然而大多数的肌原纤维蛋白和结缔组织蛋白不会被大量降解，蛋白质降解产生的小分子可溶性物质多来源于肌浆蛋白。此外，变性蛋白质更易被蛋白酶水解，而电刺激可促进肌钙蛋白 T 的降解。在腌制、发酵等肉制品加工过程中，肌肉蛋白质显著降解，使其化学结构发生改变[117]。肌肉蛋白质的降解主要表现为大分子蛋白质的减少、小分子物质的增多，这主要是组织蛋白酶作用的结果。畜禽品种、加工工艺、加工环境等均可对蛋白质降解产生影响。魏健等[118]通过聚丙烯酰胺凝胶电泳实验，发现随着煮制温度的升高，55 000Da 处的熏马肉蛋白质发生了显著降解，而在 10 000Da 处生成了新的条带。猕猴桃蛋白酶和发酵剂，可促进发酵香肠中肌肉蛋白质的降解[119]。蛋白质降解产生部分风味前体物质、风味物质、游离氨基酸等，对肉制品的风味产生重要作用[120]。

4. 蛋白质氧化

畜禽屠宰后，肌肉在储藏、加工过程中产生活性氧，引发蛋白质氧化[121]。蛋白质氧化属于自由基链式反应，包含起始、延伸、终止 3 个阶段，该过程可导致氨基酸侧链的氧化修饰、羰基化合物的生成、肽链的断裂及蛋白质聚集等变化。蛋白质氧化对其功能性质、营养性质的影响具有双面性，取决于具体的加工条件。在弱氧环境下肌肉蛋白质的凝胶性、乳化性增强，过度氧化则导致蛋白质聚集加剧，导致凝胶结构被破坏[122]。在干腌火腿、干香肠等加工过程中，腌制、后熟时间较长，伴随着肌肉蛋白质氧化的发生[123]。腌制、干燥过程中，肌肉 pH 下降、盐分含量增加都会促进蛋白质的氧化，导致蛋白质表面疏水性增强，蛋白质聚集加剧。加热也会导致肉制品中蛋白质氧化加剧，但不同热加工方式对蛋白质氧化程度的影响不同。以羰基含量表征蛋白质氧化程度，热加工羊肉制品经体外模拟胃肠道消化后，当中心温度从 60℃升高至 90℃时，蒸制处理的蛋白质羰基含量从 5.32nmol/mg 增加至 8.35nmol/mg；当中心温度从 70℃升高至 90℃时，煮制处理的蛋白质羰基含量从 7.50nmol/mg 增加至 10.70nmol/mg；当中心温度从 50℃升高至 80℃时，煎制处理的蛋白质羰基含量从 7.28nmol/mg 增加至 18.18nmol/mg，而炸制处理的蛋白质羰基含量从 5.76nmol/mg 增加至 18.48nmol/mg；当中心温度从 50℃升高至 90℃时，微波处理的蛋白质羰基含量从 6.14nmol/mg 增加至 12.99nmol/mg[124]。持续升温、油炸、烤制将增加肉制品中羰基含量。

改变喂养方式、饲料成分、气调包装或添加抗氧化添加剂等方式可控制肉品中蛋白质的氧化。例如，在腌腊、发酵肉制品生产过程中，添加抗坏血酸等可以抑制蛋白质氧化的发生；植物多酚不仅具有良好的抗氧化性，可作为清除剂、螯合剂、还原剂来抑制蛋白质氧化，同时还具有抑制细菌酶活性的作用[125]。

5. 蛋白质凝胶和乳化

在乳化肉制品的加工过程中，斩拌是影响肉糜品质的关键工艺。瘦肉和脂肪可被斩拌成细小的颗粒，蛋白质结构发生改变，吸附于脂肪球膜表面形成乳化体系，维持该体系稳定的相互作用力主要有氢键、二硫键、疏水相互作用等。热加工是肉制品达到食用标准、形成良好品质的主要加工方式之一。在肉制品热加工过程中肌肉蛋白质因热变性而发生聚集，形成热诱导凝胶[126]，蛋白质二级结构中 α 螺旋含量减少，无规则卷曲、β 折叠、β 转角含量增加。

蛋白质的凝胶和乳化特性对肉制品感官品质影响显著。王正雯等[127]研究了不同加热温度（50～100℃）对鸭胸肉肌原纤维蛋白凝胶结构的影响，70℃形成的肌原纤维蛋白热诱导凝胶均匀、致密，鸭肉保水性最大。刘旺等[128]发现当压力高于 200MPa 时，肌原纤维蛋白与亚麻籽胶复合体系的凝胶保水性显著增加。刘俊雅[129]以竹笋膳食纤维替代脂肪，分析其对肉糜凝胶特性、保水性的影响，添加 2%的竹笋膳食纤维可增加盐溶蛋白的保水性、凝胶强度及肌动蛋白热稳定性，显著增加 β 折叠的含量，提高凝胶网络结构的致密性。诸晓旭[130]研究表明，0.6%*L*-精氨酸或 0.6%*L*-赖氨酸的添加能显著增加肉糜的表观黏度，降低乳化体系中的脂肪颗粒，有利于形成更致密的凝胶网络结构，从而提高香肠乳化稳定性、改善产品质构特征。

2.3.2　肉品加工中的脂肪变化

脂肪是肉中的重要成分，对肉的食用品质影响很大，含量的多少与肉制品的风味、嫩度、多汁性息息相关。脂肪中含量最高的为中性脂肪，还含有少量磷脂和固醇类物质。肌肉组织中脂肪的含量差别很大，与畜禽的育肥、年龄、品种、部位等都有密切的关系。

肉类脂肪中含有 20 多种脂肪酸，包括饱和脂肪酸和不饱和脂肪酸，其中饱和脂肪酸以硬脂酸和软脂酸为主，不饱和脂肪酸以油酸和亚油酸为主。脂肪酸的种类和含量对脂肪的性质具有重要作用，如畜禽脂肪由于饱和脂肪酸含量较高，其熔点和凝固点均较高，脂肪组织更为坚硬。在肉制品加工过程中，脂质氧化和水解对肉制品有双重影响：适度的氧化和水解可以产生大量挥发性风味化合物，对肉制品风味的形成具有重要的作用；过度的氧化和水解将导致肉制品的酸败。

1. 脂肪的水解

脂肪在水存在的条件下，经过加热或在酶的作用下发生水解，释放出游离脂肪酸。在活体畜禽动物的组织中，游离脂肪酸的含量很少，但是动物在宰杀后，由于酶的作用逐渐生成游离脂肪酸，游离脂肪酸的稳定性较差，容易发生进一步的氧化。

2. 脂质的氧化

脂质的氧化可以分为自动氧化、光敏氧化和酶促氧化。

1）脂质的自动氧化

自动氧化是脂质氧化最具代表性的氧化方式，脂质的自动氧化是典型的自由基链式反应，因此所有影响自由基反应的物质和条件都可以影响脂质自动氧化反应的发生。

脂质自动氧化的初级产物是氢过氧化物，其结构与不饱和脂肪酸的结构有关，在氢过氧化物形成过程中一般伴随着双键的转移。氢过氧化物极不稳定，生成的同时立即发生分解。氢过氧化物的分解主要涉及烷氧自由基的生成和进一步的分解，主要产物包括醛、酮、醇、酸、环氧化合物、碳氢化合物等。醛、酮、醇、酸类化合物主要包括壬醛、己醛、2-癸烯醛、2-十一烯醛、顺-4-庚烯醛、2,3-戊二酮、2,4-戊二烯醛、2,4,7-癸三烯醛等；环氧化合物主要是呋喃同系物。这些物质对肉制品风味的形成具有重要的影响。脂质氧化过程中产生的丙二醛是一种有害物质，不仅影响肉制品的风味，同时对肉制品的安全产生危害。脂质自动氧化中产生的醛类物质进一步氧化可以生成相应的酸类化合物，还可以通过聚合或缩合反应形成新的化合物，如 3 个己醛通过聚合反应形成三戊基三噁烷，具有强烈的气味，对肉制品的风味具有负面影响[131-132]。

2）脂质的光敏氧化

光敏氧化是肉制品中脂质氧化的另外一种方式，速率极快，是自动氧化反应的 1000 倍以上，光敏氧化可以引发自动氧化的发生。由于肉制品中的血红素是光敏剂，所以所有肉制品中的光敏氧化均极易发生。光敏氧化的发生有两种途径：第一种是光敏剂被激发后直接与脂质作用生成自由基，从而引发自动氧化反应的发生；第二种是光敏剂被激发后与基态氧反应生成激发态氧，然后攻击不饱和双键的碳原子，使双键的位置发生变化，生成反式构型的氢过氧化物，然后发生进一步的氧化反应[133]。

3）脂质的酶促氧化

脂质的酶促氧化是脂质在脂肪氧化酶参与下发生的氧化反应，脂肪氧化酶广泛存在于生物体内，专一性作用于具有 1,4-顺、顺-戊二烯结构且中心亚甲基处于 ω-8 位的多不饱和脂肪酸，如亚油酸、亚麻酸、花生四烯酸等[134]。

3. 脂质的热分解与热聚合

脂质在 150℃以上的高温作用下会发生氧化、水解、聚合和缩合等反应，生成低级脂肪酸、羟基酸、酯、醛等化合物及二聚体、三聚体等聚合物。脂质的热分解对肉制品的品质具有双重影响：一方面，热分解会造成肉制品中脂质的营养品质和安全系数下降；另一方面，热分解也会促进肉品中醛、酮类风味物质的产生，使肉品具有更好的风味品质。

饱和脂肪酸和不饱和脂肪酸在高温作用下都可以发生热分解反应，包括氧化热分解和非氧化热分解。饱和脂肪酸的非氧化热分解需要的温度较高，氧化热分解在有氧存在的条件下可以迅速发生，生成醛、酮、碳氢化合物等；不饱和脂肪酸的氧化热分解反应和低温下脂质的自动氧化反应途径相同，但是由于温度较高，所以反应速率要快很多，不饱和脂肪酸的非氧化热反应主要生成各种二聚化合物。

脂质的热聚合反应分为非氧化热聚合和氧化热聚合。非氧化热聚合是共轭二烯烃与双键加成生成环己烯类化合物，这个反应可以在不同脂质分子间发生，也可以在同一个脂质分子的两个不饱和脂肪酸酰基之间进行。脂质的氧化热聚合是高温下甘油酯分子在双键的α-碳上均裂产生自由基，自由基相互结合形成非环二聚物或者通过双键加成反应形成环状或非环状化合物。

2.3.3　肉品加工中的维生素变化

肉中含有丰富的 B 族维生素，肉类、动物肝脏等是维生素 B_{12}、脂溶性维生素的重要膳食来源。一些水溶性维生素如硫胺素与核黄素对肉的食用品质具有重要作用。硫胺素是一种含硫和含氮的双环化合物，受热降解可产生多种含硫和含氮挥发性香味物质。动物体内较高的核黄素还可显著降低肌肉滴水损失，改善肌肉品质。维生素 A 与维生素 E 也是人体不可缺少的营养元素，肉中维生素水平对其食用营养品质具有重要作用。维生素 A 可以增强人体免疫系统，帮助细胞再生。维生素 E 作为抗氧化剂的作用已达成共识，动物体内维生素 E 可减少脂质氧化速度，维持屠宰后肌肉细胞的完整性，减少滴水损失，从而改善肉品质。维生素 E 也可有效抑制鲜肉中高铁血红蛋白的形成，增强氧合血红蛋白的稳定性，延长鲜肉的保存时间，但是肉中维生素的含量会在加工及储藏过程中有不同程度的损失。

1. 随汁液流失

肉品加工过程中原料冻肉解冻、蒸煮等工艺会造成肉中汁液流失，一些水溶性维生素如烟酸及其氨基化合物烟酰胺，虽然在酸、碱及高温的条件下具有较好的稳定性，但是会随肉品中水分的流失而损失。

2. 氧化破坏

维生素 A 是肉中主要的脂溶性维生素，对热、酸和碱稳定，一般加工工艺不易引起它的破坏，但易被紫外线、氧气及脂质的氧化产物等氧化性物质氧化，形成环氧化合物、维生素 A 醛、维生素 A 酸等无活性的氧化产物，从而失去其生理功能，且其在高温环境下更容易被氧化。

3. 热降解

热加工对肉品中维生素的含量有重要影响，尤其是一些热敏性维生素会由于受热后不稳定而发生降解。维生素的降解会造成含量的损失，但同样也对肉的风味等品质有积极贡献。硫胺素在热降解时可分解成嘧啶和噻唑环化合物，噻唑环化合物进一步降解成 S、H_2S、呋喃、噻吩和二氢噻吩，这些降解产物形成的反应机理尚不清楚，但肯定涉及噻唑环的降解和重排。

4. pH 影响

pH 影响肉中某些维生素的加工稳定性，如核黄素在酸性或中性环境中对热稳定，且不易受大气中氧气的影响，但在碱性环境中易被热分解，或被可见光破坏。作为肉风味重要前体物质的硫胺素是所有维生素中最不稳定者之一。在碱性环境下降解产生 5-（β-羟乙基）-4-甲基噻唑。硫胺素也可以被亚硝酸盐钝化，可能是亚硝酸盐与环上的氨基反应的结果。

参 考 文 献

[1] 乔晓玲．肉类制品精深加工实用技术与质量管理[M]．北京：中国纺织出版社，2009.
[2] 于新，李小华．肉制品加工技术与配方[M]．北京：中国纺织出版社，2011.
[3] 明丹丹，张一敏，董鹏程，等．牛肉肉色的影响因素及其控制技术研究进展[J]．食品科学，2020，41（1）：284-291.
[4] 朱宏星，孙冲，王道营，等．肌红蛋白理化性质及肉色劣变影响因素研究进展[J]．肉类研究，2019，33（6）：55-63.
[5] 陈景宜，牛力，黄明，等．影响牛肉肉色稳定性的主要生化因子[J]．中国农业科学，2012，45（16）：3363-3372.
[6] 刘文轩，罗欣，杨啸吟，等．脂质氧化对肉色影响的研究进展[J]．食品科学，2020，41（21）：238-271.
[7] 林春艳．猪脂肪、肉色稳定性和品质的营养调控[J]．饲料博览，2019（11）：81.
[8] 赵莉君，骆震，崔文明，等．紫外照射和温度波动对冷鲜肉肉色稳定性的影响[J]．食品科技，2020，45（2）：133-137.
[9] 马骋．不同含氧气调包装方式对牦牛肉保鲜效果和肉色稳定性的影响[D]．兰州：甘肃农业大学，2016.
[10] 陈骋．脂质氧化和抗氧化因子对牦牛肉肌红蛋白稳定性及高铁肌红蛋白还原能力的影响[D]．兰州：甘肃农业大学，2016.
[11] 李若绮．宰后冷藏过程中牛肉肉用品质变化及抗氧化物质对肉色稳定性影响[D]．兰州：甘肃农业大学，2015.
[12] 陈景宜．冷却牛肉褪色的生化因素分析及肉色稳定性研究[D]．南京：南京农业大学，2012.
[13] 汤祥明．高铁肌红蛋白还原酶活力与肉色稳定性的研究[D]．南京：南京师范大学，2006.
[14] 孙京新．冷却猪肉肉色质量分析与评定及肉色稳定性研究[D]．南京：南京农业大学，2004.
[15] 朱彤，王宇，杨君娜，等．肉色研究的概况及最新进展[J]．肉类研究，2008（2）：16-23.
[16] 吴爽．线粒体对肉色及其稳定性影响的研究进展[J]．食品科学，2018（1）：247-253.
[17] 梁荣蓉，张一敏，毛衍伟，等．熟制牛肉肉色问题和影响因素研究进展[J]．食品科学，2019（15）：285-292.
[18] 张汆，徐幸莲，蔡华珍，等．天然产物在肉制品护色保鲜中的应用[J]．食品工业科技，2013，34（10）：370-374.
[19] 黄韬睿，王鑫，童光森，等．天然色素替代亚硝酸盐在腊肉着色和护色中的应用研究[J]．食品科技，2019，（2）：134-137.
[20] 王玮，葛毅强，王永涛，等．超高压处理保持猪背最长肌冷藏期间肉色稳定性[J]．农业工程学报，2014，30（10）：248-253.

[21] 张蒙蒙，罗欣，张一敏，等．钙盐对肉与肉制品肉色的影响及其机理研究进展[J]．食品科学，2019，40（23）：327-333．

[22] 郇晶晶，张玉斌，吴仕達，等．乳酸盐对冷却肉护色机理的研究进展[J]．食品与发酵工业，2019，45（12）：279-284．

[23] 林森森，戴志远．鱼肉肌红蛋白的呈色机理及其在热加工中对肉色的影响[J]．肉类工业，2019，（1）：52-57：279-284．

[24] 郇思琪，刘登勇，王笑丹，等．食品中呈鲜味物质研究进展[J/OL]．食品工业科技：1-13．http://kns.cnki.net/kcms/detail/11.1759.ts.20200525.0957.004.html．[2020-07-13]．

[25] 王天泽，谭佳，杜文斌，等．北京油鸡鸡汤滋味物质分析[J]．食品科学，2020，41（8）：159-164．

[26] 宋泽．炖煮牛肉风味研究及其形成机理初探[D]．上海：上海应用技术大学，2019．

[27] 戈美玲．大青山山羊肉主要风味前体物质变化规律的研究[D]．呼和浩特：内蒙古农业大学，2019．

[28] 赵志南．不同地方特色熏鸡食用品质的比较分析[D]．锦州：渤海大学，2019．

[29] 朱灵涛．基于膜修饰传感器的牛肉滋味品质评价及呈鲜味氨基酸检测方法[D]．长春：吉林大学，2019．

[30] 李建军．优质肉鸡风味特性研究[D]．北京：中国农业科学院，2003．

[31] 张宁龙．养殖河鲀鱼特征性滋味组分及呈味肽的研究[D]．上海：上海海洋大学，2019．

[32] 刘登勇，赵志南，吴金城，等．不同地域特色熏鸡非盐呈味物质比较分析[J]．食品科学，2020，41（2）：238-243．

[33] 张慢．清炖型肉汤的风味形成机制及电炖锅烹饪程序优化[D]．无锡：江南大学，2019．

[34] 杨平，王瑶，宋焕禄，等．不同熬制条件下猪肉汤中滋味成分的变化[J]．中国食品学报，2018，18（12）：247-260．

[35] 林光月，穆利霞，邹宇晓，等．食品中的蛋白质脂类物质及其呈味机理研究进展[J]．农产品加工，2017（10）：68-72．

[36] 刘登勇，刘欢，张庆永，等．卤汤循环利用次数对扒鸡非盐呈味物质的影响[J]．食品与发酵工业，2018，44（12）：194-199．

[37] 徐欣如，尤梦晨，宋焕禄，等．不同酶对牛骨素热反应香精气味及滋味的影响[J]．食品工业科技，2019，40（3）：228-238．

[38] 都荣强，王天泽，杜文斌，等．猪肉不同蛋白酶解呈味组分及热反应风味物质比较[J]．中国食品学报，2017，17（10）：211-219．

[39] 尹涛，刘敬科，赵思明，等．冷藏和热加工对鲢肌肉主要滋味活性物质的影响[J]．华中农业大学学报，2015，34（1）：108-114．

[40] 陶正清，刘登勇，周光宏，等．盐水鸭工业化加工过程中主要滋味物质的测定及呈味作用评价[J]．核农学报，2014，28（4）：632-639．

[41] 吴锁连，康怀彬．烧鸡加工过程中滋味成分变化的研究[J]．食品工业科技，2012，33（19）：109-111．

[42] SHAHIDI F．肉制品与水产品的风味[M]．李洁，朱国斌，译．北京：中国轻工业出版社，2001．

[43] BYRNE D V, O'SULLIVAN M G, BREDIE W L P, et al. Descriptive sensory profiling and physical/chemical analyses of warmed-over flavour in pork patties from carriers and non-carriers of the RN-allele[J]. Meat Science, 2003, 63(2): 211-224.

[44] KONOPKA U C, GUTH H, GROSCH W. Potent odorants formed by lipid peroxidation as indicators of the warmed-over flavor (WOF) of cooked meat[J]. Zeitschrift für Lebensmittel-Untersuchung und Forschung, 1995, 201 (4): 339-343.

[45] TIKK K, HAUGEN J E, ANDERSEN H J, et al. Monitoring of warmed-over flavour in pork using the electronic nose—Correlation to sensory attributes and secondary lipid oxidation products[J]. Meat Science, 2008, 80(4): 1254-1263.

[46] JIANG W, WEN Z, WU M, et al. The effect of pH control on acetone-butanol-ethanol fermentation by clostridium acetobutylicum ATCC 824 with xylose and d-glucose and d-xylose mixture[J]. Chinese Journal of Chemical Engineering, 2014, 22(8): 937-942.

[47] GUNTZ-DUBINI R, CERNY C. Formation of cysteine-S-conjugates in the maillard reaction of cysteine and xylose[J]. Food Chemistry, 2013, 141(2): 1078-1086.

[48] ANGELO A J S, VERCELLOTTI J R, LEGENDRE M G, et al. Chemical and instrumental analyses of warmed-over flavor in beef[J]. Journal of Food Science, 1987, 52(5): 1163-1168.
[49] STAHNKE L H. Aroma components from dried sausages fermented with staphylococcus xylosus[J]. Meat Science, 1994, 38(1): 39-53.
[50] NEETHLING J, HOFFMAN L C, MULLER M. Factors influencing the flavour of game meat: A review[J]. Meat Science, 2015, 113(22): 139-153.
[51] LAGE M E, GODOY H T, BOLINI H M A, et al. Development of descriptive terminology for warmed-over flavor in bovine roast-beef [J]. Ciênc.Anim.Bras, 2014, 15: 128-137.
[52] CHENG J H, OCKERMAN H W. Effects of electrical stimulation on lipid oxidation and warmed-over flavor of precooked roast beef[J]. Asian Australasian Journal of Animal Sciences, 2013, 26(2):282-286.
[53] 晋淑意，沈祐成，杨乃成，等. 添加绿茶及红茶萃取物对预煮鸡肉质量之影响[J]. 台湾营养学会杂志，2012，37（1）：25-35.
[54] 任志伟. 鸭肉熟制品 WOF 异味抑制研究[D]. 合肥：合肥工业大学，2012.
[55] LI H J, HUANG Y C, HE Z F, et al. Regression analysis of sensory characteristics and volatile compounds in pork product during cold-storage[J]. Scientia Agricultura Sinica, 2012, 45（1）:142-152.
[56] 郝婉名，祝超智，赵改名，等. 肌肉嫩度的影响因素及 pH 调节牛肉嫩化技术研究进展[J]. 食品工业科技，2019，40（24）：349-354.
[57] LATORRE M E, PALACIO M I, VELAZQUEZ D E, et al. Specific effects on strength and heat stability of intramuscular connective tissue during long time low temperature cooking[J]. Meat Science, 2019, 153, 109-116.
[58] 王静宇，胡新，刘晓艳，等. 肌原纤维蛋白热诱导凝胶特性及化学作用力研究进展[J]. 食品与发酵工业，2020，46（8）：300-306.
[59] LIU R, ZHAO S M, XIONG S B, et al. Role of secondary structures in the gelation of porcine myosin at different pH values [J]. Meat Science, 2008, 80(3): 632-639.
[60] AMIRI A, SHARIFIAN P, SOLTANIZADEH N. Application of ultrasound treatment for improving the physicochemical, functional and rheological properties of myofibrillar proteins[J]. International Journal of Biological Macromolecules, 2018, 111: 139-147.
[61] 李华健，陈韬，杨波若，等. 宰后猪肉 pH、骨架蛋白表达水平和持水性之间的关系[J/OL]. 食品科学：1-9. http://kns.cnki.net/kcms/detail/11.2206.TS.20200313.1004.014.html. [2020-05-26].
[62] 啜笑然. 肉糜制品质构模型库系统研究[D]. 郑州：河南农业大学，2014.
[63] 时海波，诸永志，方芮，等. 宰后肉品嫩化技术及其作用机理研究进展[J/OL]. 食品科学：1-15. http://kns. cnki. net/kcms/detail/11.2206.TS.20200108.1436.041.html. [2020-05-26].
[64] MARTINEZ M A, VELAZQUEZ G, DE L H M, et al. Effect of high pressure processing on heat-induced gelling capacity of blue crab (*Callinectes sapidus*) meat[J]. Innovative Food Science and Emerging Technologies, 2019, 59: 102253.
[65] MARTENS H, STABURSVIK E, MARTENS M. Texture and colour changes in meat during cooking related to thermal denaturation of muscle proteins 1[J]. Journal of Texture studies, 1982, 13(3): 291-309.
[66] 杨欢欢. 低温肉制品质构评定方法的建立[D]. 郑州：河南农业大学，2012.
[67] 郝红涛，赵改名，柳艳霞，等. 肉类制品的质构特性及其研究进展[J]. 食品与机械，2009，25（3）：125-128.
[68] LAWRIE R A, LEDWARD D. Lawrie's Meat Science[M]. Cambridge: Woodhead Publishing, 2014.
[69] 梅谭，苏伟，母应春. 四种羊肉及其肉脯品质的相关性研究[J]. 中国调味品，2019，44（9）：13-18.
[70] PURSLOW P P. Contribution of collagen and connective tissue to cooked meat toughness: Some paradigms reviewed[J]. Meat Science, 2018, 144: 127-134.
[71] AALI M, MORADI-SHAHRBABAK H, MORADI-SHAHRBABAK M, et al. Association of the calpastatin genotypes, haplotypes, and SNPs with meat quality and fatty acid composition in two Iranian fat-and thin-tailed sheep breeds[J]. Small Ruminant Research, 2017, 149: 40-51.

[72] LÓPEZ-PEDROUSO M, RODRÍGUEZ-VÁZQUEZ R, PURRIÑOS, et al. Sensory and physicochemical analysis of meat from bovine breeds in different livestock production systems, pre-slaughter handling conditions and ageing time[J]. Foods, 2020, 9: 176.

[73] MPAKAMA T, CHULAYO A Y, MUCHENJE V. Bruising in slaughter cattle and its relationship with creatine in slaughter cattle and its relationship with creatine kinase levels and beef quality as affected by animal related factors[J]. Asian Australasian Journal of Animal Sciences, 2014, 27: 717-725.

[74] BUREŠ D, BARTOŇ L. Growth performance, carcass traits and meat quality of bulls and heifers slaughtered at different ages[J]. Czech Journal of Animal Science, 2018, 57: 34-43.

[75] 王莉梅，李长青，郭天龙，等．土豆渣发酵饲料对小尾寒羊生长性能和肉品质的影响[J]．饲料研究，2019，42（1）：8-11.

[76] COHEN-ZINDER M, ORLOV A, TROFIMYUK O, et al. Dietary supplementation of moringa oleifera silage increases meat tenderness of Assaf lambs[J]. Small Ruminant Research, 2017, 151: 110-116.

[77] 赵敏．饲料中添加甘露醇对肉兔生长及其肉品质的影响[D]．呼和浩特：内蒙古农业大学，2019.

[78] 郎玉苗，杨春柳，孙宝忠，等．安格斯×秦川育肥牛牛体不同部位肌肉肉质特性比较分析[J]．黑龙江畜牧兽医，2019，(3)：52-57.

[79] 王耀球，卜坚珍，于立梅，等．不同品种、不同部位对鸡肉质构特性与同位素的影响[J]．食品安全质量检测学报，2018，9（1）：87-92.

[80] 金颖，董玉影，李官浩，等．成熟期间不同部位延边黄牛肉嫩度及质构特性的相关性分析[J]．食品科技，2015，40（3）：132-135.

[81] 林婉玲，王瑞旋，王锦旭，等．影响脆肉鲩不同部位肌肉质构的因素研究[J/OL]．现代食品科技：1-8. http://kns.cnki.net/kcms/detail/44.1620.TS.20200115.1547.012.html. [2020-03-24].

[82] 程天赋，俞龙浩．宰后糖酵解对肉品质影响的研究进展[J]．食品研究与开发，2017，38（15）：219-224.

[83] 李琼．赖氨酸 ε-氨基乙酰化修饰在宰后肌肉糖酵解中的作用研究[D]．长沙：湖南农业大学，2017.

[84] 郭谦，沈清武，罗洁．畜禽宰后肌肉能量代谢与肉品质研究进展[J/OL]．食品工业科技：1-13．http://kns.cnki.net/kcms/detail/11.1759.TS.20191115.1009.008.html. [2020-03-24].

[85] 李可，刘俊雅，赵颖颖，等．宰后僵直温度对肉嫩度的影响[J]．食品工业，2018，39（2）：245-250.

[86] CHEAH KS, CHEAH AM, CROSLAND AR, et al. Relationship between Ca^{2+} release, sarcoplasmic Ca^{2+}, glycolysis and meat quality in halothane-sensitive and halothane-insensitive pigs [J]. Meat Science, 1984, 10(2): 117-130.

[87] JUAREZ M, BASARAB J, BARON V S, et al. Relative contribution of electrical stimulation to beef tenderness compared to other production factors[J]. Canadian Journal of Animal Science, 2016, 96(2): 104-107.

[88] 郎玉苗，张睿，谢鹏，等．电刺激和成熟对冷热剔骨牦牛肉品质的影响[J]．中国食品学报，2017，17（3）：177-185.

[89] 孔令明，李芳，张文，等．不同电刺激处理时间对宰后马肉成熟过程中嫩度的影响[J]．食品科学，2018，39（9）：76-81.

[90] 郭志敬．不同冻结、解冻方式对肉羊内脏品质及微观结构的影响[D]．呼和浩特：内蒙古农业大学，2019.

[91] 张昕，宋蕾，高天，等．超声波解冻对鸡胸肉品质的影响[J]．食品科学，2018，39（5）：135-140.

[92] 余力，贺稚非，ENKHMAA B，等．不同解冻方式对伊拉兔肉品质特性的影响[J]．食品科学，2015，36（14）：258-264.

[93] 彭泽宇，朱明明，张海曼，等．低温高湿解冻改善猪肉品质特性[J]．食品与发酵工业，2019，45（8）：79-85.

[94] 黄永忠．肉的品质和添加剂对肉丸质构的影响[J]．农业工程，2015，5（2）：46-51.

[95] 孔晓雪，韩衍青，徐宝才，等．低温乳化香肠复配乳化剂的开发及应用[J]．食品研究与开发，2019，40（24）：219-224.

[96] 李朝阳，程天赋，郭增旺，等．搅拌方式及绿豆蛋白添加量对香肠品质特性的影响[J]．农产品加工，2019（9）：9-12.

[97] LYON C E, SILVERS S H, ROBACH M C. Effects of a physical treatment applied immediately after chilling on the structure of muscle fiber and the texture of cooked broiler breast meat[J]. Journal of Applied Poultry Research, 1992, 1(3), 300-304.

[98] 高晓光，任媛媛，冯随，等．斩拌条件对乳化型香肠品质的影响研究[J]．食品科技，2019，44（3）：118-123.

[99] UTAMA D T, LEE S G, BAEK K H, et al. High pressure processing for dark-firm-dry beef: Effect on physical properties and oxidative deterioration during refrigerated storage [J]. Asian Australasian Journal of Animal Sciences, 2016, 30(3):424-431.

[100] JOUKI M. Effects of gamma irradiation and storage time on ostrich meat tenderness[J]. Scientific Journal of Animal Science, 2012, 1(4): 112-128.

[101] ANRAN W, DACHENG K, WANGANG Z, et al. Changes in calpain activity, protein degradation and microstructure of beef m. semitendinosus by the application of ultrasound[J]. Food Chemistry, 2018, 245: 724-730.

[102] BEKHIT A, VAN de VEN R, SUWANDY V, et al. Effect of pulsed electric field treatment on cold-boned muscles of different potential tenderness[J]. Food and Bioprocess Technology, 2014, 7(11): 3136-3146.

[103] ALAHAKOON A U, FARIDNIA F, BREMER P J, et al. Handbook of Electroporation[M]. Berlin: Springer International Publishing, 2016: 1-21.

[104] 计红芳，张令文，王方，等．加热温度对鹅肉理化性质、质构与微观结构的影响[J]．食品与发酵工业，2017，43（3）：89-93.

[105] 唐雪燕，赵雅兰．超高压处理对牛肉肠质构特性的影响[J]．农产品加工，2017（14）：5-8.

[106] 隋园园，赵敏，孟祥飞．食品添加剂在肉及肉制品中的应用[J]．现代食品，2018（3）：37-43.

[107] LAWRIE R A , LEDWARD D A . Lawrie's meat science[M]. Oxford: Woodhead Publishing, 2006.

[108] 张亚军．金华火腿蛋白降解与其品质的关系[D]．杭州：浙江大学，2004.

[109] 毛衍伟，张一敏，朱立贤，等．应用蛋白质组学研究肉品品质形成的机理[J]．食品与发酵工业，2014，40（9）：107-114.

[110] 张彩霞，王振宇，李铮，等．腌制温度对羊肉蛋白质磷酸化水平的影响[J]．现代食品科技，2016，32（11）：215-221.

[111] 李蒙．蛋白质磷酸化调控肉色稳定性的作用机制[D]．北京：中国农业科学院，2017.

[112] 王颖．肌联蛋白磷酸化影响宰后肌肉嫩化过程的生物学机制[D]．咸阳：西北农林科技大学，2019.

[113] 陈立娟，李欣，张德权，等．蛋白质磷酸化对肉品质影响的研究进展[J]．食品工业科技，2014，35（16）：349-352，357.

[114] OUELLETTE L A. The science of cooking: understanding the biology and chemistry behind food and cooking[J]. Journal of Nutrition Education & Behavior, 2011, 49(3): 269.

[115] 曹淑敏．南美白对虾肉储藏过程中蛋白质变性规律机制研究[D]．淄博：山东理工大学，2017.

[116] 陈胜．盐焗鸡加工工艺优化及其品质特性研究[D]．扬州：扬州大学，2019.

[117] MOCZKOWSKA M, PÓŁTORAK A, MONTOWSKA M, et al. The effect of the packaging system and storage time on myofibrillar protein degradation and oxidation process in relation to beef tenderness[J]. Meat Science, 2017, 130: 7-15.

[118] 魏健，郭守立，徐泽权，等．不同煮制温度对新疆熏马肉品质的影响[J]．食品科学，2016，37（15）：39-44.

[119] 玉素甫·苏来曼，阿尔祖古丽·阿卜杜外力，巴吐尔·阿不力克木．发酵剂及猕猴桃蛋白酶促进马肉发酵香肠蛋白质的降解[J]．现代食品科技，2019，35（2）：54-60，231.

[120] 范露，冯牛，许嘉验，等．宣恩火腿蛋白质降解规律[J]．食品工业科技，2019，40（23）：42-46，53.

[121] JONGBERG S, LUND M L, SKIBSTED L H. Protein Oxidation in Meat and Meat Products. Challenges for Antioxidative Protection[M]. New York: Springer, 2017.

[122] 张海璐，黄翔，杨燃，等．蛋白质氧化对羊肉糜流变与凝胶特性的影响[J/OL]．食品科学：1-9．http://211.64.32.206:8000/rwt/CNKI/http/NNYHGLUDN3WXTLUPMW4A/kcms/detail/11.2206.TS.20190917.1608.040.html.[2020-03-24].

[123] 詹光，乐怡，王颖，等．不同地域典型干腌火腿肌原纤维蛋白的氧化特性及体外消化性对比[J]．食品科学，2019，40（23）：97-103.

[124] 韦婕妤．热加工方式对羊肉制品蛋白质氧化及体外模拟消化性的影响研究[D]．成都：西南民族大学，2019.

[125] 李文慧，刘飞，李应彪，等．植物多酚对肉制品蛋白氧化的抑制机理及其延长货架期的应用[J]．食品科学，2019，40（21）：266-272．
[126] 赵冰，周慧敏，张顺亮，等．中温杀菌对乳化香肠蛋白质变化的影响[J]．肉类研究，2016，30（3）：5-9．
[127] 王正雯，张志芳，何俊，等．加热温度对麻鸭肌原纤维蛋白结构与凝胶特性的影响[J/OL]．食品科学：1-11．http://kns-cnki-net.wvpn.ncu.edu.cn/kcms/detail/11.2206.TS.20200313.1456.032.html. [2020-03-24]．
[128] 刘旺，冯美琴，孙健，等．超高压条件下亚麻籽胶对猪肉肌原纤维蛋白凝胶特性的影响[J]．食品科学，2019，40（7）：101-107．
[129] 刘俊雅．竹笋膳食纤维对猪肉糜凝胶特性影响及机理研究[D]．郑州：郑州轻工业大学，2019．
[130] 诸晓旭．*L*-精氨酸和 *L*-赖氨酸对鸡肉肠乳化稳定性的影响及机理研究[D]．合肥：合肥工业大学，2018．
[131] 柯海瑞，康怀彬，蔡超奇．脂肪氧化对肉品风味影响的研究进展[J]．农产品加工，2020（6）：58-62，71．
[132] 徐艳，钱祥羽，朱文政，等．红烧肉炖制过程中的脂肪和脂肪酸变化[J]．中国调味品，2019，44（2）：5-9．
[133] 刘孝沾，孔永昌，李丹．肉和肉制品中脂肪氧化的研究进展[J]．肉类工业，2017（3）：47-49．
[134] 苏燕，陈雅韵，夏杨毅，等．川味腊肉脂肪氧化控制研究进展[J]．肉类研究，2014，28（2）：25-28．

第3章 传统肉制品加工原理

3.1 畜禽肉原料

传统肉制品是在特定历史、地理及人文环境下形成的具有浓郁民族、地域及风味特色的肉类加工制品，但由于传统肉制品对原料的要求较为严苛，且不同地区对屠宰、分割技术及命名习惯的认知差异，导致传统肉制品的流通、消费区域较小，很多产品无法得到有效开发。我国在20世纪80年代开始对屠宰加工行业进行标准化体系的建设，通过建立国标、行标、地标及企标等规范性文本，加强肉类制品从屠宰到流通等各环节的标准化，为传统肉制品的工业化生产、产品品质的标准化及安全水平的提升提供了基础。

3.1.1 原料肉分割

1. 猪肉原料分割

猪肉原料是由带皮或去皮猪屠体去除毛、头、蹄、尾、内脏、三腺、生殖器及其周围脂肪的胴体部分和屠宰加工中获得的内脏、脂肪、血液、骨、皮、头、蹄、尾等可食用副产品组成。

根据猪胴体部位的不同，分割猪肉原料可分为猪颈背肌肉（Ⅰ号肉）、猪前腿肌肉（Ⅱ号肉）、猪大排肌肉（Ⅲ号肉）、猪后腿肌肉（Ⅳ号肉）、猪筋腱肉、猪腱子肉［包括猪后腿弧（猪后展），猪前腿弧（猪前展）］、猪小里脊肉（猪Ⅴ号肉）、猪横膈肌（猪罗隔肉）等猪瘦肉类去骨分割肉；猪去骨方肉（猪去骨中方肉）、猪五花、猪腹肋肉、猪腮肉（猪槽头肉）、猪去骨前腿肉（猪带膘Ⅱ号肉）、猪去骨后腿肉（猪带膘Ⅳ号肉）、猪碎肉、猪脊膘（猪背膘）等非瘦肉类去骨分割肉；猪带骨方肉（猪带骨中方肉）、猪前腿、猪后腿、猪肘（猪蹄髈）、猪大排、猪肋排、猪前排、猪无颈前排、猪小排（猪 A 排，猪唐排）、猪通排、猪脊骨（猪龙骨，猪腔骨）、猪颈骨、猪月牙骨、猪前腿骨（猪前筒子骨）、猪后腿骨（猪后筒子骨），猪扇子骨（猪板骨）、猪三叉骨、猪尾骨、猪寸骨等带骨分割肉（图3.1）。

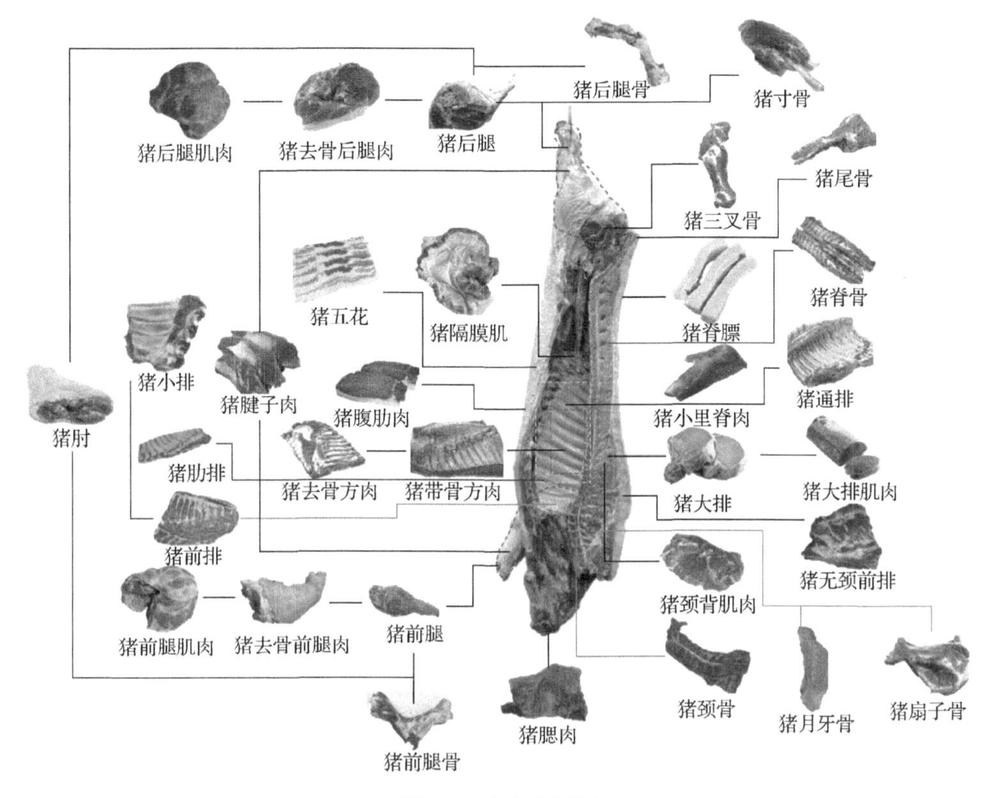

图 3.1　猪肉分割图

根据猪可食用副产品的不同，副产品原料可分为猪三角头（猪瘦头）、猪平头、猪天堂（猪天梯，猪牙卡）、猪舌、猪耳、猪蹄、猪尾、猪舌根肉、猪脑、猪眼、猪气管、猪食道、猪心血管、猪心、猪肝、猪肺、猪腰、猪肚、猪小肚、猪沙肝、猪胰脏、猪大肠、猪大肠头、猪小肠、猪小肠头、猪花肠（猪生肠）、猪板油、猪花油、猪网油等（图 3.2）。

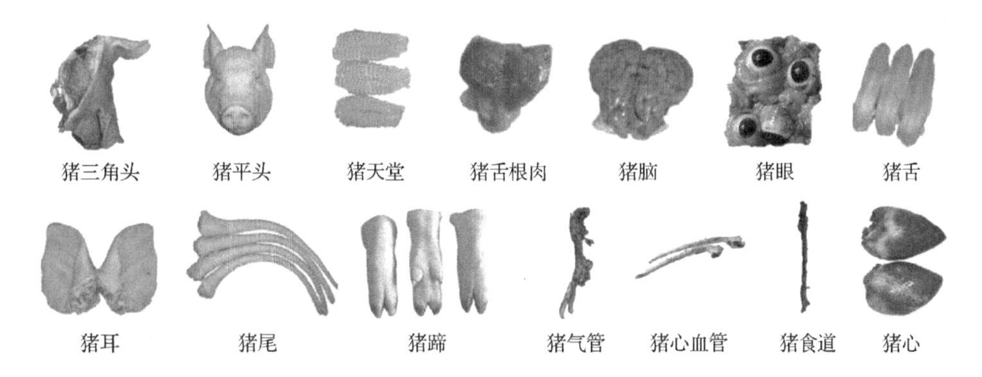

图 3.2　猪可食用副产品图

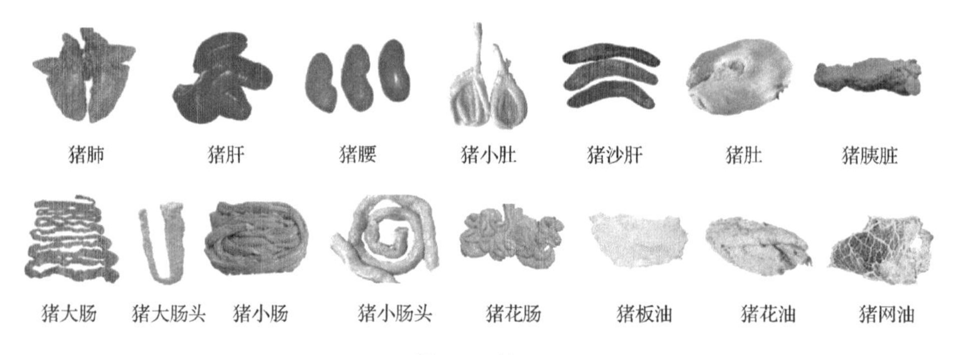

图 3.2（续）

2. 牛肉原料分割

牛肉原料是由去皮牛屠体去除头、蹄、尾、内脏、三腺及生殖器（母牛去除乳房）的胴体部分和屠宰加工中获得的内脏、血液、骨、头、尾等可食用牛副产品组成。

根据牛胴体部位的不同，分割牛肉原料可分为里脊（牛柳，菲力）、外脊（西冷）、眼肉（莎朗）、上脑、辣椒条（辣椒肉，嫩肩肉，小里脊）、胸肉（胸口肉，前胸肉）、臀肉（尾龙扒，尾扒，臀腰肉）、米龙（针扒）、牛霖（膝圆，霖肉，和尚头，牛林）、大黄瓜条（烩扒）、小黄瓜条（鲤鱼管，小条）、腹肉（肋腹肉，肋排，肋条肉）、腱子肉（牛展、金钱展、小腿肉）、脖肉、肩肉、板腱、T 骨排、胸腩连体等（图 3.3）。

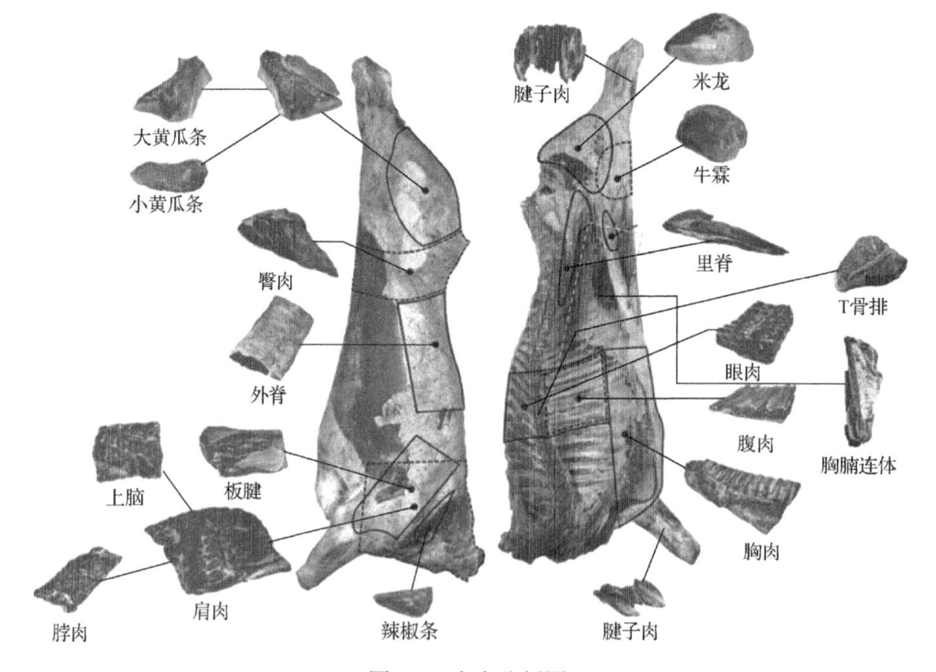

图 3.3　牛肉分割图

根据牛可食用副产品的不同，副产物原料可分为牛头、牛脑、牛舌、牛心、牛肺、牛肝、牛肚、牛百叶、牛腰、牛肠、牛尾、牛蹄筋及其他（图 3.4）。

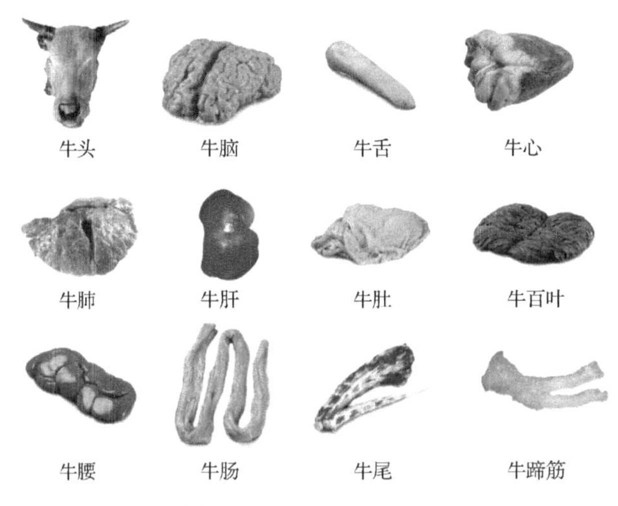

图 3.4　牛可食用副产品图

3. *羊肉原料分割*

羊肉原料是由带皮或去皮羊屠体去除毛、头、蹄、尾、内脏（肾脏除外）、三腺、体腔内全部脂肪、大血管及生殖器（母羊去除乳房）的胴体部分和屠宰加工中获得的内脏、血液、骨、头、尾等可食用羊副产品组成。

根据羊胴体部位的不同和是否带骨，分割羊肉原料可分为带臀腿（或剔骨）、带臀去腱腿（或剔骨）、去臀腿、去臀去腱腿（或剔骨）、去髋带臀腿、去髋去腱带股腿、鞍肉、带骨羊腰脊（双/单）、羊 T 骨排（双/单）、腰肉、羊肋脊排、法式羊肋脊排、单骨羊排（法式）、前 1/4 胴体、方切肩肉、肩肉、肩脊排（法式脊排）、牡蛎肉、颈肉、前腱子肉、后腱子肉、法式羊前腱、法式羊后腱、胸腹腩、法式肋排、半胴体、躯干肉、臀肉（砧肉）、膝圆、粗米龙、臀腰肉（或带骨）、腰脊肉、去骨羊肩、里脊、通脊等（图 3.5）。

根据羊可食用副产品的不同，副产品原料可分为羊头、羊心、羊肺、羊肝、羊肚、羊腰、羊肠、羊蹄及其他（图 3.6）。

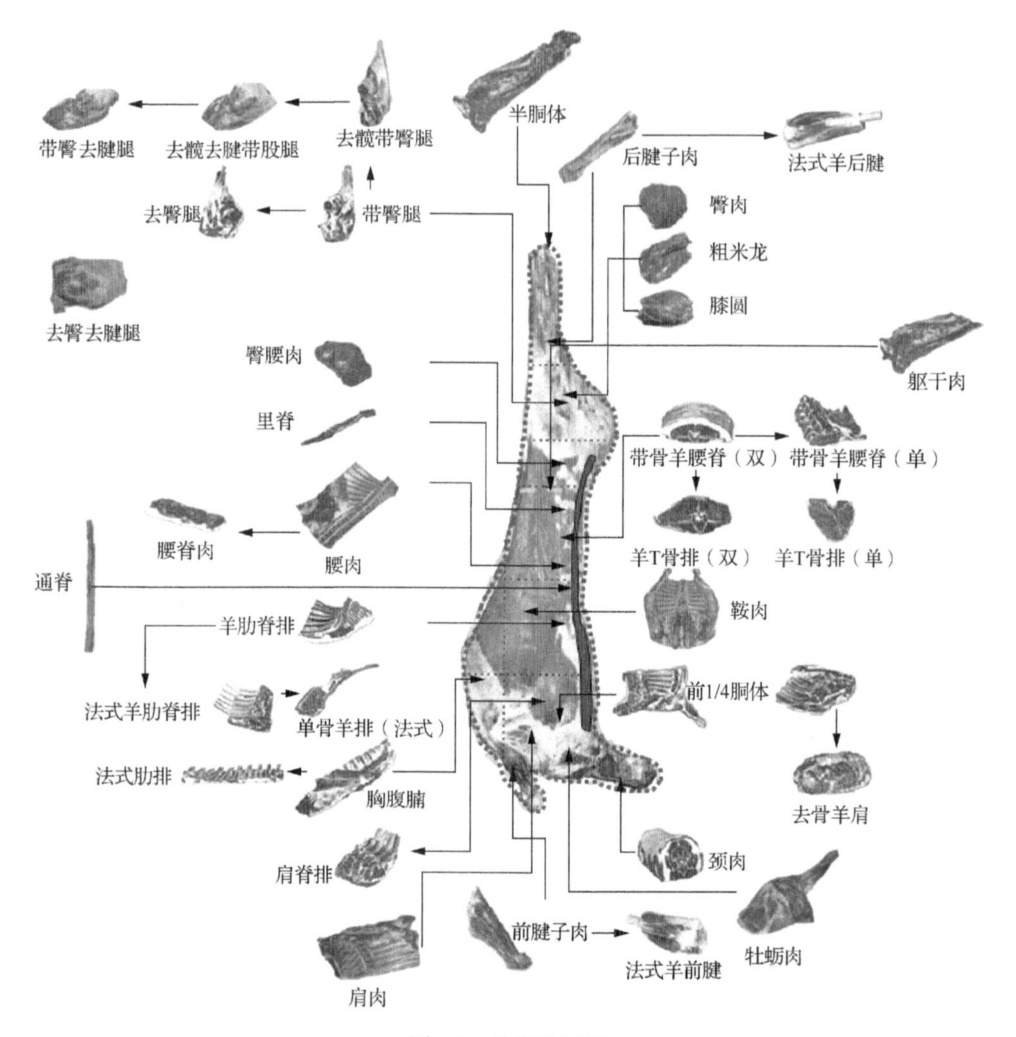

图 3.5 羊肉分割图

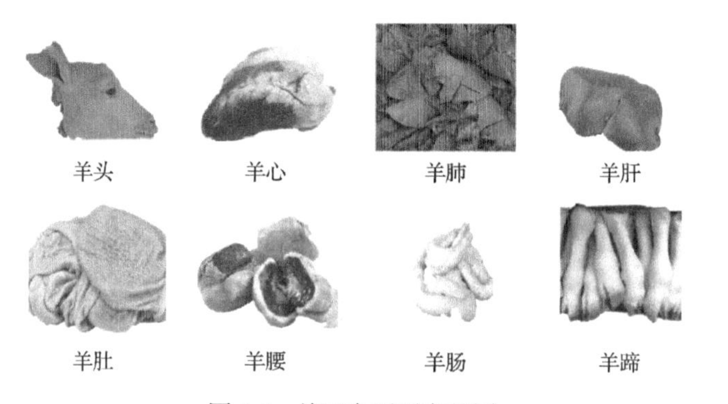

图 3.6 羊可食用副产品图

4. 鸡肉原料分割

鸡肉原料是由去头或带头、去爪或带爪鸡屠体去除羽毛、内脏后的胴体部分和屠宰加工中获得的内脏、血液、骨、头、爪等可食用鸡副产品组成。

根据鸡胴体部位的不同和是否带骨，分割鸡肉原料可分为鸡整翅、鸡翅根、鸡翅中、鸡翅尖、鸡上半翅（V 形翅）、鸡下半翅、带皮鸡大胸肉、去皮鸡大胸肉、鸡小胸肉（胸里脊）、带里脊鸡大胸肉、鸡全腿、鸡大腿、鸡小腿、去骨带皮鸡腿、去骨去皮鸡腿等（图 3.7）。

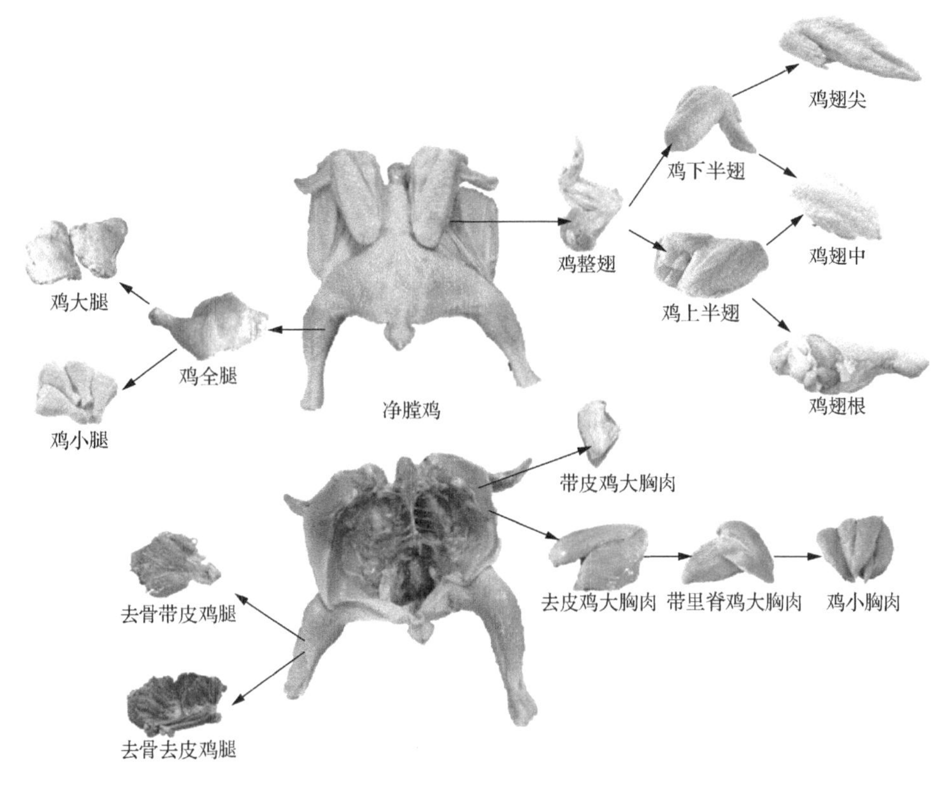

图 3.7　鸡肉分割图

根据鸡可食用副产品的不同，副产品原料可分为鸡心、鸡肝、鸡肫（肌胃，鸡胗）、鸡骨架、鸡爪、鸡头、鸡脖、鸡睾丸等（图 3.8）。

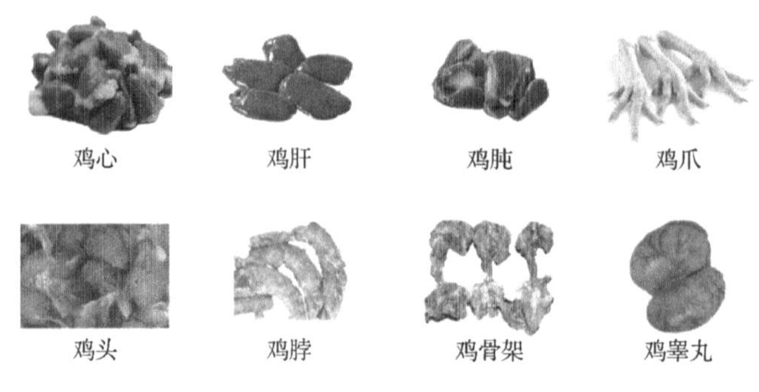

图 3.8　鸡可食用副产品图

3.1.2　原料肉特性

畜禽肉根据宰后工艺不同，可以划分为冷鲜肉、冷冻肉和热鲜肉。3 类肉在加工特性上表现出一定差异。

1. 冷鲜肉

冷鲜肉（或称冷却肉）是指按照严格的宰前检疫、宰后检验的加工要求，采用科学的屠宰加工工艺，在低温环境下进行分割加工，使胴体中心温度在 24h 内迅速降至 0～4℃，并在后期加工、运输、销售环节中始终保持 0～4℃冷链的一种预冷加工肉。近年来，冷鲜肉逐渐成为我国肉类消费的主流。我国已拥有科学的加工工艺和流通技术及完善有效的质量控制体系，超市里展售的基本上都是冷鲜肉。冷鲜肉与热鲜肉相比拥有诸多优点[1]，具体如下。

1）安全性好

冷鲜肉与热鲜肉相比，具有 24h 的预冷排酸期，检验检疫制度执行到位，可避免食品安全隐患的出现；冷鲜肉始终处于低温环境下，微生物的生长受到抑制，同时分割冷鲜肉包装出售，可大大降低销售过程中产品受外界污染的风险。一般热鲜肉的保质期只有 1～2d，而冷鲜肉的保质期可达 1 周以上。

2）营养价值高

冷鲜肉在低温环境下经历了特有的解僵成熟过程，肉的内部发生一系列生化变化，肌肉组织的纤维结构发生改变，更易于咀嚼和消化，营养成分的吸收利用率高；与此同时，水分蒸发及水溶性维生素和水溶性蛋白质流失的减少，能最大限度地保留产品的营养价值。

3）口感风味好

与热鲜肉和冷冻肉相比，经冷却排酸的冷鲜肉肉质柔软、有弹性，易熟易烂，口感细腻，多汁美味，易切割，且有特殊的芳香气味。

4）品种繁多

随着人们对冷鲜肉精细化程度要求的提高，冷鲜肉被分割成不同种类的产品，品种较多，能最大限度地满足人们对肉的不同部位的具体需求，为消费者提供便利的同时，也使肉的利用率达到最大化。

2. 冷冻肉

冷冻肉是指将肉置于-18℃以下或更低的温度环境中冷冻并保存的肉。冷冻肉在冻藏过程中，90%以上的水分被冻结，酶与微生物的作用受到抑制，可较长时间储藏。但是在冻藏过程中，由于温度的波动，冻藏时间又较长，在空气中氧的作用下还会发生一系列变化，使得冷冻肉品质下降。

1）冰晶的成长

在冷冻肉的内部存在三相：大小不同的冰晶是固相，残留的未冻结水溶液是液相，水蒸气是气相。冰晶的成长是冰晶周围的水或水蒸气向冰结晶移动，附着并冻结在其表面。肉类行业中应用最多、最广泛的是以空气为热传导介质的空气冻结法，该方法与快速冻结方式（如液体冻结法、液氮冻结法）相比，冻结速率低且肌纤维间形成较大体积的冰晶，解冻后水分流失比较严重。肉冻结后在冻藏过程中温度存在经常变动的情况。温度上升时，肉中一部分冰晶尤其是细胞内的冰晶融化成水，液相增加，由于水蒸气压差的存在，水分透过细胞膜扩散到细胞间隙中；当温度下降时，它们就附着并冻结到细胞间隙中的冰晶上面，使冰晶成长，所以冻藏温度要尽量低并且减少波动，特别是避免-18℃以上温度的波动。

2）干耗

冷冻肉在长期储藏后，表面会形成一层脱水的海绵状层，这是冻结肉表层水分蒸发即极细小的冰晶体升华所致。随着储藏时间的延长，海绵体逐渐加厚，不仅会发生严重的干耗损失，而且会丧失原有的营养和味道。

3）肉色的变化

随着细小冰晶的升华，空气随即充满这些冰晶体所留下的空间，使其形成一层高度活性的表层。该表层将发生强烈的氧化反应，表面色泽发生明显劣变。首先是脂肪的变色，脂肪中不饱和脂肪酸在空气中氧的作用下生成氢过氧化物和新的自由基，自由基参与脂质自动氧化，加快了氧化酸败的速度。其次是肌肉的变色，肌肉中含二价铁离子的还原型肌红蛋白和氧合肌红蛋白在空气中氧的作用下氧化生成三价铁离子的高铁肌红蛋白，呈褐色。

冻结肉在利用之前要经过解冻，使其恢复到冻前的新鲜状态。解冻时，外界温度高，冻品表层的冰首先解冻成水，随着解冻的进行融解部分逐渐向内延伸。常用的解冻方法有空气解冻法、水浸或喷洒解冻法。空气解冻法又称自然解冻，是将冻肉移放在缓冻间，靠空气介质与冻肉进行热交换来实现解冻。一般在 0～4℃空气中解冻称为缓慢解冻，在 15～20℃空气中解冻称为快速解冻。空气解冻时冰晶融解，体内部分水分会自然流出，水分损失量在很大程度上取决于冻结方式[2]，液浸冻结处理的肉在冻藏期间的保水性明显优于空气冷冻。水浸或喷洒解冻法是用 4～20℃的清水对冻肉进行浸泡和喷洒。半胴体肉在水中解冻比在空气中解冻要快 7～8 倍。除此之外，水中解冻时肉汁损失少，表面吸收水分后重量适当增加，表面湿润，且呈粉红色。水中解冻不适用于分割肉，适合肌肉组织未被破坏的半胴体和 1/4 胴体。

3. 热鲜肉

热鲜肉是指畜禽宰杀后不经冷却加工，直接上市的畜禽肉。一般凌晨宰杀、清早上市。从畜禽宰后生理生化变化来看，这种肉一直处于僵直前期，未进入尸僵期，而畜禽胴体进入尸僵期的时间长短与畜禽宰后所处的温度有关。热鲜肉是我国饮食文化的传承，虽然我国从 20 世纪 90 年代末开始研发、推广冷却肉，但我国一直是热鲜肉的消费大国，热鲜肉一直长期占据鲜肉市场。

热鲜肉具有以下加工特性。优点是：生产简单，不需要成熟预冷，在一定程度上降低了生产成本，有利于小规模生产，在一定时期内解决了老百姓吃肉的问题；与冷鲜肉和冷冻肉相比，热鲜肉更适合中国饮食文化中的炖煮、炒制，味道鲜美。缺点是：由于肉体在屠宰、运输、销售过程中环境差，污染严重，再加上环境温度较高，微生物数量急剧增长，无法保证肉的食用安全性；由于设备简单，不能实现规模化、集约化生产；从屠宰到出售只有 2～4h，肉很快进入僵直阶段，口感和风味都较差。已有学者研发出一种超快速冷却技术，可最大限度地保持宰后肌肉处于僵直前期热鲜肉状态。

3.2 调　味　料

调味料是指能改善食品的风味，赋予食品特殊味感（咸、甜、酸、苦、鲜、辣、麻等），增强食品滋味，提高人们食欲的一类天然的或人工合成的可食用物质。本节所述调味料包含除香辛料以外的调味品和部分食品添加剂。调味料按其形态可分为固态调味料、半固态调味料、液体调味料和调味油。固态调味料包括食盐、蔗糖、味精、鸡精及畜、禽粉调味料等。半固态调味料包括饴糖、蜂蜜、发酵酱、非发酵酱、复合调味酱、油辣椒、底料和蘸料等。液体调味料包括酱油、醋、耗油、调料酒、鸡汁调味料、烧烤汁、鱼露、香辛料调味液等。调味油包括花椒油、芥末油、香辛料调味油等。

3.2.1　咸味料

1. 食盐

食盐是肉类加工中最常用的调味料，有“百味之王”之称。食盐的主要成分是氯化钠，精制食盐的氯化钠含量在 97%以上，咸味纯正，呈白色结晶体，无可见的杂质，无苦味、涩味及其他异味。

肉制品中添加食盐，其主要功能包括赋予肉制品咸味、延长肉制品的保质期、凸显鲜味、平衡风味、增强适口性、淡化和掩盖异味、防止腐败、增加肉制品的黏合作用等。在这些功能中，最重要的用途是调味、赋予食品咸味、去除腥膻、增加鲜味并迅速呈现出原料自身的鲜美味道。食盐作为咸味料，在肉制品中的添加量通常为 2%～3%，某些肉制品中食盐含量可达 8%以上。

2. 酱油

酱油是我国传统的调味料，多以粮食及其副产品为原料，经自然或人工发酵而成。优质酱油鲜味醇厚，香味浓郁，无不良气味，无酸、苦、涩等异味和霉味，不浑浊，无沉淀。在肉制品加工中添加酱油，不仅起到咸味料的作用，而且具有良好的增色效果。此外，酱油还有防腐和促进发酵的作用（图 3.9）。

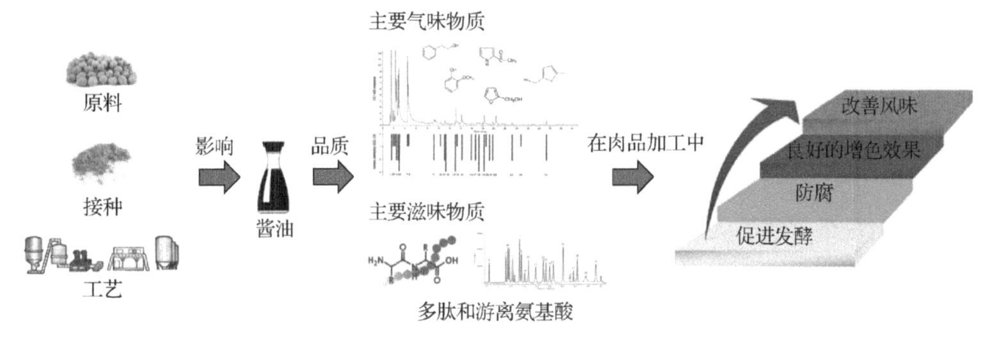

图 3.9　酱油的主要气味和滋味物质及其在肉品加工过程中的应用

酱油的浓郁香气主要来源于氨基酸的 Strecker 降解反应，主要包括贡献花香和甜香的苯乙醇，以及贡献烟熏香、（烧）烤香、坚果香和酱香的 2-乙酰基吡咯、愈创木酚、糠醇、5-甲基-2-呋喃甲醇及吡嗪类物质[3]。

酱油呈现的最主要的滋味是鲜味，主要来源于蛋白质分解所产生的氨基酸及多肽，其中最主要的是谷氨酸。此外，丙氨酸、甘氨酸、脯氨酸、亮氨酸、酪氨酸等氨基酸的含量对鲜味的形成也具有重要的影响。氨基酸态氮的含量对酱油的滋味和营养价值影响较大，所以一般氨基酸态氮含量越高，酱油的等级就越高[4]。

除鲜味外，酱油还呈现一定的酸味和甜味。酸味来自有机酸类物质，其中最主要的是乙酸、乳酸及苹果酸等，且这部分的有机酸来源于三羧酸循环中醇、醛等物质的氧化。在酱油发酵的过程中有机酸类物质含量不断增加，其总酸度也呈现增长趋势。酸味对酱油的品质影响具有两面性，当总酸过低时鲜味不突出，但总酸过高则会由于酸味过于突出导致风味恶化。酱油的甜味主要来源于酶水解淀粉原料形成的小分子糖类（葡萄糖、果糖、阿拉伯糖、木糖、麦芽糖等），此外蛋白质发酵后产生的甜味氨基酸（如甘氨酸、丙氨酸、苏氨酸等）及小分子甜味肽也具有一定作用[5-6]。

3. 黄酱

黄酱又称面酱、麦酱等，是以大豆、面粉、食盐等为原料，经发酵酿造成的调味品。黄酱味咸香，色黄褐，为有光泽的泥糊状。其中，含氨基酸态氮 0.6%以上，还含有糖类、脂肪、酶、维生素 B_1、维生素 B_2 和钙、磷、铁等矿物质。黄酱在肉制品加工中是常用的复合调味料，有良好的提鲜、生香、除腥去异等效果，是酱卤肉制品的重要原料和风味来源。有研究对 5 种干黄酱中的挥发性风味物质进行了提取与分析，共鉴定出 69 种物质，其中所有产品的共有成分为乙酸乙酯、棕榈酸甲酯、棕榈酸乙酯、油酸甲酯、亚油酸甲酯、亚麻酸甲酯、十八烯酸乙酯、亚油酸乙酯、亚麻酸乙酯、异戊醛、苯乙醛、2,3-戊二酮、2-环戊烯-1,4-二酮、4-乙烯基愈创木酚、2-甲基四氢呋喃-3-酮、糠醛、5-甲基糠醛、3-甲硫基丙醛、2-乙酰基吡咯。在所有物质中，酯类化合物构成了干黄酱的主体香气，与其他呈香挥发性物质共同构成其特征香气[7-8]。

3.2.2 甜味料

1. 蔗糖

蔗糖是最常用的天然甜味剂，呈白色晶体或粉末，精炼度低的呈茶色或褐色。蔗糖甜味较强，其甜度仅次于果糖，果糖∶蔗糖∶葡萄糖的甜度比为 4∶3∶2。肉制品中添加少量蔗糖可以改善产品的滋味，并能使肉质松软，色调良好。糖比盐更能迅速均匀地分布于肉的组织中，增加渗透压，降低 pH，提高肉的保藏性，并促进胶原蛋白的膨胀和疏松，使肉制品柔软。蔗糖添加量一般以 0.5%～1.5%为宜，但不同品种可能存在较大差异。

2. 葡萄糖

葡萄糖为白色晶体或粉末，常作为蔗糖的代用品，甜度略低于蔗糖。在肉制品加工中葡萄糖除作为甜味料使用外，还有调节 pH 和氧化还原作用。葡萄糖通过微生物的作用还可以形成乳酸，有助于胶原蛋白的膨胀和疏松，从而使肉制品硬度下降，改善肉制品的质构。葡萄糖还具有较好的护色作用，其护色效果明显高于蔗糖，研究表明肉制品添加葡萄糖后能够明显抑制肉制品切碎后的色泽变化。此外，在发酵肉制品中葡萄糖还是微生物的直接碳源，对产品的发酵效果影响极大。肉制品加工中葡萄糖的使用量一般为 0.3%～0.5%。

3. 木糖

木糖的分子式为 $C_5H_{10}O_5$，为细针状晶体，一般呈无色或白色的晶体粉末，具有爽快的甜味，但甜度较低，约为蔗糖的 40%。木糖在水中溶解度为 125g/100mL，易溶于热乙醇中。木糖由于无法被人体吸收利用，所以作为甜味剂应用于无糖食品和糖尿病患者食品。

4. 山梨糖醇

山梨糖醇的分子式为 $C_6H_{14}O_6$，又称花椒醇、清凉茶醇，呈白色针状结晶或粉末，溶于水、乙醇和酸中，不溶于其他一般溶剂，水溶液 pH 为 6～7，有吸湿性，有愉快的甜味，有寒舌感，甜度为砂糖的 60%。山梨糖醇常用作砂糖的代替品，在肉制品加工中不仅用作甜味剂，还能提高肉品的渗透性，增强持水力，使肉制品纹理细腻、肉质细嫩、出品率增加。

5. 饴糖

饴糖又称糖稀，主要是麦芽糖，还含有一定的葡萄糖和糊精。饴糖味甜爽口，有吸湿性和黏性，在肉制品加工中常用作烧烤、酱卤、油炸制品的增色剂和甜味助剂。饴糖以颜色鲜明、洁净不酸为上品，使用中要注意在阴凉处存放，防止酸败。

6. 蜂蜜

蜂蜜又称蜂糖，呈白色或者黄褐色，为透明、半透明的黏稠液体。蜂蜜中含有多种糖类，一般含葡萄糖 42%、果糖 35%、蔗糖 20%、淀粉 1.8%、蛋白质 0.3%、苹果酸 0.1%及微量脂肪、蜂蜡、色素、酶、矿物质、维生素等。蜂蜜的甜味纯正，是肉制品加工中常用的甜味剂。

3.2.3　酸味料

酸味是由于舌黏膜受到 H^+刺激而引起的感觉，因此凡是在溶液中能解离出 H^+的化合物都具有酸味。在同一 pH 下有机酸比无机酸的酸感要强，这是由于有机酸的阴离子带负电荷，它能中和舌黏膜的正电荷，使 H^+更容易与舌黏膜相吸附。大多数食品的 pH 为 5～6.5，一般无酸味感觉；如果 pH 小于 3，则酸味感觉较强，适口性变差。一般酸味阈值无机酸 pH 为 3.4～3.5，有机酸 pH 为 3.7～3.9。酸味料是食品中常用的调味料之一，还具有增进食欲、防腐保鲜及提高人体对纤维、钙、磷等物质利用率的作用。

1. 醋

醋是我国的传统调味料，具有 2000 多年的历史，是谷类及麸皮等经过发酵酿造而成，是肉和其他食品常用的酸味料之一。国家标准规定醋中总酸应当不小于 3.5%。优质醋不仅具有柔和的酸味，而且有一定程度的香甜味和鲜味。在肉品加工中添加适量的醋，不仅能给人以爽口的酸味感，促进食欲，帮助消化，还有一定的防腐和去腥除膻的作用。食醋还有助于纤维素、钙、磷等的溶解，从而促进人体对这些物质的吸收利用。醋的去腥提香作用通过中和反应去除呈碱性的腥味物质如三甲胺等。另外，醋还有软化肉中结缔组织和骨骼、保护维生素 C 不被破坏、促进蛋白质凝固等作用[9]。

醋在肉品加工中并无使用剂量限制，主要是由于其使用剂量过大会导致产品风味难以被接受。在实际应用中，醋常与砂糖配合作用，能形成更加宜人的酸甜味；也常与酒混用，可生成具有水果香气的乙酸乙酯，使制品风味更佳。醋的有效成分是乙酸，受热易挥发，应在烹饪结束阶段使用，以提高利用率（图 3.10）。

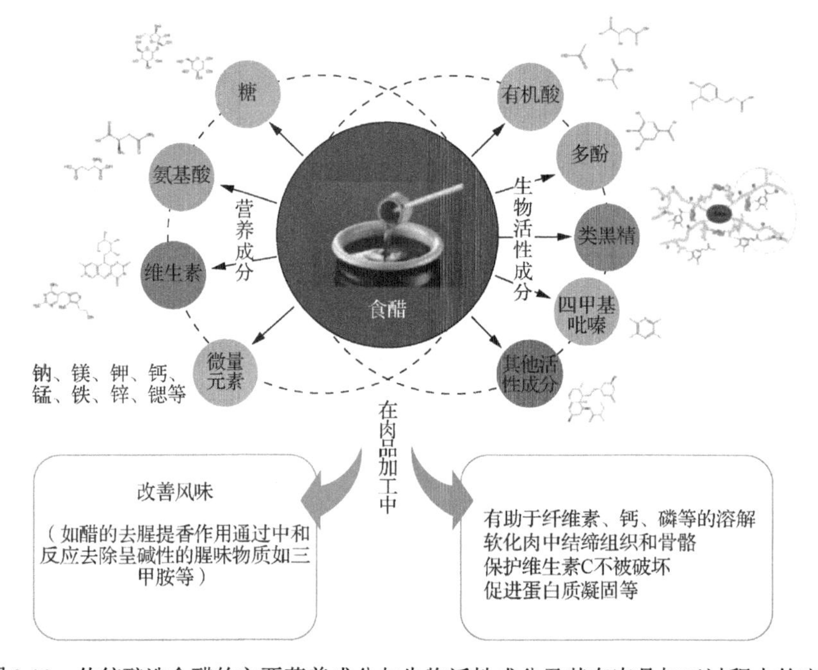

图 3.10　传统酿造食醋的主要营养成分与生物活性成分及其在肉品加工过程中的应用

2. 其他酸味料

常用的酸味剂有柠檬酸、乳酸、酒石酸、苹果酸、乙酸等，这些酸均能参加体内正常代谢，在国标规定使用剂量下对人体无害，但应注意其纯度。

3.2.4　鲜味料

鲜味是一种复杂的感觉，肉、鱼、贝类中都具有各自独特的鲜美滋味，这些滋味通常被统称为鲜味。具有鲜味的食品调料很多，常用的有氨基酸、呈味肽、核苷酸、琥珀酸等。表 3.1 列出了几种鲜味料的呈味阈值。

表 3.1　鲜味料的呈味阈值

名称	阈值/%	名称	阈值/%
L-谷氨酸	0.03	琥珀酸	0.06
L-天冬氨酸	0.16	5′-次黄嘌呤核苷酸	0.03
D，*L*-α-氨基乙二酸	0.25	5′-次嘌呤核苷酸	0.01
D，*L*-羟谷氨酸	0.03		

1. 谷氨酸钠

谷氨酸钠又称味精，为无色—白色柱状结晶或结晶性粉末，有特殊鲜味，易溶于水，微溶于乙醇，无吸湿性，对光、热、酸、碱都稳定；在 150℃失去结晶水，熔点为 195℃，210℃发生吡咯烷酮化，生成焦谷氨酸，270℃发生分解。

在肉品加工中，谷氨酸钠是最常用的鲜味调料之一，其呈味阈值为 0.014%。pH 为 3.2 时呈味力最低，pH 在 5 以下加热可脱水生成焦谷氨酸钠，pH 为 6～7 时呈鲜能力最强，pH 在 7 以上加热则消旋变成二钠盐失去鲜味。谷氨酸钠有缓解咸、酸、苦味的作用，并能引出其他食品所具有的自然风味。在肉品加工中一般用量以 0.2%～0.5%为宜。

味精的水溶液呈浓厚的肉鲜味，当有食盐存在时其鲜味尤为显著，所以味精多与食盐共用。市面销售的味精一般含有食盐作为增味剂，谷氨酸钠含量一般为 80%～95%。研究显示，适宜的食盐味精比能够提供更好的滋味，如浓度为 0.8%～1%的食盐溶液具有最好的鲜味适口性，在这个浓度范围内，不同食盐浓度对应最适宜的味精添加量。在 0.8%食盐溶液中，谷氨酸钠最适添加量为 0.38%；在 1%食盐溶液中，最适添加量为 0.31%。

2. 5′-肌苷酸钠

5′-肌苷酸钠又称肌苷酸二钠、肌苷-5-磷二钠。5′-肌苷酸钠呈无色或白色结晶粉末，有特殊的鲜味（松鱼味），易溶于水，难溶于乙醇、乙醚，几乎无吸湿性，对热、稀碱稳定但能被酶分解。5′-肌苷酸钠在肉品加工中被作为鲜味剂使用，其鲜味比谷氨酸钠强 10～30 倍，与谷氨酸钠混合使用可得倍增的效果，称为强力味精（强力味精是在 98%的普通味精中添加 2%肌苷酸钠或鸟苷酸钠，其鲜度可提高 3 倍以上。如果在 97%的普通味精中加入 3%肌苷酸钠或鸟苷酸钠，其鲜味可增加 4 倍以上）。5′-肌苷酸钠的用量因原料肉的种类、制品的不同而不同，一般单独的使用量为 0.001%～0.01%。因肌苷酸钠能被酶分解失去呈鲜效果，因此在加工中要注意尽量不要与生鲜原料接触或尽可能缩短与生鲜原料接触的时间，最好是在加工制品的加热后期添加或者添加在曾加热至 80℃（大多数酶失活温度）以上的熟制品中。

3. 琥珀酸钠

琥珀酸钠又称丁二酸一钠，为无色结晶或白色粉末，无臭，具有特殊的海贝香味，呈味阈值为0.015%，易溶于水。

琥珀酸钠在肉品加工中被作为鲜味料使用，会使制品具有浓厚的鲜味，其用量一般为0.03%～0.04%。若本品添加过量，则味质变坏，损失鲜味。在生产实践中，琥珀酸钠可与谷氨酸钠、肌苷酸钠等联用，增强呈味能力，若与谷氨酸钠并用，多以（2～3）∶（8～7）的比例混合。

4. 核糖核苷酸钠

核糖核苷酸钠是用酶分解鲜酵母核酸制得，通常为肌苷酸钠、鸟苷酸钠、尿苷酸钠和胞苷酸钠的混合物。核糖核苷酸钠为白至淡褐色粉末，无臭，有特殊鲜味，易溶于水，难溶于乙醇、乙醚、丙酮等，吸湿性强，对热、酸、碱稳定，对酶的稳定性差，特别易受磷酸酶的水解作用而失去呈味能力。

核糖核苷酸钠具有松鱼味和香菇味，因此对食品具有增鲜功能，在肉制品加工中被用作鲜味料，一般用量为0.02%～0.03%。当与谷氨酸钠等鲜味剂合并使用时，可增强呈味能力。为避免酶的分解作用，在使用时最好在原料肉经过热处理后加入。

5. *L*-天冬氨酸钠

L-天冬氨酸钠为无色至白色柱状结晶或白色晶状粉末，具有爽口清凉的香味感，呈味的临界值为 0.16%。在肉制品加工中不仅作为鲜味剂使用，而且还有强化剂的作用。*L*-天冬氨酸钠能促进代谢作用，对处理体内废物、促进肝功能、消除疲劳等均具有良好的作用。一般使用量为0.1%～0.5%。与核苷酸系列调味品具有较强的协同作用。

6. 甘氨酸

甘氨酸广泛存在于自然界，尤其是在虾、蟹、海胆、鲍鱼等海产及动物蛋白质中含量丰富，是海鲜味的主要成分。甘氨酸的调味功能主要是缓和酸、碱味。盐渍物中添加甘氨酸能缓和盐味，同时可以掩盖食品中因添加糖精而产生的苦味并可增强甜味，还可与还原糖反应生成焦糖香味物质。

7. 复合鲜味剂

1）肽类鲜味剂

肽类鲜味剂主要是以富含蛋白质的动、植物为原料，利用酸（盐酸、磷酸）、碱（氢氧化钠等）、外源蛋白酶或自身所含的酶进行水解，形成富含氨基酸、肽类、无机盐、有机酸的调味液，再通过复配、浓缩或造粒而制成产品。在呈味物质中游离氨基酸和肽的结构决定了其呈味特点，不同肽的长度、氨基酸的组成及排列顺序能呈现出不同的味觉感受。呈鲜味的肽类与其他的味觉不同，主要起到增加风味的作用，多含有亲水的谷氨酸和天冬氨酸，有些还含有甘氨酸、丝氨酸、亮氨酸和丙氨酸等，如赖氨酸-甘氨酸-天冬氨酸-谷氨酸-谷氨酸-丝氨酸-亮氨酸-丙氨酸起到了增强肉味的作用，谷氨酸-天冬氨酸、谷氨酸-天冬氨酸-谷氨酸、丙氨酸-谷氨酸-天冬氨酸等小肽也呈现出鲜味。对于一些碱性肽的盐如鸟氨酸-Tau··HCl、赖氨酸-甘氨酸·HCl 等具有鲜味和咸味两种味道，起到协同增味的作用。肽类鲜味剂应用于香肠、牛肉、火腿等制品，可加强肉类的天然味道，改进香味，减少肉腥味，降低生产成本[10-11]。

2）酵母抽提物

酵母抽提物又称为酵母精，一般为深褐色膏状或淡黄色粉末，它不仅具有肉滋味和酵母香味，还具有营养性、安全性、方便性等特点。酵母抽提物中含 18 种以上的氨基酸，其中赖氨酸含量尤为丰富。酵母抽提物是一种国际流行的营养型多功能鲜味剂和风味增强剂，已被广泛应用于食品工业中。将酵母抽提物添加到肉类食品如火腿、香肠、肉馅等中，可以抑制肉类的不愉快气味，增进肉香形成的效果；在酱卤制品卤水老汤的制备中，添加酵母抽提物与肉制品一起煮制可以增加卤制品回味风味。

3）天然香菇抽提物

香菇中呈味氨基酸如谷氨酸、天冬氨酸及精氨酸等是构成香菇鲜美之味的主要来源之一，而另一主要来源是 5′-磷酸二酯酶催化底物核酸生成的 5′-核苷酸物质。利用酶解法从香菇或香菇柄中生产的香菇抽提物是集营养、调味及保健于一体的天然物质。

4）复配鲜味剂

复配鲜味剂的特点是：鲜味持久性强，可随风味、口感的延伸而不断呈鲜；耐高温效果好，高温仍保持很强的增鲜效果；增鲜持续时间长，在食物中存留时间较长；增鲜效果回味较好，不会因为过于鲜而产生口干现象等。有研究选取味精为主剂、琥珀酸二钠与酵母精为辅剂，以 10∶1∶1 比例组成复合鲜味剂添加到发酵辣椒中，可使发酵辣椒形成鲜美、醇厚、柔和、回味悠长的鲜味感。

3.2.5　料酒

料酒是肉品加工中广泛使用的调味料之一。通常使用的有黄酒、白酒和果酒三大类，其中黄酒应用最为广泛。黄酒是我国酿造饮用最早的一种弱性酒，是以糯米、粳米、黍米等为原料，以酒曲为糖化发酵剂，物料发酵后经压榨得到的一种低度酒，一般乙醇含量为 10%～20%。在 3 种酒中，果酒应用最少。料酒中除了乙醇外还含有糖、有机酸、氨基酸、酯类等多种物质，所以其作为调味料香味浓烈、味道醇和，具有去腥增香、提味解腻、固色防腐等多种作用。在加工过程中，酒能将肌肉、内脏、鱼类表面液所含的膻腥味物质，如三甲胺、氨基戊醛、四氰化吡咯等物质溶解；同时由于乙醇的沸点较低，加热时膻腥味物质可以随乙醇挥发，从而达到去腥除膻的效果；料酒中的氨基酸可以与糖结合生成芳香醛，产生浓郁的醇香味，达到增香提味的功能。

3.3　香　辛　料

香辛料是指可用于食品加香调味，能赋予食物以香、辛、辣等风味的天然植物性产品及其混合物。香辛料在肉制品中除了能够增强风味，还能够抑制异味并起到一定防腐抑菌、抗氧化的作用。天然香辛料的主要功能特性和用途见图 3.11。

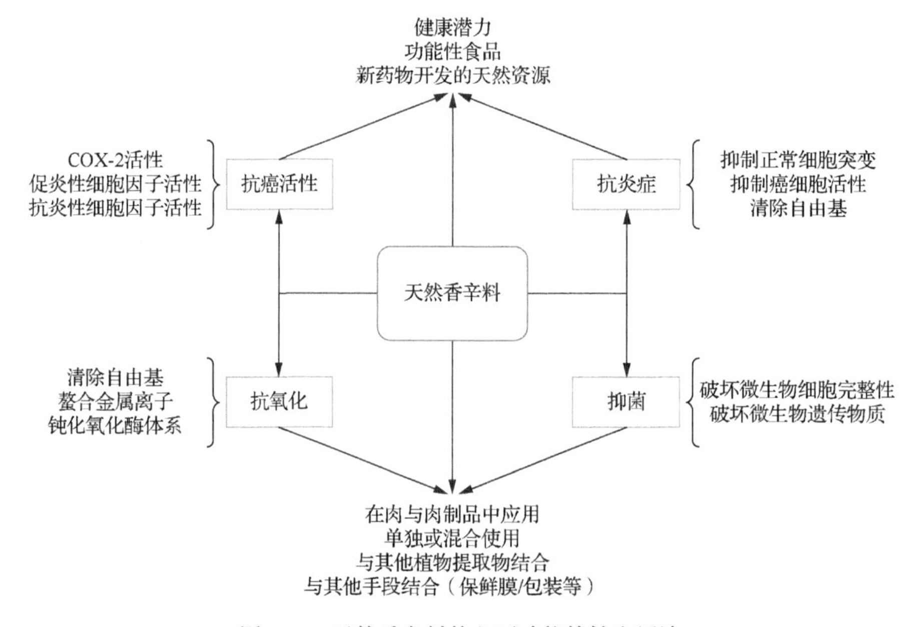

图 3.11　天然香辛料的主要功能特性和用途

3.3.1　香辛料分类与特性

1. 香辛料分类

香辛料按照来源划分，大致可分为以下几类。

- 叶类：主要是指“香草”，如麝香草、月桂叶、洋苏叶。
- 种子类：包括香气很浓的花椒、豆蔻、土茴香、小茴香、小豆蔻等，具有丰富芳香。
- 其他类：植物的茎、根、树皮、花蕾等，包括肉豆蔻、生姜、丁香、胡椒、大蒜、肉桂等。

按风味特征划分，大致可划分为以下几类。

- 辛辣和热辣：黑胡椒、白胡椒、芥菜、辣椒、姜等。
- 辛甜风味：桂皮、八角、丁香、肉桂等。
- 甜香风味：甜罗勒、茴香、小茴香、龙蒿、细叶芹等。
- 清凉风味：罗勒、牛至、薄荷、留兰香等。
- 酸味：续随子、柠檬等。
- 苦味：芹菜籽、肉豆蔻衣、甘牛至、肉豆蔻、牛至、迷迭香、姜黄、香薄荷等。
- 浓香风味：鼠尾草、芫荽、莳萝、百里香等。

按功能划分，又可分为以下几类。

- 以芳香为主的香辛料：八角、甜罗勒、芥子、黄蒿、小豆蔻、丁香、肉桂、芫荽、莳萝、茴香、肉豆蔻等。
- 以增进食欲为主的香辛料：生姜、辣椒、胡椒、花椒等。
- 以脱臭性（矫臭性）为主的香辛料：大蒜、月桂、葱类等。
- 以着色性为主的香辛料：红辣椒、藏红花等。

有些香辛料是使用其原材料，如花椒、月桂叶等，而使用最多的还是加工成粉状的材料。有些肉制品由于对色泽和保存性要求很高，必须使用经过灭菌处理的香辛料。通过水蒸气蒸馏、超临界萃取、分子蒸馏萃取等技术提取制得的香辛料精油，不仅能够保留香辛料中绝大多数风味成分，且相比传统香辛料更加安全、高效，因此香辛料精油也开始越来越广泛地被应用于食品工业中[12]。

2. 香辛料赋味特性

肉制品加工中，针对不同原料往往采用不同呈味特性的香辛料，如鸡肉、鱼类、贝类产品主要使用有脱臭效果的香辛料；牛肉、猪肉、羊肉等畜肉适合使用各种具有脱臭性、芳香性、能够去膻味的香辛料，以达到增进食欲的效果。传统肉制品特征风味的形成尤其离不开香辛料的作用，所以很多学者对香辛料的呈香特性进行了深入研究。例如，有研究显示含有丁香酚、香兰素、胡椒碱、肉桂醛的香辛料能够极大地提升肉制品的香气，而含有苯丙素类、单萜类、酚类等含有芳香基团的香辛料则能赋予肉制品独特的诱人风味。

香辛料的赋味特性主要受其所含有的挥发性香气物质决定，所以诸多研究者也采用现代分析手段对香辛料中含有的挥发性风味物质进行了分析。例如，大蒜切割、粉碎时的辛辣风味是由蒜氨酸和甲基蒜氨酸产生的2-烯丙基次磺酸缩合生成的硫代亚磺酸酯类物质提供，这类物质中最主要的是大蒜素；由于大蒜素含有稳定性较差的二硫键，所以当大蒜在进一步加工时，会由于大蒜素降解产生二烯丙基二硫醚、二烯丙基硫醚、二烯丙基三硫醚、2-乙烯基-4H-1，3-二噻烯和阿藿烯等挥发性物质，构成其特征香气（图3.12）。洋葱的特征风味形成与大蒜相类似，最终特征风味也来源于硫代亚磺酸酯类物质的受热分解，包括乙基乙烯基二硫醚、甲基丙烯基二硫醚、甲基正丙基三硫醚、二正丙基三硫醚、α-甲亚硫酰基甲基正丙基二硫醚等（图 3.13）。生姜中的挥发性风味物质较为丰富，目前鉴定出来的已经有 70 余种，主要分为倍半萜烯类、氧化倍半萜烯、单萜烯和氧化单萜烯类。其中，倍半萜烯类含量最高，包括 α-姜烯、芳基-姜黄烯、β-红没药烯、β-倍半水芹烯，其次是单萜烯类的橙花醛、香叶醛和莰烯。辣椒的香气物质随着品种的不同存在较大的差异，总量多达 300 种以上，其中 2-甲氧基-3-异丁基吡嗪，(*E,Z*) -2,6-壬二烯醛和（反,反）-2,4-癸二烯醛是比较重要的挥发性香气成分。目前部分香辛料的主要挥发性风味物质已经被确定，如丁香的主要挥发性风味物质为丁子香酚、异丁子香酚和石竹烯；肉桂为肉桂醛、3-甲基-5-甲氧基苯酚和茴香脑；小茴香为 1-甲氧基-4-（1-丙烯基）苯、邻甲基苯酚乙酸酯、苯丙醇；八角中则主要为反式茴香脑，其次为酚醇醚类化合物和醛酮酸酯类化合物；花椒浸提液的挥发性化合物主要有丁子香酚、芳樟醇和萜烯醇[13]。

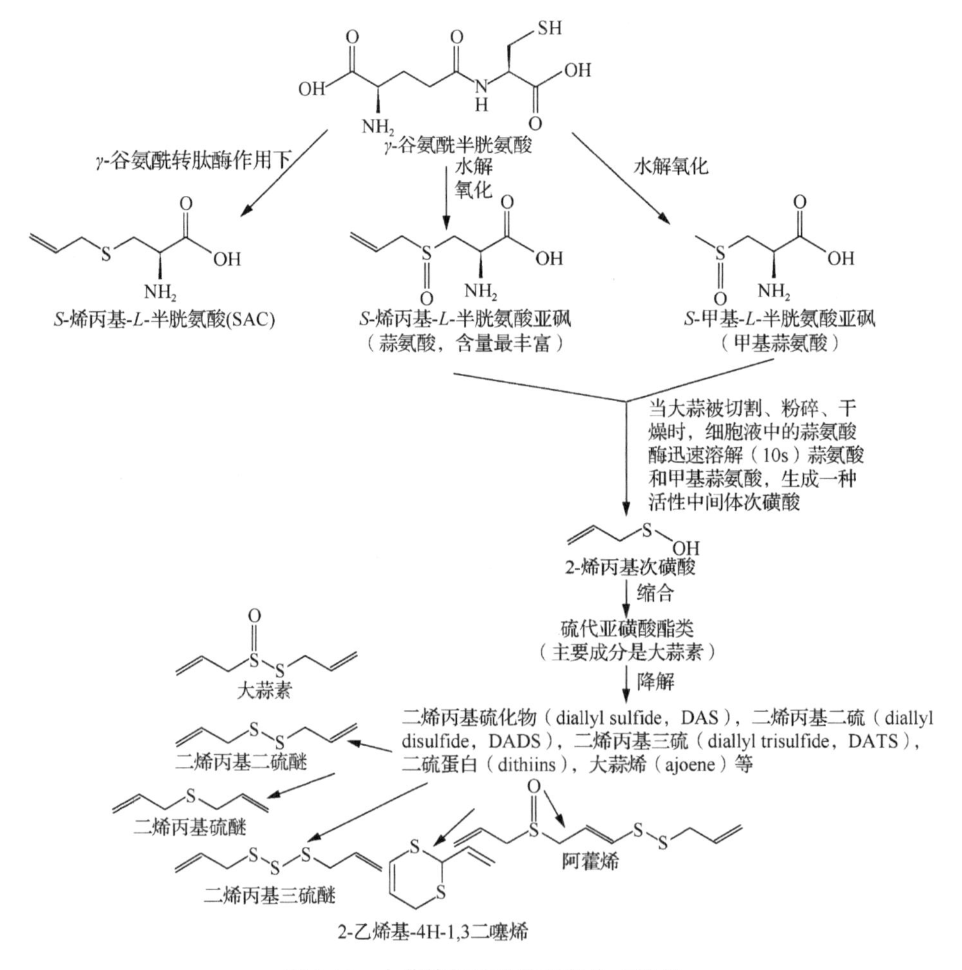

图 3.12　大蒜特征风味物质的生成途径

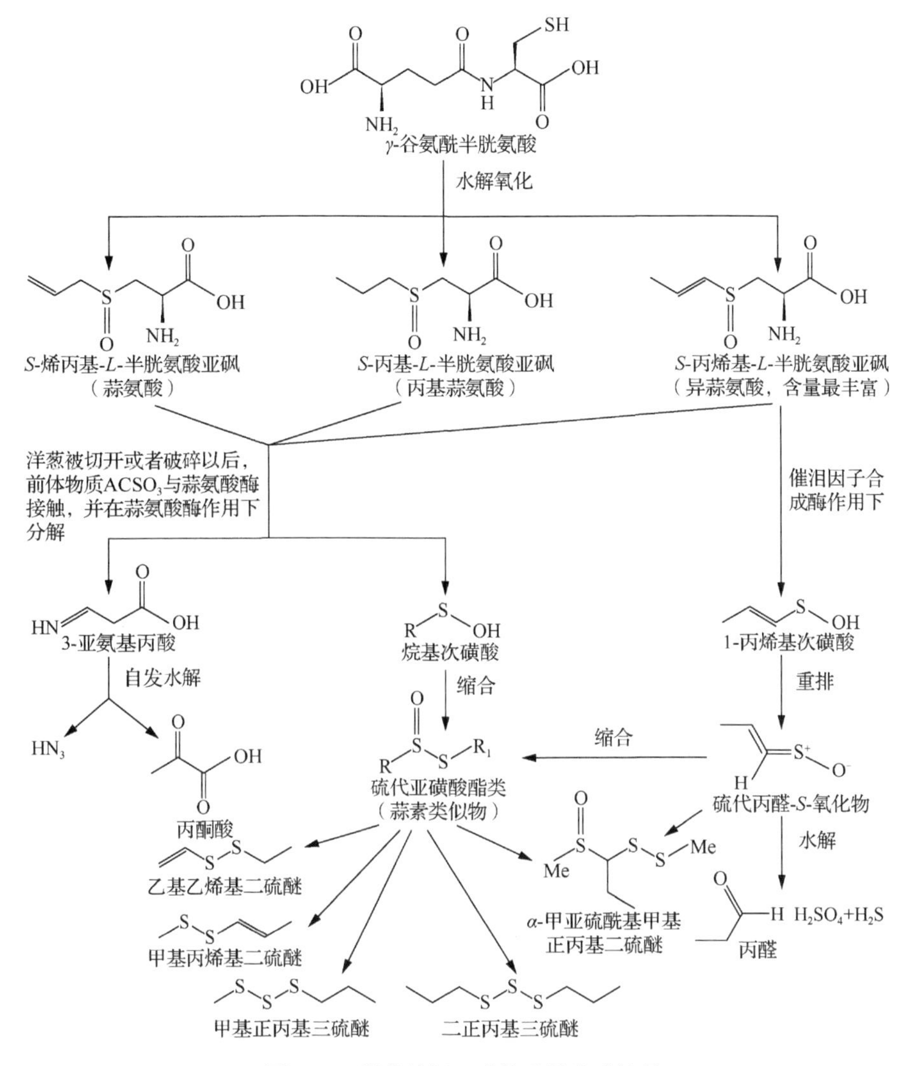

图 3.13　洋葱特征风味物质的生成途径

3. 香辛料抑菌防腐特性

香辛料除可以改变食品的风味外，还具有一定的抑菌、抗氧化、改善肉品质构特性等作用。抑菌性方面，花椒提取液在浓度为 60mg/mL 时，对马铃薯干腐病菌、番茄灰霉病菌、尖孢镰刀病菌、苹果炭疽病菌、水稻稻瘟病菌和苹果腐烂病菌的抑制作用可达 100%（图 3.14）；胡椒油中萜类化合物对单核细胞增生李斯特菌有抑制作用，添加 0.1%的萜类化合物可显著抑制单核细胞增生李斯特菌的生长；黑胡椒提取物能破坏枯草芽孢杆菌的正常生理代谢，有效抑制枯草芽孢杆菌的生长；丁香提取物能够快速杀死大肠杆菌和单核细胞增生李斯特菌；丁香罗勒精油可以使白假丝酵母菌的细胞壁增厚、分离，影响细胞壁的完整性进而使白假丝酵母菌的出芽率降低。防腐方面，茴香、草果、八角、香叶能够通过抑制羊肉罐头中油脂的酸败而延长其保质期；添加肉桂、迷迭香提取物到牛肉丸（-18℃冻存）中，可以显著降低牛肉丸的过氧化值和 TBARS 值，并改善牛肉丸在冻藏过程中的色泽、保水性、硬度和弹性及微观结构；在熟碎猪肉中添加干燥良姜粉末及其乙醇提取物，在 5℃条件下存储 14d，熟猪肉的 TBARS 值、过氧化值和己醛含量均显著降低；肉豆蔻的乙醇提取物也能够明显抑制广式腊肠储藏期间过氧化值的升高，并且抑制作用与浓度存在正相关，此外还可有效控制其酸价[14-15]。

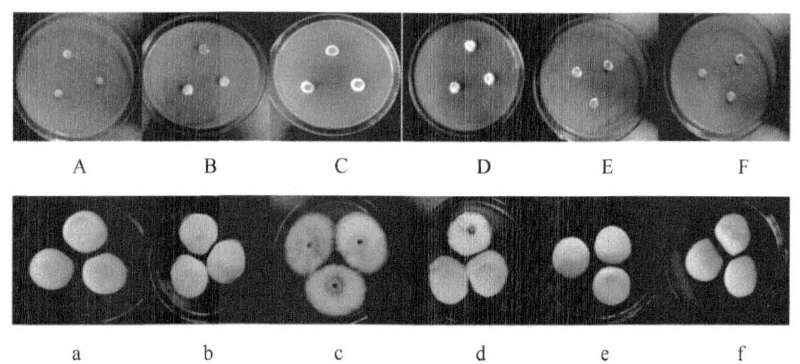

A. 马铃薯干腐病菌；B. 番茄灰霉病菌；C. 尖孢镰刀病菌；D. 苹果炭疽病菌；E. 水稻稻瘟病菌；F. 苹果腐烂病菌；小写字母标识的为各组的对照组。

图 3.14　花椒对 6 种植物源真菌的抑制作用

此外，香辛料中还具有大量的抗氧化物质（表 3.2），如多酚类物质，能够通过调控脂肪蛋白质氧化改善肉品本身风味的形成，并有效抑制酱卤制品中杂环胺的产生，这主要是由于这些物质能够清除美拉德反应中产生的吡啶和吡嗪等自由基，从而抑制杂环胺的形成[15-17]。

表 3.2　几种香辛料的抗氧化活性比较

香辛料名称	DPPH·自由基清除率/%	香辛料名称	DPPH·自由基清除率/%
丁香	92.35	花椒	91.24
高良姜	91.84	八角茴香	49.10
桂皮	91.99	山柰	20.21
药茴香籽	60.65	香叶子	89.13
迷迭香	91.34	草果药	87.11
苦豆	19.97	桂丁	86.89
陈皮	49.61	砂仁	36.35
生姜	79.89	茴香	37.42

3.3.2 香辛料使用原则

肉制品加工中使用香辛料的原则如下：

- 胡椒、葱类、大蒜、生姜等都可以起消除肉类特殊异臭，增加风味的作用，可作为一般香辛料使用。其中大蒜的效果最好，使用时最好同葱类并用而且用量要小。
- 肉制品中使用的基本香辛料，有的以产生滋味为主，有的滋味和香气兼具，有的以产生香气为主，通常将这些香辛料按 6∶3∶1 的比例混合使用。
- 肉豆蔻、多香果、肉豆蔻干皮等是使用范围很广的香辛料，但用量过大会产生涩味和苦味。月桂叶、肉桂等也可产生苦味，使用时应引起注意。
- 使用少量芥菜、麝香草、月桂叶、洋苏叶、莳萝等效果较好，用量过大容易产生药味。

香辛料往往是两种以上混合使用，但是由于香辛料之间存在相乘、相杀的作用，所以需要注意搭配的合理性。例如，辣味料中加入少量香油更突出了辣椒的香气；洋苏叶由于风味特殊一般不与其他香辛料并用。总的来说，香辛料的使用总量一般控制在 0.08%～1%，以避免产品最终风味失和或产生中药味。香辛料粉末添加量一般不高于 0.8%，精油和油树脂一般为 0.02%。具有苦、涩味的香辛料用量不宜过大。值得注意的是，在酱卤制品的老汤等需要反复烹制的产品中，香辛料的投加量应逐次递减[18-21]。

3.3.3 肉制品中常用的香辛料

1. 胡椒

胡椒为胡椒科常绿攀缘藤本植物的果实。胡椒原产于印度、印度尼西亚、泰国、越南、巴西等国家，在我国海南、广东、云南、台湾等地均有生产。胡椒成品因采摘时节、加工方法不同而不同，主要有白胡椒、黑胡椒、红胡椒、青胡椒。

白胡椒在果实全部变成红色、完全成熟时采收，采用盐水浸泡至果皮干燥脱落，去除外皮后经日晒干燥，果实呈白色，所以被称为白胡椒。白胡椒的味道比黑胡椒淡，但富有香气。

黑胡椒在果实半熟刚红时采收，直接晾晒干燥后，果实皱缩变黑，所以被称为黑胡椒，黑胡椒是胡椒中芳香味最强的。

红胡椒是巴西胡椒树的果实，有一种高雅、芳香、略刺激的味道，但味道散失很快。大量食用红胡椒可能导致中毒，所以需要严格控制其添加剂量。红胡椒适合用在鱼类和家禽类料理上，还可和杜松一样与野禽类或其他油质丰富的食物搭配食用。

青胡椒在胡椒果实未成熟仍为绿色时采收，可以直接干燥或浸泡在盐水或醋中使用。青胡椒味道较淡，略带果味，气味芳香，有刺激性及强烈的辛辣味。

胡椒果实中含有 8%左右的脂肪油、36%的淀粉和 4.5%的无机盐，其芳香成分为挥发油，含量为 1%～2.3%。果实中含有两种产生辛辣刺激的植物碱：含量为 5%～9%的胡椒碱和含量约为 0.8%的胡酯碱。

胡椒在肉制品中有去腥膻、提味、增香、增鲜、和味、增辣及除异味等作用，含有的挥发性香油（主要成分为茴香萜）还使其具有一定的防腐、防霉的作用，这主要是由于其中含有的胡椒碱、水芹烯、丁香烯等芳香化学成分能够抑制细菌生长。胡椒在肉制品中虽有调味、增香、增辣的作用，但使用时用量不宜过多，否则会掩盖产品原有的风味，并对人体的消化器官产生刺激，不利于食物的消化吸收。

2. 八角（大茴香、大料、八角茴香、唛角）

八角有强烈的山楂花香气，味甜、性辛温。八角鲜果为绿色，成熟果实呈深紫色，暗淡无光。干燥果实呈棕红色，并具有光泽。八角为我国南方热带地区的特产，主产区为广西西南部。八角的香气由所含的茴香脑类挥发油产生，味微甜而稍带辣，其中含挥发油 4%～9%，脂肪油约为 22%，挥发油中主要成分为茴香醚，占总量的 80%～90%。

八角茴香在肉制品加工中具有调味、增香的作用，也是配制五香粉的主要原料之一，在中式卤肉制品中被大量应用。

3. 小茴香（茴香、茴香籽、谷香）

小茴香气味香辛、温和，有樟脑般气味，微甜，又略带苦味和炙舌之感。小茴香的故乡在地中海沿岸，现在我国各地均有栽种。

小茴香在肉制品加工中主要具有避秽去异味、调香和良好的防腐作用。小茴香既可单独使用，也可与其他香味调料配合使用。小茴香常用于酱卤制品中，往往与花椒配合使用，能起到增加香味、去除异味的功用。使用时应将小茴香及其他香料用料袋包裹后放入老汤内，以免大量附着在原料肉上，影响产品感官。

4. 砂仁

砂仁干果气芳香而浓烈，味辛凉、微苦，主要栽培或野生于广东、广西、云南和福建等亚热带地区。砂仁种子含挥发油 1.7%～3%。

砂仁在肉制品加工中常用于酱卤制品、干制品及灌肠制品的调香。砂仁既可单独作为香味调料使用，也可与其他香味调料配合使用，主要具有解腥除异、增香、调香的作用，使肉制品清爽可口、风味别致并有清凉口感。

5. 花椒

花椒味芳香，辛温麻辣。花椒产于我国北部和西南部，以皮色大红或淡红、黑色、黄白、睁眼（椒果裂口）、麻味足、香味大、身干无硬梗、无腐败者为佳。花椒有大小之分。大花椒称为“大红袍”，粒大、色红、味重。小花椒称为“小红袍”，粒小、色淡黄、口味较大而香。

花椒的香气主要来自花椒果实中的挥发油，果实精油含量一般为 4%～7%。肉制品中常利用花椒达到除腥去异味、增香气、防哈败的目的。

花椒的用途之广居香料之首。由于具有强烈的芳香气，味辛辣而持久，生花椒麻且辣，炒熟后香味才溢出，是很好的调味料。花椒不但能独立调香，还可以与其他调味品按一定比例配合使用，从而衍生出五香、椒盐、葱椒盐、怪味、麻辣等各具特色的风味，用途极广。

6. 肉桂

肉桂主要产于广西、广东等地，在云南、福建等地也有分布。好的肉桂是由采自 30～40 年的老树树皮加工而成。肉桂以不破碎，外皮细、肉厚、断面紫红且油性大、香气浓厚、味甜辣者为上品。肉桂含有 1%～2%的挥发油（桂皮油）及少量鞣质、黏液质、树脂等。挥发油的主要成分为桂皮醛，占总量的 75%～90%。

在肉制品加工中，肉桂是一种常用的调味香料，主要具有提味、增香、去除腥膻味的作用。大多数中式肉制品，如酱卤制品、干制品、油炸制品及五香制品的制作都需要使用肉桂。

7. 甘草

甘草生于干燥草原及向阳山坡，分布于东北、华北及陕西、甘肃、青海、新疆、山东等地。甘草的根及根状茎含 6%～14%的甘草甜素（甘草酸），为甘草的甜味成分。此外，甘草还含有约 3.8%的葡萄糖、2.4%～6.5%的蔗糖及甘露醇、苹果酸、桦木酸、天冬酰胺、烟酸等。

甘草在我国民间具有悠久的使用历史，在肉制品加工中主要作为调味剂使用，赋予肉品以甜味和甘草特有风味。

8. 肉豆蔻（肉果、玉果）

肉豆蔻为肉豆蔻科肉豆蔻属植物肉豆蔻的种仁。肉豆蔻在热带广为栽培，主要产于巴西、印度、马来西亚等地。我国海南、广东、广西、云南、福建等热带和亚热带地区有少量引种。肉豆蔻含有挥发油、脂肪、蛋白质、戊聚糖、矿物质等。

肉豆蔻由于气味极芳香，可起到解腥增香的作用，是制作酱卤肉制品的关键调味料，也常被用于制作高档灌肠制品。

9. 豆蔻（圆豆蔻、白豆蔻、紫蔻、波蔻）

豆蔻为姜科属植物白豆蔻的种子，在未使用前须留存蒴果中。豆蔻性温和，芳香气浓，味辛略带辣，高浓度下略有苦味感。豆蔻分布于泰国、越南、柬埔寨、老挝。我国南部地区有少量引种栽培。

豆蔻在肉制品加工中应用广泛。将豆蔻磨成粉加入制品中，具有良好的调味、增香及助消化的作用，在中式高档肉制品及中式香肠中应用较多。

10. 大高良姜（红豆蔻、大良姜、山姜）

红豆蔻为姜科山姜属植物大高良姜的果实，为多年生草本植物，多生于山野沟阴湿林下、灌木丛或草丛中，主要分布于广西、广东、台湾、云南等地。

红豆蔻在肉制品加工中主要是起增香、提味及增加复合香味的作用，主要应用于酱卤制品中。

11. 草豆蔻（草蔻、草蔻仁、假麻树、偶子）

草豆蔻为姜科山姜属植物草蔻的种子团，生于山坡草丛或灌木林边缘，主要分布于广东、台湾、海南岛等地。草豆蔻种子含挥发油约 1%，有效成分为山姜素。

草豆蔻在肉制品加工中主要起增香、提味及增加复合香味的作用，主要应用于中式酱卤类制品中，特别是牛羊肉制品中放入少量草豆蔻可以去腥除膻、提高风味，但不能代替肉豆蔻在灌肠制品中使用。

12. 丁香（公丁香、丁子香）

丁香原产于非洲摩洛哥，我国广东、广西等地均有种植。丁香具有强烈、浓郁的芳香气味，味辛、麻、辣。丁香花蕾除含有 14%～21%的精油外，尚含有树脂、蛋白质、单宁、维生素、戊聚糖和矿物质等。

丁香在肉制品加工中的主要作用是调味、增香、提高风味，去腥膻、脱臭为次。使用中应注意丁香的香味浓郁，用量不宜太大，否则易压住其他调味料和原料本味，而且应注意在某些色泽艳丽或较清淡的产品中，避免丁香的使用量过大造成产品发黑、发灰的现象，影响产品外观。

13. 辛夷（木草花、望春花、春花）

辛夷分布于河北、河南、陕西、江苏、安徽、浙江、江西、湖北、湖南、四川等省。

在肉制品加工中用辛夷配香料包放入酱卤制品中，可以增加制品的复合芳香。

14. 姜黄（黄姜、毛姜黄）

姜黄有近甜橙与姜、良姜的混合香气，略有苦味和辣味，主产于四川、福建、浙江、陕西、云南、台湾等地。成品姜黄含 3%～4%的水、1.3%～6%的挥发油、0.5%以上的色素、5%以上的脂肪酯，还含有姜烯、苦味成分、树脂、蛋白质、纤维素、戊聚糖、矿物质等。

姜黄在肉制品加工中主要起调味、增香的作用，是天然的食品着色剂。

15. 高良姜（风姜、良姜、小良姜）

高良姜分布于广东、海南岛、雷州半岛、广西、台湾、云南等地。高良姜含 0.5%～1.5%的挥发油。

高良姜在肉制品加工中主要用于酱卤制品的调味，可以增香、调香、去异味，并有刺激食欲的作用。

16. 白芷（香白芷、杭白芷、川白芷）

白芷气味芳香，味微辛苦，含有香豆精类化合物、白芷素、白芷醚、氧化前胡素、珊瑚菜素等。

白芷在肉制品加工中主要作为酱卤制品及中式肉制品的调味、增香材料，因其气味芳香具有除腥、去膻的功能。

17. 广木香（木香、云木香）

广木香根含挥发油 0.3%～3%、树脂 6%、广木香碱 0.05%、菊糖 18%。

广木香在肉制品加工中主要应用于酱卤肉制品，在各种香料中加入广木香，能增加制品的复合香味。

18. 荜拨

荜拨在我国云南、广西有栽培。国外主要产地有印度、菲律宾、越南等。荜拨有特异香气，其味辛辣，是肉制品加工中的调味料，含 1%的挥发油和 6%的胡椒碱。荜拨的香味，主要来源于它所含有的胡椒碱、四氢胡椒酸、挥发油和芝麻素等成分。

国外用荜拨干叶作香料，主要应用于火腿及香肠中，我国主要用于酱卤肉制品中。

19. 紫苏（赤苏、红苏、红紫苏）

紫苏在全国均有栽培，长江以南各省路旁和林边有野生。紫苏取叶晒干即成香料，紫苏籽可取油。茎叶含 0.1%～0.2%的挥发油，油中主要成分为具有特异香气的左旋紫苏醛。

紫苏在肉制品加工中主要是利用其特有的香气生产某些风味产品，起到增香、调味的作用。例如，马肉制品中常常采用紫苏叶进行调味。此外，将干净的干紫苏叶放入酱油中，不仅可以起到防腐效果，还可增添酱油的醇香。

20. 檀香（白檀、白檀木）

檀香野生或栽培，适宜在热带地区生长，分布于印度、澳大利亚及印度尼西亚等地，我国台湾也有生长。檀香的成品为长短不一的木段或碎块，表面呈黄棕色或淡黄橙色、质致密而坚实，具有强烈的特异香气且香气持久，味微苦。檀香含挥发油（白檀油）1.6%～6%、白檀色素及去氧檀香色素等，挥发油的主要成分为白檀醇，含量高达 90%以上。

酱卤肉制品加工中常加入檀香来生产风味产品，增加复合香味。

21. 莳萝（土茴香）

莳萝具有强烈的似茴香气味，较清香、温和，无刺激感。莳萝原产于地中海沿岸及苏联南部，现广泛分布于英国、法国、德国及罗马尼亚等地，在我国也有少量栽培。

莳萝籽含 3%～4%的挥发油，挥发油为无色或淡黄色液体，其成分为 40%～60%藏茴香酮，其余为柠檬萜、水茴香萜及其他萜类。

莳萝大部分用于肉制品腌渍，有提高肉制品风味、增进食欲的作用。

22. 月桂叶（香叶、天竺葵、山肉桂）

月桂产于地中海沿岸南欧各国。我国广东、福建、浙江、四川、台湾等地栽培的月桂称为天竺葵，其叶也可食用，但香气较淡。月桂叶含挥发油约 1%，油的主要成分为黄樟醚、丁香酚、甲基丁香酚、桉油精等。

月桂叶在肉制品加工中主要起增香、矫味的作用，且具有杀菌和防腐的功效，尤其在清蒸猪肉罐头中必不可少。

23. 辣根（马萝卜）

辣根原产欧洲东部和土耳其，在我国青岛、上海市郊较早开始种植。鲜辣根的水分含量为 75%，它既可以切片磨成糊使用，也可加工成粉状。辣根有强烈的辛辣味，主要成分为烯丙基芥子油、异芥苷等，具有增香防腐的作用。

辣根在肉制品加工中具有调味、增香及防腐的作用。

24. 山柰（沙姜、山辣、三柰）

山柰有芳香味，生于热带地区，耐瘠薄和干旱。在我国台湾、广东、广西、云南等地野生或栽培。山柰切面为白色，粉性，光滑细腻，中央略凸起，质坚且脆，味辛辣，有樟脑样香气；含挥发油 3%～4%，油中主要成分为龙脑、桉油精、莰烯、对甲氧基桂皮酸和桂皮酸。

山柰在肉制品加工中主要是为酱卤类制品增香。

25. 孜然（藏茴香、安息茴香）

孜然原产于埃及、埃塞俄比亚等国家，后来苏联、伊朗、印度等国家也栽培，我国主要是在新疆引种栽培。孜然含挥发油 3%～7%，脂肪酸中主要为岩芹酸、苎烯油酸、亚麻酸等；具有独特的薄荷、水果型香味，还带适口的苦味，咀嚼时有收敛作用。

孜然在肉制品加工中主要起调味、增香、解腥腻及提高风味的作用。孜然由于其口味独特，是烤肉、炖肉常用的香辛料。

26. 罗勒（九层塔、香草、鸭香、香佩兰）

罗勒具有辛甜的丁香样香气，带有清香气息，有清凉感，并稍有辣味。在全国各地均有栽培。罗勒的全草含挥发油 0.1%～0.12%，油中主要成分为约占 55%的茴香醚及 34%～40%的芳香樟醇，其余为 1,8-桉叶素，以及少量乙酸沉香酯、丁香酚等。

罗勒在肉制品加工中主要取其芳香和清凉的味道，对肉制品起提味、增香作用，并有除腥味的作用。

27. 芫荽（香菜、胡荽、香菜籽）

芫荽原产于地中海沿岸及中亚，现世界各地均有栽种，在我国分布广泛，是一种极其常见的香辛料。芫荽的果实含挥发油（芫荽油）0.8%～1%，油中主要成分为芳樟醇（沉香醇、芫荽醇），约占 70%。此外，果实尚含 *D*-甘露醇、脂肪油 10%～20%、蛋白质及黄酮苷类。芫荽鲜品每 100g 可食部分约含蛋白质 2g、脂肪 0.3g、碳水化合物 6.9g、粗纤维 1g、钙 170mg、磷 49mg，还有丰富的胡萝卜素、维生素 B_1、维生素 B_2 等。

肉制品加工中主要是利用芫荽特殊的清香气味，增加产品香味。

28. 百里香（地椒、麝香草）

百里香干草为绿褐色，有独特的叶臭和麻舌样口味，带甜味，芳香强烈，主要分布于东北及河北、内蒙古、甘肃、青海和新疆等地。百里香全草含挥发油0.15%～0.5%，油中主要成分为香芹酚、对伞花烃、百里香酚、苦味质、鞣质。

百里香在肉制品加工中主要起调味增香的作用，且能去腥压膻，多用于羊肉的调味料。

29. 五香粉

五香粉是由5种香味调料配制的干制品，是原料经碾磨成粉末状后混合而形成的综合型香味调料。事实上，五香粉中的香辛料并不一定是固定的5种，有多种不同的配方。

五香粉的香气是几种香味调料中各种挥发性香味成分混合后形成的综合型香气，并不突出某一种香味调料的香气，而是各显所长，调香和谐，香味浓郁，是一种风味非常独特的香味调料，在中式肉制品加工中经常使用。五香粉适用于酱卤制品、烧烤制品、油炸制品、干制品、粉蒸肉制品及部分中式灌肠制品，在这些制品中起到除腥去异、增香、调香、改善风味的作用，并能增强食欲，有助于消化液的分泌。

五香粉的色泽较深，比较适合于在色泽较深的制品中使用，一般不用于西式肉制品或白煮肉制品。由于五香粉是由5种不同的香味调料配制而成，又以粉末状出现，香气极易挥发，故在加工中五香粉的使用量应严格控制，过量使用将对制品的风味造成不良影响。

30. 香辛料提取物

随着提取分离技术的不断进步，香辛料的使用形式也不再局限于芳香植物的原生组织，一些香辛料的提取物也越来越多地在肉制品中使用。

天然香辛料提取物是由芳香植物不同部位组织或者分泌物，采用蒸汽蒸馏、压榨、冷磨、萃取、浸提、吸附等物理方法而提取的一类天然香料，因其制取方法不同，可得到不同的制品，如精油、酊剂、浸膏、树脂等。

精油是指通过水蒸气蒸馏、压榨、冷磨、萃取等工艺，提取天然香料植物组织后得到的制品。它与植物油不同，是由萜烯、倍半萜烯芳香族、脂环族和脂肪族等化合物组成的混合物。

酊剂是指用一定浓度的乙醇在室温下浸提天然香料并通过澄清过滤后所得的制品。

浸膏是指用有机溶剂浸提香料植物组织的可溶性物质，最后经除去所用溶剂和水分后得到的固体或半固体膏状物。

油状树脂是指用有机溶剂浸提香料植物组织，然后蒸馏去除溶剂后所得的液体制品，其中含有精油、树脂和脂肪。

此外，天然香料提取物还有香膏、树脂和净油等提取制品。

3.4　食品添加剂及天然功能配料

食品添加剂大多数并不是食品原料本身所固有的物质，而是食品在生产、储存、包装、食用等过程中为达到某一目的而添加的物质，是为改善食品品质和色、香、味及为防腐、保鲜和加工工艺的需要而加入食品中的人工合成物质或者天然物质。食品添加剂一般不能单独作为食品食用，使用量很少，并且须严格遵守《食品安全国家标准　食品添加剂使用标准》（GB 2760—2014）规定的允许使用的添加剂品种、使用范围和使用量。

食品添加剂可以是一种物质或多种物质的混合物。复配食品添加剂是为了改善食品品质或便于食品加工，将两种或两种以上功能互补或有协同作用的食品添加剂，添加或不添加辅料经物理方法混匀而成的复配物。复配添加剂可在食品中独立地承担某一方面功能，比单一食品添加剂更经济、更高效、更安全。近年来，植物来源、微生物来源的天然抗氧化和防腐抑菌成分日益受到消费者欢迎，通过挖掘天然原料的功能特性及营养特性，为延长食品保质期提供了新选择。国外兴起的“清洁标签”食品更是要求配料中的成分为纯天然原料，减少配料添加、简化加工方式，以适应有机、天然食品的消费趋势。

3.4.1　防腐剂

防腐剂是能抑制微生物增殖或杀死微生物，防止或延缓食品腐败，延长货架期的食品添加剂。食品防腐剂的作用机理主要包括：①破坏微生物细胞膜的结构或者改变细胞膜的渗透性；②防腐剂与微生物细胞中的酶作用；③其他作用如使蛋白质（主要是酶）部分变性、交联导致其丧失正常的生理作用，进而抑制微生物生长等。

天然防腐剂主要是指来源于微生物、动物和植物的防腐剂，在肉类食品中使用较多的天然防腐剂主要有茶多酚、乳酸链球菌素、溶菌酶、壳聚糖、天然香辛料提取物等，在应用中常常将防腐剂进行复配以扩大抑菌谱。

1. 微生物源防腐剂

许多微生物特别是乳酸菌可以产生抗生素，长期以来一直被用作防腐剂。这些化合物是小分子有机物，分为蛋白质（主要是细菌素）和非蛋白质，其中包括有机酸（乳酸、丙酸、丁酸、乙酸等）、过氧化氢、双乙酰等化合物。

1）乳酸链球菌素

细菌素（bacteriocin）是由细菌代谢产生，对同种或近源种有特异性抑制杀菌作用的蛋白质或多肽物质。它既可由革兰氏阳性菌产生，也可由革兰氏阴性菌产生。但我国批准使用的由微生物产生的细菌素作为防腐剂的只有乳酸链球菌素（nisin），已被50多个国家批准使用。乳酸链球菌素也称为乳酸链球菌肽，属于生物防腐剂，是乳酸链球菌产生的一种多肽物质，属于羊毛硫细菌素类，分子质量为3500Da，其分子中含有羊毛硫氨酸（lanthionine）、β-甲基羊毛硫氨酸（β-methyllanthionine）等非编码氨基酸残基，抑菌谱较广，可抑制大多数革兰氏阳性菌，包括芽孢杆菌、梭状芽孢杆菌、耐热腐败菌等，尤其是对乳球菌、链球菌、葡萄球菌（*Staphylococcus*）、微球菌、片球菌（*Pediococcus*）、乳杆菌（*Lactobacillus*）、李斯特菌、分枝杆菌属抑制效果较好，但对革兰氏阴性菌、酵母、霉菌、病毒几乎没有作用。nisin在抑菌过程中，不仅对靶细胞膜进行破坏，还可能结合靶细胞细胞壁肽聚糖的前体类脂Ⅱ，干扰其细胞壁的合成。具体作用机制是由于其表面存在较多正电荷，对活性阳离子具有很强的吸附性，其N端带电残基与靶细胞的初始静电结合，进而影响靶细胞的特异性终止蛋白质的合成[22-23]，而对芽孢的作用是通过与蛋白质残基的巯基结合在芽孢萌发前期及芽孢膨胀期破坏其被膜，抑制发芽过程，且孢子受到热损伤越大对nisin越敏感。研究表明，经过121℃热处理3min后存活下来的孢子比未经加热损伤的孢子对nisin敏感10倍以上，尤其是嗜热脂肪芽孢杆菌和热解糖梭菌，因此nisin适用于热加工食品的防腐保鲜。nisin的稳定性和溶解性主要取决于温度、pH、基质等因素。其在酸性条件下呈现最大的稳定性和溶解度，当pH=2.0时溶解度最大，达到12%，可耐受121℃高温15min的处理而无活力损失，但随着pH的升高其稳定性和溶解度逐渐降低，且耐受高温的能力也逐渐降低，中性碱性条件下几乎不溶并丧失活性，因此在实际使用时一般溶于0.02mol/L盐酸溶液中再加入食品，且最好现用现配[24]。

nisin作为革兰氏阳性菌抑制剂广泛应用在肉制品中，GB 2760—2014规定其在预制肉制品和熟肉制品中最大使用量为0.5g/kg。将其与动植物防腐剂配合使用，可以使抗菌作用更强及抗菌谱更广。袁秋萍[25]在香肠制作过程中，以nisin代替亚硝酸盐加入香肠中，经过菌数分析，乳酸菌细菌素的抑菌效果明显，同时对香肠的风味与口感并没有产生任何影响与破坏，且减少了亚硝胺类物质的生成，这为乳酸菌细菌素在香肠中的应用提供了数据借鉴。徐海祥等[26]研究异维生素C钠、红曲色素及nisin代替部分亚硝酸钠在腊肠中的应用，以酸价、红度、挥发性盐基氮、亚硝酸盐残留量和感官评价作为评价指标，通过单因素试验及正交试验，确定了添加原料肉重的0.065%异维生素C钠、0.15%红曲色素、0.06%nisin及

40mg/kg 亚硝酸钠制作的腊肠，与添加 90mg/kg 亚硝酸钠制作的腊肠品质接近。潘晓倩等[27]采用不同防腐剂对真空包装中温酱牛肉置于 25℃条件下储藏分离出的 9 株腐败菌进行抑菌研究，发现乳酸钠、葡萄糖酸-δ-内酯、双乙酸钠和 nisin 具有较明显的抑菌活性，而山梨酸钾、亚硝酸钠和脱氢乙酸钠抑菌效果相对较差。贺红军等[28]用滤纸片琼脂扩散法比较了 8 种天然香辛料提取液对五香牛肉中腐败菌的抑制效果，研究了香辛料提取物和 nisin 对五香牛肉货架期的影响，结果证明丁香与桂皮提取液抑菌作用最强，以 1.5%丁香+3%桂皮+0.05%nisin 组合保鲜液处理五香牛肉，在 0～4℃条件下可以将产品货架期延长至 15d，室温条件下储存货架期可达 5d，且不影响产品的感官品质。刘哲等[29]利用响应面法对 nisin、乳酸钠、壳聚糖进行复配，应用于药膳牛肉丸保鲜，4℃储藏 7d 后测其挥发性盐基总氮，确定复合保鲜剂最佳配比。结果表明：3 种保鲜剂的抑菌效果依次为壳聚糖、nisin、乳酸钠；最佳配比（以 100g 牛肉计）为 nisin 0.015g、60%乳酸钠 4.5mL、壳聚糖 0.8g。

2）纳他霉素

纳他霉素为白色至乳白色结晶粉末，微溶于水、甲醇，溶于冰醋酸，对空气中的氧和紫外线极为敏感，易受到氧化剂及重金属的影响，因此在使用或存放时应注意避光与密封。在 pH 为 3～9 时，纳他霉素的稳定性较好；当 pH 为 4～7 时，纳他霉素的活性和稳定性基本不受影响；当 pH 为 5～7 时，纳他霉素保持最佳的活性；若 pH 小于 3 或高于 9，其活性损失较大。大多数食品的 pH 为 4～7，在此范围内纳他霉素是非常稳定的，能耐受短暂高温（100℃），但由于其溶解度低，所以通常用于食品的表面防腐，但并不影响产品的风味和口感。

纳他霉素是链霉菌的代谢产物，为多烯类抗生素，属于生物防腐剂，是一种无臭、无味、天然、广谱、高效安全的真菌抑制剂，还能防止真菌毒素的产生。纳他霉素几乎对所有真菌均具有抑制作用，但对细菌和病毒无抑制作用。抑菌机理在于它能与细胞膜上的麦角固醇及其他固醇基相互作用，阻遏麦角固醇的生物合成，引发细胞膜结构改变而破裂，导致细胞内容物渗漏，最终使细胞死亡。当某些微生物（如细菌）的细胞膜不存在这些固醇化合物时，纳他霉素就不产生抗菌活性。此外，纳他霉素对真菌孢子也有一定的抑制作用，对于正在繁殖的活细胞抑制效果很好，而破坏休眠细胞则需要较高的浓度[30-32]。

纳他霉素作为防腐剂的用量仅为山梨酸钾的 1%～2%。绝大多数霉菌在 0.5～5mg/kg 的纳他霉素浓度下被抑制，而多数的酵母菌则在 1.0～5.0mg/kg 的浓度下被抑制。GB 2760—2014 规定纳他霉素在酱卤肉制品、熏烧烤肉类、油炸肉、西式火腿类、肉灌肠类、发酵肉制品类中最大使用量为 0.3g/kg。在肉类保鲜方面，可采用纳他霉素浸泡或者喷洒的方法来达到防止霉菌生长的目的，推荐使用 200～500mg/kg 纳他霉素的悬浮液对肉制品表面进行浸泡、喷涂，可达到 8μg/cm^2

纳他霉素含量安全而有效的防霉水平；对于腌、腊肉制品，在腌制时将 200～300mg/kg 的纳他霉素加入腌制剂中一起腌制，也可在腌制后干燥前喷洒[33-34]；杜艳等[35]在对金华火腿传统工艺进行改进的基础上，采用 0.02%纳他霉素、0.01% nisin、1%乳酸和 3%明胶配制成复合生物涂膜溶液，对低盐火腿进行表面涂膜，通过感官检测与霉菌计数，与对照相比抑霉效果显著。聂晓开[36]以感官品质、菌落总数、挥发性盐基氮（TVB-N）、TBARS 为参考指标，探索乳酸链球菌素、纳他霉素对新型鸭肉火腿储藏特性的影响，确定最适添加剂量。结果表明，单独添加 nisin 或纳他霉素可以显著改善新型鸭肉火腿在储藏期间的品质，通过完全随机试验优化得出的最佳添加量为 nisin 0.02%、纳他霉素 0.25%。张旋等[37]以传统发酵火腿中筛选得到的乳酸菌、葡萄球菌、埃希氏菌、微球菌、霉菌和酵母菌为研究对象，考察了 nisin、聚赖氨酸、脱氢乙酸钠、乳酸钠和纳他霉素对以上腐败菌的抑制作用及复配抑菌效果。结果表明，所采用的防腐剂对火腿中的主要腐败微生物有较为明显的抑菌作用，当防腐剂复配溶液中乳酸链球菌素、纳他霉素、聚赖氨酸和乳酸的浓度分别为 0.1g/L、0.05g/L、0.1g/L 和 0.1%（*V*/*V*）时，其对火腿中微生物的抑菌率为 95.1%。

3）聚赖氨酸

聚赖氨酸是 1977 年由日本首先发现的一种新型食品抑菌剂，由链霉菌属生产菌产生的代谢产物经分离提取精制获得的发酵产物，由 25～35 个赖氨酸单体通过在 α-羟基和 ε-氨基之间形成酰胺键连接形成的多聚体直链，呈高聚合多价阳离子态[38-40]。聚赖氨酸为淡黄色粉末，微有苦味，具有很好的水溶性、吸湿性、酸碱稳定性（pH 为 5～8）和热稳定性（25～120℃），可以与食品同时进行热加工处理，微溶于乙醇，不受 pH 变化影响，进入人体后可被分解为赖氨酸（人体必需氨基酸之一），是已发现为数不多的一种安全性高的营养型抑菌剂。它还具有广谱抑菌性，能够抑制革兰氏阳性菌、革兰氏阴性菌、真菌和一些耐热性芽孢杆菌等，如酵母属中的法红酵母菌、尖锐假丝酵母菌、产膜毕氏酵母、玫瑰掷孢酵母、革兰氏阳性菌中的酸热脂环酸芽孢杆菌、枯草芽孢杆菌、保加利亚乳杆菌、耐热脂肪芽孢杆菌、凝结芽孢杆菌和微球菌等，还有多数抑菌剂无法抑制的大肠杆菌、沙门氏菌等革兰氏阴性菌[41]。由于 ε-聚赖氨酸具有阳离子特性，可与微生物细胞表面发生静电吸附作用，通过抑制 ATP 与 NADH 的合成进而阻碍微生物所有合成代谢的进行。另外，它与胞内核糖体结合进而阻碍合成生物大分子，最终导致细胞自溶，因此 ε-聚赖氨酸的抑菌作用机理体现在其对菌体细胞壁、细胞膜系统、遗传物质、酶和其他功能性蛋白质的破坏[42]。

聚赖氨酸由于耐高温、安全高效、抑菌谱广被广泛应用于食品防腐中。GB 2760—2014 规定 ε-聚赖氨酸和盐酸盐在肉制品中最大使用量分别为 0.25g/kg 和 0.3g/kg。一般 ε-聚赖氨酸复合使用可以达到很好的抑菌效果。例如，ε-聚赖氨酸（200mg/L）与甘氨酸（20mg/L）和 nisin（40mg/L）进行复配使用，可以很好地抑制酵母菌、霉菌、枯草芽孢杆菌和黄曲霉的生长繁殖，ε-聚赖氨酸与乙酸复合使用会对枯草芽孢杆菌的生长繁殖产生显著的抑制作用，而单独使用效果较差[43-44]。ε-聚赖氨酸、甘氨酸和食用酒精复配对牛肉干的防腐保鲜效果显著，延长了商品的货架期，口感品质也得到提升，同时在广式腊肠的生产保存中也发挥了很好的防腐保鲜效果[45]。因此，ε-聚赖氨酸对肉制品有很好的保鲜防腐效用。

4）红曲提取物

红曲霉的抑菌活性物质主要是：①monascidin A（莫纳斯叮）；②ankalactone（安卡内酯）；③红曲色素；④橙色素；⑤几丁质酶；⑥糖肽类物质。红曲中的水溶性成分、醇溶性成分及脂溶性成分都有不同程度的抑菌性。但是不同提取溶剂的提取物对同一种微生物抑菌效果有差异，同一种溶剂提取物对不同种类微生物的抑菌效果也不同。红曲发酵液的抑菌谱较广，对蜡样芽孢杆菌、丝状杆菌、枯草杆菌、金黄色葡萄球菌、荧光假单胞杆菌有较强的抑制作用，对绿脓杆菌、大肠杆菌、变形杆菌也有一定的抑制作用。红曲色素对枯草芽孢杆菌、金黄色葡萄球菌具有较强的抑制作用，对酵母、霉菌、黄色八叠球菌无抑制作用，与对大肠杆菌的抑制作用的报道结果并不一致。这是由于采用的红曲来源、种类、生产方式不同，可能所含的抑菌成分也并不相同。多项研究显示红曲色素的 6 种分离液均具有抑菌作用，其中起主要抑菌作用的成分为橙色素[46-47]。在我国，红曲提取物作为防腐剂可广泛应用于肉制品，且红曲发酵液的毒性比亚硝酸盐的低，可以代替亚硝酸盐应用到肉制品行业。

5）有机酸

有机酸是乳酸发酵过程中产生的天然杀菌剂，为肉类产品的公认安全（generally recognized as safe，GRAS）使用物质。例如，曲酸是微生物好氧发酵的一种具有抑菌作用的有机酸。曲酸作为保鲜剂、护色剂有明显的效果，而且由于其特异的结构和性质，实验证明曲酸能够抑制熏肉中亚硝酸钠转化为具有致癌作用的亚硝胺，而且在食品中添加曲酸也不会影响其口味和质感。另外，它还具有易溶于水、热稳定性、pH 稳定性好、对人体无刺激、不为细菌利用等优点。曲酸及其衍生物对酪氨酸酶有强烈的抑制作用，也是一种抗氧化剂。

这些酸主要通过喷涂或浸渍的方式应用于肉类表面，可能对颜色和味道有负面影响，所以将有机酸应用于肉类和肉制品时必须进行感官评价。在鲜肉产品中使用有机酸的另外一个限制因素是一些酸（如柠檬酸）需要极低的 pH 才能达到最佳抗菌活性，会严重影响产品的口感。

乙酸、乙酸盐、双乙酸酯和脱氢乙酸作为杀菌剂对乳制品和肉制品中的酵母菌和细菌有杀灭作用。乳酸和乳酸盐对肉类、肉制品和发酵食品中的细菌有效，丙酸钠对肉制品中的霉菌有效。体外实验结果表明，乙酸对鼠伤寒沙门氏菌的抑菌效果最好，其他有机酸对鼠伤寒沙门氏菌的抑菌效果依次为乙酸>乳酸>柠檬酸>盐酸。

有机酸和盐与细菌素结合，可使细菌失活和生长受到抑制，并增加细菌素分子的溶解度和活性。据报道，不同浓度（0～20g/kg）的有机酸（90%的乳酸钠和10%的乙酸钠）混合添加到香肠中，可以显著降低其在8℃储藏期间的微生物活细胞数。有研究表明乙酸和乳酸钠的混合物通过减少细菌总数来延长保质期，然而脂质氧化和颜色流失随着时间的推移而增加，可以采用抗氧化剂如丁基羟基茴香醚（BHA）/二丁基羟基甲苯（BHT）与乳酸钠或乙酸钠/乳酸钠混合使用，以防止颜色退化和酸败[48-49]。

2. 动物源防腐剂

从动物中提取的天然防腐剂已在肉制品中显示出有效性。

1）壳聚糖及其衍生物

壳聚糖是甲壳素的去乙酰化形式，是仅次于纤维素的世界第二大生物高分子。它由 β-1,4-糖苷键连接的 *n*-乙酰氨基葡萄糖残基组成。它来源于螃蟹和虾的壳及真菌的细胞壁。壳聚糖为白色或淡黄色片状固体，不溶于水、乙醇和丙酮，能溶于稀酸溶液中。吸湿率可达自身重量的 4～5 倍，是纤维素的 2 倍多，透气率高，降解后生成氨基葡萄糖，是安全的添加剂。壳聚糖的抑菌范围广且抗菌活性强，对多种食源性丝状真菌、酵母、细菌等具有广谱抗性，并且具有很好的抗脂质过氧化作用，对产品品质有提升作用。

壳聚糖对微生物的抑制作用不仅与壳聚糖的脱乙酰度（简称为 DD 值）、分子质量大小、浓度、来源有关，还与目标菌的种类、环境温度和 pH 等因素有关。①分子大小相近的壳聚糖，抑菌能力随其 DD 值增加而增加。②大分子壳聚糖的抑菌能力比小分子壳聚糖强。③壳聚糖对革兰氏阳性菌的抑制作用比对革兰氏阴性菌强。细菌容易受到壳聚糖的抑制，酵母菌次之，而壳聚糖对真菌的抑制作用则相对较弱。④壳聚糖的抑菌能力随其浓度升高而增强，随环境介质的 pH 升高而降低。⑤溶剂对壳聚糖的抑菌能力也有一定的影响，一般来说以乙酸为溶剂比其他溶剂强。当含量为 0.40%（*m*/*m*）时，壳聚糖不仅对大肠杆菌、荧光假单胞杆菌、普通变形杆菌、金黄色葡萄球菌和枯草芽孢杆菌等均有很好的抑制作用，还可抑制其毒素的产生[50]。在一定条件下，壳聚糖对铜绿假单胞菌、短小棒状杆菌、白色念珠菌、绿脓杆菌、乳酸杆菌、明串珠菌、微球菌、肠球菌、链球菌、霍乱弧菌、志贺痢疾杆菌、产气单胞菌、鼠伤寒沙门氏菌、单核细胞增生李斯特菌、小肠结肠炎耶尔森氏菌及某些真菌也有抑制作用[51]。

作用方式主要有损伤细胞壁、改变细胞的透性、改变蛋白质和核酸分子、抑制酶的作用、作为抗代谢物、抑制核酸的合成。主要有以下几种可能。①分子质量小于 5 000 000Da 的壳聚糖可以透过细胞膜进入微生物细胞内，与细胞内带负电荷的蛋白质和核酸结合，使细胞 DNA 的复制和蛋白质的合成等受到影响，导致微生物死亡。这一机理解释了小分子壳聚糖对革兰氏阴性菌有较好的抑菌效果。②大分子的壳聚糖吸附在目标菌细胞表面，形成一层高分子膜，阻止了营养物质向细胞内运输，从而达到杀菌和抑菌作用，因此大分子壳聚糖对革兰氏阳性菌作用显著。③壳聚糖的正电荷与目标菌细胞膜表面的负电荷之间相互作用，改变了细胞膜的通透性，引起微生物细胞死亡。④壳聚糖作为一种螯合剂，选择性地螯合对微生物生长起关键作用的金属离子，从而达到抑菌作用[52]。

研究人员发现，在火腿中加入 0.2%的壳聚糖可以使亚硝酸钠的使用量减半，且不会影响火腿的品质和保存稳定性[53]。Park 等[54]在肉类火腿制作过程中，将分子质量为 120kDa 的 0.2%壳聚糖与 0.005%的亚硝酸钠配合使用，或者 0.5%的壳聚糖单独使用，发现二者均可达到与 0.01%亚硝酸钠单独使用时相同的防腐效果。无皮的猪肉火腿在 1%浓度的壳聚糖溶液中浸泡，可以显著降低产品中乳酸菌、酵母菌等的活细胞数，并且使其保质期延长 7～15d[55]。

2）鱼精蛋白

鱼精蛋白的主要成分为碱性蛋白质，包括鱼精蛋白（protamine）和组蛋白（histon）。相对分子质量约为 5000。外观白色至淡黄色粉末，有特殊味道。可溶于水，微溶于含水乙醇，不溶于乙醇，热稳定性好（120℃下加热 90min 仍具抑菌作用），可用于热加工制品中，适用于在较大 pH 范围内使用，在中性和偏碱性的条件下防腐效果更好[56-57]。

鱼精蛋白对革兰氏阴性菌、革兰氏阳性菌、霉菌、酵母菌的最低抑菌浓度（minimum inhibitory concentration，MIC）均小于 1000mg/kg，尤其对霉菌和酵母菌的抑菌作用更强。鱼精蛋白与甘氨酸、乙酸、盐、酿造醋等联用，再配合碱性盐类，可增强抑菌作用，还可增鲜，对肉糜类制品还有增强弹性的效果，但也能与蛋白质、盐分、酸性多糖等相结合而呈不溶性，使抑菌效力降低[58-59]。抑菌机理分为两类。①鱼精蛋白直接与微生物细胞壁结合，通过破坏细胞壁的形成而达到抑菌的作用。这一机理解释了革兰氏阳性菌比革兰氏阴性菌对鱼精蛋白更加敏感。②鱼精蛋白与微生物细胞膜相互作用，通过抑制细胞营养物质的吸收，影响细胞内细胞蛋白质合成及改变细胞膜通透性，进而抑制细菌生长。还有一些研究表明鱼精蛋白抑菌机理是通过对细胞膜和细胞壁的共同作用来达到抑菌的效果。

与化学合成防腐剂相比，鱼精蛋白具有安全性高、防腐性能好、热稳定性高等优点，而且鱼精蛋白还具有很高的营养性和功能性等，因而具有十分广阔的应用前景。用鱼精蛋白做单一防腐剂，添加量一般占食品总量的 0.5%以上，成本高且来源有限。实际应用中一般将它与其他防腐剂或保鲜方法结合使用，如鱼精蛋白与半胱氨酸、谷胱甘肽、维生素、乳化剂等混合使用时，抗菌作用有相乘的效果[60]。松田敏生[61]在实验中，让鱼精蛋白和乳化剂并用，结果发现，单独添加 0.1%的鱼精蛋白或 0.1%乳化剂，在 25℃下食品仅能保存 2d；若联合使用保存天数可达 11d。因此，鱼精蛋白和乳化剂并用，不仅增效显著，而且可解决鱼精蛋白在食品中溶解状态不好的问题。

3）溶菌酶

溶菌酶是一种比较稳定的碱性蛋白质，是从哺乳动物的奶和禽蛋中分离出来的，在碱性条件下易被破坏，但在酸性溶液中其化学性质稳定，热稳定性很强。在 pH 为 4～7 时，100℃下处理 1min 溶菌酶仍保持良好的活性；在 pH=3 时，100℃加热处理 45min 仍能保持活性。研究最多的鸡蛋清溶菌酶，是由 129 个氨基酸残基组成的碱性球状蛋白，具有 4 个二硫键，最适 pH 为 6～7，其等电点可达 10.7。正常条件下溶菌酶作用的最适温度为 45～50℃。

溶菌酶是一种能水解致病菌中黏多糖的碱性酶，主要通过水解革兰氏阳性菌细胞壁的肽聚糖中 *n*-乙酰胞壁酸与 *n*-乙酰氨基葡萄糖之间的 β-1,4 糖苷键，使细胞壁不溶性黏多糖分解成可溶性糖肽，导致细胞壁破裂内容物逸出而溶解细菌。因此，溶菌酶能有效杀死革兰氏阳性菌，而对革兰氏阴性菌破坏很小，如鸡蛋清溶菌酶。溶菌酶还可与带负电荷的病毒蛋白直接结合，与 DNA、RNA、脱辅基蛋白形成复盐，使病毒失活[62]。

溶菌酶本身无毒、无害，可替代化学防腐剂添加到肉制品中，能有效延长食品货架期。例如，用 0.05%溶菌酶和 0.05%nisin 混合液喷洒鲜猪肉，4℃可保鲜 12d，真空包装可达 24d。再与 18% NaCl 和 4.5%葡萄糖组成复合保鲜剂，保质期明显延长。在壳聚糖和溶菌酶联合作用的肉糜研究中，通过抑制蜡样芽孢杆菌、大肠杆菌和荧光假单胞菌的生长，延长了产品的货架期，而金黄色葡萄球菌的活菌数明显减少。同时，这种结合也能降低脂质氧化。溶菌酶与 nisin、EDTA 联合作用，单核细胞增生李斯特菌明显减少，菌落总数和乳酸菌数分别减少 1 个数量级和 2 个数量级，而肠杆菌科和假单胞菌几乎不受影响，最终延长了产品的货架期，不影响产品的颜色。溶菌酶和乳酸链球菌素混合物也能抑制瘦肉和肥肉组织中热死环丝菌，减少肉杆菌数量。溶菌酶与螯合剂（如 EDTA）、乳酸链球菌素、乳铁蛋白等联用，对革兰氏阴性菌有较好的杀灭效果[63-66]。

4）乳铁蛋白

乳铁蛋白是从牛奶中分离出来的一种铁结合糖蛋白，分子质量为（77 000±2000）Da，pI=8.0±0.2。乳铁蛋白具有抑菌、抗氧化、吸收铁等生物功能，其中抑菌、抗氧化是主要功能。乳铁蛋白具有广泛的抗菌活性，可对抗细菌（如单核细胞增生李斯特菌、大肠杆菌、克雷伯菌和肉杆菌）和病毒。它已经在美国被批准用于肉制品。pH 为 7.5 时乳铁蛋白的抑菌效果最好。据推测，它通过直接性的“铁剥夺”和间接性的“膜渗透”两种机制发挥抗菌作用。乳铁蛋白对微球菌和金黄色葡萄球菌有明显的抑制效果，对阴性菌的抑制效果不明显，这可能是由于它们细胞壁的结构不同。Colak[67]对土耳其肉丸的研究表明，乳铁蛋白和乳铁蛋白+nisin的混合物显著降低了产品的总需氧菌、大肠杆菌、总嗜冷菌、假单胞菌、酵母和霉菌的数量，从而延长了产品的货架期。乳铁蛋白 5mg/mL+溶菌酶 1.5mg/mL+nisin 0.2mg/mL 时对假单胞菌、大肠杆菌、微球菌、金黄色葡萄球菌抑菌效果最佳。3 种保鲜剂的配比为乳铁蛋白 2.2%、维生素 C 0.9%、乳酸钠 3.9%，经过保鲜液处理的预调理肉的保质期均可达到 15d[68-69]。

5）蜂胶

蜂胶是蜜蜂从长胶源植物的树芽、树皮等部位采集的树脂，再混以蜜蜂舌腺和蜡腺等腺体的分泌物，经蜜蜂加工而成的一种芳香性胶状物质。蜂胶为红褐至绿褐色粉末，或树脂状块状。溶于水，兼有表面活性剂作用。黄酮类化合物和萜烯类化合物为蜂胶的主要成分，另外还有对苯二酚、咖啡酸酯类、槲皮素和木脂素。蜂胶属树脂类物质，可溶于体积分数为95%的乙醇。蜂胶溶液呈透明状，但随着蜂胶浓度的增大，有颗粒状沉淀析出。蜂胶中含有大量的黄酮和多酚类物质，其生理活性也与之密切相关，所以蜂胶中黄酮和多酚的含量是评价蜂胶质量的一个重要指标[70]。

蜂胶特殊的抗菌作用是各种有机成分间相互协同的结果。酮类、酚类物质能损伤细胞的细胞膜和细胞壁，抑制脱氢酶和氧化酶，阻碍细胞正常代谢；醛类的杀菌效能在于它具有还原作用，能与蛋白质中的氨基酸结合而变性，破坏菌体细胞质；芳香酸能抑制酵母菌和霉菌细胞呼吸系统的活性并阻碍细胞膜呼吸而达到抗菌目的；甾类和烃类能与菌体蛋白质中的氨基、羟基和硫基结合，干扰和破坏菌体的代谢活动，有较强的抗菌作用。蜂胶乙醇提取液对各类微生物均有较强的抑菌作用，按抑制强弱的顺序排列：细菌类，金黄色葡萄球菌>蜡状芽孢杆菌>枯草杆菌>大肠杆菌；霉菌类，毛霉>黑根霉>尖孢镰刀菌>黑曲霉>青霉；酵母类，啤酒酵母>异常汉逊氏酵母>假丝酵母[71]。

用蜂胶、羧甲基纤维素钠（CMC）和山梨酸钾复合制成保鲜涂膜剂，对冷鲜肉进行涂膜处理、保鲜膜包装后，（4±1）℃储藏鲜肉。结果表明，蜂胶、CMC 和山梨酸钾对冷鲜肉的抑菌保鲜具有明显的协同增效作用，并由 0.6%蜂胶醇溶液、1%CMC、0.05%山梨酸钾和 0.6%蜂胶醇溶液、1.5%CMC、0.1%山梨酸钾两种配方所配制成的涂膜剂对冷却肉的保鲜效果最显著[72]。汤凤霞等[73]对蜂胶保鲜猪肉的效果进行了初步研究，8%蜂胶液保鲜的猪肉在 36h 后仍能保持新鲜。乞永艳等[74]用 0.024%的蜂胶乙醇提取液处理猪肉可起到较好的防腐作用，比对照推迟近 15d 腐败，同时该浓度下不会影响猪肉的口感和色泽。

6）昆虫抗菌肽

用细菌、菌疫苗、某些化学物质及超声波诱导后可以在昆虫血淋巴中产生一系列能够杀死细菌的物质，其中很多是多肽类物质，这些物质即为昆虫抗菌肽。昆虫抗菌肽分子质量很小，结构高度紧密，其抗菌的作用机制是在细胞膜上形成微孔，导致膜的通透性增加并破坏能量产生系统。它主要是对细菌具有很强的抗菌活性，而对真核细胞基本不起作用，所以可以应用于食品防腐。同时，抗菌肽也有很好的热稳定性，这也使得它可以用于热加工食品。

3. 植物源防腐剂

水果、蔬菜、香草和香料的提取物是精油的丰富来源。精油的叶子（如牛至、迷迭香、百里香、鼠尾草、罗勒、马郁兰）、鲜花或芽（如丁香）、鳞茎植物（如洋葱、大蒜）、种子（如欧芹、香菜、肉豆蔻、茴香）、根状茎（如阿魏）、水果（如胡椒、豆蔻）或植物的其他部分（如树皮）具有抗菌和抗氧化的活性[75-76]。

在食品中添加香精可能会破坏微生物细胞，或抑制真菌毒素等次生代谢产物的产生[75]。总的来说，精油对革兰氏阳性菌的抑制作用强于革兰氏阴性菌[77]，然而，来自牛至、丁香、肉桂、柠檬草和百里香的一些精油对两组都有效。这些香精的抗菌活性主要来源于酚类化合物、萜烯类化合物、脂肪族醇类化合物、醛类化合物、酮类化合物、酸类化合物和异黄酮类化合物。这些化合物中负责抗菌作用的主要成分包括香芹酚、百里酚、柠檬醛、丁香酚及其前体[75]。酚类化合物是最丰富、最重要的植物化学物质。它们作为还原剂、氢供体、氧猝灭剂和金属螯合剂，表现出抗菌、抗氧化、抗过敏、抗炎和心脏保护等特性[78]。香精的功效取决于其成分的化学结构、浓度、与食物基质的相互作用、抗菌活性谱与目标微生物的匹配及应用方法等因素[75]。香精与其他天然抗菌剂甚至其他化学防腐剂的组合也显示出积极的作用。

1）非香料类植物提取物

非香料类植物提取物主要来源于植物叶片，已有研究证实，银杏叶、竹叶、荷叶等的提取物都具有一定的防腐抑菌作用。

众多学者对叶片提取物的抑菌效果进行过研究。竹叶提取物具有广谱抗菌性，对细菌的抑制作用最强，如伤寒沙门氏菌、痢疾志贺氏菌、蜡样芽孢杆菌、金黄色葡萄球菌、小肠结肠炎耶尔森氏菌、魏氏梭菌和肉毒杆菌；其次是酵母菌；对霉菌的抑菌能力最弱。对高温高压稳定，在弱碱条件下和较高温度处理后能增强其抑菌效果，但对霉菌和酵母的效果相对较差[79-80]。

另外，荷叶中含有多种物质包括黄酮类、生物碱、挥发油等，均具有良好的生物活性。荷叶乙醇提取物的主要功能成分为黄酮类化合物，具有显著的抗氧化性，浓度为1.25mg/L时即可达到过氧化氢自由基的半数清除率，还原能力与芦丁相当；在抑制猪油自氧化作用方面，0.04%荷叶乙醇提取物与0.02%抗坏血酸基本一致。荷叶不同提取物能够有效地抑制包括细菌、病毒及真菌在内的多种微生物，其中对细菌、酵母菌抑菌效果显著，对青霉菌及黑曲霉的抑菌效果稍次；最低杀菌浓度和最低抑菌浓度均为 20～2000mg/L，抑菌效果在弱碱条件下最强，并能耐受高温短时及超高温瞬时的热处理[81-82]。张赟彬等[83]还研究了荷叶精油对肉类食品中常见的大肠杆菌、金黄色葡萄球菌和沙门氏菌的抑菌机理，结果表明，荷叶精油可造成菌体细胞膜透性的变化，引起三种菌体内含物的渗漏，从而造成液体培养基电导率和还原糖含量增加；可使细菌蛋白质合成速率受到抑制。宁诚等[84]研究艾叶提取物与荷叶提取物的抑菌作用及其对肉肠的保鲜作用发现，当艾叶提取物添加量为 9～12g/kg、荷叶提取物添加量为 12～16g/kg 时，处理组的硫代巴比妥酸值（TBA 值）、TVB-N 值和细菌总数明显低于空白组，且 TBA 值、TVB-N 值和细菌总数随着艾叶、荷叶提取物添加量的增加而降低；7.5g/kg 艾叶提取物和 7.5g/kg 荷叶提取物复合处理组的细菌总数最低，10g/kg 艾叶提取物和 5g/kg 荷叶提取物复合处理组的 TBA 值与 TVB-N 值最低。因此，艾叶、荷叶提取物可抑制肉肠中细菌的繁殖，减缓脂质氧化与蛋白质分解，显示出较好的保鲜特性，在肉肠保鲜中具有潜在的应用前景。

同时，一些药食同源的中草药提取物不仅具有一定的药用价值，也具有一定的防腐抑菌功能，如甘草、麻黄、银杏、乌梅、黄连、防风、黄芩、连翘、金银花、金钱草、鹿蹄草、丹参、蒲公英、鱼腥草等中草药提取物均具有一定的有效抑菌成分[85-87]。胥忠生等[88]就不同质量分数的杜仲叶提取物对猪肉糜制品的抗氧化和抑菌效果进行了研究，结果发现，在抑制微生物生长方面，质量分数为 0.25%和 0.50%的杜仲叶提取物处理组表现出更强的抑菌能力。

2）天然香辛料提取物

香辛料提取物除了基本的去腥、增香、赋味功能外，还能抑菌防腐。真正起作用的是其精油，其抗菌成分主要有丁香酚、二丙烯硫醚、水芹烯、香芹酮、香芹酚、百里酚、辣椒素、茴香脑、百里酚、异冰片、肉桂醛、香草醛、柠檬烯和水杨醛等。这些成分能透过细胞进入菌体，精油中的类萜类降低生物膜的稳定性，从而干扰能量代谢的酶促反应，起到抑菌的作用。在香辛料防腐功能的研究过程中，已有研究证实肉桂、茴香、桂皮、迷迭香、大蒜、生姜、花椒、丁香、甘草、黑胡椒等的提取物都具有一定的防腐抑菌作用，对食品中常见的金黄色葡萄球菌、大肠杆菌、枯草芽孢杆菌、汉逊氏酵母、黑曲霉、青霉等有很强的抑制作用[89]。

大蒜中的有效成分俗称大蒜素，是大蒜辣素和大蒜新素等的总称，又称为大蒜精油；在 pH 为 5～7 时最稳定；具有明显的热不稳定性，尤其当温度高于 80℃时；阿拉伯胶、可溶性淀粉 β-环糊精对其有稳定作用。大蒜素对痢疾杆菌等一些肠道致病菌和常见食品腐败真菌都有较强的抑制和杀灭作用，MIC 为 0.16%～0.32%，其防腐能力与苯甲酸、山梨酸效果相近。刘文群等[90]比较大蒜和生姜的抑菌试验，结果显示大蒜乙醇浸提法的抑菌效果以大肠杆菌最为显著，而生姜则对链球菌的抑菌效果较为明显。大蒜对细菌和霉菌的总体抑菌效果优于生姜。

肉桂是药食兼用植物材料，肉桂提取物的主要成分有反式肉桂醛（70%～85%）、反式邻甲氧基肉桂醛（5%～12%）和乙酸桂酯等。肉桂热稳定性好，稍溶于水，溶于乙醇，主要是通过破坏细胞壁，使药物渗入细胞内，破坏细胞器而起到杀菌的效果。肉桂精油对细菌、霉菌和酵母均具有强烈的抑制作用，其抑菌效果为霉菌>酵母>细菌。肉桂精油的抑菌效果受pH影响小，在酸性范围（pH<5）抑菌效果最强，随pH的升高，其抑菌效果有所减弱[91]。

生姜中生物活性物质为各种挥发性油及姜辣素。其中，挥发油的含量为0.9%～2%，其主要成分为姜烯、姜醇、没药烯、α-姜黄烯、甲基庚烯酮等。姜辣素的主要成分为姜油，是黄色油状液体，味辣而苦。生姜的抑菌和抗氧化能力突出，生姜提取物为0.0625%～3.00%，pH为6～8时，对大肠菌群、啤酒酵母、青霉菌及金黄色葡萄球菌等肉制品中常见腐败菌均有一定的抑制作用，MIC值为0.125%～0.5%；经热处理后的生姜提取物仍具有明显的抑菌能力[92-93]。

迷迭香中的抗菌成分有鼠尾草酚/酸、迷迭香酚/酸和迷迭香双醛等，抑菌作用大小为黑曲霉>橘青霉>黄曲霉>金黄色葡萄球菌>大肠杆菌>枯草杆菌。丁香油中的抑菌成分主要为丁香酚、乙酰丁香酚、石竹烯、香草醛等，具有热稳定性，对食品中金黄色葡萄球菌、枯草芽孢杆菌和大肠杆菌的生长均有不同程度的抑制作用。这两种精油都具有广谱抑菌性，热稳定性好[94]。

不同香辛料精油复配已广泛用于肉制品的防腐保鲜。胡刘岩[95]以金黄色葡萄球菌、大肠杆菌、酿酒酵母、产气杆菌及热杀索丝菌这5种冷鲜肉常见的腐败菌和致病菌作为供试菌，研究丁香酚、肉桂醛、柠檬醛、香叶醇、香茅醇和异丁香酚6种精油主要成分的抑菌作用，醛类和酚类比醇类的效果明显，肉桂醛的MIC（0.25μL/mL）最低且综合抗菌能力最强，丁香酚次之。丁香酚对大肠杆菌的抑菌能力最强，而异丁香酚对酿酒酵母有最高的抑菌活性。6种精油均能有效降低肉样中的微生物总数和pH，可以改善新鲜肉样的气味，使肉质具有精油的香气。经肉桂醛和丁香酚复配液处理过的肉样，在硬度、弹性、黏结性、胶着性、咀嚼度、回复性方面均比对照组好。朱剑凯[96]利用天然香辛料丁香、小茴香、肉豆蔻的乙醇提取液作为保鲜剂，对冷却牛肉进行处理，然后在0～4℃下冷藏。结果表明，香辛料提取物对牛肉均具有良好的保鲜效果，保藏期可以达到18d以上。刘晓丽等[97]利用超临界二氧化碳萃取丁香、肉桂及黑胡椒精油，配制成复合保鲜剂，用于冷却猪肉保鲜，结果表明，0.5%丁香、0.5%肉桂精油、0.5%黑胡椒精油复配的保鲜剂对猪肉的保鲜效果较好，结合真空包装，于4℃储藏可以延长冷却猪肉的保鲜期至15d。

4. 化学防腐剂

化学合成防腐剂是食品添加剂的一个重要组成部分，能有效地抑制微生物的生长和繁殖，防止食品腐败变质，延长食品的保质期，防腐效果好。它具有稳定性好、价格低廉，能有效抑制微生物生长和繁殖的优点，应用较广泛。下面将介绍肉制品中常用的化学防腐剂。

山梨酸类为酸性防腐剂，对光热稳定，有较强的抑制霉菌、酵母菌和好氧性细菌的活性，对厌氧型细菌和乳酸菌几乎没有作用。防腐效果随 pH 的升高而降低，pH 达到 3 时效果最佳。它有效的 pH 范围在 5.5 以下，达到 6 时仍有抑菌能力，但最低浓度不得低于 0.2%。山梨酸不溶于水，而山梨酸钾因易溶于水使用更加方便，因此多使用山梨酸钾作防腐剂，其机理是它能与微生物的酶系统中的巯基结合，从而破坏许多酶系统，达到抑制微生物的生长、繁殖和防腐效果。GB 2760—2014 规定山梨酸的最大使用量为 0.75%（表 3.3），但不采取综合措施，单靠山梨酸钾很难达到抑菌保鲜效果[98-99]。

表 3.3　GB 2760—2014 应用于肉制品中的化学防腐剂的种类及其最大使用量

<table>
<tr><th>防腐剂</th><th>可应用的食品名称</th><th>最大使用量/（g/kg）</th><th>备注</th></tr>
<tr><td rowspan="7">硝酸钠（钾）</td><td>腌腊肉制品类（如咸肉、腊肉、板鸭、中式火腿、腊肠）</td><td>0.5</td><td rowspan="7">以亚硝酸钠（钾）计，残留量≤30mg/kg</td></tr>
<tr><td>酱卤肉制品类</td><td>0.5</td></tr>
<tr><td>熏烧烤肉类</td><td>0.5</td></tr>
<tr><td>油炸肉类</td><td>0.5</td></tr>
<tr><td>西式火腿（熏烤、烟熏、蒸煮火腿）类</td><td>0.5</td></tr>
<tr><td>肉灌肠类</td><td>0.5</td></tr>
<tr><td>发酵肉制品类</td><td>0.5</td></tr>
<tr><td rowspan="8">亚硝酸钠（钾）</td><td>腌腊肉制品类（如咸肉、腊肉、板鸭、中式火腿、腊肠）</td><td>0.15</td><td rowspan="4">以亚硝酸钠计，残留量≤30mg/kg</td></tr>
<tr><td>酱卤肉制品类</td><td>0.15</td></tr>
<tr><td>熏烧烤肉类</td><td>0.15</td></tr>
<tr><td>油炸肉类</td><td>0.15</td></tr>
<tr><td>西式火腿（熏烤、烟熏、蒸煮火腿）类</td><td>0.15</td><td>以亚硝酸钠计，残留量≤70mg/kg</td></tr>
<tr><td>肉灌肠类</td><td>0.15</td><td rowspan="2">以亚硝酸钠计，残留量≤30mg/kg</td></tr>
<tr><td>发酵肉制品类</td><td>0.15</td></tr>
<tr><td>肉罐头类</td><td>0.15</td><td>以亚硝酸钠计，残留量≤50mg/kg</td></tr>
<tr><td rowspan="2">山梨酸及其钾盐</td><td>熟肉制品</td><td>0.075</td><td rowspan="2">以山梨酸计</td></tr>
<tr><td>肉灌肠类</td><td>1.5</td></tr>
<tr><td rowspan="2">双乙酸钠</td><td>预制肉制品</td><td>3</td><td></td></tr>
<tr><td>熟肉制品</td><td>3</td><td></td></tr>
<tr><td rowspan="2">脱氢乙酸及其钠盐</td><td>预制肉制品</td><td>0.5</td><td rowspan="2">以脱氢乙酸计</td></tr>
<tr><td>熟肉制品</td><td>0.5</td></tr>
</table>

双乙酸钠也为酸性防腐剂，具有乙酸气味，极易溶于水，对光和空气稳定。它主要是通过有效地渗透入霉菌的细胞壁而干扰酶的相互作用，从而达到高效防霉、防腐等功能，对乳酸菌、酵母菌几乎不起作用。双乙酸钠对黑曲霉、黑根霉、黄曲霉、绿色木霉的抑制效果优于山梨酸钾。其不改变食品特性，不受食品本身pH影响，在人体中的代谢产物为二氧化碳和水，酸味柔和，因此被认为是零毒性物质，广泛应用在肉制品加工中，还作为营养配料，改善食品原有的色香味和营养价值。一般用量是0.3～3g/kg。

脱氢乙酸类也为酸性防腐剂，是一种能在水溶液中降解成乙酸而被FAO/WHO批准使用的安全防腐剂，无毒、无臭、易溶于水、耐光、耐热，其水溶液在120℃下加热2h仍保持稳定，呈中性或微碱性。它在不同酸碱条件下均有理想的抑菌效果，尤其是对霉菌和酵母菌的抗菌能力强。

脱氢乙酸类、双乙酸类、山梨酸类均为酸性防腐剂，在中性食品中应用效果较差。EDTA二钠作为一种金属离子螯合剂，对微生物防腐有增效作用。以上防腐剂单独使用抑菌谱较窄，防腐期限较短，如果将以上防腐剂按一定比例进行组合，则可扩宽抑菌谱，较单一的防腐剂延长保质期长达1个月以上。nisin与EDTA共同作用可抑制沙门菌和其他革兰氏阴性菌。杜荣茂等[100]研究了常温（25℃）条件下酱牛肉的防腐保鲜措施，结果表明，200mg/kg nisin、0.03%山梨酸钾、0.02% EDTA二钠、0.05%葡萄糖酸内酯、0.02%柠檬酸、50mg/kg亚硝酸钠等防腐保鲜剂合理搭配，结合真空包装可有效地抑制酱牛肉菌数的增长，明显延长其货架期，并较好地保持产品的色泽和风味。

3.4.2 抗氧化剂

在肉品工业中，通常通过添加抗氧化剂来减少肉及肉制品的氧化，延缓其感官特性的劣变及营养价值的损失，提高产品品质，延长货架期。合成抗氧化剂由于成本低廉、效果较好而在肉品领域得到了广泛应用，常用的合成抗氧化剂包括BHA、BHT、没食子酸丙酯（propyl gallate，PG）和特丁基对苯二酚（tert-butylhydroquinone，TBHQ）等。BHA、BHT和TBHQ在腌腊肉制品中的最大使用量为0.2g/kg，PG在腌腊肉制品中的最大使用量为0.1g/kg。添加合成抗氧化剂是肉类工业中常用的一种保持肉品品质的方法。然而，它们对人体具有潜在的安全风险，而天然抗氧化剂安全性相对较高。研究认为天然抗氧化剂通常通过以下机制起抗氧化作用：①降低局部氧浓度；②清除引发自由基，防止链式反应被引发；③结合催化剂（如金属离子），以防止引发自由基生成；④分解过氧化物，使其不能再转化为引发自由基；⑤使反应链断裂，以防止活性自由基持续争夺氢离子[101]。通过添加适量的天然抗氧化剂可取得与合成抗氧化剂相同甚至更好的效果。虽然天然抗氧化剂主要来源于植物、动物组织和微生物，但是按照其主要功能成分，主要分为酚类化合物、维生素、含氮天然抗氧化剂等[102-103]。

酚类化合物是一种植物次生代谢产物，酚类化合物可分为酚酸、黄酮类化合物、二萜单宁（可水解和缩合单宁）、二苯乙烯、姜黄素、香豆素、木质素、醌类和其他（酚生物碱、酚萜类化合物、酚苷、挥发油）。这类化合物广泛存在于植物中，如香料、草药、水果、蔬菜、茶叶和油籽产品等。酚酸包括原儿茶素、没食子酸、咖啡酸、阿魏酸、介子酸等。这些酚酸类物质均有清除自由基的作用，可有效降低肉类氧化水平。黄酮类化合物常见的有黄酮、黄酮醇、黄烷酮、异黄酮、查耳酮、原花青素和花青素等。黄酮类化合物主要通过两条途径发挥抗氧化作用：①螯合金属离子，消除金属离子的催化作用；②为过氧化物自由基提供氢原子使之成为氢过氧化物。

维生素主要包括维生素 C、维生素 E 和维生素 A 及其衍生物等。维生素 C 能够螯合金属离子、清除自由基，还可以作为氧清除剂，抑制肉类氧化。维生素 E 可以将自由基 ROO·转化成化学性质不活泼的 ROOH，中断脂质氧化链式反应。β-胡萝卜素是合成维生素 A 的前体物质，可以通过清除自由基、猝灭单线态氧发挥抗氧化作用。

含氮天然抗氧化剂主要有多肽、生物碱、有机胺类、美拉德反应产物和酶类等。这些物质具有裸露氮原子的杂环结构，通过与活性氧反应将其消除。多肽具有较好的金属离子螯合能力和自由基清除能力，可有效抑制肉类氧化反应。肽的来源非常广泛，如金华火腿、猪血、骨骼副产品等[104-108]。金华火腿中的粗肽具有很高的抗氧化和血管紧张素转换酶（angiotensin converting enzyme，ACE）抑制活性，并且经模拟消化后粗肽的生物活性进一步提高，显示出金华火腿粗肽对人体健康益生作用的潜能[109]。

1. 茶多酚

茶多酚是茶叶中所含的一类多羟基酚类化合物，安全性高，为淡黄至茶褐色略带茶香的水溶液、灰白色粉状固体或结晶，具涩味；易溶于水，有吸湿性；对热、酸较稳定，抗氧化性能随温度的升高而增强，适合用于热加工肉制品中；在 pH 为 2～7 时十分稳定，在碱性条件下易氧化褐变；其主要化学成分为儿茶素类（黄烷醇类）、黄酮及黄酮醇类、花青素类、酚酸及缩酚酸类、聚合酚类等化合物的复合体。其中儿茶素类化合物为茶多酚的主体成分，占茶多酚总量的 65%～80%。

茶多酚的抗氧化能力是人工合成抗氧化剂 BHT、BHA 的 4～6 倍，是维生素 E 的 6～7 倍，是维生素 C 的 5～10 倍，且极低剂量下（0.01%～0.03%）即可起作用，可以通过直接添加或喷涂的方式添加。茶多酚与维生素 E、维生素 C、卵磷脂、柠檬酸等配合使用，具有明显的增效作用，也可与其他抗氧化剂联合使用。GB 2760—2014 规定茶多酚在腌腊肉制品中的最大使用量为 0.04%，在熟肉制品中的最大允许使用量为 0.03%。柳艳霞等[110]研究茶多酚对金华火腿的抗氧化作用，结果表明，成熟结束时 0.03%茶多酚处理的抗氧化效果不明显，0.05%茶多酚的抗氧化效果最好，火腿的过氧化值、TBA、酸价等指标均小于空白组。任双等[111]将迷迭香提取物、茶多酚、留兰香提取物、竹叶提取物及甘草提取物添加到乳化肠中，替代部分亚硝酸钠，研究其对乳化肠色泽稳定性和抗氧化性的影响。结果表明，与空白对照组相比，天然抗氧化剂的添加促进了亚硝酸钠的发色，延缓了红度值（a^*）的降低和脂质氧化程度。与 0.01%的亚硝酸钠相比，竹叶提取物的护色作用较强，留兰香提取物与茶多酚的护色效果次之，迷迭香提取物与甘草提取物的护色效果最弱。与 0.02%异抗坏血酸钠相比，茶多酚与竹叶提取物的抗氧化活性较强，它们的添加量为 0.03%时表现出较好的抗氧化活性；迷迭香提取物与留兰香提取物的抗氧化效果次之，甘草提取物的抗氧化活性最弱。刘梦等[112]以脂质氧化及脂肪酸组成和含量的变化为指标，研究茶多酚、甘草抗氧化物、迷迭香提取物、竹叶抗氧化物和植酸钠 5 种天然抗氧化剂对不同热加工温度牛肉熟制品的油脂氧化的影响，结果表明，80℃、100℃热加工条件下，茶多酚的抗氧化效果最好，牛肉制品的脂肪酸总含量、不饱和脂肪酸和多不饱和脂肪酸含量均最高，而 150℃热加工条件下，迷迭香提取物和竹叶抗氧化物的抗氧化效果最为突出。

2. 迷迭香提取物

迷迭香提取物包含高效抗氧化物质鼠尾草酸、迷迭香酚和鼠尾草酚等。脂溶性迷迭香提取物为淡黄色或褐色膏状，主要为鼠尾草酸，不溶于水，溶于乙醇、油脂；水溶性迷迭香提取物为褐色粉末，主要为迷迭香酚，具有迷迭香特有气味。迷迭香提取物的耐热性（200℃稳定）和耐紫外线性良好，抗氧化功效远远高于现有的维生素 C、维生素 E、茶多酚等天然抗氧化剂，是人工合成抗氧化剂 BHA、BHT 的 2～4 倍，且其结构稳定、不易分解，可耐 190～240℃高温，克服了维生素 C、茶多酚等大多数天然抗氧化剂遇高温分解这一致命缺点，它更适合用于熏烧烤肉制品中。GB 2760—2014 规定，迷迭香提取物在预制肉制品、酱卤肉制品类、熏烧烤肉类、油炸肉类、西式火腿类、肉灌肠类、发酵肉制品类中的最大添加量不超过 0.03%。Sebranek 等[113]在冷藏新鲜、生冷冻和熟冷冻猪肉香肠中评价迷迭香提取物（萜类、黄酮类、酚酸类等）的抗氧化效果，结果显示，对于熟冷冻香肠和冷藏新鲜香肠，迷迭香提取物的最大允许浓度的抗氧化效果可与 BHA 和 BHT 的同样有效，而在生冷冻香肠中的抗氧化效果要优于 BHA 和 BHT。

3. 甘草提取物

甘草提取物的功能性成分为甘草黄酮、甘草黄酮 A、甘草黄酮醇 A、甘草香豆酮、甘草异黄酮 A、甘草异黄酮 B、甘草异黄烷酮、甘草查耳酮 A、甘草查耳酮 B；略有甘草的特殊气味，不溶于水，溶于乙醇，耐光、耐氧、耐热；与维生素 E、维生素 C 合并使用有相乘效果，能防止胡萝卜素类的褪色，对酪氨酸及多酚类的氧化有抑制效果。GB 2760—2014 规定，甘草抗氧化物在腌腊肉制品类、酱卤肉制品类、熏烧烤肉类、油炸肉类、西式火腿类、肉灌肠类、发酵肉制品类中的最大使用量为 0.02%（以甘草酸计）。甘草乙醇提取物的抗氧化性高于乙酸乙酯提取物。乙醇提取物添加量达 0.03%时，相当于人工合成抗氧化剂 0.02%BHT 的抗氧化效果，其添加量越高抗氧化效果越好。有学者研究了两种提取物与其他抗氧化剂 PG 和增效剂类如脑磷脂、*L*-抗坏血酸、柠檬酸的混合作用，结果表明两种甘草提取物均与 *L*-抗坏血酸有较好的协同效应[114]。

4. 竹叶提取物

竹叶提取物为棕黄色粉末，总黄酮糖苷含量为 24%，带有典型的竹叶清香，微苦、微甜。它易溶于热水，其溶液呈弱酸性，并具备良好的热稳定性，适合食品体系。GB 2760—2014 规定，竹叶抗氧化物在腌腊肉制品、酱卤肉制品类、熏烧烤肉类、油炸肉类、西式火腿类、肉灌肠类、发酵肉制品类中的最大使用量为 0.05%。

5. 植酸

植酸又称肌醇六磷酸，是一种含磷有机酸，广泛存在于植物如谷物和果蔬中。植酸可以提供氢原子或螯合金属离子而具有抗氧化活性；溶液为强酸性，易受热分解，100℃以上色泽加深，若在 120℃以下短时间加热，或浓度较高时则较稳定。它能显著地抑制维生素 C 的氧化，与维生素 E 混合使用，具有协同的抗氧化效果。GB 2760—2014 规定，植酸在腌腊肉制品类、酱卤肉制品类、熏烧烤肉类、油炸肉类、西式火腿类、肉灌肠类、发酵肉制品类中的最大使用量为 0.02%。Lee 等[115]研究发现，植酸可以提高牛肉的肉色稳定性，减少储藏和烹饪过程中牛肉的脂质氧化。

3.4.3　护色剂

护色剂是指本身不具有颜色，能与肉及肉制品中的呈色物质作用，使之在食品加工、保藏等过程中不致分解、破坏，呈现良好色泽的物质（表 3.4）。在肉制品中常用的是硝酸盐及亚硝酸盐、异抗坏血酸钠。其中硝酸盐和亚硝酸盐既作为防腐剂，抑制肉制品中微生物的增殖，特别是肉毒梭状芽孢杆菌增殖和产生肉毒素，又有发色功能，还能增强肉制品的风味。异抗坏血酸钠同时兼有护色和抗氧化的功能。

表 3.4　在肉制品中允许使用的护色剂种类及使用量

护色剂	食品名称	最大使用量/（g/kg）	备注
硝酸钠（钾）	腌腊肉制品类（如咸肉、腊肉、板鸭、中式火腿、腊肠）	0.5	以亚硝酸钠（钾）计，残留量≤30mg/kg
	酱卤肉制品类	0.5	
	熏烧烤肉类	0.5	
	油炸肉类	0.5	
	西式火腿（熏烤、烟熏、蒸煮火腿）类	0.5	
	肉灌肠类	0.5	
	发酵肉制品类	0.5	
亚硝酸钠（钾）	腌腊肉制品类（如咸肉、腊肉、板鸭、中式火腿、腊肠）	0.15	以亚硝酸钠计，残留量≤30mg/kg
	酱卤肉制品类	0.15	
	熏烧烤肉类	0.15	
	油炸肉类	0.15	
	西式火腿（熏烤、烟熏、蒸煮火腿）类	0.15	以亚硝酸钠计，残留量≤70mg/kg
	肉灌肠类	0.15	以亚硝酸钠计，残留量≤30mg/kg
	发酵肉制品类	0.15	
	肉罐头类	0.15	以亚硝酸钠计，残留量≤50mg/kg
D-异抗坏血酸及其钠盐	预制肉制品	按生产需要适量添加	
	熟肉制品		
	肉制品的可食用动物肠衣类		

硝酸钠（钾）为无色透明或白色微带黄色菱形晶体，其味苦咸，易溶于水，易潮解，在加热时硝酸钠易分解成亚硝酸钠和氧气。硝酸盐在肉制品中的最大使用量为0.5g/kg，不得在肉罐头类、熟肉干制品及调理制品中使用。硝酸盐在微生物的作用下被肉中的还原性物质还原成亚硝酸盐，最终生成一氧化氮，后者与肌红蛋白生成稳定的亚硝基肌红蛋白络合物，使肉制品呈现鲜红色。

亚硝酸钠（钾）易潮解，易溶于水，其水溶液呈碱性，pH 约为 9，有咸味。亚硝酸钠暴露于空气中会与氧气反应生成硝酸钠，若加热到 320℃以上则分解，生成氧气、氧化氮和氧化钠。对于肉制品而言，亚硝酸钠的有效作用量在 0.024g/kg 左右，护色程度随着添加量的增加而提高，最大使用量为 0.15g/kg，最大残留量

（以亚硝酸盐计）在肉类罐头和肉制品中不得超过 0.05g/kg 和 0.03g/kg。亚硝酸盐的发色时间比硝酸盐短，但对生产过程长或需要长期存放的制品，最好使用硝酸盐腌制。为了加强亚硝酸盐的护色效果常加入护色助剂，如抗坏血酸、异抗坏血酸及其钠盐、烟酰胺、葡萄糖、葡萄糖酸-δ-内酯、半胱氨酸、茶多酚等。抗坏血酸作为抗氧化剂可防止肌红蛋白的氧化，促进亚硝基肌红蛋白的生成，并对亚硝胺的生成有阻碍作用，使用量一般为 0.2～1g/kg。维生素 E 可以抑制亚硝胺的生成，在肉中添加 0.5g/kg 即可有效。一般将抗坏血酸钠、维生素 E、烟酰胺和亚硝酸钠合用，既可以护色，又可以抑制亚硝胺的生成。

异抗坏血酸钠是抗坏血酸钠的异构体，略有咸味，易溶于水，遇光不稳定。助色机理为异抗坏血酸钠（还原作用）与硝酸盐作用，产生更多的亚硝酸盐，并促进亚硝酸盐生成一氧化氮。异抗坏血酸钠由于能抑制亚硝胺的形成，故有利于人们的身体健康。在腌制肉制品中的使用量一般为 0.5～1.0g/kg。

鉴于传统肉类护色剂的毒副作用，开发毒害性小的肉制品护色剂成为热点，如菊粉及 β-葡聚糖混合物及维生素 E、穿心莲和姜黄混合物被发现可有效改善肉的颜色，明显提高亮度值（L^*）、红度值（a^*）及黄度值（b^*），同时可提高肉制品的稳定性[116-117]。姚宏亮等[118]研究发现，在广式腊肉中添加 0.3%的茶多酚及 7%的蛋黄粉可得到较好的发色效果。徐洁洁等[119]利用生育酚结合抗坏血酸、烟酰胺提高了熏马肉的发色率。李迎楠等[120]的感官评价结果表明，添加苹果多酚腊肉样品的整体感觉相对较好，其次为组氨酸组；苹果多酚组腊肉样品的色泽整体优于其他样品组，组氨酸组及苹果多酚组样品红度 a^*值较高。孙承锋等[121]研究发现苹果多酚可抑制肉中脂质的氧化，并提高肉红色的稳定性。

3.4.4　着色剂

着色剂也称为食用色素，以食品着色为主要目的，可赋予食品色泽和改善食品色泽。我国允许用于肉制品中的着色剂有 16 种（表 3.5），分为天然类色素和合成类色素。天然类色素包括植物源色素（β-胡萝卜素、辣椒红、花生衣红、甜菜红、天然胡萝卜素、高粱红）、动物源色素（胭脂虫红）、微生物源色素（红曲红、红曲米）。合成类色素包括非偶氮色素类（赤藓红）。熟肉制品中一般采用红曲米、红曲红色素。红曲米的呈色成分是红斑素和红曲色素，它是一种安全性很高、化学性质稳定的色素；对酸碱度稳定、耐热性好，几乎不受金属离子、氧化剂和还原剂的影响，着色性、安全性好；其使用量一般控制在 0.6%～1.5%（GB 2760—2014 规定在熟肉制品中适量添加）；对光的稳定性较差，因此最好避光保存。

表 3.5　在肉制品中允许使用的着色剂种类及使用量

着色剂	食品名称	最大使用量/（g/kg）	备注
赤藓红及其铝色淀	肉灌肠类	0.015	以赤藓红计
	肉罐头类	0.015	以赤藓红计
柑橘黄	预制肉制品	按生产需要适量使用	
	熟肉制品	按生产需要适量使用	
	肉制品的可食用动物肠衣类	按生产需要适量使用	
红花黄	腌腊肉制品类（如咸肉、腊肉、板鸭、中式火腿、腊肠）	0.5	
红曲黄色素	熟肉制品	按生产需要适量使用	
红曲米、红曲红	腌腊肉制品类（如咸肉、腊肉、板鸭、中式火腿、腊肠）	按生产需要适量使用	
	熟肉制品	按生产需要适量使用	
β-胡萝卜素	熟肉制品	0.02	
	肉制品的可食用动物肠衣类	5	
花生衣红	肉灌肠类	0.4	
辣椒橙	熟肉制品	按生产需要适量使用	
胭脂虫红	熟肉制品	0.5	以胭脂红酸计
胭脂树橙	西式火腿（熏烤、烟熏、蒸煮火腿）类	0.025	
诱惑红及其铝色淀	肉灌肠类	0.025	
	西式火腿（熏烤、烟熏、蒸煮火腿）类	0.025	以诱惑红计
	肉灌肠类	0.015	以诱惑红计
	肉制品的可食用动物肠衣类	0.05	以诱惑红计
栀子黄	熟肉制品（仅限禽肉熟制品）	1.5	仅限禽肉熟制品
高粱红	预制肉制品	按生产需要适量使用	
	熟肉制品	按生产需要适量使用	
	肉制品的可食用动物肠衣类	按生产需要适量使用	
天然胡萝卜素	预制肉制品	按生产需要适量使用	
	熟肉制品	按生产需要适量使用	
	肉制品的可食用动物肠衣类	按生产需要适量使用	
辣椒红	调理肉制品（生肉添加调理料）	0.1	
	腌腊肉制品类（如咸肉、腊肉、板鸭、中式火腿、腊肠）	按生产需要适量使用	
	熟肉制品	按生产需要适量使用	
甜菜红	预制肉制品	按生产需要适量使用	
	熟肉制品	按生产需要适量使用	
	肉制品的可食用动物肠衣类	按生产需要适量使用	

3.4.5　品质改良剂

品质改良剂由于其独特的特点及功能，是肉制品加工中不可缺少的一类添加剂，在加工肉制品时具有提高肉的黏结性、改善肉制品的切片性能、提高肉的持水性、减少肉的营养成分流失等作用，因此被广泛应用于肉制品加工中。

1. 磷酸盐

磷酸盐是世界各国应用最广泛的食品添加剂，对食品品质的改良起着重要作用，可以提高肉制品的保水性和弹性。磷酸盐的作用机理主要包括：提高 pH，使蛋白质偏离等电点以增加其离子强度，提高其溶解性；促使肌动球蛋白解离；螯合金属离子。磷酸盐的持水能力的大小，与磷酸盐的种类、添加量、肉品的 pH、离子强度、不同磷酸盐的比例等因素有关。

在肉制品中，磷酸盐持水性的大小依次为焦磷酸盐、三聚磷酸盐、多聚磷酸盐、正磷酸盐，但不同类型的磷酸盐对不同部位肌肉的影响也存在差异。例如，在胸部肌肉中保水能力最强的为焦磷酸钠，其次为三聚磷酸钠、六偏磷酸钠。在腿部肌肉中则相反，最强的是六偏磷酸钠，其次为焦磷酸钠、三聚磷酸钠。三聚磷酸钠和焦磷酸钠主要是通过提高 pH，使蛋白质偏离等电点，同时增加离子强度，使蛋白质之间产生较大的空间。六偏磷酸钠主要是通过螯合金属离子，减少金属离子与水的结合。

在实际生产中，一般使用复合磷酸盐达到协同增效的目的。在熟肉制品中，常用磷酸氢二钠、焦磷酸钠、三聚磷酸钠进行复配，添加量为 0.2%～0.4%，促使产品色泽红润、口味佳、弹性好、得率高。在水产品加工、鱼丸、鱼香肠等速冻食品中，一般将三聚磷酸钠和酸式焦磷酸钠复配，在产品中起到螯合作用，防止冰晶生成，控制水分。例如，猪肉火腿、牛肉、鱼糜中复合磷酸盐（三聚磷酸钠∶焦磷酸钠∶六偏磷酸钠）的最佳配比为 2∶2∶1，火腿和鱼肉的最佳添加量分别为 0.4%和 0.5%；一般成品率随着磷酸盐的添加量增加而增加，但在高浓度情况下磷酸盐产生金属性涩味，磷酸盐可与人体内的钙形成难溶于水的正磷酸钙，从而降低钙的吸收。因此国标规定在预制肉制品和熟肉制品中，磷酸盐的最大使用量不超过 0.5%，以磷酸根（PO_4^{3-}）计[122]。

2. 增稠剂

增稠剂可提高食品的黏稠度或形成凝胶，改变食品的物理性状，赋予食品黏润、适宜的口感，并兼有乳化、稳定或使其呈悬浮状态的作用。用于肉制品加工的增稠剂有 28 种，按来源分为动物来源的增稠剂、植物来源的增稠剂、微生物来源的增稠剂、海藻胶和化学改性胶。从动物原料中提取获得的食品胶种类较少，主要有蛋白质亲水胶、甲壳素和壳聚糖等。从植物中获取的增稠剂主要有瓜尔胶、槐豆胶、罗望子胶、亚麻籽胶、阿拉伯胶、黄蜀葵胶、刺梧桐胶、果胶等。已经进行商业开发应用的微生物来源的增稠剂主要有黄原胶、结冷胶、普鲁兰糖、葡聚糖等。海藻胶是从天然海藻中提取出的一类食品胶，主要包括卡拉胶、海藻酸钠、琼脂等。化学改性胶主要是羧甲基纤维素钠（CMC）。如果增稠剂复配使用，增稠剂之间会产生一种黏度叠加效应，这种叠加是可以增效的。增稠剂有较好增效作用的组合是：琼脂与槐豆胶，黄豆胶与槐豆胶，CMC 与明胶，卡拉胶、瓜尔胶和 CMC 等。有时也可以是减效的，如阿拉伯胶可降低黄原胶的黏度[123]。

1）卡拉胶

卡拉胶与 30 倍水煮沸 10min 冷却即成胶体，与蛋白质反应起乳化作用，乳化液稳定。干品卡拉胶性质稳定，长期存放也不降解。卡拉胶的凝固强度比琼脂低，但透明度好。在肉制品加工中加入卡拉胶，可使产品产生脂肪样的口感，可用于生产高档、低脂的肉制品。在肉馅中添加 0.6%的卡拉胶时，即可使肉馅的保水率从 80%提高到 88%以上。一般推荐的使用量为成品重量的 0.1%～0.6%。

卡拉胶是天然胶质中唯一具有蛋白质反应性的胶质，它能与蛋白质形成均一的凝胶，其分子上的硫酸基可以直接与蛋白质分子中的氨基结合，或通过 Ca^{2+}等二价阳离子与蛋白质分子上的羧基结合，形成络合物。正由于卡拉胶能与蛋白质结合，将其添加到肉制品中，在加热时能表现出充分的凝胶化，形成巨大的网络结构，可保持制品中的大量水分，减少肉汁的流失，并且具有良好的弹性和韧性。同时还具有很好的乳化效果，稳定脂肪，表现出很低的离油值，从而提高制品的出品率。另外，卡拉胶还有防止盐溶性肌球蛋白及肌动蛋白损失、抑制鲜味成分溶出和挥发的作用。

研究表明，在熏香肠中添加 0.25%的卡拉胶和不高于 0.4%的磷酸盐可很好地提高香肠质地和保水性。在腌肉制品中添加卡拉胶后，蒸煮损失均达 2.6%～6.5%。在火腿肠类肉糜制品中加入 0.4%的卡拉胶，同时将磷酸盐和食盐混合使用，出品率可大于 130%以上，脂肪利用率可增加 5%～7%，并能得到合理的产品质构。加入卡拉胶的肉制品嫩度好，黏结性好，应力变形小，弹性好。卡拉胶不仅能提高肉制品的出品率，提高脂肪利用率，改善产品质构，提高产品的经济效益，而且能降低制品水分活度，延长产品货架期，提高产品商品性。

2）酪蛋白酸钠

酪蛋白酸钠无臭、无味、略有香气，不溶于醇，可溶于水，水溶液加酸产生酪蛋白质沉淀，是一种天然食品添加剂，无毒、无害，具有良好的功能特性和营养价值。酪蛋白酸钠作为食品添加剂，具有很强的乳化、增稠作用，还具有增黏、黏结、发泡、持泡等作用，因为酪蛋白酸钠为水溶性，其在食品中的用途比酪蛋白广。在肉制品加工中添加酪蛋白酸钠可增加肉制品的黏着力和持水性，使油脂乳化而不析出，提高肉制品的质量。

3）变性淀粉

变性淀粉是利用物理、化学或酶的手段改变天然淀粉的性质，通过分子切断、重排或者引入新取代基团使得淀粉的性质发生变化、加强或者具有新的性质的淀粉衍生物。变性淀粉有可溶性淀粉、酸变性淀粉、酯化淀粉、醚化淀粉、氧化淀粉、交联淀粉、接枝淀粉等。变性淀粉的性能优异，在食品工业中被广泛作为食品增稠剂，可起到保水、保持品质稳定、提供特殊质构、充当肉糜黏合剂、影响风味、改善外观（光泽、透明性等）、提高出品率等作用。

3. 转谷氨酰胺酶

转谷氨酰胺酶是一种能催化赖氨酸的 ε-氨基与谷氨酸的 γ-羟酰胺基形成共价键而导致蛋白质聚合的酶。由于聚合后的蛋白质常表现出比聚合前更优良的功能特性，因此可以利用转谷氨酰胺酶改良蛋白质，提高肉制品品质。对不同类型肉制品的研究表明，应用转谷氨酰胺酶不仅可以减少食盐、硝酸盐、磷酸盐类添加剂的使用，还可以在不影响产品感官品质的前提下，减少或不添加外源性蛋白质及其他黏结剂、填充剂、增味剂等品质改良剂，从而使原料的天然本味得以保留。例如，在生产低盐维也纳香肠时，分别加入不同剂量的食盐和转谷氨酰胺酶制剂，结果表明，即使食盐用量降到普通香肠的 25%，产品仍能获得同样的弹性，说明转谷氨酰胺酶能大大增强凝胶效果，弥补低盐造成的凝胶减弱，使产品具有与高盐同样的质构特征。用转谷氨酰胺酶取代磷酸盐，同样可以取得理想的效果。实验表明，转谷氨酰胺酶的添加量不同，对磷酸盐的取代作用不同，因此在实际生产中可通过控制转谷氨酰胺酶的用量，调整产品的弹性。此外，经转谷氨酰胺酶处理后的肉制品色泽度也随着酶的添加量直线上升。以酪蛋白钠为原料，经转谷氨酰胺酶作用加工生产的脂肪取代物应用于色拉米肠中，可取代 50%的脂肪并保持产品原有质构、风味不变[124-126]。

3.5 腌　　制

传统肉制品加工采用腌制工艺已有上千年的历史，人们利用腌制技术制作出了多种风味独特的肉制品，如金华火腿、宣威火腿、湘式腊肉、川式腊肉等。最初对肉品进行腌制主要是古时缺乏有效保鲜技术所导致的无奈之举，首要目标是延长肉品的保存时间，但随着长期的尝试和经验的积累，腌制已经成为一种独特的肉制品加工工艺。

3.5.1 腌制剂组成及其作用

传统肉制品采用的腌制剂主要由食盐、调味料、护色剂、发色助剂、保水剂和抗氧化剂等构成。

1. 食盐的作用

食盐通过改变细胞外渗透压造成细胞脱水，进而达到一定的防腐抑菌效果，同时物料失水也会对其组织结构造成一定的改变，对其质构特性、蒸煮损失、热性质及流变性造成较为显著的影响。这主要是由于在一定浓度范围内，食盐使部分盐溶蛋白溶出，并且形成蛋白质的网状结构，提高肉的持水力和剪切力。此外，食盐还能改变肌球蛋白、肌动蛋白的热稳定性，并且加速蛋白质变性，增强凝胶强度，加速蛋白质凝胶由溶胶态向凝胶态转变。不同传统肉制品腌制过程中均有最适宜的食盐使用量，过高或过低都会对产品的特性产生不利影响。不同传统肉制品腌制过程中食盐的用量推荐如表 3.6 所示。

表 3.6 不同传统肉制品腌制过程中食盐的用量推荐

肉制品种类	食盐用量/%
干腌火腿	8～12
腊肉	2～4
酱牛肉	1.5～3
板鸭	4～8

2. 调味料及其作用

传统肉制品腌制过程的调味料主要有食盐、白砂糖、味精和酱油等，主要起到增咸、增甜和增鲜等作用。腌制中加糖的比例要根据产品的种类和当地消费者的口味习惯调整，我国总体呈现出南甜北咸的饮食习惯，所以南方肉制品的含糖量高于北方。以腊肠为例，广式腊肠含糖量为 10%左右，而北方同类产品含糖量不足 1%。

3. 护色剂及其作用

肉制品腌制过程中的护色剂主要有亚硝酸钠、硝酸钠、硝酸钾等，作用为发色、固定肉色，其作用机理主要是通过与肉中呈色的主要物质——肌红蛋白结合生成具有较高稳定性且色泽鲜艳的亚硝基肌红蛋白，使肉制品在加工、保藏过程中均呈现良好的色泽。此外，上述护色剂还具有抑制肉毒梭状芽孢杆菌生长繁殖的作用，可以有效减少产品腐败。传统火腿加工中一般采用硝酸盐类护色剂，用量为 0.01%～0.03%；传统腊肉制品和酱肉制品加工中通常使用亚硝酸钠作为发色剂，其用量一般为 0.005%～0.01%。

4. 护色助剂及其作用

在肉制品加工中加入的护色助剂一般为抗坏血酸钠、异抗坏血酸钠、葡萄糖、葡萄糖酸-δ-内酯和烟酰胺，起到加速腌制和助色的作用。上述物质都具有较强的还原性，可以防止肌红蛋白被氧化成为高铁肌红蛋白及将已有的呈褐色的高铁肌红蛋白还原为氧合肌红蛋白，从而使护色剂达到更好的效果。传统肉制品加工中最常用的护色助剂是抗坏血酸钠，使用量一般为 0.1%～0.2%。

5. 保水剂及其作用

磷酸盐（三聚磷酸钠、焦磷酸钠、六偏磷酸钠等）是肉品中最常用的保水剂，主要是通过以下几个途径增加肉品的持水力：①改变蛋白质电荷密度使其偏离等电点，使不同蛋白质在各自所带电荷的互斥作用下间隙增加以容纳更多水分子；②增加离子强度，促进肌原纤维蛋白的溶出并在食盐的作用下与肌浆蛋白形成网格状结构，通过毛细管作用保存水分；③螯合蛋白质中的金属离子，释放肌肉蛋白质中的羧基并通过羧基之间的静电力排斥的作用使肌肉结构松散，提高持水力。磷酸盐的保水能力受种类、剂量、pH 等多种因素的影响，为了达到更好的保水效果，常以复配的形式使用。对于猪肉类和鸡肉类产品，主要以三聚磷酸钠的复配为主；对于牛肉类产品，主要以焦磷酸钠的复配为主。

6. 抗氧化剂及其作用

肉制品在存放过程中易发生氧化酸败，需要添加抗氧化成分进行抑制，常用的抗氧化剂为异抗坏血酸钠，天然抗氧化剂如竹叶提取物、甘草抗氧化剂、茶多酚、迷迭香精油等也应用到产品的氧化控制中，此外磷酸盐也被证明具有一定的抗氧化作用。

除了以上 6 类成分外，腌制剂中还会添加香辛料、增稠剂、着色剂等。香辛料主要是为了改善肉制品的风味，如姜粉、蒜粉、五香粉等，主要以粉状或者料液的方式添加。增稠剂主要有淀粉、卡拉胶、大豆蛋白、明胶和黄原胶等，可使肉制品的持水性增强，提高出品率，减少脂肪的流失。着色剂可以使肉制品呈现出鲜艳的肉红色，主要有红曲米、辣椒红素和高粱红素。

3.5.2 腌制方式

传统肉制品原料肉的腌制方法主要有以下 4 种：干腌法、湿腌法、混合腌制法和注射腌制法。早期主要采用干腌法，也有部分采用湿腌法和混合腌制法。自

20 世纪 90 年代以来，我国开始引进国外技术如注射腌制法对传统工艺进行改造，大大提高了腌制效率，缩短了传统肉制品的加工时间。

1. 干腌法

干腌法是用干盐在原料肉表面擦透后，将原料层堆在腌制容器内，各层之间再均匀地撒上食盐，压实，在加压或不加压条件下，依靠肉中水分溶解、渗透食盐进行腌制的方法。在干腌的过程中由于渗透压的不同，食盐从肉品表面逐渐向内部扩散，最终达到内外浓度的平衡。干腌法需要在腌制过程中进行多次翻倒，食盐的添加可一次或多次进行。我国的传统火腿（如金华火腿、宣威火腿）、咸肉、腊肉常采用该方法。干腌的时间及腌制剂的种类与产品的形式、原料肉的大小、温度和湿度相关。例如，金华火腿一般腌制时间在 30d 左右，腌制的重量及厚度越大，所需时间越长。干腌法的优点在于简单易行，耐储藏；缺点是耗盐量大、腌制不均匀、味较咸和费时长。

2. 湿腌法

湿腌法是将盐和其他腌制料按照一定的比例配制成盐水后将肉放入其中进行腌制的方法。配制的盐水最好在使用前进行加热杀菌冷却后再使用，以防止微生物的污染。湿腌的原理也是通过扩散作用，让腌制剂渗入原料肉中，直至原料肉的内外渗透压一致。湿腌法的优点是腌制比较均匀、盐水可多次利用；缺点是色泽较差，产品风味方面可能不及干腌肉制品，同时水溶性营养成分容易流失，较高的水分活度也使得产品更易腐败，但是湿腌法的腌制时间较干腌法有所减少。

3. 混合腌制法

混合腌制是一种将干腌和湿腌相结合的腌制方法。方式有两种，差异主要是干腌和湿腌的先后顺序不同。混合腌制的优点是色泽较好、营养成分流失少、咸度容易控制、储藏的稳定性高，缺点是操作烦琐。

4. 注射腌制法

注射腌制法是用盐水注射机将配制好的腌制液通过针头注射到原料肉中进行腌制的方法，广泛采用的盐水注射机一般为步移式注射机。盐水注射量取决于对肉类出品率及品质的要求。为了加速腌制剂在原料肉中的渗透，往往采用注射结合真空滚揉的腌制方法。真空腌制由于原料肉内外压力差的作用，腌制液更容易渗入肉内部，结合滚揉工艺可以显著提升腌制效率，而且由于真空滚揉的操作主要在密闭的腔体内进行，可有效减少腌制过程中的微生物污染。酱牛肉产品生产中的腌制方式主要为注射滚揉腌制，出品率可从原来的 50%增加到 70%以上，不仅降低了生产成本，还有效改善了产品的质构特性。

3.5.3　腌制过程中肉的变化

1. 水分

不同腌制方式对肉中水分含量的影响不同。对于干腌和湿腌，腌制前期水分含量均呈显著下降趋势，腌制中后期再缓慢回升。这是因为在腌制初期，腌制剂中的离子浓度较高，所以会在渗透压的作用下逐渐向肉内部渗入，同时伴随肉中水分析出，导致腌制初期肉内水分含量降低。随着腌制时间的延长，肉内盐分含量提高，腌制剂中的部分水分渗入肉组织内部，使肉的水分含量也随之回升。经注射真空腌制后由于真空而使原料肉组织内部空隙增大，肉中水分随着腌制吸收率的增加而逐渐增加。

2. 蛋白质

在腌制过程中食盐进入原料肉内部对蛋白质发生作用，使蛋白质发生溶胀和溶解现象，使得肉的保水性在一定程度上增强。腌制过程中的盐溶性蛋白质含量随着腌制时间的延长有上升趋势。这可能是因为腌制过程中食盐进入肉内部对结构蛋白质发生作用，使肌原纤维蛋白发生溶胀，溶解度增高，导致盐溶性蛋白质的含量上升。当盐水浓度为 6%～9%时，蛋白质的溶出量最大。

3. 质构

增强肉的保水性是腌制的主要目的之一，在腌制过程中添加磷酸盐成分可使肉的 pH 升高，同时使肉蛋白质与极性水分子间的静电吸引力增强。需要注意的是 pH 不能过高，否则会影响肉的发色效果。另外，磷酸盐具有解离肌动球蛋白的作用，使肌动球蛋白解离成肌动蛋白和肌球蛋白，增强肉制品的保水能力。在腌制过程中随着时间的延长，离心损失率和滴水损失率均呈现下降趋势，保水性能逐步增强。与传统腌制相比，真空腌制可以显著提高肉的保水性。腌制后肉制品的剪切力、硬度、弹性、咀嚼性也会朝着良好的方向发展，这可能是因为腌制过程中肌肉收缩和压力作用使得肌纤维内部肌原纤维蛋白的结构发生了变化。

4. 风味

由于食盐和磷酸盐的使用，肉在腌制过程中，盐溶蛋白质不断被提取渗出，而盐溶蛋白质中含有大量风味物质，可使肉的鲜味和香味增强。对于腌腊肉制品，在腌制过程中肉制品表面的优势菌对产品风味也起到良好的作用，如微球菌、葡萄球菌能够分泌蛋白酶，参与肉类蛋白质的酶解，对风味的形成有促进作用。

3.5.4 腌制影响因素

1. 时间

腌制时间对腌制效果的影响极大，如果腌制时间不足，那么腌制液无法较好地渗透至肉品的空隙中，此外盐溶蛋白质也来不及析出，无法与水形成三维网状结构以容纳更多的结合水和不易流动水，从而导致色泽不均匀、结构不一致、黏合力和保水性较差，同时出品率也较低。但是若腌制时间过长，则可能导致可溶性蛋白质析出过多，肉块的物理结构被破坏，吸附腌制液的能力降低。例如，有研究显示，鸭肉在真空滚揉腌制、静态变压腌制、常压腌制下的不易流动水最大峰面积百分比分别出现在 2d、4d、6d，只有在对应时间点才能获得较好的腌制效果。

2. 压力

腌制过程中常用真空腌制或变压腌制来提高腌制效率。真空腌制不仅可以加速腌制液的渗透速率，还可以有效清除肉块中的气泡和针孔，提升肉块对腌制液的吸附能力。但是真空度过高也会导致肉品的持水力降低，降低腌制效果，一般真空度以 60～80kPa 为宜。变压腌制主要是通过压力的不断变化使肉品不断受到压迫和舒张，使得腌制液周期性地被吸入和挤出，进而提升腌制效果。此外，超高压处理（150MPa 左右，一般低于 300MPa）可以将数小时的腌制时间缩短至数十分钟，这主要可能是高压处理破坏了细胞膜结构使得腌制液扩散速率增加，但是过高的压力处理会导致肉品失水严重，不利于肉品品质的维持。

3. 码放负荷

适当的负荷对达到最佳的腌制效果是有增强作用的。对于滚揉腌制来讲，如果码放负荷太小，则肉品在滚揉过程中会被撕裂，从而影响成品的质构特性；如果负荷太大，肉品的运动受到限制，在规定的时间达不到预期的效果。

4. 温度、浓度、超声波处理等

研究显示，随着腌制温度和腌制液浓度的增加，腌制液的渗透率呈指数增加，这主要是由于较高的温度加速了分子运动速率，较高的腌制液浓度导致了更大渗透压差。但是高温、高浓度腌制会造成肉品品质下降、感官品质变差等问题。超声波处理也是比较常见的腌制工艺，可以提高腌制效率，这主要是由于超声波可以破坏肉品组织结构，增加盐分的扩散系数并强化质量传递。超声波处理的难点在于较低功率的超声波对腌制的促进作用较小，而较高的功率又会严重破坏产品质构。

3.6 煮　　制

煮制是利用水作为热介质对肉制品进行热处理的过程，是肉制品加工中的常用工艺。对于传统肉制品，煮制主要有以下作用：使肉蛋白质变性、钝酶，更易于被胰蛋白酶分解，提高人体消化吸收率；杀灭肉制品中的微生物，延长货架期，保障食用安全；使肉产生应有的风味、色泽、滋味和口感；固定产品形态，使产品硬度、弹力等特性提高，便于进行分割、切片等进一步的形态加工。

3.6.1 煮制方式

煮制主要有两种形式：白烧（白煮）和红烧。白烧是在煮制过程中不加入任何调味料或仅加入少量的葱、姜等去腥，主要用清水煮制；红烧是加入各类调味料进行煮制，先将各种辅料预煮成汤后再将肉下入锅中，先大火烧开，然后慢慢文火（汤的温度控制在 90℃左右）煮制。我国传统酱卤肉制品均是采用煮制工艺制作的。

3.6.2 煮制过程中肉的变化

1. 蛋白质

原料肉在煮制过程中受温度影响，蛋白质发生热变性。蛋白质热变性主要分为两个阶段：第一阶段是折叠的蛋白质分子侧链被切断而伸展；第二阶段是巯基键等侧链结合在分子间形成，产生集结凝固。原料肉的肌肉蛋白质一般在 30℃开始凝固，随着温度的升高，蛋白质的溶解性提升，ATP 酶活性增加，蛋白质中折叠的肽链伸展。55℃开始，蛋白质的保水性降低，硬度开始上升，分子间开始形成侧链结合，集结并进一步凝固。加热到 72℃左右肉的热变性基本结束。

2. 脂肪

肉的脂肪组织在煮制过程中由于受热收缩，部分脂肪细胞受到较大的压力导致细胞膜破裂，细胞内脂肪熔化流出。脂肪流出的难易程度主要由包裹脂肪的结缔组织膜和脂肪的熔点决定。常见原料肉中牛肉和羊肉的脂肪熔点高，难以流出；猪肉和鸡肉的脂肪熔点相对较低，脂肪易流出。煮制过程中脂肪的流出伴随着某些挥发性化合物的释放，使肉品的风味发生改变。煮制过程中脂肪还会水解生成不饱和脂肪酸，不饱和脂肪酸氧化可以生成大量具有气味的小分子醛、酮、醇类物质。有研究显示过度煮制的肉汤中的不良风味主要是脂质氧化生成的二羟基酸所致。

3. 维生素

肌肉是 B 族维生素如硫胺素、核黄素、维生素 B_6 和维生素 B_{12} 的良好来源，动物脏器中还含有丰富的脂溶性维生素和维生素 C，但部分维生素对热敏感，煮制过程中往往伴随着维生素的含量降低，温度越高，损失越大。研究显示，煮制过程中核黄素的损失可达 20%以上，而硫胺素的损失则高达 60%以上。

4. 浸出物

在煮制过程中，肉中的汁液由于组织的热收缩作用会浸析出来。浸出物中谷氨酸和甘氨酸可产生鲜味，能够增强肉制品的滋味。肉中的脂肪、糖原、乳酸随着煮制的进行也会浸出，其中脂质随着加热温度的升高和时间的持续，发生水解和氧化反应，产生特殊的香气成分，如醛类、酮类、酯类等。肉在煮制过程中的浸出物构成受多个因素的影响。首先取决于肉自身的性质，如来源动物的种类、性别、年龄、部位；其次还与煮制的条件密切相关，如煮制的温度及时间、肉及汤的比例、肉的大小等，通常情况下，煮制的温度越高、用水越多、肉块比表面积越大，浸出物成分越丰富。

5. 风味物质

肉的风味很大程度上受加热方式、加工温度和时间的影响。一定时间内，煮制的时间越长，风味越浓，这是肉蛋白质中的氨基酸变化分解、氨基酸肽链和碳水化合物结合及脂质降解氧化所致；但过长时间的煮制反而会导致风味降低，这可能是风味物质随着煮制时间延长出现逸散现象或生成其他不呈味物质。在煮制过程中，添加的糖、味精、酱油和香辛料等辅料也会影响肉的风味，添加的香辛料种类及含量越多，香气越浓郁，但添加过多会遮盖肉本身的香气。

煮制过程会对酱卤肉制品的滋味产生影响，这主要是由于煮制过程中肌肉纤维细胞破裂，蛋白质空间结构被破坏，生成呈味肽、核苷酸等鲜味物质。但是当煮制温度过高时，肌肉纤维细胞破裂严重，蛋白质变性及分解的速度加快、程度加深，嘌呤碱基及部分苦味肽含量会升高，影响滋味，故煮制的温度不宜过高。

煮制过程中肉品挥发性风味物质构成的比例也存在差异：醛类特别是低级脂肪醛在较短时间煮制后即可达最大值，而随煮制时间延长醇类、烃类及其他含氧的杂环物质会逐渐升高，而源于香辛料的挥发性风味物质在煮制温度较高且煮制时间较长时才可从肉品中检出，且难以在较短时间内达到平衡。这可能是由于香辛料成分渗透到肉制品中需要较长时间，该过程中挥发性风味成分需要先转移到溶液中，并需要在溶液中逐渐渗透进肉品并进行吸附，风味物质才完成从香辛料到肌肉的转移。

6. 色泽

在煮制过程中，当水温低于 60℃时，肉品的颜色变化很小，主要呈现鲜肉本身的鲜红色。随着温度升高，肉色逐渐开始变化，60℃以上时，肉品开始变为粉红色，70℃以上则开始呈现出淡灰色。这主要是肌肉肌红蛋白中的血红素的 2 价铁离子被氧化成为 3 价铁离子生成了高铁血红蛋白。肉类在煮制时采用开水下锅，可以使肉表面迅速收缩，阻止肌红蛋白析出，一定程度上保持肉汤的清澈透明。添加亚硝酸盐或者硝酸盐的肉制品，由于肌红蛋白主要以较为稳定且不易氧化的亚硝基肌红蛋白存在，色泽变化较小。

7. 质构

煮制过程中，肉品中发生极为复杂的质构变化。通常情况下，构成肌肉的蛋白质在 50℃下开始变性凝固；60℃时肉品中的自由水和部分结合水逐渐析出；达到 70℃后肌肉开始凝结收缩，胶原蛋白的空间结构被破坏，细胞汁液和其他小分子成分溶出，使肌纤维细胞中变性的肌浆蛋白随肉中的自由水分溶出，同时大量肌红蛋白中铁离子被氧化导致肉色泽改变；80℃下肉中结缔组织水解，胶原蛋白转变为明胶，蛋白质之间的化学键断裂，肉质开始变得松软，这与肌球蛋白和肌动蛋白的变性，以及可溶性胶原蛋白受热形成明胶流出肉组织有关；90℃下煮制一段时间后，蛋白质变性加剧，导致肌纤维剧烈收缩，肉质反而会在一段时间内变硬，加热处理会使肌原纤维蛋白中的肌动球蛋白、肌球蛋白的分子结构发生改变，暴露出的巯基被氧化成较稳定的二硫键，二硫键的聚合稳定会使蛋白质结构更紧密。因此，肌原纤维蛋白凝聚收缩，使肌肉失去水分致使剪切力增大。但当温度进一步升高或者是加热时间继续延长，肉的细胞大量解体，肌肉纤维就会被彻底破坏而发生断裂，同时伴随着蛋白质、脂质降解氧化的加剧，肉变得软烂。

8. 出品率

热处理还会对产品的出品率产生影响。研究显示在 75℃煮制时，相同时间下小火煮制较大火煮制出品率更高，这主要是由于大火煮制条件下水被快速气化形成气泡，导致肌纤维细胞破裂严重，致使蒸煮损失增加；而 80～85℃煮制时，相同条件下大火煮制较小火煮制出品率高，这是因为较高的温度下肌肉表面会快速失水形成一层外壳，使内部肌纤维细胞免遭破裂或破裂的速度减慢；90℃更高温度条件下煮制时，大火与小火煮制样品的出品率接近或小火煮制出品率高，是因为此时温度较高，即使肌肉表面形成保护膜也会被迅速破坏。

3.6.3　煮制影响因素

1. 时间

煮制最主要的因素就是煮制温度和煮制时间，即俗称的“火候”。一般情况下随着煮制时间的增加，产品的风味逐步提升。煮制时间过短（≤1.0h），不利于产品香气物质的形成和香辛料风味成分的渗透，导致产品风味不足；而当煮制时间过长（≥3.0h）时，产品风味虽会提高，但产品的颜色会变暗。对于产品的出品率，煮制时间越长，出品率越低。

2. 温度

随着煮制温度的升高，产品的品质特性会呈现先升高后下降的趋势。对于畜禽肉制品，当煮制温度为 80～90℃时品质较好，继续升高煮制温度，产品品质会逐渐下降，这主要是因为过高的温度会造成蛋白质的三维网状结构被破坏，肉中汁液流失率增高，口感变差，进而影响其感官品质。此外，为了杀灭肉品中的致病微生物、保证产品的食用安全，不同的煮制温度需要维持对应的加热时间。例如，在肉品中心温度为 63℃的情况下，需要煮制 10min 以上。

3. 配料

在煮制过程中加入的香辛料可以使产品的风味更加饱满，但香辛料与肉的比例达到一定程度将会使肉品产生中药味道，一般情况下控制在 1.5%左右较为合适。即使使用老汤，香辛料的使用次数也不宜过多，一般不超过 4 次，通常在 2 次煮制后就需要适量增补香辛料。使用老汤煮制的产品通常具有更浓郁的气味和更为醇厚的口感，但是也含有较多对人体健康有害的物质如杂环胺等。在肉的煮制过程中加入适量料酒，可以与肉品中的酸类物质结合产生酯类，不仅可以去除酸类物质带来的不良气味，还会丰富产品的酯香气，有利于产品风味的提升。

4. 其他因素

除上述因素外，煮制过程中汤锅内物料的摆放、产品的种类、原料的体积等也会影响煮制的效果。例如，煮制过程中产品的密度不宜过高，否则容器内的液体无法有效对流，产品难以被均匀赋味和熟化；香肠产品一般煮制时间要低于酱卤肉；物料体积较小，则所需煮制时间也较短，反之则需延长煮制时间。

3.7 烤　　制

烧烤（烤制）是人类从食用生肉转变为食用熟肉所采用的第一种烹饪方式，伴随着人类文明的诞生和成长。烧烤利用高热空气作为热介质对原料进行加热，加热温度远高于蒸制、煮制，高温下肉制品会产生特殊的香气、滋味和色泽，并且表皮变得酥脆而内部鲜嫩多汁，具有无法替代的感官和食用品质；同时在高温加热过程中，肉制品表面的微生物被杀灭，表面水分大量蒸发变得不适于微生物生长，可以有效地延长肉制品的货架期。

3.7.1 烧烤方式

传统的烧烤是以木材、植物秸秆、木炭等易燃物为燃料，将原料肉置于明火上进行加热，食品原料和辅料在高温下发生一系列复杂的物理、化学变化，从而赋予肉品良好的色、香、味、形。随着现代食品加工技术和装备的发展，烧烤的加工方式逐渐增多，尤其是出于健康考虑，无明火接触的烧烤方式被广泛应用，主要的烧烤方式有炭烤、电烤和炉烤 3 种。

1. *炭烤*

炭烤是烧烤肉制品最传统、最经典的加工方式，是以炭火为热源对原料肉直接进行明火烤制。炭烤工艺加工的烧烤肉制品直接与火源接触，因此带有一定的烟熏风味，但是在加工过程中需要不断翻动，防止部分过热出现焦糊。由于这种加工工艺产量低、能耗高、污染重、产品品质不均一且在加工过程中会产生大量多环芳烃、杂环胺等致癌、致突变类物质，因此在现代肉制品加工中已经较少使用。

2. *电烤*

电烤包括红外线电烤、微波电烤和电炉丝电烤等。电烤适合于现代肉制品加工企业的自动化和连续化加工，可以通过温度控制装置、时间控制装置和传送转动装置等实现烧烤的自动化进行。

3. *炉烤*

炉烤是将原料肉放入密闭的烤炉中，采用炭火、红外、电炉丝等热源产生的热量对烤炉进行加热、使原料肉成熟的烧烤方式。原料肉与热源没有直接接触，依靠空气等介质使热量传递到原料肉表面，因此加热均匀，温度可控，产生的多环芳烃、杂环胺等致癌、致突变类物质较少，是现代烧烤加工经常使用的热加工方式。

3.7.2 烧烤过程中肉的变化

1. 香气物质

烧烤肉制品在加工过程中由于高温的作用会形成诱人的香气和滋味，这主要是由蛋白质、脂肪、糖类物质等成分在高温下发生氧化、降解、聚合等一系列反应形成的醛类、酮类、醚类和含硫化合物等共同构成。烧烤肉制品的香气生成途径与普通肉制品基本相同，而其独特的烧烤风味主要来源于美拉德反应，这是由于美拉德反应产物受温度影响较大，当温度较低时主要产物为醛类、内酯类、呋喃类，温度较高时主要产物则为吡咯、吡嗪、吡啶等具有烧烤香气的小分子杂环化合物。此外，烧烤肉制品加工过程中经常会将麦芽糖涂在原料肉的表面，以增加美拉德反应的底物，进一步加剧加工过程中的美拉德反应。肉制品中硫胺素在高温烧烤加工过程中也会发生降解，形成 H_2S、呋喃、噻吩和二氢硫酚等物质，这些物质对烧烤肉制品的香气具有重要影响，同时可以参与美拉德反应形成新的风味物质。氨基酸在烤制加工过程中可以发生降解，发生脱羧、脱氨、脱羰反应，生成令人不快的胺类物质，进一步加热可使生成的产物进一步发生相互作用形成具有良好香气的物质。不同氨基酸的热降解途径不同，含硫氨基酸的热降解可以形成 H_2S、乙醛、NH_3、半胱胺及具有强烈挥发性的噻唑类、噻吩类等多种物质，这些物质很多是熟肉的香气成分，其中挥发性羰基化合物是重要的风味物质。脯氨酸和羟脯氨酸受热时可以与丙酮酸进一步反应，形成具有特殊香气的吡咯和吡啶类化合物。苏氨酸、丝氨酸的热分解产物主要是具有烘烤香气的吡嗪类化合物，赖氨酸的热分解产物主要是具有烤肉香气的吡啶类、吡咯类和内酰胺类化合物（表 3.7）。

表 3.7　典型烧烤香味物质

名称	化学结构式	阈值/（mg/kg）
2-乙酰基吡嗪	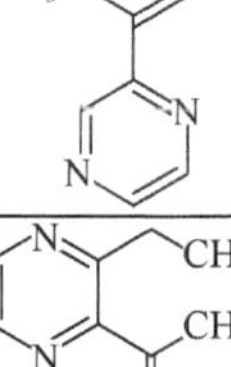 H_3C C=O 吡嗪环（N）	0.06
2-乙酰基-3-乙基吡嗪	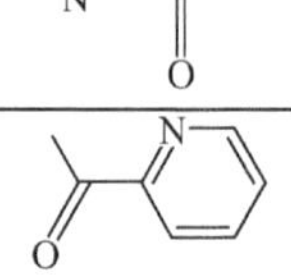 吡嗪环 N, CH_3, CH_3, O	—
2-乙酰基吡啶	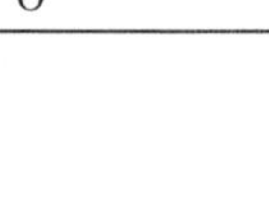 吡啶环 N, O	—

续表

名称	化学结构式	阈值/（mg/kg）
2-乙酰基-3,5（6）-二甲基吡嗪	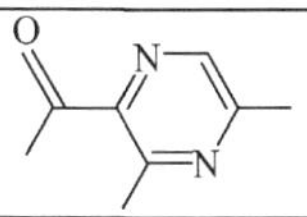 [illegible]	—
2-乙酰基噻唑	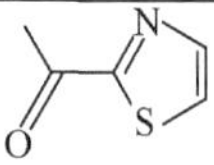 [illegible]	0.003

脂质在烧烤过程中由于高温的作用促进了氧化反应的发生，适度氧化脂质是实现特征风味的先决条件。脂质在无氧条件下通过脱水、脱羧、水解、脱氢和碳-碳裂解反应发生热降解，产生游离脂肪酸、饱和烃、不饱和烃、β-酮酸、甲基酮、内酯和酯类等物质。脂质在有氧条件下发生自动氧化反应，产生醛类和酮类等物质；具有两个或两个以上双键的非共轭脂质易发生自动氧化反应产生氢过氧化物，进一步分解产生脂质氧自由基和羟基自由基，脂质氧自由基进一步反应生成醛类或酮类等物质。由于烧烤的温度较高，脂质在高温下同时可以发生分解、聚合、缩合等反应，生成低级脂肪酸、羟基酸、酯、醛，并产生二聚体和三聚体等。这些物质对烧烤肉制品香气的形成具有积极的作用。

2. *滋味物质*

烧烤肉制品由于高温的作用使蛋白质快速降解，形成游离氨基酸和肽类物质，这些都是重要的滋味成分。氨基酸具有甜、鲜、咸、苦等滋味，肉中的氨基酸一般为 *L* 型天然氨基酸，由于氨基酸都具有多个官能团，因此具有多味觉的特点。核苷酸及其关联产物可以显著影响肉制品的鲜度，高温作用下可以促进 ATP 降解，5′-肌苷酸（5′-IMP）迅速积累。5′-鸟苷酸（5′-GMP）、5′-IMP、5′-腺苷酸（5′-AMP）为呈味核苷酸。由于味感相乘作用，3 种呈味核苷酸与游离氨基酸、无机盐离子等协同作用使肉制品产生特有的鲜味，尤其前两者是典型的核苷酸型鲜味剂。5′-IMP 是烤羊腿中主要的呈味贡献核苷酸，作为一种鲜味增味剂，羊腿在烤制过程中鲜味的呈味强度逐渐增强。

3. *色泽*

烧烤肉制品的色泽以黄红色或者红棕色为最佳，褐色次之。烧烤肉制品颜色的变化主要与烧烤过程中非酶褐变反应有关，包括美拉德反应、焦糖化褐变等。在烤制时原料表面添加的麦芽糖、白糖或者蜂蜜可以与肉中的氨基酸、肽等物质发生美拉德反应，经过一系列缩合、脱氢、重排、异构化、缩合等，最终形成棕色聚合物或者共聚物类黑素（类黑精）。类黑素属于复杂的高分子化合物，其结构还没有得到完全的解析。在高温作用下，糖类在没有氨基化合物存在时可以发生焦糖化反应，加热到熔点以上发生糖的脱水聚合，产物也会形成黑褐色的物质。肉制品在烤制过程中，在一定范围内，其色泽随着烤制时间的延长及烤制温度的升高而加深，这是因为美拉德反应有利于增进肉制品表面色泽，使之呈现出诱人的红棕色。

4. 质构

烧烤过程中蛋白质发生快速变性，肌纤维失水收缩，使烧烤肉制品的表面形成一层硬壳，剪切力增加。脂肪对烧烤肉制品的嫩度具有重要的影响，脂肪特别是肌间脂肪可以有效地改善产品的嫩度，提升烤肉制品的适口性。在咀嚼过程中，肌膜破坏后油脂流出，形成口腔润滑剂，可提高肉的细嫩感，提升肉制品的感官品质。

3.7.3 烧烤影响因素

烧烤肉制品的品质与烧烤方式、时间和温度紧密相关。烧烤工艺由于温度较高，只有严格控制烧烤工艺参数，才能生产出优质的产品。

1. 烧烤方式

烧烤方式对产品的品质具有显著的影响。传统的烧烤方式一般为馕坑烤制或者明火烤制，这种烤制方式由于烤制的燃料与肉直接接触，所以烤制的温度较高，产生的风味物质浓郁，口感酥脆，但是会形成杂环胺、苯并[a]芘等有害物质。烤制时需要人工翻动以使烤制更加均匀，因此传统的烧烤方式不适合工业化生产。现代的烤制技术以电烤为基础，逐渐出现微波烤制、红外烤制、过热蒸汽烤制、气体射流烤制等一系列新型的烤制方式。这些烤制方式能效较高，因此在较低的温度下就可以达到良好的效果，这就有效地控制了有害物质的生成。特别是气体射流烤制、过热蒸汽烤制等技术的结合，能有效地提高热传导效率、增加烤制的均匀性、有效地缩短烧烤的时间、提高产品的稳定性和均匀性。

2. 时间

烧烤时间与烧烤方式和原料的大小、形状密切相关。传统的馕坑烤制一般对羊腿等大块原料进行烤制，因此烤制时间较长，需要 1～2h 甚至更长。明火烤制的原料较广，各种形状和原料来源的肉都可以进行烤制。肉串等小块肉品仅需几分钟到十几分钟，羊腿、肉排等大块肉品需要 1h 以上的时间。以电烤为基础的新型烤制技术由于提高了传热效率，能有效地缩短烧烤时间，但是也与肉品的形状和大小密不可分。

3. 温度

烧烤温度的选择与烧烤方式密不可分。传统的烧烤方式由于燃料与原料直接接触，故温度较高，可达到 200℃以上甚至更高；以电烤为基础的各种新型烤制方式由于有效地提升了传热效率，大大降低了烤制温度，150℃甚至更低的温度即可达到良好的效果。

3.8 烟　　熏

烟熏是利用木屑、茶叶、红糖等不完全燃烧产生的高温烟气对肉制品进行加工的方法，其使用可以追溯到人类文明的萌芽时期。烟熏是肉制品加工中经常使用的工艺，可以赋予肉制品良好的色泽和风味，还可以有效地延长肉制品的货架期。与腌制相似，烟熏最初被用作肉制品保鲜技术。烟熏原料不完全燃烧形成的酚类、醛类和酸类等物质具有一定的抑菌和杀菌作用，而熏烟成分附着在肉制品表面形成薄膜，使肉制品能够避免被环境中的有害微生物附着，从而延长保存期限。随着食品防腐保鲜技术的进步，烟熏工艺则主要是为了赋予肉制品独特的风味和色泽。

3.8.1 烟熏方式

根据烟熏工艺、烟熏温度、烟熏原料的不同，可以将烟熏分为冷熏法、温熏法、热熏法、焙熏法、电熏法和液熏法。

1. 冷熏法

冷熏法是将肉品在低温（15～30℃）条件下长时间（4～7d）熏制的方法。烟熏的温度较低，因此整个烟熏工艺的时间较长。在熏制的过程中伴有干燥的作用，原料一般先经过腌制从而增加肉品的储藏性能。传统的冷熏法受环境的影响较大，主要是由于夏季气温较高，温度难以控制，所以更适宜在冬季进行，但是随着现代加工设备的改进已经较好地解决了这一问题。冷熏法制作的肉品水分含量较低，仅为 40%左右，肉品的储藏性能较好，但是风味不如温熏法和热熏法制作的肉品。冷熏法制作的肉品主要有湖南腊肉、烟熏干香肠等。

2. 温熏法

温熏法是将肉品在较高的温度（30～50℃）下进行烟熏的方法。与冷熏法相比，烟熏温度升高，因此熏制时间较短（1～2d），肉品中水分含量较高，风味良好。但是该温度范围适宜微生物的生长，所以肉品的耐储藏性能较差。为了缩短生产周期，在现代肉制品加工中湖南腊肉、烟熏干香肠等传统冷熏肉品也逐渐开始采用温熏法。

3. 热熏法

热熏法是将肉品在 50～90℃的较高温度条件下短时间（1d 以内）进行快速熏制，从而赋予肉品良好的色泽和风味的方法。采用热熏法的肉品一般经过熟制工艺，通过热熏法快速地赋予肉品烟熏品质。热熏法在熏制时需要注意烟熏温度的控制，烟熏温度需要缓慢、均匀上升，防止发色不均匀的现象发生。

4. 焙熏法

焙熏法是将肉品在 90～120℃的温度条件下快速熏制的方法，一般熏制时间控制在 1h 以内。焙熏法由于熏制温度较高，烟熏和熟制可以同时开展和完成，加工工艺较为简单，但是肉品的水分含量较高且熏制时间较短，因此肉品的储藏性能较差。

5. 电熏法

电熏法是利用静电作用进行熏制的方法。通常是在烟熏室内配置导线，并将肉品悬挂于导线上；烟熏时在导线上施以 10～20kV 的高压直流电或交流电，肉品本身作为电极进行电晕放电，通电后熏烟中的物质由于放电形成带电粒子，快速地与肉品吸附并向深层渗透，可以有效地缩短烟熏时间，改善烟熏风味；同时由于熏烟中的物质进入肉品内部，具有更好的抑菌效果，可以有效地提升肉品的货架期。但是熏烟中的成分与肉品的吸附主要依靠静电作用，所以经常会出现熏烟吸附不均匀的现象。肉品的尖端熏烟吸附过多，中部较少，同时电熏法的设备较其他烟熏方式成本较高，因此电熏法一直没有得到广泛的推广。

6. 液熏法

液熏法就是使用烟熏液代替传统熏烟熏制的方法，由于使用成本低、环境污染小、肉品的均一性好，所以已经被广泛应用。生产烟熏香味料有两种工艺。一是采用香料调配出具有烟熏风味的香味料（一般称为配制的烟熏香味料或香精），虽然配制的烟熏香味料只要符合食用香精的相关法规标准要求，就认为其安全性是有保证的，但由于烟熏香味的化学组成比较复杂，往往根据分析结果配制的烟熏香味料其香味不尽如人意。二是以天然植物（尤其是木材）为原料，经适当方法产生烟气，其烟气经提纯精制得到烟熏香味料。烟熏液是将烟熏原料采用高温干馏的方法发烟，通过冷凝的方式收集冷凝胶，并进一步通过纯化和精制工艺去除有害物质后制成的一种液态烟熏香味料。国内允许使用的烟熏液仅包括山楂核烟熏香味料 I 号、山楂核烟熏香味料 II 号、硬木烟熏香味料 SMOKEZ C-10、硬木烟熏香味料 SEF7525。

3.8.2　熏烟成分及其作用

熏烟是烟熏原料在氧气不充足的条件下经过不完全燃烧形成的，木质素的热分解是熏烟形成的核心。熏烟的产生过程可以分为两步：第一步是原料中木质素的高温分解，第二步是高温分解产物进一步发生聚合、缩合反应及进一步的热分解反应等。熏烟的成分并不是固定不变的，受到发烟温度、烟熏原料、供氧量等多种因素的影响。硬木特别是果木是最常用的熏烟原料，产生的熏烟风味成分丰富、香气浓郁，肉品呈色诱人，而软木、松针等作为烟熏原料时，由于脂类含量较高，熏烟中经常含有大量的黑烟，从而使肉品颜色发黑，并伴有多萜烯类的不良风味。熏烟中的成分包括固体颗粒、液体、气体，其中固体颗粒的粒径为 50～800μm，气体成分占熏烟成分的 10%左右，包括多环芳烃类和烟焦油等物质；液体成分主要包括水分和一些其他可挥发性液体成分，这些物质经过冷却后即为烟熏液的主体成分。从熏烟中分离出的化合物已达到 300 多种，主要包括酚类、羰基类、有机酸类、醇类、烃类和部分气体等物质（表 3.8）。

表 3.8　典型熏烤香味物质

名称	化学结构式	阈值/（mg/kg）
香芹酚		2.29
对甲酚		0.031
4-乙基愈创木酚		0.16
丁香酚		0.0025

续表

名称	化学结构式	阈值/（mg/kg）
异丁香酚	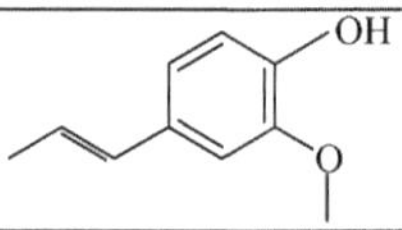	0.1
愈创木酚	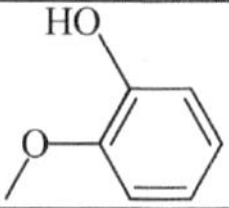	0.0016
2-甲氧基-4-甲基苯酚	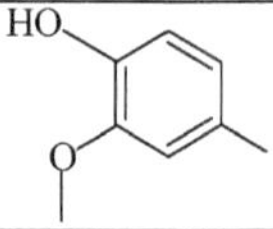	0.03
2-甲氧基-4-乙烯基苯酚	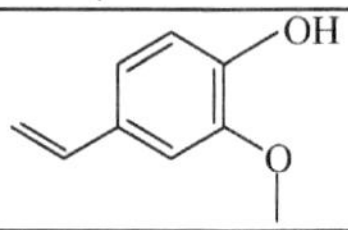	0.019
1-乙氧基-2-羟基-4-丙烯基苯	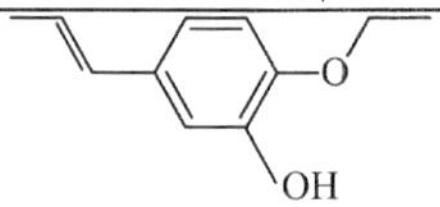	0.4
百里香酚	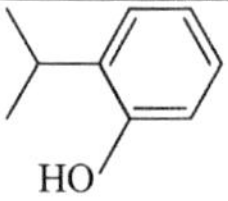	0.12
2,6-二甲氧基苯酚	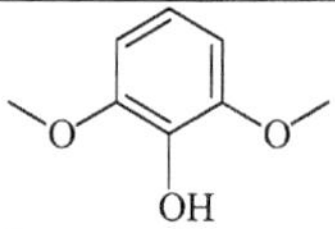	1.85
对乙基苯酚	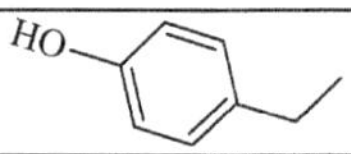	0.021
苯酚	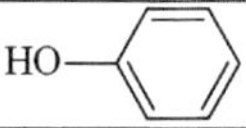	5
2,6-二甲基苯酚	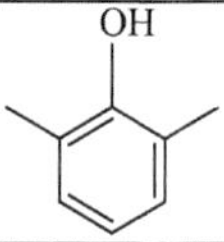	0.4

1. 酚类物质

烟熏可以赋予肉制品良好的烟熏风味，这主要是由熏烟中的成分决定的。酚类物质是熏烟中最重要的成分，是对烟熏风味贡献最大的风味化合物。从熏烟中分离出的主要酚类物质已经有 30 多种。熏烟中大部分的酚类化合物具有烟熏风味，如愈创木酚、4-甲基愈创木酚、4-乙基愈创木酚、4-丙基愈创木酚、2,6-二甲基苯酚、2-甲氧基-4-乙烯基苯酚、烯丙基愈创木酚等（图 3.15）。酚类物质是由烟熏原料中的木质素在高温下发生裂解产生的，酚类物质在烟熏肉制品中可以赋予肉品良好的烟熏风味，同时具有抑菌、抗氧化的作用，能够有效延长肉品的货架期。此外，熏烟中的邻苯二酚及其衍生物等具有良好的抗氧化性能，可以有效地延缓脂质和蛋白质氧化，延长肉制品货架期。

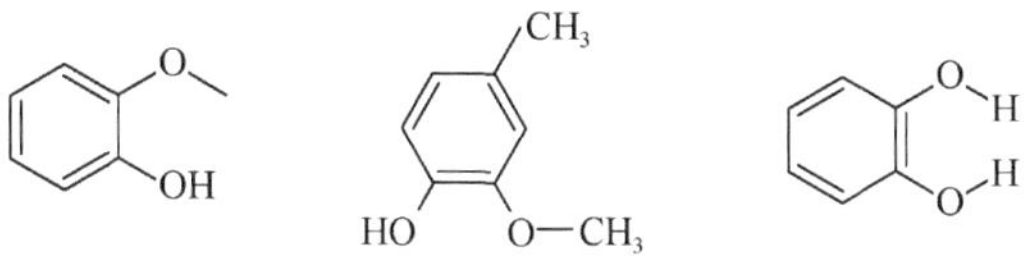

愈创木酚　　4-甲基愈创木酚　　邻苯二酚

图 3.15 烟熏关键成分化学结构式

2. 羰基类物质

羰基类物质是熏烟中另外一种重要成分，熏烟中已经检测出 20 多种羰基类物质，如丁醛、丁烯醛、3-甲基-2-丁酮、2-己酮、5-甲基糠醛、糠醛、4-甲基-3-酮等，不同烟熏原料的熏烟中羰基类物质差异很大。羰基类物质与烟熏肉制品的色泽密切相关，是形成烟熏色泽的核心成分，同时这些物质对烟熏风味的形成也有重要的作用。

羰基类化合物与蛋白质等物质的游离氨基发生美拉德反应，使肉品呈现出金黄至棕黑的特殊色泽。烟熏肉制品色泽受烟熏原料、烟熏温度、熏烟浓度、肉品中水分含量等因素的影响，如采用苹果木、山毛榉等作为烟熏材料时，肉品更容易呈现出金黄色；采用赤杨、栎树作为烟熏材料时，肉品最终呈现出深黄色或棕色；当烟熏温度较低时，肉品色泽呈现较浅的褐色；烟熏温度较高时，肉品色泽的褐色明显加深；肉品表面水分含量较高时，肉品最终的烟熏色泽较深；肉品表面水分含量较低时，肉品最终的烟熏色泽较浅。

此外，烟熏加热能促进硝酸盐还原菌增殖及蛋白质的热变性，游离出半胱氨酸，因而促进一氧化氮血色原形成稳定的颜色，还会因受热有脂肪外渗起到润色作用，从而提高制品的外观美感。

3. 有机酸类物质

熏烟中的有机酸类物质多为 1～10 个碳原子的短链简单有机酸。1～4 个碳原子的有机酸存在于气相成分中，如乙酸、丙酸、丁酸、异丁酸等；5～10 个碳原子的有机酸附着在熏烟的固体微小颗粒上面，如戊酸、异戊酸、己酸、庚酸、辛酸、壬酸和癸酸。有机酸类物质的含量较低，对烟熏肉品的整体风味影响较小，适量的有机酸附着可以增进烟熏味，但是当烟熏时间过长时，过量的有机酸会使肉品具有刺激性的酸味，影响肉品的风味品质。有机酸可以降低肉品表面的 pH，有一定的防腐抑菌作用。

4. 醇类物质

熏烟中醇类物质的种类很多，如甲醇、乙醇、戊醇等，也是木质素裂解的重要产物。醇类物质的整体含量较低且嗅觉阈值较高，对烟熏制品的风味贡献较小，在熏烟形成中可以发挥载体的作用，促进风味物质的挥发。醇类物质还是有机酸类物质的前体物质。

5. 烃类物质

烃类物质是熏烟中含量较高的一类物质，但是该类物质由于具有较高的嗅觉阈值且不呈色，对烟熏风味和色泽都没有明显的作用，也不具有防腐抑菌的效果。烃类物质通常附着在熏烟中的固体颗粒上面，因此可以通过过滤装置将其除去。在烃类物质中有一些成分为多环芳烃的物质，如苯并[a]蒽、二苯并[a,h]蒽、苯并[a]芘等，这些物质都是带有苯环的挥发性和半挥发性成分。研究发现，三环以下的多环芳烃类物质无致癌作用，四环的多环芳烃类物质已经显示出一定的致癌作用，五环以上的多环芳烃类物质具有明显的致癌作用，其中苯并[a]芘已经是明确的强致癌物。

6. 气体物质

熏烟中的气体成分主要包括一氧化碳、二氧化碳、氮气、乙炔、乙烯等。这些物质主要是木质素在氧气不充分的条件下不完全燃烧高温裂解产生的，对烟熏肉品的色泽、风味和货架期都没有显著的影响。

3.8.3 烟熏影响因素

烟熏肉制品的品质与烟熏材料、烟熏方式、烟熏时间和温度密切相关，不同的烟熏肉制品必须以相应的烟熏方式生产，才能生产出优质的烟熏肉制品。

1. 烟熏材料

烟熏材料对烟熏肉制品的品质具有决定作用，是决定肉制品烟熏色泽、风味等品质的核心因素。木屑、糖、稻壳、锯末、松枝等都可以作为烟熏木屑进行熏制，但是不同的烟熏材料对肉品品质具有显著性的影响。这可能与不同烟熏材料的组成成分有关，果木中含有大量的芳香物质，随熏烟附着在肉制品表面，赋予烟熏肉制品良好的风味；松枝中油脂含量较高，烟熏时会形成大量的羰基类化合物，造成肉品颜色较深，以糖为原料熏制时利用糖的焦糖化反应，形成焦糖色，并产生挥发性的醛类、酮类和酚类等热降解产物。因此，不同烟熏材料生产的烟熏肉制品具有不同的色泽和风味。

2. 烟熏方式

烟熏方式对肉制品的品质具有重要影响，烟熏品质的形成主要有两种方法：一种方法是用木材等材料不完全燃烧产生的烟来直接熏制食品，这是传统烟熏食品的制作方法，也是防止食品腐败变质的最古老手段之一，目前仍在普遍使用；另一种方法是使用烟熏香味料，将烟熏香味料添加到肉制品中，从而制得烟熏肉制品。木屑烟熏方式生产的肉品具有风味清新自然、色泽鲜亮等优点，但是木熏产生烟气难以完全被利用，散发到空气中对环境具有一定的污染，且熏烟中的苯并[a]芘等多环芳烃类致癌物质会附着在肉品表面，同时木熏工艺难以适应自动化生产，因此烟熏液液熏工艺逐渐在肉制品中得到应用和推广。烟熏液是将熏烟冷却收集后纯化得到的，对熏烟中的各类成分都进行了收集，因此烟熏液中的成分与熏烟中的成分基本一致，同时经过纯化处理后烟熏液中无苯并[a]芘检出，提高了肉品的安全性。液熏工艺一般通过浸泡、喷涂、搅拌等方式添加到肉制品中，因此肉品的稳定性和均匀性要优于传统木屑烟熏的方式。但是烟熏液的 pH 较低，因此液熏工艺的肉制品经常会带有酸或苦涩的味道。

3. 烟熏时间和温度

烟熏时间和温度是烟熏工艺赋予烟熏肉制品特征品质的重要参数。烟熏过程中熏烟直接与肉接触，从而附着在肉的表面，因此，烟熏时间决定着肉表面附着烟气的量。不同肉品、不同烟熏材料的烟熏时间不同。烟熏温度与烟熏时间密切相关，烟熏温度越高，烟熏时间越短，高温可以快速使烟气与肉结合，从而赋予肉品良好的烟熏品质。一般烟熏腊肉的烟熏温度较低，不超过 50℃，但是烟熏时间较长，能达到 4～7d；随着现代加工工艺的发展，烟熏腊肉通过工艺改进可以缩短烟熏时间，在 1～2d 甚至更短的时间即可达到良好的品质；熏烤肉制品由于烟熏仅赋予其色泽和风味，因此烟熏温度较高，一般在 50℃以上，时间较短，1d 以内即可完成。

3.9 干　燥

对肉类等含水分多、易腐败的食品进行干燥，既是人类最古老的食品保藏方法之一，也是肉类加工中常用的一种工艺技术。传统肉制品中肉干、肉松、肉脯、腊肉、火腿等的生产都需要采用干燥工艺。肉制品干燥后，水分含量可降至 5%～20%、水分活度大大降低，有效抑制微生物的生长繁殖和酶的活性，使其在常温条件下也能长期储藏。干燥还可以有效改善肉制品的风味特性，提高适口性，并减少体积与重量，使其能在常温下运输和长期保藏，方便食用。

3.9.1　干燥方式

肉类食品脱水干燥的方法很多，一般可以分为自然干燥和人工干燥两大类。随着食品科技的不断发展，脱水干燥技术也得到不断发展。

1. 自然干燥

自然干燥就是在自然条件下，利用太阳能和空气流动等去除肉品中水分的一种方法，如晒干、风干和阴干等。自然干燥加工设备简单，成本低，但受自然条件的限制较多。因此，大规模生产很少采用自然干燥，只是在某些光照时间较长、湿度较低的地区或某些肉品的辅助工序上采用，如香肠的风干、板鸭的晾晒、牛肉干的晒干等。

晒干就是将食品直接在阳光下曝晒，利用辐射能进行干燥的过程。食品从阳光中获得辐射能后，其温度随之上升，食品内水分因受热而向其表面介质蒸发，食品表面附近的空气遂处于饱和状态，并与周围空气形成水蒸气分压和温度差，于是在空气自然循环中就不断促使食品中水分向空气中蒸发，直至它的水分含量降低到与空气相对湿度相适应的平衡水分为止。晒干过程中食品的温度比较低，炎热干燥和通风是最适宜于晒干的气候条件。我国北方、西北地区、青藏高原和南方的一部分地区的气候条件常具备这样的特点，适宜生产肉干、干巴（牛）肉、香肠、火腿和风吹酱肉等。

自然干燥常采用场地晒干、风干和阴干。场地宜向阳、通风、空旷、干净卫生，同时应尽可能靠近原料产地或产区中心。肉品的晒干常采用悬挂架，用竹、木制成的晒盘放在晒架上或直接将肉吊挂在晒架上。为了加快并保证肉品均匀干燥，应经常翻动食品，同时还应注意防雨和鸟兽危害。干燥时间随食品种类和气候条件的不同而有差异，肉类食品一般需 5～7d，长的则需 10 余天，最长可达 3～4 周。

2. 人工干燥

人工干燥就是在常压或减压环境下以传导、对流和辐射传热方式或在高频电场内加热等人工制造的环境条件下脱水干燥食品的方法，如热空气对流干燥、烘炒、冷冻干燥、真空干燥等都属于人工干燥。它们需要专用的干燥设备，可通过人工方式或机器自动控制温度、湿度、空气流速等条件，产品质量好，但生产成本较自然干燥高，常用于大规模肉类干制品的生产。

人工干燥分类的方法有多种，可按操作压力分为常压干燥和真空干燥；按操作方式分为连续式和间歇式干燥；按供热方式分为接触干燥、对流干燥、辐射干燥、冷冻干燥等。

1）接触干燥

接触干燥是靠间壁的导热将热量传给与壁面接触的食品，食品经间接加热而脱去水分，热源可以是燃料、水蒸气、热水和热空气等。由于食品与加热的介质（载热体）不是直接接触，故也称热传导式干燥，或称间接加热干燥，烘炒干燥也属于这一类。它既可以在常压下干燥，也可以在真空下进行。在常压下操作时，食品与气体间虽有热交换，但气体不是热源，气体起着载湿体的作用，即带走干燥所生成的水汽，气体的流动起着加速排除汽化水分的作用。如果在真空下进行，水汽则靠抽真空和冷凝的方法加以除去。接触干燥主要有两方面的优点：首先在于热能利用的经济性，这种干燥设备无须加热大量空气，故热能单位消耗量远较其他干燥设备少；其次此法在无氧情况下进行，特别适用于对氧化敏感的食品的干燥。

常用的接触干燥设备有滚筒干燥机、真空干燥橱、带式真空干燥机和烘炒锅（炉）等。

2）对流干燥

对流干燥是最常用的食品干燥方法。这类干燥在常压下进行，食品可分批或连续干制，而空气则自然地或强制地对流循环。此法直接利用高温的热空气为热源，通过空气对流将热量传给食品，使食品受热而脱水干燥，故又称直接加热干燥或热风干燥。热空气既是载热体，又是载湿体。空气可通过自然循环或强制循环进行流通。这类干燥多在常压下进行。干燥过程中食品中心温度不高，但热空气离开干燥室时带有相当大的热能，因此它的热能利用率较低。在真空干燥的场合下，由于气相处于低压，其热容量很少，不可能直接以空气为热源，而必须采用其他的热源。

空气对流干燥设备有厢（柜）式、隧道式、带式、气流式、流化床和喷雾式等多种。肉干、肉松、肉脯加工多采用此法。

3）辐射干燥

此法是利用中红外线、远红外线、微波或电磁波等能源，将热量传给食品。辐射干燥也可在常压或真空下进行。辐射干燥也是食品工业中的一种重要干燥方法，现已被广泛采用。

辐射干燥设备有带式或灯式红外线干燥器和远红外线干燥器、高频干燥器、微波干燥器等。

4）冷冻干燥

冷冻干燥是将肉品先冻结至冰点以下，使水分几乎全部结成冰，然后在较高的真空度或低温条件下，将冰直接升华为水蒸气除去，故冷冻干燥又称真空冷冻干燥、冷冻升华干燥、分子干燥等。

冷冻干燥早期用于生物的脱水，第二次世界大战以后才用于食品工业。冷冻干燥食品如加工得当多数能长期保藏，且能够尽可能多地保持原有的物理、化学、生物学及感官性能，需要时，加水可恢复到原有的形状和结构。冷冻干燥虽然具有干燥速率低、能耗高、成本高的缺点，但是其独特的优势使其已经开始被大量应用于食品加工。在肉制品工业中，常用于肉类（猪牛排、鸡丁等）、水产类、蛋类、蔬菜类、香料等的干燥，尤其是高端食品的生产。

冷冻干燥时，首先要将原料进行冻结。现在常用的有自冻法和预冻法两种。自冻法就是利用食品表面水分蒸发时吸收汽化潜热，促使食品温度下降，直至达到冻结点时食品水分自行冻结的方法。如能将真空干燥室迅速抽成高真空状态，即压力迅速下降，食品水分就会因水分瞬间大量蒸发而降温冻结。但此法对外观和形态要求高的食品并不适宜，一般只适用于预煮碎肉等粉末状态的冷冻干燥制品。预冻法就是干燥前用一般的冷冻方法如高速冷空气循环法、低温盐水浸渍法、低温金属板接触法、液态或氟利昂喷淋法、制冷剂浸渍法等将食品预先冻结，为进一步冷冻干燥做好准备的方法。

冷冻干燥中冻结速度将对干制品的多孔性产生影响，孔隙的大小、形状和曲折性将影响蒸汽的外溢。冻结速度越快，食品内形成的冰晶体越微小，它的孔隙越小，冷冻干燥速度越慢，显然冷冻速度会对干制速度产生影响。冷冻速度还会影响原材料的弹性和持水性。缓慢冻结时形成颗粒大的冰晶体会破坏干制品的质地并引起细胞膜和蛋白质变性。

3.9.2 干燥过程中肉的变化

干燥过程中肉的物理性质、化学性质、内部结构等各方面都会发生变化，相应地，肉制品的成分、外观、保藏性等特性也会发生相应的变化，干燥条件不同，其变化程度也不尽相同。

1. 物理变化

1）干缩和干裂

干缩是肉类干燥时常见的变化之一。如果肉类组织结构均匀、完整、有弹性，肉类在均匀失水时会均衡地进行线性收缩，其外形体积会按比例缩小。实际上肉类的结构并非绝对均匀，干燥时块状原料肉的水分也难以均匀迁移出，因而，干燥时很难看到均匀收缩。由于肉类的结构和组成不同，不同肉类在干燥过程中的干缩程度也存在较大差异。干燥起始阶段，肉的表面开始脱水干缩，继续干燥时，水分的迁移面会向肉的深层发展，并逐渐向中心推进，干缩层也不断向肉块中心扩散。高温下快速干燥时，肉块的表层迅速脱水形成干硬层，如果继续干燥，中心部分的干燥和收缩就会脱离外层干硬膜而出现干裂、孔隙和蜂窝状结构。

2）表面硬化

表面硬化在肉品干燥时十分常见，其实质是肉品表面出现收缩和封闭的一种特殊现象。根本原因在于肉品干燥过程中，肉品内部水分向外迁移的速率低于肉品表面水分的蒸发速率及肉品表面溶质残留的积累。干燥过程中，当肉制品原料暴露在干燥介质中时，由于与热空气接触，肉制品表面的水分受热变成水蒸气而大量蒸发，称为水分外扩散；当表面水分低于内部水分时，造成肉制品内部与表面水分之间的水蒸气分压差，此时水分就会由内部向表面迁移，称为水分内扩散。一般来说，在干制过程中水分的内、外扩散是同时进行的，但速度不会相同。如果干燥过程中温度过高，导致外扩散远大于内扩散，那么肉品表面就会过度干燥形成一层干燥硬壳。肉品表面容积残留是由于肉品内部的可溶物质会随水分迁移至肉块表层，由于无法蒸发，所以随着干燥的进行，残留在肉品表面的溶质逐渐增加，最终导致硬壳的产生。此外，肉品内部还存在着大小不一的气孔、裂缝和微孔，某些微孔可以产生类似毛细管的作用以加速内部水分迁移速率，干燥过程中微孔在受热收缩及残留溶质堵塞的双重作用下失效，肉品内部水分迁移受阻，也增加了表面硬化的出现概率。

3）多孔性的形成

快速干燥时，肉的表面硬化及其内部水分的快速汽化，导致蒸汽压的快速形成，这样会出现多孔性制品，如烤鸭的鸭皮膨化。真空干燥时，由于干燥室内高度真空，也会促使水分迅速蒸发并向外扩散，从而形成肉的多孔性制品。多孔性结构有利于快速复水或溶解，对一些需要复水食用的肉制品十分有利。

干燥后的肉类，其组织结构、复水性等均发生显著的变化。口感方面，肉制品变得干硬坚韧，复水后也很难恢复到干燥前的状态，这是脱水干燥过程中肌纤维收紧、空间排列紧密的缘故。为了解决这个问题，生产工艺上要求控制肉制品的脱水速度和最终含水量，避免其脱水过快和过量。

4）重量减轻，体积缩小

肉类的脱水干燥，主要脱除的是占比重最大的水分，因而干燥后肉类食品的重量明显减轻，体积也大大缩小。重量和体积的减少量，理论上应当等于干燥所失水的重量和体积，但实际上常常是前者略小于后者。

2. 化学变化

肉类在脱水干燥过程中，除发生物理变化外，同时还会发生一系列化学变化。这些变化对肉类干制品的色泽、风味、质地、营养价值和保藏性都会产生影响。不同肉类存在较大差异，因此干燥过程中化学变化程度也各不相同。

1）营养成分的变化

肉制品失去水分后，由于浓缩的效应，其营养成分的含量会相应增加，但食用品质不及新鲜肉类，而且会出现损耗。大多数肉类干制品或半干制品（如肉干、肉松等）都经过煮制、热干燥等加工处理，通常会损失10%左右的含氮浸出物和大量水分。对于油脂含量较高的肉类，高温脱水干制时，脂质氧化要比低温时严重得多。肉品干制过程、干燥前的预煮和酶钝化处理均会导致肉中维生素的损耗，使维生素含量下降。维生素损耗程度取决于干制前食品预处理的方法、干燥方式和干制工艺的严格程度。此外，肉干制品的干燥工艺也会影响维生素的损耗量，如抗坏血酸和胡萝卜素因易氧化而遭受损耗，核黄素对光极其敏感，硫胺素对热敏感，这些特性使得胡萝卜素在日晒时损耗极大，但是在脱水干燥时则损耗极少；高温干燥时硫胺素损耗量比较大，而核黄素和烟碱酸的损耗量则比较少。

2）色泽的变化

肉品干燥过程中会使肌红蛋白被氧化，血红素铁含量下降，进而导致肉品色泽变暗、变深，同时干燥还会使肉制品反射、散射、吸收和传递可见光的能力发生变化，也会影响肉品的色泽。此外，肉制品干燥过程中，肉的酶促和非酶促褐变反应使肉制品的色泽变深、发暗或褐变。

3）风味的变化

肉类在干燥过程中，随着水分的蒸发，挥发性风味物质会有一定的损失。但是随着干燥的进行，肉品逐渐出现干缩，内部孔隙不断增多，肉中的游离脂肪酸和氨基酸会与氧气接触，发生一系列氧化反应，生成风味前体物质或风味物质，这一过程是一些传统肉制品风味形成的重要来源。

3.9.3　干燥影响因素

干燥过程中，干燥速度的快慢对干制品的品质优劣起着决定性的作用。当其他条件相同时，干燥速度越快，产品越不容易发生不良变化，干制品的质量就越好。影响肉制品干制的因素主要有原料肉制品表面积、温度、湿度、空气循环流动速度、大气压力和真空度及干燥时的装载量等。

1. 肉制品表面积

肉干制品加工过程中，为了加速其湿热交换，通常把经过预煮后的物料切分成小的片状、条状、粒状，再进行脱水干制。物料切成薄片或小颗粒后，缩短了热量向肉块中心传递和水分从肉块中心外移的距离，增加了肉制品和加热介质相互接触的表面积，缩短了肉制品内部水分外逸的距离，从而加速了水分蒸发和肉制品脱水进程。因此，肉制品的表面积越大，其干燥速度越快。

2. 温度

干制过程中，干燥介质和肉制品间温差越大，热量向肉制品传递的速度越快，水分外逸速度越快。在有一定水蒸气含量的空气中，温度越高，达到饱和所需的水蒸气越多，肉制品干燥速度也越快；相反，温度降低，达到饱和所需要的水蒸气减少，干燥速度降低。但温度不能过高，否则会使肉制品焦化，破坏肉制品的品质。

3. 湿度

湿度对肉制品干制速度的影响在于温度不变，干燥介质湿度越低，空气湿度饱和差越大，肉品脱水速度越快。提高温度，通风排湿，降低空气湿度，可加快脱水速度，使干燥后肉制品含水量降到国标规定的范围。

4. 空气循环流动速度

加速空气循环流动速度，不仅因热空气所能容纳的水蒸气量将高于冷空气而吸收较多的蒸发水分，还能及时将聚积在肉制品表面附近的饱和湿空气带走，以免其阻止肉制品中所含水分的进一步蒸发，同时还因与肉制品表面接触的空气量增加，从而显著加速了肉制品中水分的蒸发。但空气的循环流动速度不能过大，防止热能利用不充分，增加燃料的消耗。

5. 大气压力和真空度

水的沸点会随着大气压力的下降而降低，气压越低，沸点越低，因此肉品在干制过程中所处环境的大气压力较低、真空度较高时，干制过程就可以在较低的温度下进行，干燥速度也会较快。

6. 装载量

在一定的单位面积内，所装原料的量不同，干燥速度也不同。原料的装载量通常与其厚度密切相关。装载量越多，厚度越大，越不利于空气的流通，从而影响水分蒸发，因此干制过程中必须根据干燥设备设施的规格确定最佳的原料装载量。

3.10 发　　酵

在我国，利用自然发酵法生产肉制品具有悠久的历史。例如，传统酸肉古时称“鲊”，早在《齐民要术》中就有详细记载，距今已有 2000 多年的历史。传统发酵肉制品具有保质期长、色鲜味美的特点，其品质形成与微生物的发酵作用密不可分。传统发酵肉制品中的微生物来源于特定的原料和操作环境，常见的微生物包括乳杆菌、片球菌、葡萄球菌、微球菌、酵母和霉菌等。经过微生物的发酵作用，肉制品可以产生特殊的风味、色泽和质地，并具有较长保质期。不同微生物所起的作用各不相同。例如，乳酸菌对保证发酵肉制品的安全性具有重要作用，其他微生物则对产品的风味和营养品质提升有促进作用。

3.10.1　发酵方法

根据是否添加发酵剂，肉制品发酵方法可分为自然发酵和发酵剂发酵两大类。

1. 自然发酵

传统加工工艺中，发酵完全依赖环境、器具、原辅料和人员带入的微生物。其中原料肉中普遍存在乳酸菌和微球菌，只是初始数量很低，一般不超过 10^3CFU/g。在适合的工艺条件下，通常发酵 2～5d 后乳酸菌的数量即可达到 10^6～10^8CFU/g。pH 的快速降低有利于假单胞菌和酸敏感革兰氏阴性杆菌在 2～3d 死亡，然而耐酸性较好的细菌如沙门氏菌等可能存活更长的时间。

原料肉的含水量和初始 pH 会影响乳酸菌的发酵速度。例如，瘦肉占的比例越大，则水分含量越高，发酵速度越快，pH 下降也越快；反之，脂肪的比例增加，则发酵速度降低，pH 下降速度减缓。另外，冻肉由于干耗（肉在冻结过程中，因水分蒸发或冰晶升华，造成的重量减少）和解冻时的汁液流失，水分含量减少，可延缓初始发酵速度。如果肉的初始 pH 较高，则需要更长的发酵时间才能达到产品终点 pH，所以生产时通常采用 pH 较低的原料肉。通常牛肉以 pH=5.8 为好，猪肉以 pH=6.0 为好。

在采用自然发酵法生产肉制品时，为了提高发酵过程的稳定性和可靠性，还会采用"回锅"的办法，即把前一个生产周期中的发酵肉加入新鲜原料肉中。国外也有类似的方法，称为"back-slopping"。这种方法曾经被广泛使用，也确实提高了发酵的可靠性，但这种方法也有很多缺陷。首先，用于接种的材料中乳酸菌可能已经处于衰老状态，其活性较低，不能快速启动新一轮的发酵；其次，该方法接种的微生物群落具有不可控性，有时批次间的微生物组成差异较大，可能给产品带来一些不良影响，如形成过氧化物造成产品酸败等。

2. 发酵剂发酵

由于自然发酵过程的不可控性，人们越来越倾向于采用微生物纯培养物——发酵剂来实现对发酵过程的有效控制，保证产品的安全性和产品质量的稳定性。由发酵剂启动的发酵，结合适当的加工工艺，可以在保证发酵肉制品传统风味的基础上，具有较高的食用安全性和品质稳定性。工业上通常使用的发酵剂是冻干型，使用前需要先加水使其重现活力，然后才能将其添加到原料肉中。接种量一般为 10^6～10^7CFU/g，如果采用短时高温发酵，接种量可达 10^8CFU/g。

3.10.2　发酵过程中肉的变化

经过发酵，由于微生物和内源酶的共同作用，肉中的蛋白质、脂肪和碳水化合物等物质发生降解，产生氨基酸、脂肪酸、酸类、醇类、醛类、酮类、酯类、呋喃、吡啶、含硫和含卤素的化合物等多种风味化合物，这些风味物质的种类和含量决定了发酵肉制品的感官品质。

1. 蛋白质

蛋白质降解是发酵肉制品在发酵成熟期间发生的最主要的生化现象之一。随着发酵的进行，肌肉蛋白在内源酶和微生物分泌的外源酶共同作用下逐渐水解，高分子质量的肌原纤维蛋白、肌浆蛋白降解产生低分子质量的肽类物质，并可进一步降解为游离氨基酸。研究表明：经过发酵的宣威火腿中含有丰富的苏氨酸、赖氨酸、亮氨酸、缬氨酸、异亮氨酸、色氨酸、甲硫氨酸等人体必需氨基酸，营养价值较高。同时，发酵过程中形成的游离氨基酸可以通过美拉德反应等途径形成风味化合物，从而形成发酵肉制品特有的风味。例如，对发酵肉制品风味有重要影响的 2-甲基丁醛、3-甲基丁醛及其对应的醇和酸，通常来源于支链氨基酸亮氨酸、异亮氨酸、缬氨酸的降解，生成一些多肽、小肽、氨基酸等物质。蛋白质降解产生的肽（特别是可溶性肽）和游离氨基酸等成分是发酵肉制品的重要风味成分。

2. 脂肪

在发酵肉制品的发酵成熟过程中，肌肉内的脂质在微生物及脂质水解酶的作用下，可以产生大量的游离脂肪酸，同时这些脂肪酸中的部分不饱和脂肪酸在微生物和脂肪氧合酶的作用下，被氧化为烷烃、醇类、醛类、酮类等小分子芳香类物质。醛类等物质的阈值较低，对发酵肉制品风味的贡献较大。然而，如果脂肪发生过度氧化则会产生不良的风味，同时也会产生丙二醛等有害物质。

3. 风味物质

发酵肉制品的风味主要来自 3 个方面，即添加成分（盐、香辛料等）、非微生物参与产生化合物和微生物降解形成的风味物质，其中微生物途径是导致发酵肉制品独特风味的重要原因。在发酵过程中，由于微生物可以产生大量的酶类，如乳酸菌产生的分解有机酸和分解脂肪酸的酶系；葡萄球菌、微球菌、酵母和霉菌产生的蛋白酶、脂肪酶、酯酶等，在这些酶的作用下，肉中的碳水化合物、脂肪、蛋白质、有机酸等发生降解，从而影响风味前体物质的含量甚至直接改变发酵肉的风味物质构成。

4. 色泽

发酵肉制品通常具有诱人的玫瑰红色外观，其发色的机理与其他含亚硝酸盐的肉制品相同。不同之处在于，发酵肉制品的低 pH 会破坏肌红蛋白的稳定性，使其氧化成高铁肌红蛋白的速率加快；亚硝酸盐在酸性条件下会形成亚硝酸，亚硝酸不稳定进一步分解为一氧化氮，生成的一氧化氮与肌红蛋白结合生成亚硝基肌红蛋白，从而使肉制品呈现鲜亮的玫瑰红色。但是肉制品在发酵成熟期间，如果受到异型发酵乳酸菌的污染，则会产生过氧化氢并与肌红蛋白形成胆绿肌红蛋白，导致肉品变绿。因此在肉制品中接种发酵剂，可利用优势菌抑制杂菌的生长或将其产生的过氧化氢还原，防止氧化变色。

5. pH

发酵微生物中的乳酸菌，可利用碳水化合物如葡萄糖发酵产生乳酸、乙酸等有机酸，使肉制品的 pH 降至 4.8～5.2。由于 pH 接近肌肉蛋白等电点（5.2），使得肌肉蛋白保水力减弱，有利于加快肉制品的干燥速度，降低水分活度，从而抑制致病菌及腐败菌的生长。另外，一些乳酸菌还会生成一些微生物抑制因子，这些抑制因子可能表现出非特异性机制，如氧化还原电位的降低、过氧化氢的生成、营养物质（氨基酸和维生素等）的竞争等。有些乳酸菌则能产生具有很高专一抑制活性的细菌素。

6. 质构

经过微生物发酵后，肉中的蛋白质可在发酵过程中均匀地释放出水分，这样就可避免发酵后肉制品出现干燥不均匀、不充分而引起表面干硬、褶皱但内部松软的现象。如果接种的是霉菌，还可能在肉制品的表面形成一层“保护膜”，赋予产品独特的外观。这层“保护膜”不仅可以隔绝空气中存在的杂菌，抑制有害微生物的生长，还可以对肉制品起到“阻氧闭光”的效果，减小脂肪酸的光敏氧化作用，防止其酸败，提高产品安全性。

3.10.3 发酵影响因素

1. 原料

发酵肉制品对原料具有严格的要求，肌肉组织含量以 50%～70%为宜，且要求脂肪组织中应当以饱和脂肪酸为主，这样产品才会具有较好的保水性、色泽和耐储藏性。此外，原料肉营养品质较差、急宰、放血不充分、微生物污染严重、解冻不当、pH 低于 5.4 高于 6.0 及白肌肉（pale，soft exudative meat，PSE 肉）与黑干肉（dark，firm and dry meat，DFD 肉）都会严重影响发酵肉的品质。例如，当 pH 不在适宜范围内，那么过高或过低的 pH 都会影响发酵微生物的活性，影响发酵的启动。

2. 辅料

辅料对发酵也有较大的影响。例如，在较低的盐度下乳酸菌是起主要作用的优势菌，乳酸菌的过量繁殖则会导致肉品质地软、黏；而在较高的盐度下，微球菌和葡萄球菌成为主要优势微生物，会导致产品发酵状态较差。又如，碳水化合物的种类和剂量对发酵效果也具有较大影响，如低温低酸的产品，葡萄糖和乳糖的适宜添加量分别为 0.3%和 0.5%，而高温高酸的产品则分别为 0.8%和 1.2%。香辛料不仅本身的带菌状况会影响发酵效果，需要在加工前进行灭菌处理，而且其本身含有的某些物质也会对发酵产生影响，如黑胡椒由于硒元素含量丰富，能够促进乳酸菌的生长，进而加速发酵进程。

3. 发酵剂

发酵剂是指能够在发酵基质中进行理想的新陈代谢活动的活的或休眠的微生物，发酵剂的特性是决定发酵肉制品品质特性的关键因素，不仅对产品的色泽、风味、质构等产生影响，还可以显著减少产品之间的质量差异。发酵剂可以分解糖类产生乳酸，抑制产品的腐败；分解脂肪使产品的质构发生变化并产生大量的香气物质；破坏过氧化物和过氧化酶起到护色和抑制不良风味产生的作用等。例如，某些乳酸菌可以水解猪肉中的肌浆蛋白，使得呈味肽含量大幅增加，从而使产品具有更好的滋味特性；而另一些乳酸菌则可以产生抗生素来抑制有害微生物的生长，使得产品具有更好的安全性。

4. 加工条件

早期，很多发酵肉制品只有在特定的地区、特定的季节或时间才能生产，这主要是由于发酵工艺参数如发酵温度、环境湿度、氧含量、发酵周期、环境空气中微生物的种类和数量均可能影响初始微生物群落的构成。此外，生产器具的状态、操作是否规范等因素也会对其产生影响。

3.11　包　　装

对食品进行包装有诸多目的，包括盛装产品、防止产品腐败、与消费者进行信息交流和提供便利性等。包装系统将包装材料（具有理想的气体和水蒸气阻隔性及机械性能，保证产品不受物理、化学和生物因素的损害）、物流系统和零售计划整合为一体，保证产品在储存、运输和处理过程中品质不受影响。安全性、便利性、品质和货架期方面的要求使肉制品包装技术在设备和基础材料方面不断改进并采取了更多智能的包装方法。

3.11.1　主要包装形式

1. 真空包装

真空包装是肉制品包装中使用最多的一种包装形式。它保鲜的原理是将产品装入由多种材料组成的高阻隔包装袋中，抽去袋中空气隔绝氧气，维持袋内处于高度减压状态，减缓氧化速率并破坏微生物生长的环境从而达到保鲜的目的（图 3.16）。

真空贴体包装（vacuum skin packaging，VSP）是近年来发展起来的一种真空包装形式，是将装有物料的硬盒顶部覆膜进入密封模具后将顶膜加热软化后再对膜与底盒之间的腔体抽真空，这一过程中顶膜由于上下两侧压差作用向下运动逐渐精密贴附于物料，其余部分依靠贴体膜表面熔融状态的胶体黏附于底盒（图 3.17）。与传统真空包装相比，真空贴体包装采用的真空贴体包装膜有良好的热成型拉伸性和抗穿刺性能，能够紧密与产品表面贴合，极大减少毛细管效应、气压差、机械挤压导致的肉品汁液损耗及血水析出。此外，非物料接触部分是与硬质托盘精密黏合，所以具有比普通真空包装更好的抗穿刺性，不会由于边缘被刺穿导致包装整体涨袋，安全性更高。与气调包装相比，真空贴体包装不仅能减少水分流失，还能减少储运空间并避免产品晃动导致的损害，并且具有更好的展示效果[127]。

图 3.16　传统真空包装

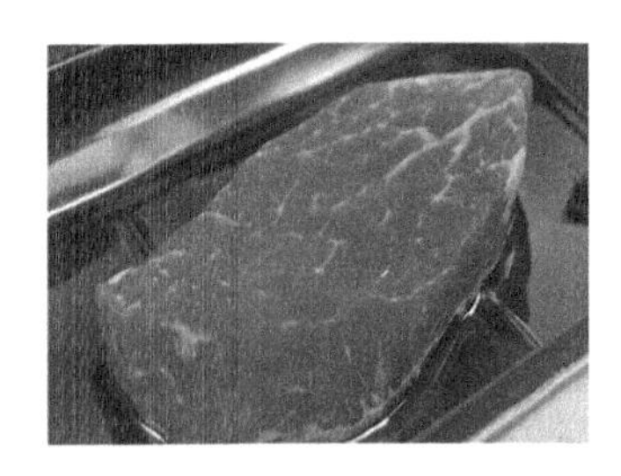

图 3.17　真空贴体包装

2. 气调包装

气调包装是在具有高阻隔性能的包装袋内充入一定比例的混合气体（主要是氧气、二氧化碳和氮气）置换包装内的空气，通过调节包装内的气体环境来抑制微生物生长，减缓肉品的氧化程度，减少水分蒸发，从而达到保鲜的目的（图 3.18）。

决定气调包装效果的主要是包装盒内气体的种类和构成比例。常用气体中，二氧化碳可以抑制多数需氧菌和霉菌的生长繁殖，延长细菌生长迟缓期，降低对数期生长速率。氧气的主要作用是通过与肌红蛋白结合成氧合肌红蛋白使产品具有较好的色泽，同时抑制厌氧微生物生长。氮气是一种惰性气体，不易参与化学反应且渗透率低，可以作为替代物置换产品周围的氧气，从而防止氧化和酸败，抑制好氧微生物的生长、霉菌的繁殖等，并防止包装塌陷。一般来说，高氧气调包装主要用于鲜肉，尤其是红肉产品中；低氧和无氧气调包装主要用于加工肉制品的包装[128-129]。

图3.18　气调包装

3. 活性包装

活性包装是一种传统包装技术与产品保质、保鲜技术最新研究成果相结合而产生的包装技术。它与传统包装技术的差异主要在于采用多种技术积极改善包装内部环境，以维持产品品质，延长货架期。相较于传统包装，活性包装主要采用包装材料的阻隔性实现对产品的“被动”保护。活性包装技术通过加入抗菌剂、抗氧化剂、释放剂、吸收剂等主动调控包装内部环境，对食品起到更积极、更好的保护效果。例如，为了延长产品的货架期，常将各种抑菌剂如银离子、植物精油等加入或涂覆在包装表面，使其具有较强的抑菌活性[130-131]。

4. 智能包装

智能包装是包装基本功能的延伸。一般认为传统包装的目的在于容纳产品，保护产品，与消费者进行信息交互，使产品储、运、销等更加便捷。智慧包装则是在传统包装的基础上，将信息交互功能进行延伸和扩张，通过与检测、感知、记录、追踪技术结合并以易于识别的方式展现出来，使得产品的质量、安全性、警示信息和追溯信息等能够被消费者轻易识别，从而使产品具有更好的交互能力（图 3.19）。常见的智能包装包括环境感知、品质感知、信息交互 3 个大类。环境感知包括时间-温度指示器、泄漏指示剂、气体指示剂等；品质感知主要包括新鲜度监测和成熟度监测；信息交互则主要是通过条形码、射频识别技术、增强现实技术使产品的生产、流通及其他相关信息更为完整、全面地展示给消费者。例如，国外一种智能包装可以通过溶于乙基纤维素非水溶液的 pH 显色剂（邻甲酚酞）的显色变化来监测包装环境内部二氧化碳的含量，并显示包装的完整性[131]。

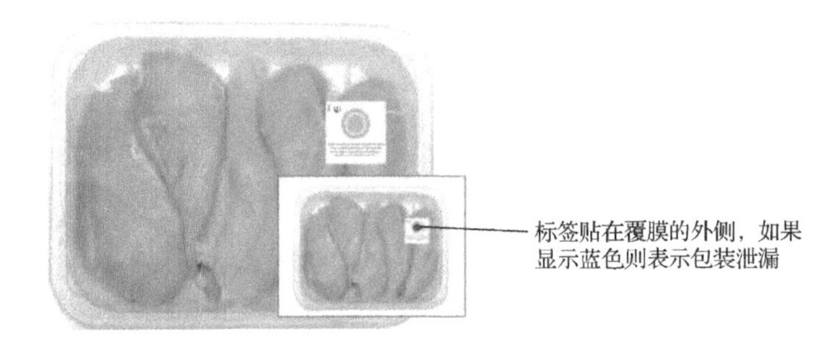

图 3.19　一种具有泄露指示功能的智能包装[131]

3.11.2 包装材料

1. 塑料包装材料

塑料是以树脂为主要成分，再添加各种改善性能的辅助材料而制成的一种高分子材料。塑料轻便、机械性能好、耐用，化学性质稳定，在熟肉制品中应用广泛[132-133]，但是大部分塑料不能降解，易造成环境污染。常见材料有聚乙烯（PE）、聚丙烯（PP）、聚苯乙烯（PS）、聚四氟乙烯（PTFE）、聚酰胺（PA）、聚碳酸酯（PC）、聚对苯二甲酸乙二醇酯（PET）、聚氯乙烯（PVC）、聚乙烯醇（PVA）、乙烯-乙烯醇共聚物（EVOH）、聚偏二氯乙烯（PVDC）、乙烯乙酸乙烯酯共聚物（EVA）。塑料包装材料在肉制品中的应用如表 3.9 所示。几种常见的塑料包装材料及其特点如下所述。

表 3.9　塑料包装材料在肉制品中的应用

包装材料	肉制品	效果	参考文献
PET·SiO_2 涂层/尼龙 15/改性 CPP	德州扒鸡	能保持扒鸡色泽、延缓脂肪氧化、防止香味散失，有效避免扒鸡食用品质下降	[134]
PET / AL / NY / PE	腊肉	有效地阻隔水分和氧气的进入，延缓腊肉储存期品质下降	[135]
PET/AL/PP	红烧板栗猪蹄软罐头	阻止光线和气体，使风味保持良好	[136]
NY 复合材料	香辣猪手软包装	可直接看到良好外观，具有吸引力，且耐高温，致密性、保存效果好，成本低	[137]
PT / PVDC / PE	烧鸡	在储藏过程中感官评价良好，封口平整，产品透明可见	[138]
S-β-CD/PP	乳化香肠	延长乳化香肠货架期至 50d	[139]

注：NY 为尼龙；PT 为聚丙烯；S-β-CD 为留兰香环糊精，其中 S（spearmint）为留兰香提取物；β-CD（β-cyclodextrin）为 β-环糊精。

1）PE

由于聚合方法不同，PE 的性能也不同。PE 可以分为低密度聚乙烯（LDPE）、中密度聚乙烯（MDPE）、高密度聚乙烯（HDPE）、线性低密度聚乙烯（LLDPE）和辐射交联聚乙烯等，其中 LLDPE 的拉伸强度、抗冲击强度、耐低温性能等都优于 LDPE。由于 LLDPE 可以充当改性剂与其他树脂掺和并保持原有热黏合强度，在受热情况下强度较高，受污染后仍可热封，其在肉类包装方面得到较广泛的应用。HDPE 质地坚硬，软化点较高，抗冲击强度低，耐油脂性较好，可以透水汽，价格相对较低。辐射交联聚乙烯由于其分子交联作用，提高了耐热性和耐溶剂性，可用于需要加热杀菌的食品，也广泛应用于热收缩薄膜和真空表皮型包装薄膜上。也有研究表明 PE 与其他材料复合时，在一定工艺条件下可以延长产品的储藏期。例如，手抓羊肉的包装材料为 PE 与 PA 复合材料时，在杀菌温度 80℃、杀菌时间 30min 条件下储藏效果较好[140]；200μm 的 PA/PE 共挤膜应用于酱猪肘上时感官评分、理化特性、微生物表现较佳[141]。将抗菌剂添加到 LDPE 膜中，不仅可改善薄膜的水蒸气透过量和氧气透过率，也可延长酱卤鸭翅的保质期[142]。

2）PP

PP 在塑料工业中占据首位，结晶度高，刚性大，具有耐化学腐蚀性的优点，无味无毒。拉伸强度、阻氧性较 PE 优异；耐热性、耐疲劳性、抗弯曲性能好，其做成的薄膜重量轻、透明度好；其双向轴拉伸聚丙烯（BOPP）薄膜价格便宜，印刷效果优良，防湿阻气性能好。已有研究将 PP 与牛至油等天然抗菌剂结合的活性包装体系应用于熟制火腿中来改善肉制品的货架期[143]。

3）PVDC

PVDC 是由偏二氯乙烯（VDC）和氯乙烯（VC）等助剂共聚而成，具有对气体、水分强烈的阻隔性，同时兼具透明性、保香性、抗化学药品性。由 PVDC 制成的包装材料在水产、肉类方面得到了广泛应用。PVDC 涂覆薄膜，具有较低的水蒸气和氧气的透过性，可以更好地保持香肠、熏肉等肉制品的品质。较高阻隔性的 PVDC 复合材料（BOPP/PVDC/PA/流延聚丙烯薄膜 CPP）可以保持扒鸡的色泽、香气，延缓脂肪氧化，延长货架期[144]。

4）PA

PA，商品称“尼龙”，酰胺键极性强，所以质地坚韧、结晶度大、熔点高、软化点高。PA 经常与其他材料复合，包装鲜肉和加工肉制品。PA/CPP 两层材料构成的透明高温蒸煮袋，虽不如铝箔的高温蒸煮袋阻隔性能强，但是具备透明性，可以直接观察到袋内食品的情况，可以起到较好的促销效果。尼龙复合物由于其很好的封口效果和气密性，在抑制广式腊肉的脂质氧化方面效果最好[145]。

5）PET

PET 薄膜具备良好的刚柔性、耐热性、耐寒性、耐油性、耐水性、气体阻隔性，机械性能在所有塑料薄膜中最优异。PET 包装多用于调理和腌制肉制品。PET 复合材料由于低渗透性在包装发酵干香肠时效果较好[146]，PET/CPP 或者 PET/铝箔 AL/CPP 复合包装材料对高温巴氏杀菌烧鸡在储藏期内均能起到保鲜效果[147]。

6）EVOH

EVOH 既有乙烯的优良加工特性，也有乙烯醇的优异气体阻隔性能，特别是阻氧能力高于其他材料。采用乙烯和乙烯醇的不同配比，可以生产出不同加工特性与气体阻隔能力的材料。这类材料能有效地阻止油脂渗透，并能较好地保持食品的香味。已有研究表明，使用 EVOH 包装材料包装香肠能够有效保护其色泽和口感，并延长保质期[148]。

2. 可食性薄膜包装材料

可食性薄膜，是由动植物蛋白质、脂质、淀粉、甲壳素/壳聚糖或树胶多糖等制成的单一性薄膜，或由多种上述物质相互混合制成的复合性薄膜[149]。可食性薄膜可食用，富含营养成分，有利于人体健康，不造成环境污染，具备良好的机械性能、阻气性、抗渗透、抗微生物和抗氧化剂能力[150]。可食性薄膜主要有以蛋白质为基础的大豆分离蛋白膜、小麦面筋蛋白（WG）膜、玉米醇溶蛋白膜、乳清蛋白膜、谷蛋白膜、酪蛋白膜、胶原蛋白膜等，以多糖为基础的淀粉膜、纤维素膜、动植物胶膜、壳聚糖膜等，以脂类物质为基础成分的乙酰化单甘酯、微生物共聚酯、天然蜡类、硬脂酸和软脂酸等。可食性薄膜通常与抗菌剂、抗氧化剂使用，起到防腐保鲜的作用，可食性薄膜在肉制品中的应用如表 3.10 所示。

表 3.10 可食性薄膜在肉制品中的应用

基质	成分	肉制品	效果	参考文献
蛋白质	紫苏籽粕蛋白	香肠	具有较高的拉伸强度和较低的渗透性，减少微生物	[151]
	向日葵籽粕蛋白	烟熏鸭肉	改善膜特性，减少微生物生长	[152]
多糖类	壳聚糖	干发酵香肠	存储期间可以有效保持食品品质	[153]
	壳聚糖/姜黄素/γ-聚谷氨酸	培根、火腿	感官品质优，菌落数少	[154]
	角叉菜胶（卡拉胶）	鸡肉饼	延长货架期	[155]
	淀粉	牛肉肉饼	具备更低的拉伸强度 在储存结束时表现出较好的品质和抗氧化能力	[156]

1）蛋白质类可食膜

蛋白质由于分子间的作用力使得蛋白质膜的机械性能和阻隔性能较好。有研究表明大豆蛋白复合膜可延缓牛肉饼脂质氧化，提升牛肉表面颜色的稳定性[157]。以胶原蛋白为成膜基材，通过添加阿魏酸，应用于腊肠中，可有效隔绝微生物，延缓成分变化，延长货架期[158]。

2）多糖类可食膜

多糖类具有强亲水性，所以多糖阻水性能差。壳聚糖是多糖可食性薄膜中应用最广泛的基质，性能稳定，具有很好的成膜性，并且具备抗菌能力[159]。海藻糖、卡拉胶这类多糖可以为食品提供临时保护水，避免水分进一步流失，维持肉类品质。淀粉是可食性薄膜中应用最早的基质，主要靠直链淀粉起作用，一般先进行淀粉改性再应用[160]。已有研究表明加入1%丁香精油的淀粉膜具有一定的抗氧化作用，可以维持肉品的良好风味[161]。

3）脂类可食膜

脂质膜形成材料主要有蜂蜡、古蜡、硬脂酸、软脂酸等。因其难溶于水而具有良好的阻水特性，通常添加到多糖、蛋白质类可食膜中，以提高膜的抗水性，从而减少食物水分流失，同时具有较好的机械性能和屏障作用。

3. 纳米包装材料

相对于传统包装材料，纳米材料在物理化学性质、光学性质、功能性和稳定性方面展现出了一些优势[162]。纳米复合材料一般是由多聚物作为基体，通过包埋具备抑菌或其他特性的物质制得的纳米级复合物。这种方法可以增加包装的抑菌能力，改变气体的透过性和热力学性质，减少肉制品腐败变质，延长货架期。例如，与普通聚乙烯保鲜袋相比，使用纳米银聚乙烯保鲜袋的酱鸭包装，可较好保持风味，降低挥发性盐基氮的产生，抑制微生物的生长繁殖，达到更好的保鲜效果[163]。纳米材料在肉制品中的应用如表3.11所示。

表 3.11　纳米材料在肉制品中的应用

材料	肉制品	效果	参考文献
聚乳酸-纳米银铜复合膜	鸡肉	对鼠伤寒沙门氏菌、空肠弯曲杆菌和单核细胞增生李斯特菌有效	[164]
壳聚糖-聚乙烯/月桂精油/纳米银	猪肉	复合薄膜可以在 4℃保持 15d 的猪肉品质，且材料无细胞毒性	[165]
纤维素/纳米银	牛肉	显著降低了牛肉储藏期中的好氧菌和假单胞菌水平	[166]
壳聚糖/溶菌酶/纳米胶体银	肉制品	可以避免肉制品因氧化而发生变质并抑制腐败菌的生长	[167]
负载纳米氧化锌颗粒的海藻酸钙活性膜	禽肉	抑制速食禽肉制品中金黄色葡萄球菌和沙门氏菌的生长	[168]
含有精油和纳米颗粒的普鲁兰多糖膜	畜禽肉	可有效抑制真空包装的肉类和家禽产品相关的病原体，延长储藏期，提高产品安全性	[169]
纳米银/二氧化钛复合材料	酱牛肉	抑制细菌的生长繁殖，降低挥发性盐基氮，延长保质期，保存产品的色泽和风味	[170]

4. *肠衣*

传统意义上的肠衣是由家畜的大、小肠经刮制而成的畜产品，主要用于填充香肠等的外衣。从现代工艺角度来看，肠衣主要分为天然肠衣、胶原蛋白肠衣、纤维素肠衣和塑料肠衣[171]。

1）天然肠衣

天然肠衣主要由动物肌肉纤维构成，来源天然、安全、营养，易消化，具备蒸、煮、烤、熏或冷藏后不易破裂的特征，对肉馅具有黏着性[172]。哈尔滨红肠、广东腊肠、早餐肠、热狗、法兰克福肠等都是用此种肠衣进行灌制的。辐照过后的天然肠衣效果更好，可以对肠衣消毒并延长香肠的保存期限[173]。用乳链菌肽和磷酸处理的天然肠衣可以抑制所包装香肠中的乳酸菌的生长[174]。用表面活性剂处理猪肠衣可以提高拉伸性能，同时保持香肠的质量特性[175]。但是天然肠衣来源受限，成本较高，工业化水平低，质量不一，可能会存在兽药残留、微生物污染及疫病等问题[176]。

2）胶原蛋白肠衣

胶原蛋白肠衣性质与天然肠衣接近，可食，水汽透过性、热收缩性较好，可烟熏并且烟熏时上色均匀。此外，胶原蛋白肠衣氨基酸含量高，无味，安全，尺寸均匀，根据需要确定规格，适用范围广泛，强度较高[177]。植物蛋白源肠衣主要有大豆分离蛋白、小麦面筋蛋白[178]等。一些改善胶原蛋白膜机械性能的方法也在不断研究当中[179]。胶原蛋白肠衣包装传统干发酵香肠比天然肠衣的多环芳烃含量低[180]。

3）纤维素肠衣

纤维素肠衣成本低，可扎针排气，其机械性能和透气性好，对脂肪无渗透，但不可食用，使用范围受限。烟熏类的火腿大都选用透气性好的纤维素肠衣。分别使用羊肠衣、胶原蛋白肠衣和纤维素肠衣包装半干肠，发现纤维素肠衣的内容物具有最高的蛋白质含量、最低的微生物数，具有较高的品质评价[181]。纤维素肠衣透气性好，可以烟熏使用，小口径（ϕ17～ϕ50）可用于生产剥皮香肠，大口径（ϕ85～ϕ150）可用于生产西式火腿。这种肠衣适用于加工各式冷切香肠、各种干式或半干式香肠、烟熏香肠、熟香肠和通脊火腿等。

4）塑料肠衣

塑料肠衣一般由聚乙烯、聚酯、聚偏二氯乙烯、聚酰胺等制得。机械强度和密封性优良，阻气、阻湿，储藏期长，具有收缩性和耐热性；成本很低，加工程序简单。塑料肠衣不可食用，受温度影响大。高温火腿肠肠衣大都是塑料肠衣，主要是 PVDC 肠衣，此外还有 PA 肠衣和聚酯肠衣。PVDC 肠衣可高效阻断水分和氧气，可耐 121℃湿热，耐寒，耐酸、碱、油脂性也很显著，无吸水性，具有优美的光泽，适合于高频热封灌装生产的火腿、香肠。PA 肠衣具有透气、透水性，一般用于可烟熏类和切片肉制品。

5. 金属包装材料

金属包装材料主要应用于肉制品罐装食品中，材料主要有锡、铝、钢。金属材料具备优异的阻隔性能，阻气、阻光，还可以保香并且可以全方位保护内容物，延长货架期。金属材料具有优异的机械强度，耐碰撞、震动、堆叠，便于运输和储藏。同时，金属材料具有优异的加工适应性、良好的热传导性，便于高温杀菌与低温使用[182]。

6. 纸质包装材料

纸质包装材料大多使用纤维素，用于肉制品包装的主要是亚硫酸盐纸。这种材料半透明，双面光滑，质地柔韧，具有一定机械强度，防湿，耐油，耐脂肪，适合印刷，但是遇水后强度急剧下降。草纸具有透气性，虽然保质期较短，但它可以较好地保持烧鸡的外形和传统风味特色[183]。研究也发现用 5%乳酸钠溶液浸泡草纸制成的抑菌纸对道口烧鸡的保鲜效果更好[184]。

3.11.3　包装与肉品品质安全

本部分简要介绍真空包装和气调包装对肉品品质的影响，这主要是由于活性包装根据活性物质、侧重目标的不同，对品质的影响也大相径庭，且目前实用化产品较少；智慧包装则主要侧重于信息交流，本身对产品品质的影响与所采取的基本包装形式相同，故不再赘述。

1. 包装形式对肉品品质的影响

1）真空包装

真空包装广泛用于粗分割的生鲜红肉（在成熟、运输和零售冷冻储藏过程中），腌制肉制品（从加工到零售展示）及碎肉形式的加工肉制品。真空包装是将一层低透气性薄膜紧密地附着在产品表面，其保鲜效果是通过在包装内部形成厌氧环境来实现的。肉的呼吸作用会很快地消耗掉绝大部分残留的氧气，生成二氧化碳，最终使包装内的二氧化碳浓度升高到 10%～20%。真空包装的生鲜肉并不适合零售市场，因为包装内缺少氧气，会导致肉中的氧合肌红蛋白转变成脱氧肌红蛋白，从而导致肉色从鲜红色变为紫红色。将生鲜肉长时间储藏在真空包装中还会导致汁液损失问题。

真空贴体包装可以很好地解决上述问题，因为这种包装方式使用了一种可以与产品表面紧密贴合的膜，使渗出的液体几乎没有空间积聚。加工肉制品的包装形式通常为真空包装。可以使用真空包装的加工肉制品包括切片酱牛肉、五香熏牛肉、酱猪肘、道口烧鸡等，在冷藏条件下，真空包装可以在很大程度上延长肉制品货架期。

2）气调包装

高氧气调包装中的气体通常为 2 种或 3 种气体的混合物，主要由氧气（增强颜色稳定性）、二氧化碳（选择性抑制腐败菌）和氮气（降低其他气体的比例或保持包装形状）组成。如前文所述，颜色在消费者对肉制品品质的评估中起重要作用。在冷藏环境下，通过将牛肉包装在高氧气调包装中，可以大大延长产品保持鲜艳颜色的时间。但是气调包装中高浓度的氧气会导致肉制品中脂质被氧化，导致异味的产生。

肉制品还可以包装在冷藏气控包装（controlled atmosphere packaging，CAP）和低氧气调包装中。CAP 是一种不含氧气的气调包装形式，主要用于冷鲜羊肉的长距离运输。这种包装形式常用脱氧剂去除包装中残留的氧气。低氧气调包装中的气体组分通常为二氧化碳、氮气和低浓度的氧气。低氧气调包装可以抑制肉制品中成分的氧化，其由于低氧导致肉制品变色的问题可通过向气体混合物中加入低浓度的一氧化碳来解决。因为一氧化碳与肌红蛋白分子上的铁卟啉位点的结合能力更强，生成的碳氧肌红蛋白（COMb）比氧合肌红蛋白具有更强的稳定性。但是一氧化碳会导致人中毒，所以出于安全性考虑一氧化碳在气调包装中并不常用。

熟肉制品通常会被包装在由 70%氮气和 30%二氧化碳组成的气调包装中。就加工肉制品而言，并不会像生鲜肉那样，需要通过使用高氧气调包装或低氧气调包装来延长货架期，因为加工过程中的干燥、腌制、烟熏、发酵、冷冻、熟制和冷藏等工艺已经起到了延长货架期的目的，所以通常使用真空包装或冷藏气控包装。但是，使用气调包装可以以一种更灵活更吸引消费者的方式，为生产商和零售商提供更多推广产品和拓宽市场的机会。近些年，越来越多的生产商选择使用低氧气调包装对加工肉制品进行包装，但是为了确保产品的质量和安全性，对包装内气体组分的优化至关重要。气调包装中腌制肉制品的颜色稳定性取决于一系列因素的复杂相互作用，如顶空氧气浓度、产品与顶空的体积比和光照强度等。

2. 包装形式对肉品安全的影响

1）真空包装

真空包装后，产品的自然呼吸作用或其表面微生物的呼吸作用，消耗了氧气并生成二氧化碳和水蒸气，并在包装内形成一种稳态。由于真空包装内没有氧气或氧气含量很低，可能会为厌氧型致病微生物（如肉毒芽孢梭菌）的生长及其毒素的分泌提供有利环境。此外，真空包装可抑制好氧型致腐微生物的生长，但可能为兼性厌氧型致病微生物（如单核细胞增生李斯特菌、结肠炎耶尔森杆菌、嗜水气单胞菌和产肠毒素的大肠杆菌）的生长创造有利环境。真空包装中存在二氧化碳会抑制某些革兰氏阴性致腐菌的生长，但是乳酸菌并不会被浓度逐渐升高的二氧化碳所影响，反而长势良好。因此，真空包装及它所创造的气体环境选择性地促进了严格厌氧菌和兼性厌氧型微生物的生长。

2）气调包装

氧气、氮气和二氧化碳是商用肉制品气调包装中使用最为广泛的 3 种气体。氧气通常会促进好氧微生物的生长，同时抑制严格厌氧微生物的生长。氮气是一种惰性的无味气体，在水和脂质中的溶解度较低。在某些包装中，氮气会被用来替代氧气，起到延迟氧化酸败并抑制好氧微生物生长和繁殖的作用。二氧化碳既是水溶性气体，又是脂溶性气体，在气调包装中主要起到抑制某些微生物生长的作用。二氧化碳不仅可延长微生物生长的适应期，还可降低微生物在指数期的生长速率。二氧化碳抑制特定微生物生长的途径包括：改变细胞膜的功能，导致营养物质进入和吸收受到影响；抑制或减缓特定酶促反应；改变细胞内 pH 或特定蛋白质的生理生化特性。在一些包装条件下，二氧化碳会与水反应生成碳酸，降低产品表面的 pH，从而抑制或干扰微生物的生长。气调包装可以抑制某些微生物的生长，包括许多革兰氏阴性菌；但是，革兰氏阳性菌可以在气调包装中缓慢地生长。此外，由于在气调包装中，氧气被其他气体所替代，可能会导致一些致病微生物（如单核细胞增生李斯特菌、蜡状芽孢杆菌和肉毒杆菌）的生长。

参 考 文 献

[1] 黄强力，闵成军. 冷鲜肉的推广势在必行[J]. 肉类工业，2012（3）：51-53.

[2] 张德权，惠腾，王振宇. 我国肉品加工科技现状及趋势[J]. 肉类研究，2020，34（1）：1-8.

[3] 刘翔，邓冲，侯杰，等. 酱油香气成分分析研究进展[J]. 中国酿造，2019，38（6）：1-6.

[4] 葛金鑫，李永凯，曾斌. 酱油的风味物质[J]. 中国酿造，2019，38（10）：16-20.

[5] 冯云子. 高盐稀态酱油关键香气物质的变化规律及形成机理的研究[D]. 广州：华南理工大学，2015.

[6] 刘贞诚. 传统酿造酱油风味成分的研究[D]. 广州：华南理工大学，2012.

[7] 苗志伟，柳金龙，官伟，等. 北京产干黄酱中挥发性风味成分分析[J]. 食品科学，2011，32（20）：151-156.

[8] FENG Y Z, SU G W, SUN D X, et al. Optimization of headspace solid-phase micro-extraction (HS-SPME) for analyzing soy sauce aroma compounds via coupling with direct GC-olfactometry (D-GC-O) and gas chromatography-mass spectrometry (GC-MS)[J]. Food Analytical Methods, 2017, 10(3): 713-726.

[9] XIA T, ZHANG B, DUAN W H, et al. Nutrients and bioactive components from vinegar: A fermented and functional food[J]. Journal of Functional Foods, 2020, 64:103681.

[10] 仇春泱，王锡昌，刘源. 食品中的呈味肽及其分离鉴定方法研究进展[J]. 中国食品学报，2013，13（12）：129-138.

[11] 张顺亮，成晓瑜，乔晓玲，等. 牛骨酶解产物中咸味肽组分的分离纯化及成分研究[J]. 食品科学，2012，33（6）：29-32.

[12] 李芳，李洪军，李少博，等. 天然香辛料的功能特性及其在肉与肉制品中的应用研究现状[J]. 食品与发酵工业，2020，46（20）：274-281.

[13] 王德振，李佳，张玲玲，等. 大蒜、洋葱、生姜和辣椒四种香辛料风味成分研究进展[J]. 中国调味品，2019，44（1）：179-185.

[14] 杨倩，谭婷，吴娟娟，等. 几种食用香辛料的抑菌活性研究[J]. 中国调味品，2019，44（4）：28-31，39.

[15] 单恬恬，代钰，徐筱莹，等. 14 种香辛料提取物的多酚、黄酮含量及抗氧化活性比较研究[J]. 中国调味品，2019，44（4）：80-83，88.

[16] 罗雨婷，谷大海，徐志强，等. 天然香辛料在肉制品中抗氧化活性研究进展[J]. 肉类研究，2017，31（10）：53-57.

[17] 姚瑶，彭增起，邵斌，等. 20 种市售常见香辛料的抗氧化性对酱牛肉中杂环胺含量的影响[J]. 中国农业科学，2012，45（20）：4252-4259.

[18] 陈臣，袁佳杰，杨仁琴，等. 食品风味协同作用研究进展[J]. 食品安全质量检测学报，2020，11（3）：663-668.

[19] 高晓平，黄现青，赵改名. 传统酱卤肉制品工业化生产中香辛料的调味调香[J]. 肉类研究，2010（2）：35-36.

[20] 赵波，马宗欣. 肉制品调香调味的基本方法[J]. 肉类工业，2009（7）：15-17.

[21] 赵剑飞. 谈肉制品的调香调味[J]. 肉品卫生，2005（6）：47-49，44.

[22] CLEVELAND J, MONTVILLE T J, NES I F, et al. Bacteriocins: Safe, natural antimicrobials for food preservation[J]. International Journal of Food Microbiology, 2001, 71: 1-20.

[23] 郝纯，常忠义，高红亮，等. 天然食品防腐剂——细菌素的研究新进展[J]. 食品科学，2004（12）：193-197.

[24] ARAUZ L J D, JOZALA A F, MAZZOLA P G, et al. Nisin biotechnological production and application: A review[J]. Trends in Food Science and Technology, 2009, 20(3-4): 146-154.

[25] 袁秋萍. 乳酸链球菌素在肉制品中的应用[J]. 食品工业科技，1998，3（4）：27-28.

[26] 徐海祥，谢淑娟，施帅，等. 异 Vc 钠、红曲色素及 Nisin 替代部分亚硝酸钠对腊肠品质的影响[J]. 现代食品科技，2012，28（12）：1677-1681.

[27] 潘晓倩，张顺亮，李素，等. 中温酱牛肉中腐败菌的分离鉴定与防腐剂对其抑制作用[J]. 中国酿造，2017，36（3）：24-29.

[28] 贺红军，姜竹茂，孙承锋，等．Nisin 与香辛料提取液在五香牛肉保鲜中的应用研究[J]．食品工业科技，2004（9）：59-61．

[29] 刘哲，张飞，罗爱平．Nisin、乳酸钠、壳聚糖复合保鲜药膳牛肉丸的配比优化[J]．食品科技，2016（3）：130-133．

[30] STARK J. Natural antimicrobials for the minimal processing of foods[M]. Cambridge: Woodhead Publishing, 2003: 82-97.

[31] PIPEK P, ROHLÍK B A, LOJKOVA A, et al. Suppression of mould growth on dry sausages[J]. Czech Journal of Food Sciences, 2010, 28(4): 258-263.

[32] 陈晓丽，吕振岳，黄东东，等．新型天然食品防腐剂纳他霉素的研究进展[J]．食品研究与开发，2002，23（4）：23-25．

[33] 周莉．纳他霉素在肉制品中的应用[J]．肉类研究，2008（8）：50-53，64．

[34] 崔旭海．纳他霉素在食品工业中的最新研究现状[J]．肉类研究，2009（12）：43-46．

[35] 杜艳，李兴民，李海芹，等．可食性生物抑菌涂膜剂对火腿表面防霉的研究[J]．食品工业科技，2005（12）：161-163．

[36] 聂晓开．烤鸭风味鸭肉火腿加工工艺优化及品质改善研究[D]．南京：南京农业大学，2015．

[37] 张旋，迟原龙，缪婷，等．几种防腐剂对传统发酵火腿中主要腐败微生物抑菌效果的研究[J]．中国调味品，2013，38（1）：14-17．

[38] SHIMA S, SAKAI H. ε-PL produced by streptomyces[J]. Agricultural and Biological Chemistry, 1977, 41(9):1807-1809.

[39] KUNIOKA M. Biosynthesis and chemical reactions of poly(amino acid)s from microorganisms[J]. Applied Microbiology & Biotechnology, 1997, 47(5): 469-475.

[40] GAO H L, LUO S Z. Biosynthesis, isolation, and structural characterization of ε-poly-*L*-lysine produced by Streptomyces sp. DES20[J]. Rsc Advances, 2016, 6(63): 58521-58528.

[41] 于雪骊，刘长江，杨玉红，等．天然食品防腐剂 ε-聚赖氨酸的研究现状及应用前景[J]．食品工业科技，2007，（4）：226-227．

[42] 齐子琦，秦子晋，黄永震，等．生物防腐剂 ε-聚赖氨酸的研究进展[J]．食品工业，2019，40（10）：289-293．

[43] KITO M, TAKIMOTO R, YOSHIDA T, et al. Purification and characterization of an epsilon-poly-*L*-lysine-degrading enzyme from an ε-poly-*L*-lysine-producing strain of *Streptomyces albulus*[J]. Archieves of Microbiology, 2002, 178(5): 325-330.

[44] 刘慧，徐红华，王明丽．聚赖氨酸抑菌性能的研究[J]．东北农业大学学报，2000，31（3）：294-298．

[45] 莫树平，张菊梅，吴清平，等．ε-聚赖氨酸复合生物防腐剂对广式腊肠的防腐效果研究[J]．食品研究与开发，2010，31（12）：224-229．

[46] 赵树欣，张建玲．红曲抑菌物质研究的现状与展望[J]．中国酿造，2011（3）：5-8．

[47] 宫慧梅．红曲抑菌物质橙色素与桔霉素的研究[D]．天津：天津科技大学，2001．

[48] CRIST C A, WILLIAMS J B, SCHILLING M W, et al. Impact of sodium lactate and vinegar derivates on the quality of fresh Italian pork sausage links[J]. Meat Science, 2014, 96: 1509-1516.

[49] GÁLVEZ A, ABRIOUEL H, LUCAS R, et al. Natural antimicrobials in food safety and quality[M]. Wallingford: CABI Publishing, 2011: 39-61.

[50] 谢长志，王井，刘俊龙．甲壳素与壳聚糖的改性及应用[J]．材料导报，2006（S1）：369-371．

[51] 汪玉庭，刘玉红，张淑琴．甲壳素、壳聚糖的化学改性及其衍生物应用研究进展[J]．功能高分子学报，2002，15（1）：107-114．

[52] 吴小勇，曾庆孝，阮征，等．壳聚糖的抑菌机理及抑菌特性研究进展[J]．中国食品添加剂，2004（6）：48-51，70．

[53] PAPINEAU A M, HOOVER D G, KNORR D, et al. Antimicrobial effect of water-soluble chitosans with high hydrostatic pressure[J]. Food Biotechnology, 1991, 5:45-57.

[54] PARK S M, YOUN S K, KIM H J, et al. Studies on the improvement of storage property in meat sausage using chitosan-I[J]. Journal of the Korean Society of Food Science and Nutrition, 1999, 28(1): 167-171.

[55] 董浩，符绍辉．壳聚糖对于肉类食品防腐和保鲜的应用研究进展[J]．肉类研究，2013（10）：37-39.
[56] 刘燕妮．鱼精蛋白的制备、纯化及其絮凝和抑菌活性研究[D]．青岛：中国海洋大学，2015.
[57] 徐炳政，王颖，梁小月，等．乳酸菌细菌素应用研究进展[J]．黑龙江八一农垦大学学报，2015，27（1）：60-63.
[58] 娄凡丽．鱼精蛋白对金黄色葡萄球菌生物膜干预作用的初步研究[D]．武汉：华中农业大学，2014.
[59] 万娜．鱼精蛋白对细菌及生物膜的抑制作用及初步应用研究[D]．武汉：华中农业大学，2013.
[60] 李文茹，谢小保，欧阳友生，等．鱼精蛋白抑菌机理及在食品防腐中的应用[J]．微生物学通报，2007（4）：795-798.
[61] 松田敏生．天然抗菌成分鱼精蛋白[J]．食品工艺（日），1991，33（9）：36-46.
[62] 肖怀秋，林亲录，李玉，等．溶菌酶及其在食品工业中的应用[J]．中国食物与营养，1995（2）：32-34.
[63] 顾仁勇，傅伟昌，马美湖，等．延长猪肉保鲜期的研究[J]．肉类工业，2010（5）：29-33.
[64] RAO M S, CHANDER R, SHARMA A. Synergistic effect of chitooligosaccharides and lysozyme for meat preservation[J]. Lebensmittel-Wissenschaft und-Technologie, 2008, 41:1995-2001.
[65] MASTROMATTEO M, LUCERA A, SINIGAGLIA M, et al. Synergic antimicrobial activity of lysozyme, Nisin, and EDTA against *Listeria monocytogenes* in ostrich meat patties[J]. Journal of Food Science, 2010, 75: 422-429.
[66] NATTRESS F M, YOST C K, BAKER L P. Evaluation of the ability of lysozyme and Nisin to control meat spoilage bacteria[J]. International Journal of Food Microbiology, 2001, 70:111-119.
[67] COLAK H. The effect of Nisin and bovine lactoferrin on the microbiological quality of Turkish-style meatball[J]. Journal of Food Safety, 2008, 28:355-375.
[68] 付丽．乳铁蛋白的抑菌作用及其对冷却肉保鲜和护色效果的研究[D]．哈尔滨：东北农业大学，2006.
[69] 张晓春．乳铁蛋白的提取及其在预调理肉保鲜中的应用研究[D]．成都：四川农业大学，2008.
[70] 董捷，张红城，尹策，等．蜂胶研究的最新进展[J]．食品科学，2007（9）：637-642.
[71] 龚上佶，郭夏丽，罗丽萍，等．中国不同地区蜂胶的抑菌性研究[J]．北京工商大学学报（自然科学版），2011，29（2）：23-27.
[72] 娄爱华，李宗军，刘焱．蜂胶、CMC、山梨酸钾在冷却肉保鲜中的交互效应研究[J]．食品工业，2010，31（2）：55-57.
[73] 汤凤霞，高飞云，乔长晟．蜂胶对猪肉保鲜效果的初步研究[J]．农业科学研究，1999（2）：37-40.
[74] 乞永艳，骆尚骅，刘富海．蜂胶乙醇提取液对猪肉防腐作用的初步研究[J]．食品科技，2002（1）：42-43，45.
[75] TIWARI B K, VALDRAMIS V P, BOURKE P, et al. Natural antimicrobials in food safety and quality[M]. Oxfordshire, UK: CAB International, 2011: 204-223.
[76] SHAH M A, BOSCO S J D, MIR S A. Plant extracts as natural antioxidants in meat and meat products[J]. Meat Science, 2014, 98: 21-33.
[77] BUSATTA C, VIDAL R S, POPIOLSKI A S, et al. Application of *Origanum majorana* L. essential oil as an antimicrobial agent in sausage[J]. Food Microbiology, 2008, 25: 207-211.
[78] MARIEM C, SAMEH M, NADHEM S, et al. Antioxidant and antimicrobial properties of the extracts from *Nitraria retusa* fruits and their applications to meat product preservation[J]. Industrial Crops and Products, 2014, 55: 295-303.
[79] 张伟，檀建新，贾英民，等．竹叶对食品致病菌的抑菌作用[J]．食品科学，1998（4）：37-39.
[80] 杨卫东，费学谦，王敬文．不同溶剂对竹叶提取物抑菌作用的影响[J]．食品工业科技，2006（1）：77-79.
[81] 张赟彬，李彩侠．荷叶乙醇提取物的抗氧化与抑菌作用研究[J]．食品与发酵工业，2005（10）：25-28.
[82] 纪丽莲．荷叶中抑菌成分的提取及其抑菌活性的研究[J]．食品科学，1999（8）：64-66.
[83] 张赟彬，缪存铅，宋庆，等．荷叶精油对肉类食品中常见致病菌的抑菌机理[J]．食品科学，2010（19）：70-73.
[84] 宁诚，李林贤，刘正贤，等．艾叶/荷叶提取物的抑菌作用及其对肉肠保鲜作用的研究[J]．食品安全质量检测学报，2017（6）：92-98.
[85] 陈薇，曾艳，贺月林，等．20种中草药体外抑菌活性研究[J]．中兽医医药杂志，2010，29（3）：34-37.
[86] 张友菊，周邦靖，熊素华．120 种中药对脑膜炎球菌抑菌作用的实验观察[J]．中西医结合心脑血管病杂志，2001（2）：40-41.
[87] 刘彩云，彭章普，邵建宁，等．中草药防腐剂对冷却猪肉保鲜效果的研究[J]．肉类工业，2015（9）：43-45.

[88] 胥忠生，唐孟甜，刘芳坊，等．杜仲叶提取物对肉糜制品抗氧化和抑菌作用的研究[J]．农产品加工（学刊），2010（7）：22-25.
[89] 张顺亮，成晓瑜，陈文华，等．天然保鲜剂在肉类食品保鲜中的应用与展望[J]．肉类研究，2011（8）：43-47.
[90] 刘文群，李曼，徐尔尼，等．大蒜抑菌效果研究及与生姜的比较[J]．食品与机械，2006（3）：75-76.
[91] 曾正渝，兰作平．肉桂的研究现状及应用进展[J]．现代医药卫生，2007（1）：63-64.
[92] 刘瑜，张卫明，单承莺，等．生姜挥发油抑菌活性研究[J]．食品工业科技，2008，29（3）：88-90.
[93] 李丽，舒刚．姜的研究现状[J]．畜牧与饲料科学，2011（11）：51-52.
[94] 吴京平．新型植物源天然食品防腐剂及其抑菌性能[J]．中国食品添加剂，2009（3）：61-64.
[95] 胡刘岩．常见香辛料精油主要成分的抑菌效果及对冷鲜肉保鲜的研究[D]．上海：上海师范大学，2012.
[96] 朱剑凯．香辛料和蛋白酶在牛肉嫩化和保鲜中的应用[J]．肉类工业，2008（5）：33-35.
[97] 刘晓丽，姚秀玲，吴克刚，等．复合香辛料精油在冷却猪肉保鲜中的应用[J]．食品科技，2010（5）：271-273.
[98] 许元明，农娟．化学合成食品防腐剂的研究进展[J]．山东化工，2013（3）：37-39.
[99] 曹英超．复合山梨酸钾对低温牛肉制品保鲜的研究[J]．肉类研究，2006（2）：36-38.
[100] 杜荣茂，杨虎清，应铁进，等．常温下酱牛肉的防腐保鲜技术研究[J]．食品科技，2002（10）：60-62.
[101] DORMANH J D, PELTOKETO A, HILTUNEN R, et al. Characterisation of the antioxidant properties of de-Odourised aqueous extracts from selected Lamiaceae herbs[J]. Food Chemistry, 2003, 83(2): 255-262.
[102] 刘文营，乔晓玲，成晓瑜，等．天然抗氧化剂对广式腊肠感官品质及挥发性风味物质的影响[J]．中国食品学报，2019，19（2）：206-215.
[103] 类红梅，罗欣，毛衍伟，等．天然抗氧化剂的功能及其在肉与肉制品中的应用研究进展[J]．食品科学，2020，41（21）：267-277.
[104] 李迎楠，刘文营，张顺亮，等．牛骨咸味肽氨基酸分析及在模拟加工条件下功能稳定性分析[J]．肉类研究，2016，30（1）：11-14.
[105] 唐雯倩，成晓瑜，刘文营，等．超声波辅助酶解制备猪血源抗氧化肽[J]．肉类研究，2015，29（11）：10-14.
[106] 孔卓姝，刘海杰，成晓瑜，等．响应面法优化酶法制备猪血红蛋白抗氧化肽[J]．肉类研究，2013，27（9）：1-6.
[107] 潘晓倩，成晓瑜，张顺亮，等．不同检测方法在抗菌肽抑菌效果评价的比较研究[J]．肉类研究，2014，28（12）：17-20.
[108] 张顺亮，成晓瑜，潘晓倩，等．牛骨胶原蛋白抗菌肽的制备及其抑菌活性[J]．肉类研究，2012，26（10）：5-8.
[109] 王乐，成晓瑜，马晓钟，等．金华火腿加热烹饪和体外模拟消化后粗肽抗氧化和 ACE 抑制活性比较研究[J]．肉类研究，2018，32（1）：16-22.
[110] 柳艳霞，赵改名，李苗云．抗氧化剂对金华火腿抗氧化效果的研究[J]．食品与发酵工业，2009（2）：71-75.
[111] 任双，叶浪，乔晓玲，等．天然抗氧化剂替代部分亚硝酸钠对乳化肠护色及抗氧化效果的影响[J]．肉类研究，2018，32（1）：9-15.
[112] 刘梦，史智佳，贡慧，等．天然抗氧化剂对不同热加工方式牛肉制品脂肪氧化的影响[J]．肉类研究，2017，31（12）：17-22.
[113] SEBRANEK J, SEWALT V J H, ROBBINS K, et al. Comparison of a natural rosemary extract and BHA/BHT for relative antioxidant effectiveness in pork sausage[J]. Meat Science, 2005, 69(2): 289-296.
[114] 李桂华，付黎敏，梁少华．甘草提取物抗氧化性能的研究[J]．河南工业大学学报（自然科学版），1998（1）：28-32.
[115] LEE B J, HENDRICKS D G, CORNFORTH D P. Antioxidant effects of carnosine and phytic acid in a model beef system[J]. Journal of Food Science, 1998, 63(3):394-398.
[116] DEVATKAL K S, NAVEENA B M. Effect of salt, kinnow and pomegranate fruit by-product powders on color and oxidative stability of raw ground goat meat during refrigerated storage[J]. Meat Science, 2010, 85:306-311.
[117] ÁLVAREZ D, BARBUT S. Effect of inulin, β-Glucan and their mixtures on emulsion stability, color and textural parameters of cooked meat batters[J]. Meat Science, 2013, 94: 320-327.

[118] 姚宏亮，顾亚凤，杨勇胜，等．不同发色剂在广式腊肉中的发色应用研究[J]．中国调味品，2012，37（7）：43-44.
[119] 徐洁洁，杨海燕，李瑾瑜，等．发色助剂对熏马肉色泽及亚硝酸钠残留的影响[J]．食品研究与开发，2015，36（4）：28-31.
[120] 李迎楠，刘文营，张顺亮，等．发色剂对传统腊肉色泽及风味品质的影响[J]．食品科学，2017，38（19）：68-74.
[121] 孙承锋，杨建荣，贺红军．苹果多酚对鲜肉色泽稳定性及脂肪氧化的影响[J]．食品科学，2005，26（9）：153-157.
[122] 胡坤，何志波，何国富．复合多聚磷酸盐肉丸品质改良剂的研制[J]．肉类工业，2008（3）：33-36.
[123] 贺庆梅．肉制品加工中使用的辅料（六）品质改良剂在肉制品加工中的应用[J]．肉类研究，2011，25（1）：68-71.
[124] 李雨林，冯伟，赵颖．谷氨酰胺转胺酶在模拟腌肉制品中的应用研究[J]．中国食品添加剂，2014（6）：122-127.
[125] 李玮，李栓，胡杰．谷氨酰胺转氨酶在传统中式方便食品品质改良中的应用探讨[J]．食品研究与开发，2010，31（7）：173-175.
[126] 王顺峰，戚士初，潘超，等．谷氨酰胺转胺酶及其在肉品加工中的应用[J]．肉类研究，2008（7）：42-45.
[127] 马雪飞，杜志龙，马季威，等．食品用贴体包装技术及设备研究进展[J]．中国农机化学报，2018，39（5）：102-107，115.
[128] 侯晓阳．新型食品包装材料的发展概况及趋势[J]．食品安全质量检测学报，2018，9（24）：6400-6405.
[129] 骆双灵，张萍，高德．肉类食品保鲜包装材料与技术的研究进展[J]．食品与发酵工业，2019，45（4）：220-228.
[130] 陈文文，朱立贤，罗欣，等．基于生物可降解材料的活性包装在熟肉制品中的应用进展[J]．肉类研究，2020，34（3）：75-81.
[131] 周云令，魏娜，郝晓秀，等．智能包装技术在食品供应链中的应用研究进展[J]．食品科学，2021，42（7）：336-344.
[132] 郭艳婧，李静，张颖，等．不同包装对肉制品储藏过程中品质的影响[J]．食品工业科技，2014，35（13）：369-373.
[133] RENERRE M, LABADIE J. Fresh red meat packaging and meat quality[C]// Proceedings 39th international congress of meat science and technology. Calgary, Canada. 1993:361-387.
[134] 路立立，胡宏海，张春江，等．包装材料阻隔性对德州扒鸡的品质影响分析[J]．现代食品科技，2014，30（8）：194-200.
[135] 张泓，黄艳杰，胡宏海，等．包装袋阻隔性对腊肉储存期间品质的影响[J]．食品工业科技，2016，37（16）：346-351，373.
[136] 吕长鑫，赵大军，马勇，等．红烧板栗猪蹄软罐头的加工技术研究[J]．食品科学，2004（5）：206-210.
[137] 华进，刘民．香辣猪手软包装产品的研制[J]．肉品卫生，2001（10）：23-28.
[138] 马永杰，刘卫利，张青阳，等．无菌真空热包装生产线中包装材料的探讨[J]．肉类工业，2011（10）：23-26.
[139] 贾晓云，张顺亮，刘文营，等．留兰香环糊精抑菌缓释功能改性对聚丙烯基薄膜包装性能及乳化香肠货架期的影响[J]．食品科学，2018，39（11）：241-246.
[140] 杨文婷，牛佳，罗瑞明．手抓羊肉包装材料选择及常压低温杀菌工艺优化[J]．中国调味品，2017，42（7）：46-50.
[141] 段红梅．不同包装材料对酱卤类低温肉制品品质变化影响的研究[D]．长春：吉林农业大学，2014.
[142] 邱艳娜．酱卤鸭（翅）保鲜用改性聚乙烯薄膜研究[D]．上海：上海海洋大学，2018.
[143] LLANA-RUIZ-CABELLO M, PICHARDO S, BERMUDEZ J M, et al. Characterisation and antimicrobial activity of active polypropylene films containing oregano essential oil and *Allium* extract to be used in packaging for meat products[J]. Food Additives and Contaminants: Part A, 2018, 35(4): 782-791.
[144] 董兰坤，曹倩倩，刘月英．两种不同包装材料对扒鸡产品品质的影响[J]．农业工程，2016，6（6）：43-45.
[145] 梁丽敏，徐勇，王三永，等．不同包装材料对广式腊肉储藏保鲜效果的研究[J]．食品工业科技，2007（6）：176-177.
[146] 金志雄．发酵干香肠关键生产工艺与包装技术研究[D]．北京：中国农业大学，2004.

[147] 吕永平，彭增起，来景辉，等．不同包装材料和高温巴氏杀菌对符离集烧鸡货架期影响的研究[J]．宿州学院学报，2013，28（1）：77-81.
[148] 宋渊．EVOH 高阻隔包装对低温加工肉质量的保护效果[J]．塑料包装，2013，23（3）：17-23.
[149] DU W X, AVENA-BUSTILLOS R J, WOODS R, et al. Sensory evaluation of baked chicken wrapped with antimicrobial apple and tomato edible films formulated with cinnamaldehyde and carvacrol[J]. Journal of Agricultural and Food Chemistry, 2012, 60(32): 7799-804.
[150] CHANDA V D. Composite edible films and coatings from food-grade biopolymers[J]. Journal of Food Science and Technology, 2018, 55(11): 4359-4383.
[151] SONG N B, LEE J H, SONG K B. Preparation of perilla seed meal protein composite films containing various essential oils and their application in sausage packaging[J]. Journal of the Korean Society for Applied Biological Chemistry, 2015, 58(1): 83-90.
[152] SONG N B, SONG H Y, JO W S, et al. Physical properties of a composite film containing sunflower seed meal protein and its application in packaging smoked duck meat[J]. Journal of Food Engineering, 2013, 116(4):789-795.
[153] HROMIŠ N M, ŠOJIĆ B V, ŠKALJAC S B, et al. Effect of chitosan-caraway coating on color stability and lipid oxidation of traditional dry fermented sausage[J]. APTEFF, 2013, 44: 57-65.
[154] 李天密，屈思佳，韩俊华．壳聚糖/姜黄素/γ-聚谷氨酸可食性复合膜的制备及对培根和火腿的保鲜效果[J]．食品科学，2019，40（17）：270-276.
[155] SONI A, GURUNATHAN K, MENDIRATTA S K, et al. Effect of essential oils incorporated edible film on quality and storage stability of chicken patties at refrigeration temperature (4±1℃)[J]. Journal of Food Science and Technology, 2018, 55(9): 3538-3546.
[156] AMIRI E, AMINZARE M, AZAR H H, et al. Combined antioxidant and sensory effects of corn starch films with nanoemulsion of *Zataria multiflora* essential oil fortified with cinnamaldehyde on fresh ground beef patties[J]. Meat Sci., 2019, 153:66-74.
[157] GUERRERO P, SULLIVAN M G O, KERRY J P, et al. Application of soy protein coatings and their effect on the quality and shelf-life stability of beef patties[J].RSC Advance, 2015, 5(11): 8182-8189.
[158] 肖乃玉，卢曼萍，陈少君，等．阿魏酸-胶原蛋白抗菌膜在腊肠保鲜中的应用[J]．食品与发酵工业，2014，40（4）：210-215.
[159] KERCH G. Chitosan films and coatings prevent losses of fresh fruit nutritional quality:A review[J]. Trends in Food Science and Technology, 2015, 46(2): 159-166.
[160] SANCHEZ-ORTEGA I, GARCIA-ALMENDAREZ B E, SANTOS-LOPEZ E M, et al. Characterization and antimicrobial effect of starch-based edible coating suspensions[J]. Food Hydrocolloids, 2016, 52: 906-913.
[161] UGALDE M L, DE CEZARO A M, VEDOVATTO F, et al. Active starch biopolymeric packaging film for sausages embedded with essential oil of *Syzygium aromaticum*[J]. Journal of Food Science and Technology, 2017, 54(7): 2171-2175.
[162] COCKBURN A, BRADFORD R, BUCK N, et al. Approaches to the safety assessment of engineered nanomaterials(ENM) in food[J]. Food & Chemical Toxicology, 2012, 50(6): 2224-2242.
[163] 宋益娟，关荣发，芮昶，等．纳米包装材料对酱鸭储藏品质的影响[J]．安徽农业科学，2012，40（32）：15913-15914，15957.
[164] AHMED J, ARFAT Y A, BHER A, et al. Active chicken meat packaging based on polylactide films and bimetallic Ag-Cu nanoparticles and essential oil[J]. Journal of Food Science, 2018, 83(5): 1299-1310.
[165] WU Z, ZHOU W, PANG C, et al. Multifunctional chitosan-based coating with liposomes containing laurel essential oilsand nanosilver for pork preservation[J]. Food Chemistry, 2019, 295: 16-25.
[166] FERNNDEZ A, PICOUET P, LLORET E. Reduction of the spoilage-related microflora in absorbent pads by silver nanotechnology during modified atmosphere packing of beef meat[J]. Journal of Food Protection, 2010, 73(12): 2263-2269.

[167] ZIMOCH-KORZYCKA A, JARMOLUK A. The use of chitosan, lysozyme, and the nano-silver as antimicrobial ingredients of edible protective hydrosols applied into the surface of meat[J]. Journal of Food science and Technology, 2015, 52(9): 5996-6002.

[168] AKBAR A, ANAL A K. Zinc oxide nanoparticles loaded active packaging, a challenge study against *Salmonella typhimurium* and *Staphylococcus aureus* in ready-to-eat poultry meat[J]. Food Control, 2014, 28(4): 88-95.

[169] MORSY M K, KHALAF H H, SHAROBA A M, et al. Incorporation of essential oils and nanoparticles in pullulan films to control foodborne pathogens on meat and poultry products[J]. Journal of Food Science, 2014, 79(4): 675-684.

[170] 李红梅，吴娟，胡秋辉．食品包装纳米材料对酱牛肉保鲜品质的影响[J]．食品科学，2008（5）：461-464.

[171] 李贞景．我国胶原蛋白肠衣市场前景广阔[J]．肉类工业，2014（8）：1-2.

[172] 陈士忠．天然肠衣的优势[J]．农产品加工，2004（4）：19.

[173] BYUN M, LEE J, JO C, et al. Quality properties of sausage made with gamma-irradiated natural pork and lamb casing[J]. Meat Science, 2001, 59(3): 223-228.

[174] DE BARROS J R, KUNIGK L, JURKIEWICZ C H. Incorporation of nisin in natural casing for the control of spoilage microorganisms in vacuum packaged sausage[J]. Brazilian Journal of Microbiology, 2010, 41(4): 1001-1008.

[175] SANTOS E D, MÜLLER C M O, LAURINDO J B, et al. Technological properties of natural hog casings treated with surfactant solutions[J]. Journal of Food Engineering, 2008, 89(1): 17-23.

[176] 潘鹏．采用天然肠衣制备胶原蛋白肠衣膜的研究[D]．北京：北京化工大学，2013.

[177] 刘少博，陈复生，徐卫河，等．胶原蛋白的提取及其可食性膜的研究进展[J]．食品与机械，2014（2）：242-246.

[178] 刘少博．植物蛋白与胶原蛋白复合制备肠衣的研究[D]．郑州：河南工业大学，2015.

[179] CHEN X, ZHOU L, XU H, et al. The structure and properties of natural sheep casing and artificial films prepared from natural collagen with various crosslinking treatments[J]. International Journal of Biological Macromolecules, 2019, 135: 959-968.

[180] ŠKALJAC S, PETROVIĆ L, JOKANOVIĆ M, et al. Influence of collagen and natural casings on the polycyclic aromatic hydrocarbons in traditional dry fermented sausage (Petrovská klobása) from Serbia[J]. International Journal of Food Properties, 2018, 21(1): 667-673.

[181] CHOI J H, JEONG J Y, HAN D J, et al. Effects of pork/beef levels and various casings on quality properties of semi-dried jerky[J]. Meat Science, 2008, 80(2): 278-286.

[182] 罗晓林，沈天然，何思然，等．广州市售肉类罐头食品油脂酸败相关指标的调查分析[J]．中国食物与营养，2011，17（2）：13-16.

[183] 赵改名，李苗云，柳艳霞，等．酱卤肉制品加工[M]．北京：化学工业出版社，2008.

[184] 王萌萌，赵改名，柳艳霞，等．乳酸钠保鲜纸的制备及其对道口烧鸡的保鲜效果[J]．食品工业科技，2013，34（10）：313-316，320.

第4章　酱卤肉制品

酱卤肉制品是传统肉制品的重要组成部分，全国各地均有生产，具有悠久的历史，有记载显示秦、汉时期就已经被广泛制作、售卖和食用。传统酱卤肉制品种类繁多，色泽、口感、风味、造型各具特色，很多产品已经成为全国名优特产，更有传统酱卤肉制作技艺入选国家级非物质文化遗产名录。

4.1　酱卤肉制品品质特征

酱卤肉制品具有极其浓郁的风味。酱卤类以酱香、咸香为主并辅以香辛料的特有风味，白煮类以肉类自有风味和咸香为主，糟肉类风味则主要是肉香混合糟香和酒香。与其他肉制品相同，酱卤肉制品拥有较高的营养价值，但不同的是其更容易受微生物影响导致其品质劣变。

4.1.1　风味特征

酱卤肉制品中的风味物质生成途径与其他肉制品基本相同。酱卤肉制品中共鉴定出大约400种挥发性物质，其中有几十种已经被证明对酱卤肉的风味具有较大的贡献。在早期的研究中由于检测技术较为落后，对酱卤肉制品的风味认知存在一定偏差，如张纯等[1]采用动态顶空结合气相色谱分析了北京月盛斋酱牛肉中的风味成分，认为大茴香醛、茴香脑是其主要特征风味，但事实上这两种物质主要来源于香辛料，该研究仅能证明香辛料对酱牛肉的风味具有重要的贡献，但忽视了肉品本身的风味贡献。后续有研究显示牛肉风味的主体主要是杂环类化合物和含硫含氮化合物，而王宇等[2]采用HS-SPME-GC-MS（顶空固相微萃取-气相色谱质谱联用法）对北京传统酱牛肉中挥发性香气物质进行分析、测定，认为醛、酮和含氮含硫及杂环化合物是主要香味成分也一定程度上证明了这一观点。臧明伍等[3-4]采用SPME-GC-O-MS（固相微萃取-气相色谱-嗅闻-质谱联用法）对加工过程中的酱牛肉风味进行了研究，发现醛类、醚类和含氮含硫及杂环化合物的风味活性较强。也有研究者利用蒸馏萃取（SDE）结合GC-MS鉴定出醛类、醚类、含氮含硫及杂环化合物是月盛斋酱牛肉的重要挥发性成分。通过嗅闻仪已经可以确定 2-甲基丁醛、3-甲基丁醛、甲基硫醇、2,3-戊二酮、2,5-二甲基吡嗪、1,3,5-三甲基-1-氢吡唑、反式茴香脑、壬醛、5-甲基糠醛、薄荷酮、茴香脑、麦芽酚、反-肉桂醛、肉桂醇等对酱卤肉的风味有重要贡献。

关于酱卤肉制品中的滋味物质研究相对较少，呈味能力与游离氨基酸、核苷酸、嘌呤等呈味物质的含量成正比，有研究显示产品中的滋味物质浓度受温度、加热方式的影响不大[5]。陶正清等[6]和刘源等[7]对加工过程中的盐水鸭进行了测定，认为牛磺酸、谷氨酸、丙氨酸、5′-肌苷酸、肌苷是盐水鸭中主要的呈味物质，并且还有研究证实在较低的温度下盐水鸭中游离氨基酸含量与其呈现的滋味强度成正比。

4.1.2　营养特征

酱卤肉制品与其他肉制品相似，都能提供人体所必需的蛋白质、脂肪、维生素、矿物质等营养素，其必需氨基酸种类齐全且与人体构成接近，是优质蛋白质的来源。与其他肉制品相比，酱卤肉制品加工温度较低，由于温度导致的损失较少，更利于营养物质的保持，其中维生素 B_1 含量是高温肉制品的 1000 多倍，维生素 B_2 含量也高达数倍，氨基酸含量高达 1143 倍。此外，其蛋白质变性适度，具有较高的消化吸收率。

不同加工工艺对酱卤肉制品中的营养成分也存在影响，如煮制的酱卤肉制品加工过程中需要在卤汤中长时间加热，导致部分蛋白质在煮制过程中溶出到卤汤中，会造成总营养物质的流失。研究显示蒸制的酱牛肉中蛋白质、脂肪含量显著高于煮制的酱牛肉。但是与鲜肉相比，由于煮制过程中肉中的水分含量降低，总重量减少，蛋白质占肉品总重的质量比基本维持不变甚至会有所提升。

4.1.3　安全特征

酱卤肉制品的中温、低温肉制品加工过程无法完全杀灭产品中的有害微生物，尤其是某些产品需要采用老汤进行卤制，极大地增加了受微生物污染的概率，所以易引起微生物超标。研究显示，酱牛肉在储藏期末，菌落总数、大肠菌群数量明显上升，且受储藏温度影响极大。肴肉中主要腐败菌包括 10 个属，其中变形杆菌属、嗜冷杆菌属、肠球菌属为特定腐败菌。此外，不同温度下的特定腐败菌可能并不相同，如散装酱卤鸭中嗜冷菌是散装酱卤鸭肉制品 4℃储藏的特定腐败菌，而 25℃下特定腐败菌则是乳酸菌、肠杆菌科和葡萄球菌属。此外，由于老汤中游离氨基酸、多肽等较为丰富，加之长期加热，导致其中杂环胺含量随着老汤使用次数增多不断升高，对食用者会产生一定的致癌风险。

4.2　酱卤肉制品传统加工工艺

酱卤肉制品加工主要是通过腌、卤实现对风味的调整，并起到部分改变肉品储藏特性的作用，之后通过煮制使肉品熟制，改变肉品的风味色泽、质构特性，达到抑菌防腐的效果。

4.2.1　原料选择

酱卤肉制品的原料主要是鸡、鸭、鹅等禽类及猪肘、猪头、牛腱、羊腿等原料。虽然只要是符合国家相关安全标准的动物性原料均可以用于加工酱卤肉，但是适宜的原料往往能获得更好的食用品质。这主要是由于动物各部位及组织构成如肌纤维直径、结缔组织特性、脂肪组织含量、脂肪分布情况等存在较大差异。此外，动物的年龄、营养状况、运动状态、性别也会对肉制品食用品质产生影响。

1. 酱卤类

酱牛肉通常优先选择牛前腿的腱子肉进行制作，这样加工出来的肉制品肥瘦适宜，不会出现腻、柴、塞牙、嚼不烂等问题[8]；酱猪肉一般选用皮嫩膘轻的一级肉，肥膘厚度以不超过 2cm 为宜，常用部位为肘子肉或五花肉[9]；酱排骨主要选取胴体劈半均匀，分割时从片猪肉五、六根肋骨中间平行切割，表面肌肉完整且不带大片脂肪，炒排需带有 1 号肉；肴肉一般选取体重 70kg 左右薄皮猪的猪蹄髈，尤其以前腿为佳，并除去肩胛骨、臂骨与大小腿骨，去爪、去筋、刮净残毛，洗涤干净[10-11]。

2. 白煮类

盐水鸭适宜品种为麻鸭或樱桃谷瘦肉型鸭，要求高瘦肉率、低脂肪率，并且最好选取健壮的当年新鸭，要求原料无淤血、无黑斑、毛净度好，将仔净鸭去掉小翅和脚掌，拉出食管和气管确保整鸭原料食管、气管不得残留，疏通肛门，确保口腔无异物、玻璃、砂石、铁杂质等侵入[12-13]。目前，我国南方大部分地区常用于加工白切鸡的品种有麻黄鸡、土二鸡、黄油鸡，其中又以麻黄鸡制作的白切鸡为最优；而传统的白切鸡以广西三黄鸡、广东清远麻鸡、海南文昌鸡为主要鸡种，其中广东三黄鸡最负盛名；不常食用白切鸡的北方地区常用鸡种如北京油鸡、浙江仙居鸡通常不适宜用于加工白切鸡。白条鸡通常选择养殖 100d 左右的或是未产蛋的母鸡或体重 1.5kg 左右的阉鸡，要求皮薄、肉嫩、体型适中且放血充分[14-16]。

3. 糟肉类

虽然同称糟肉，但是福州糟肉一般选择猪后腿肉，而兰州糟肉则选取猪五花肉，但是无论哪种糟肉，均要求原料肉新鲜、皮薄、细嫩，且无瘀血，无任何病状[17-18]。糟鹅通常选用新鲜、健康、体重 2～3kg 的肉，用鹅仔，苏州糟鹅则要求鹅种为太湖鹅；糟鹅掌一般选用肉质肥厚的新鲜鹅掌，刮洗干净，斩去爪尖，用小刀剖开掌骨上侧，切去掌底老茧。

4.2.2 煮制工艺

煮制是酱卤类肉制品独特食用品质形成的关键工艺，狭义上的酱卤肉制品主要是在这一步依靠香辛料和调味料的长时间煮制赋予肉品风味。但是对于白煮肉和糟肉类肉制品来说，这一步骤主要是对原料进行熟制及去除异味、血沫，主要是改善其质构和口感，对肉制品最终风味影响不大。

1. 酱卤类

1）预煮和腌制

预煮和腌制主要是对原料进行初级加工，主要目的是去除原料中的血水、浮沫或避免自身风味较重的原料如牛肚、猪大肠等破坏卤汤的风味，肴肉则需要在卤制前进行硝制，对最终肉制品感官品质的形成较为重要。通常预煮时间较短，常控制在 15min 左右，预煮过程中会加入少量的料酒、葱、姜等去除腥味，并需要不断撇去汤锅表面的浮沫。

2）煮制

酱卤肉的煮制过程中依据卤汤中是否加入酱油、黄酱等酱类分为酱制和卤制。一般是将处理好的原料洗净沥干，冷锅时放入配制好的卤汤中，大火加热至卤汤沸腾后中火维持沸腾一段时间后转至小火慢慢煮制。传统酱卤肉制品加工工艺的关键在于老汤卤制，能够使肉制品具有更好的风味特性，但是长期反复加热也使得老汤中含有很多对健康有害的物质，目前正在被新工艺取代。煮制时间随肉品种类不同差异较大，牛肉时间较长，一般在 2h 以上，甚至能长达 7h 或 8h；禽类相对较短，总加热时间在 1h 左右，一般不超过 2h。过程中可以适当进行翻锅，将顶部的肉块翻至锅底，使肉品品质更为均一，但煮制过程中一般不宜补汤。值得注意的是，煮制结束后有的肉品需要在卤汤中自然冷却后再捞出沥干。

2. 白煮类

白煮类一般预处理较为简单，仅部分肉品如盐水鸭需要涂盐干腌或放入卤汤内腌制，一般均无须额外预处理，只要洗净即可。白煮类卤料中香辛料一般较少，仅有少量除腥、去异味的原料即可。一般为冷水下锅，煮制时间与酱卤类相似，也是畜肉时间较长，禽肉时间较短。此外，也有禽肉煮制工艺是将水煮沸后，将汤灌入禽腹后再放入锅内煮制。白切鸡一般需要在煮制过程中和（或）煮制后将鸡身取出于冰水中浸泡以增加其表皮的韧性，使其口感更为爽滑。

3. 糟肉类

糟肉类的煮制工艺比较简单，主要是为了使原料熟制，不承担赋味功能。一般是将切好的肉胚加水浸没，加入少量葱、姜，待大火将水烧开后撇去浮沫，之后用小火将肉煮熟即可。有些糟肉需要将肉煮至骨肉分离时捞出，并将骨拆出。

4.2.3 后续处理

酱卤肉制品中，狭义的酱卤肉制品在煮制结束并冷却后就已经完成全部加工，基本无须额外处理，但是白煮类和糟制类还需要进行一些后续处理才能够食用。

1. 白煮类

白煮类肉品煮制结束后，肉制品本身风味极为清淡，需要制备特制蘸料调味方可食用。一般蘸料常用白糖、盐、味精、红腐乳汁、香油、酱油等与姜末、韭菜花、蒜茸、香菜碎等配制，也有的蘸料是用固体的调味料和姜末、蒜末等拌匀后用热油浇淋制备。

2. 糟制类

糟制是糟制肉类的主要赋味过程。煮制好的肉胚冷却后，需要将肉胚置于容器中糟制，糟制卤一般由煮制过程中的原汤和香糟、料酒、调味料等配制而成，添加时需要滤去固形物，取清液使用。一般常温糟制在加入糟制卤糟制数小时即可，在冷藏条件下（4～8℃）需要糟制数天（3～4d）。

4.3 酱卤肉制品加工新技术

酱卤肉制品采用传统老汤卤制工艺，其加工过程中影响因素过多，导致即使是同样的工艺、配方制作，最终肉制品也很难保持风味品质的一致，而且老汤中往往杂环胺含量较高，对食用安全也会造成一定影响。近年来，随着研究的不断深入，我国相关科研人员基于现代腌制、滚揉、煮制技术开发了适合标准化、工业化生产的酱卤肉制品加工新技术。

4.3.1 原料肉高效解冻技术

原料肉解冻是肉制品加工的关键环节，传统解冻方法以空气解冻和水解冻为主。冷冻原料肉是指在低于-28℃环境下，将肉中心温度降低到-15℃以下，并在-18℃以下的环境中储存的肉[19]。冷冻原料肉通常用PE收缩膜作为内包装膜严密包裹隔绝空气，防止长期储存氧化变质（图 4.1）。解冻是指采用一定的方法把热量传入冷冻肉，冰晶融化成水，提高其温度到冰点以上的过程，解冻终点温度不高于 4℃[20-21]。传统解冻方法缺点较多，因此将逐步被高湿变温、微波等新型高效解冻技术取代。

图 4.1　冷冻原料猪Ⅳ号肉

1. 传统解冻方法

1）空气解冻方法

空气解冻是指通过空气自然对流方式进行解冻的方法[22]。静态空气解冻时解冻温度应不高于 18℃，流动气体解冻时解冻温度应不高于 21℃，空气相对湿度宜为 90%以上，风速宜为 1～2m/s，解冻时间应不超过 24h。空气解冻通常只需解冻架（图 4.2）即可进行。

2）水解冻方法

水解冻是通过热传导在冷冻肉与解冻介质水之间进行热交换[22]，宜带包装进行解冻。静水解冻时，水的温度应不高于 18℃。流水解冻时，温度应不高于 21℃，不应在同一水介质中解冻不同畜禽品种的冷冻肉，解冻时间应不超过 24h。水解冻通常只需解冻池（或水解冻机）（图 4.3）即可进行。

图 4.2　空气解冻架

图 4.3　水解冻设备

传统解冻方法容易产生解冻均一性差、解冻损失高、肉色泽变差、微生物污染、肉品质构性能变差等情况，其发生原因如下。

（1）解冻均一性差。解冻过程是一个热传递过程，热量经温度较高的介质从冻肉表面向内部传递，相对于肉中心，肉表面温度上升较快，整体升温不均匀。加上解冻环境温湿度不均匀，导致不同肉块之间、同一肉块表面和中心解冻情况不一致的情况比较严重，影响了肉品的后续加工。

（2）解冻损失高。空气解冻需要 24h 左右，由于解冻速度较慢且环境湿度未控制，肉表面蛋白质水合层被破坏，造成肉保水性较差、汁液流失较多；水解冻通常需要 4～8h，由于解冻速度较快，解冻过程中细胞内外冰晶溶解后水分无法被肌肉细胞重新吸收，同样造成汁液流失较多。

（3）肉色泽变差。水解冻过程中高浓度血红蛋白和肌红蛋白从肉中向水环境中扩散，造成肉色灰白；空气解冻过程中由于肉表面蛋白质水合层被破坏，造成肉中蛋白质和脂肪长期与空气中氧气接触发生氧化变色，导致解冻后肉色泽变暗。

（4）微生物污染。传统解冻方式中环境温度通常在 20℃左右，中心温度达到 0℃左右时解冻结束，由于解冻时间较长，解冻结束时表面温度已达到 10℃左右，再加上环境空间洁净度等级较低等问题极易发生微生物污染的情况。

（5）肉品质构性能变差。解冻后肉表面蛋白质水合层被破坏、肌肉纤维间隙变大，肉保水性变差、汁液大量流失，肌肉组织失去原有弹性，肉品质构性能变差。

2. 解冻新技术

1）高湿变温解冻技术[23]

高湿变温解冻技术以高湿和解冻温度智能控制为核心，可使用主机+解冻箱（图 4.4）模式，根据解冻量的需求灵活配置解冻箱个数，也可建成大型解冻库。

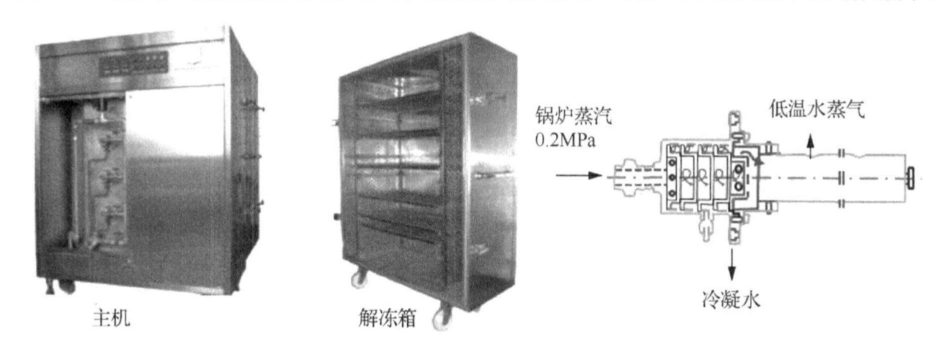

图 4.4 高湿变温主机+解冻箱

高湿变温解冻箱进气管道内接入压力 0.2MPa、温度约 130℃的锅炉蒸汽，经调温箱内的加湿器形成低温水蒸气，输入解冻箱的蒸汽控制在 50℃以下，当冻肉

图 4.5　雾化高湿变温大型解冻库

表面温度达到 0℃以上时，由排风机排出解冻箱中的低温蒸气，加快降低解冻箱内的环境温度，使冻肉由肉表面向肉心融冰解冻。在解冻过程中，由环境温度传感器、冻肉中心温度传感器和肉表面温度传感器采集不同位置的温度，反馈给解冻控制系统，使解冻后中心温度与表面温度保持一致。

雾化高湿变温大型解冻库（图 4.5）环境内空气相对湿度应高于 90%，解冻温度应采用程序变温，肉品表面温度应不高于 4℃，解冻时间不宜超过 12h，解冻汁液流失率通常不高于 3%。雾化高湿变温循环风解冻系统的解冻过程图解见图 4.6。

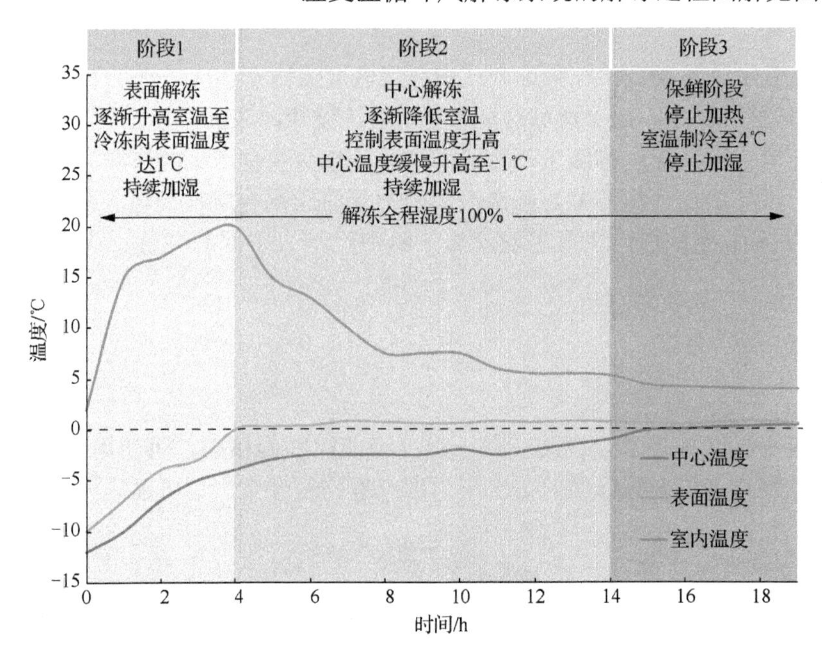

图 4.6　雾化高湿变温循环风解冻系统的解冻过程图解（冷冻猪Ⅳ肉解冻为例）

（1）表面解冻。加热和加湿功能开启，环境最高温度和风管排放空气温度逐渐升高（小于 20℃），直到肉制品表面温度达到 0℃时结束（冷冻猪Ⅳ号肉表面温度达到 0℃约 4h）。在该阶段冷冻肉表面开始解冻，由于处于高湿环境中，肉表面蛋白质水合层破坏较小，可有效避免汁液的流失，维持了肌肉原有弹性，水合层的存在也可避免氧气对肉中蛋白质和脂质氧化造成的色泽变暗等问题。

（2）中心解冻。加湿继续工作，通过监控表面温度调整环境温度逐步下降以保证表面温度保持稳定，在中心温度逐渐升高接近表面温度时结束（冷冻猪Ⅳ号肉中心温度达到-1℃约 10h）；在该解冻阶段，长时间较小的温差可提高冰晶溶解后水分被肌肉细胞重新吸收的效率，也可有效解决解冻过程中同一肉块解冻均一性差的问题。雾化加湿及循环风能有效保证解冻库环境的均一性和不同肉块解冻的均一性。

（3）保鲜阶段。加湿功能停止，制冷设备开启，将环境温度调节至保鲜温度，至肉制品出库时结束。在此阶段，解冻肉制品表面温度与中心温度基本相同，且表面温度长时间保持 0℃左右，可抑制微生物的繁殖、降低微生物污染的风险。

该技术根据冷冻肉表面和中心温度的变化调整环境温度的变化，使解冻后中心温度与表面温度保持一致，最大限度地保持原料肉的高品质。该技术解冻 1t 原料肉的用水量仅为流水解冻的 0.5%，同时减少污水排放量 99.5%。与传统空气解冻、流水解冻相比，减少了微生物的污染概率，在解冻过程中实现解冻温度控制，以防止微生物的大量繁殖。

2）微波解冻

微波解冻是利用在不同频率波段的快速振荡电场中，内部分子通过旋转和碰撞产生热量从而进行解冻的方法。微波功率直接影响解冻效果，功率过高会增加原料肉中心温度、增加表面温度梯度差距，影响原料肉理化性质[24]。基于微波在低温下穿透能力较强及冰的介电特性等特点，肉类工业中用微波进行冷冻肉复温解冻。为获得最佳的解冻效果，微波解冻频率常采用 915MHz 或 2450MHz，其中 2450MHz 电磁波适合解冻厚度小于 5cm 的冷冻原料肉，厚度大于 5cm 的多采用 915MHz 电磁波。美国和日本使用 915MHz 微波（分批间歇式）解冻设备用于冻结肉的快速解冻，均获得比较理想的效果。微波在冰中的穿透深度比在水中大，但水的吸收速度比冰快，已融化解冻的区域吸收的能量多，容易在已解冻的区域造成过热效应。另外，微波容易集中在冻品突起的部位和有边角的地方，产生局部过热，造成解冻不均一[25]。因此，解冻的速度不宜过快，可采用间断微波解冻或合理控制调温过程控制解冻品的温度在冰点以下，也可辅助冷风机循环吹风方式、设置搅拌器来防止表面局部过热，保证产品质量。微波解冻设备如图 4.7 所示。

图 4.7　微波解冻设备

微波解冻的优点是解冻时间短，能较好地保持解冻食品原有的质量，营养成分不流失；有杀菌作用，解冻食品不受污染；装置占地面积小，还可实现连续生产。

3）电场解冻

电场解冻是利用电子线路产生高频矩形波，变换成输出连续可调的稳定直流高电压，使用时将电源加在两块极板之间，其产生的能量可加快冰层结构中氢键

图 4.8　电场解冻设备

断裂从而形成小冰晶，再由小冰晶融化成液态水。电场可以电离空气形成负离子和臭氧，负离子可使细菌等生物组织新陈代谢减缓、呼吸强度和酶活性降低。臭氧也可与细菌细胞壁中蛋白质和脂多糖反应，从而实现抑菌作用，还可与肌红蛋白反应形成鲜红色的氧合肌红蛋白，从而实现肉品色泽鲜艳[26]。电场解冻设备如图 4.8 所示。

电场解冻的优势在于，利用电场解冻肉类可缩短 2/3 的解冻时间（与空气解冻相比），解冻过程无污染更可抑菌，解冻后肉品营养物质流失少，色泽鲜艳，品质更好。

4）超高压解冻

超高压解冻是指在 50～1000MPa 的压力下水的冻结点下降，冷冻肉在 0℃以下解冻从而减少解冻时间、提高解冻效率，由于原料肉可在低温下解冻，不易发生腐败变质，但是超高压解冻易引起肉中蛋白质变性而发生色泽改变的情况，同时由于该类设备价格昂贵暂未在肉类行业推广[27]。

不同解冻方式的解冻效果对比如表 4.1 所示。

表 4.1　不同解冻方式的解冻效果对比

项目	空气解冻	水解冻	雾化高湿变温解冻	微波解冻	电场解冻	超高压解冻
温湿度控制	不控制	不控制	控温控湿	控温不控湿	控温不控湿	不控制
解冻后色泽	暗淡	灰白	鲜亮	焦糊色	鲜亮	暗淡
解冻后肌肉组织状态	松弛	海绵状	有弹性	橡胶质感	松弛	松弛
解冻失水率	≥5%	3%～5%	≤2%	≥5%	2%～5%	≥5%
营养成分流失情况	蛋白质流失	蛋白质流失	保持原有营养成分	蛋白质流失、变性	蛋白质流失	蛋白质流失、变性
解冻时间/h	24～36	8～12	8～24	2～4	7～9	2～4

4.3.2　注射腌制技术

注射腌制脱胎于西式肉制品加工过程中的常用技术，通过规则排列的多个针头将腌制液直接均匀注射至肉品内部，由于具有较好的腌制效果并且能够改善肉品的质构特性，所以也被广泛地应用于传统酱卤肉制品的加工中。注射腌制的主要优势在于集中了湿腌法和干腌法的优点，可以加快腌制液的渗透与分散，加速肉品中盐溶蛋白质的析出，能够极大缩短腌制周期，并且使肉品具有更好的均一性。此外，还能通过增加动、植物蛋白质和食用胶等功能性物质改善肉品品质，提高肉品保水性。注射率和腌制液浓度是该技术的关键参数。

4.3.3　风味固化技术（定量卤制技术）

风味固化技术基于模糊综合评判法，根据对产品风味、口感、色泽等品质指标的综合评价并结合风味化学技术、定向美拉德反应技术等利用天然和合成的增香、增色添加剂配制出适用的风味固化液，并将传统工艺的腌制、卤制工艺中增香、上色等工艺简化为在滚揉过程中利用风味固化液一步完成，滚揉完成后直接对产品进行熟制即可得到最终产品。采用该工艺生产的产品，其品质一致率高达95%。风味固化技术的核心在于通过注射和滚揉腌制，使风味固化液以较高的浓度直接作用于原料肉，这相比传统工艺依靠溶液长时间自然渗透能够显著提高其利用率，降低生产用水量和对能源的消耗，并规避传统加工工艺下单纯依靠渗透压作用腌制导致的品质稳定性差异问题，并使产品风味品质具有更高的均一性[28]。此外，风味固化工艺由于无须使用老汤，产品中杂环胺和亚硝酸盐的含量也显著降低，使得产品对人体健康更为友好[29]。

风味固化工艺流程为原料挑选→原料预处理→加入风味固化液滚揉腌制（核心工艺）→熟制→降温→包装。

风味固化液可以用香辛料浸出液/抽提物（精油）与调味料混合配制或将香辛料粉碎后与调味料混合均质后制备，配料的比例需要依据产品的风味特征、香辛料及调味料自身特性确定，以保证能够还原应有风味。

研究显示，由于避免了长时间蒸煮导致的蛋白质溶出和肌纤维收缩，采用风味固化工艺制备的卤鸡腿具有更好的持水力，相较于传统卤制工艺硬度降低而弹性增加，具有更好的口感和咀嚼性，肉制品出品率最多可提高 25%。此外，定量卤制技术还能减少呈味核苷酸在加工中的损失，并具有更多风味物质（正辛醛、反-2-癸烯醛、反式,反式-2,4-癸二烯醛、1-辛烯-3-醇和芳樟醇对风味的贡献均显著增加），在滋味和气味上都优于传统卤制技术。成本核算显示，班产 10t 的定量卤制生产线生产的卤鸭脖产品每吨综合成本相比传统卤制可降低 20%[30-31]。

4.3.4　中温杀菌技术

中温杀菌技术是指杀菌温度在 90～110℃，产品能在常温下储存并能维持较长保质期的杀菌技术。该项技术结合了高温杀菌和低温杀菌的优点，不仅能使产品保持较好的营养、风味和口感，还能使其具有较大的流通半径和较低的流通成本。

中温杀菌技术是一种技术体系，其中包括靶向抑菌技术、复配抑菌技术、芽孢诱导杀灭技术。对于酱卤肉制品来讲，中温杀菌温度和时间分别以 100～105℃

和 20～30min 为宜；主要选用乳酸链球菌素、ε-聚赖氨酸、双乙酸钠和乳酸钠来抑制腐败菌的生长繁殖，实现靶向抑菌；在此基础上通过热刺激和营养因子的共同作用促使产品中的芽孢在杀菌前进入芽孢萌发初始阶段并成长为更易于被杀灭的营养体细胞，以更好地杀灭产品中的芽孢。酱卤肉制品的芽孢萌发阶段可设置在卤制初期，热刺激温度在 50～70℃较为合适，芽孢萌发的营养因子可选择氨基酸类或单糖类物质。经过中温杀菌技术生产的酱卤肉制品常温货架期可达 180d 以上。

4.4 典型产品

我国幅员辽阔，不同地区的物产、气候、环境存在较大差异，导致饮食偏好也千差万别。在此基础上历经多年的传承和发展，我国特色酱卤肉制品种类极其丰富，如苏州酱方肉，无锡酱排骨，南京盐水鸭，武汉卤鸭脖，河南道口烧鸡，北京酱牛肉、酱肘子，德州扒鸡等，本节将介绍几种典型的酱卤制品。

4.4.1 酱牛肉

酱牛肉历史悠久，在北方尤其是京津冀一带广受消费者喜爱，其中月盛斋酱牛肉制作工艺入选国家级非物质文化遗产，在国内外享有盛誉。月盛斋酱牛肉极具民族特色，始于乾隆四十年（1775 年），距今已有 200 多年的历史；集肉香、酱香、药香、油香于一体，五香浓郁、咸中透香、不柴不腻、不腥不膻。国内对酱牛肉特性的研究较为丰富，其中李娟[32]2018 年的研究最为全面，对我国西南、西北、华中、华北、华东地区共 23 种具有代表性的酱牛肉产品风味品质进行了测定和分析，较为全面地反映了我国不同地区酱牛肉的风味特性，且极大地减小了不同研究团队数据横向比较存在的系统误差。采用电子鼻对 23 个样品进行主成分分析（principal component analysis，PCA）显示不同地区的酱牛肉挥发性气味差异较为明显（图 4.9），同一地区的产品气味则较为接近，说明我国酱牛肉产品气味品质存在明显的地域差别。研究采用气相色谱-质谱法从 5 个地区的酱牛肉中分别检出了 58 种、60 种、71 种、112 种、98 种挥发性物质，并对这些物质中的气味活性物质（OAV>30①）进行了分析，确定不同地区酱牛肉中的关键特征性挥发性物质（表 4.2），其中不同地区的特征气味物质存在明显差异，华北地区的产品肉品本身香气较其他地区更为明显，但是总体来看酱牛肉香气受香辛料中产生的

① OAV=物质含量/嗅觉阈值，OAV>1 为主体风味，OAV>30 为特征性风味物质。

挥发性成分影响较大。聚类分析显示，壬醛、桉叶油醇、茴香脑对酱牛肉风味的贡献更为明显。研究还对 23 种酱牛肉的呈味物质进行了研究，感官评价显示酱牛肉的滋味以咸味和鲜味为主，与电子舌的测定结果相同；对酱牛肉的水溶性物质进行判别因子分析，结果显示仅华中地区酱牛肉中的滋味物质差异较小。虽然同一地区的酱牛肉之间存在滋味差异，但是不同地区之间差异更为显著（图 4.10）。所有酱牛肉中主要呈味氨基酸均为天冬氨酸、谷氨酸、精氨酸、丙氨酸、组氨酸，分别提供鲜味、鲜味、甜味/苦味、甜味、苦味；主要呈味核苷酸是 5′-IMP 和 5′-GMP，主要提供鲜味。上述氨基酸和核苷酸均具有较高的滋味活性值（TAV）。

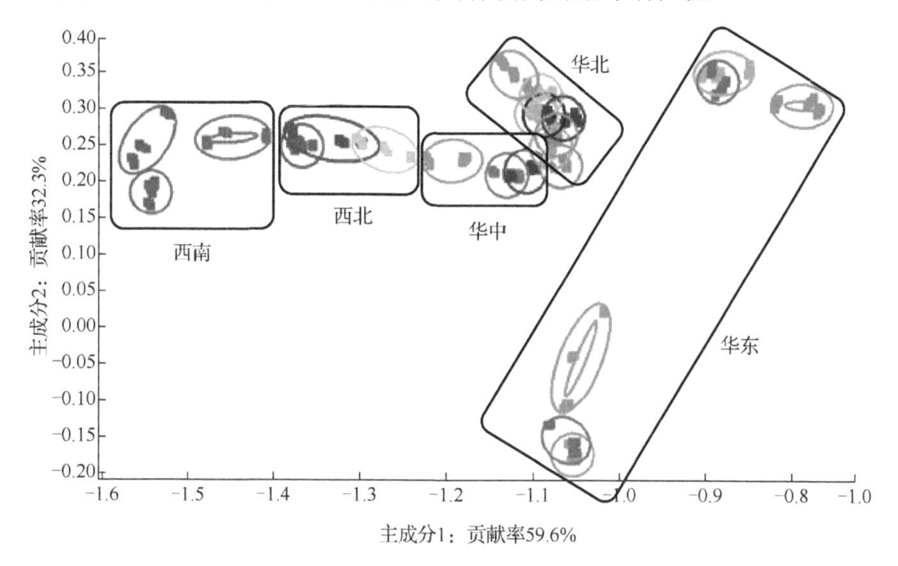

图 4.9　采用电子鼻对 23 种酱牛肉挥发性物质进行 PCA

表 4.2　不同地区酱牛肉中特征气味活性物质

地区	主要气味活性物质
西南地区	壬醛、桉叶油醇、芳樟醇、草蒿脑、茴香脑、丁香酚、月桂烯
西北地区	辛醛、壬醛、桉叶油醇、芳樟醇、草蒿脑、茴香脑
华中地区	壬醛、芳樟醇、草蒿脑、茴香脑、丁香酚、柠檬烯
华北地区	反,反-2,4-壬二烯醛、辛醛、壬醛、桉叶油醇、芳樟醇、草蒿脑、茴香脑、丁香酚
华东地区	异戊醛、壬醛、芳樟醇、草蒿脑、茴香脑、丁香酚

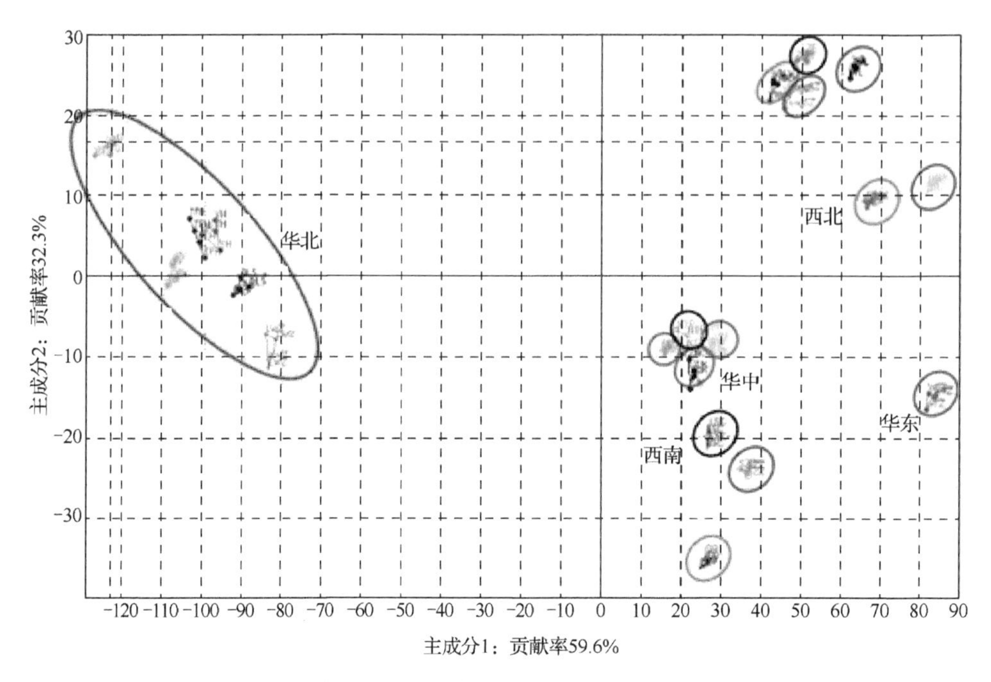

图 4.10　29 种酱牛肉挥发性物质 PCA

近年来，研究者对酱牛肉的品质改良也进行了大量研究，如赵福建[33]将转谷氨酰胺酶和乳酸菌添加到酱牛肉中，发现转谷氨酰胺酶能够提高牛肉的持水力和滋味物质的含量，并小幅改善牛肉的风味成分；乳酸菌虽然对产品的质构特性没有影响，但是明显提升了肉品气味的感官评分。李素等[34]对滚揉腌制过程中的用水量与产品食用品质的相关性进行了分析，确定了最佳的腌制用水量为牛肉质量的 10%，此时产品具有最优的风味品质。贡慧等[35-36]对酱牛肉的熬煮时间进行了优化，确定最优煮制时间为 2h，并鉴定出所用老汤中关键的挥发性物质为丁香酚、茴香脑和乙酸丁香酚酯。此外，还发现老汤在使用至第三次时需补充 40%～50%初始添加量的香辛料，第四次时则需补充 50%～70%初始添加量的香辛料，这样能使老汤保持较好的卤制效果。此外，酱牛肉除传统的煮制工艺外，也有采用蒸制工艺制作，蒸制的酱牛肉具有更高的出品率，硬度更低、弹性更好。

4.4.2　白切鸡

白切鸡也称白斩鸡，起源于广东，在南方菜系中普遍存在，以粤菜的白切鸡最知名。广东省清远市的白切鸡由于采用三黄鸡（脚黄、皮黄、嘴黄）制作，又被称为三黄油鸡。白切鸡皮黄肉白，皮脆而肉质肥嫩鲜美，食时佐以虾子酱油或特制普宁豆酱，能保持鸡肉的鲜美、原汁原味。

白切鸡特殊的风味和口感与制作白切鸡所采用的原料密不可分，除广西三黄鸡外，广东清远麻鸡、海南文昌鸡是传统制作白切鸡所用鸡种。研究显示，与其他地区的鸡种相比，上述 3 种鸡种在加工后能够产生更为丰富的小肽和游离氨基酸且具有更为丰富的肌间脂肪，这是其加工后具有更好的滋味及风味特征的物质基础；同时其鸡肉硬度较低、保水性较好、皮下脂肪厚，所以具有更好的口感[15-16]。此外，原料鸡的状态对产品的感官状态也存在一定影响，如李继昊等[14]的研究表明，冷鲜鸡相比于热鲜鸡能够产生更多的香气成分但是滋味物质含量较少，冷却肉则在气味和滋味两方面均较低，不宜用于白切鸡的制作。除鸡种外，加工工艺对白切鸡的感官品质也具有极大影响。例如，采用湿腌工艺制作的白切鸡比采用干腌工艺的具有更高的持水力，口感更好；过高的煮制温度或者过长的煮制时间都会导致鸡肉蛋白质变性加剧，使硬度增加且持水力下降，口感变老、变差；而最优的温度-时间组合则为 100℃下煮制 2min 进行浸烫定型，而后在 90℃下煮制 20min，此时鸡肉鲜嫩多汁、风味浓郁、滋味鲜美，具有最好的感官品质。此外，某些地区在制作白切鸡时，会将整鸡在沸水中浸烫 3～5s 或 20～30s 后提起沥水，通常这一工艺需要重复 5～6 次，主要是为了避免鸡皮急剧升温大量失水使得肉品口感变差或对外观造成影响，浸鸡后再将鸡没入水中煮制 10min 左右熟化。鸡肉在完全熟制后需要用冰水快速冷却（0～5℃浸泡 30min），使脂肪凝固、胶原蛋白收缩以改善鸡肉的质构，增加鸡肉弹性并使鸡皮松脆。虽然浸煮和冰水冷浸对肉品感官特性成型帮助巨大，能够全面优化肉品的硬度、黏性、内聚性、咀嚼性、回复性，但是加工过程中如果操作不当则会影响鸡肉中初始菌的数量，导致最终肉品的储藏期缩短，研究显示浸煮 20min、冰水冷浸 15min 的肉品综合品质更好[37-39]。

4.4.3 烧鸡

烧鸡是传统卤制品的典型代表，不同烧鸡具有各自特殊的挥发性风味物质。如德州扒鸡中重要的挥发性物质主要是 2-戊基呋喃、壬醛、苯甲醛、里那醇、草蒿脑、α-松油醇、反,反-2,4-癸二烯醛、麦芽酚和香豆素；普通扒鸡则为反,反-2,4-癸二烯醛、壬醛、戊醛、茴香醛、丁香酚、异丁香酚和草蒿脑；道口烧鸡为 4-萜烯醇、糠醇、肉桂醇、己醛、苯甲醛、反-2-癸烯醛、2,4-癸二烯醛、大茴香醛、肉桂醛、丁香酚、茴香脑、肉豆蔻醚、2,3-二氢-3,5-二羟基-6-甲基-4H-4-吡喃酮；符离集烧鸡中硫化物和羰基化合物是主要风味贡献物质，主要在油炸和卤制阶段产生。在烧鸡加工过程中伴随着风味核苷酸（5′-肌苷酸、5′-鸟苷酸、腺苷一磷酸）含量的增加和肌苷含量及游离氨基酸含量的下降，次黄嘌呤和 5′-腺苷二磷酸变化不显著（$P>0.05$）。加工过程中肌肉质构的变化主要体现为剪切力值和加压失水率下降及肌纤维直径先上升后降低，这主要是加热过程中肌球蛋白及 α-肌动蛋白素、肌间蛋白被全部降解，肌束膜与肌内膜收缩所致，其中在卤煮阶段肌纤维出现颗粒化，而在焖煮阶段肌纤维之间空隙减小并逐渐模糊[40-44]。刘登勇等[45]对扒鸡卤煮过程中采用的卤汤进行了研究，发现多次使用的老汤物理特性更为稳定，使用老汤能够使产品品质的均一性更好，但是采用老汤制作的烧鸡中杂环胺含量较使用新汤制作的要高 10 倍以上[46]。烧鸡的初始菌相构成为假单胞菌属（47.58%）、葡萄球菌属（31.34%）、乳酸菌（8.06%）、肠杆菌科（11.40%）和酵母菌（仅占 1.61%），采用 0.006% ε-聚赖氨酸、0.05%nisin 和 0.60mg/kg 丁香油或 0.03%nisin、3.00%乳酸钠、0.05%山梨酸钾均能起到较好的抑菌效果[47]。

4.4.4　盐水鸭

盐水鸭是南京著名特产，是中国地理标志产品。因南京有“金陵”别称，故盐水鸭也称为“金陵盐水鸭”；由于桂花盛开季节制作的盐水鸭色味最佳，故又称为桂花鸭。盐水鸭自诞生以来久负盛名，被誉为“六朝风味，白门佳品”，至今已有 2500 多年的历史，早在六朝时期盐水鸭就已经是南京颇具盛名的食品，在《陈书》《南史》《齐春秋》中均有记载，并以香、酥、嫩、鲜闻名。盐水鸭由活鸭经干腌、扣卤、复卤、水煮制作而成，有“熟盐搓、老卤复、吹得干、煮得足”的制作口诀。“熟盐搓”是指腌制工序中进行炒盐，因为炒盐可增强穿透力，杀灭食盐中的嗜热菌，并且可使风味增加。“老卤复”是指盐水鸭的腌制使用干腌与复卤相结合的工艺，其中复卤所采用的卤有新卤与老卤之分：新卤即是用炒盐加香辛料煮制而成；老卤则是指经反复复卤后所产生的卤汁经煮制而成。老卤的风味物质（如肉桂醛、苯甲醛、己醛、3-甲基丁醛、糠醛）和滋味物质显著高于新卤（游离氨基酸含量为新卤的 3 倍以上），能够提升产品风味品质，但是其中杂环胺类有害物质的含量较高，在现代化生产中已经较少使用。总体来说，盐水鸭作为中低温肉制品，且腌渍期较短，含盐量极低，所以不耐储存，但是传统高温或微波二次杀菌对盐水鸭的风味会产生不良影响。此外，水煮温度对于保持盐水鸭鲜嫩品质尤为重要，一般保持在 80～90℃以避免脂肪熔化。

对 6 种南京盐水鸭产品进行测定发现，正己醛、庚醛、Z-2-庚烯醛、苯甲醛、正辛醛、反-2-辛烯醛、壬醛、1-辛烯-3 醇是所有产品中的共有风味物质并且均具有较高的 OAV，可能是盐水鸭的特有香气成分，但某些非共有醛类也对风味具有较大贡献；测定发现在 6 种产品中 5 种氨基酸含量差异不大，电子舌分析结果也得出相同结论，说明盐水鸭整体滋味一致性较好；除了氨基酸，呈味肽对盐水鸭品质也具有较大影响[48-51,6]。陶正清等[52]从盐水鸭中共提取出 3 种呈味肽［氨基酸序列：Gly-Pro-Asp-Pro-Leu-Arg-Tyr-Met（GPDPLRYM）、Asp-Pro-Leu-Arg-Tyr-Met（DPLRYM）和 Val-Val-Thr-Asn-Pro-Ser-Arg-Pro-Trp（VVTNPSRPW）］，分别呈现出咸味、甜味和厚重感；但是在工业化产品中的滋味物质主要以 5′-肌苷酸（5′-IMP）和肌苷（I）为主。

4.4.5　肴肉

肴肉以猪前后蹄髈为原料，经腌制、煮制、压蹄等工序加工而成，其皮色洁白、晶莹透明，味香嫩不腻，作小吃、冷盘、大菜皆宜，又称水晶肴肉。肴肉虽是凉菜，但非同于一般熏腊之类。它精肉绯红，虽凉但酥嫩易化，食不塞牙；肥肉去脂，食之不腻；胶冻透明晶亮，柔韧不拗口，不肥不腻。肴肉是江淮一带的传统肉制品，镇江肴肉更作为开国大典四味冷碟之一而享誉全国。肴蹄的每个部位均有不同的称谓：前蹄上的部分老爪肉，切成片形，状如眼镜，其筋纤柔软，味美鲜香，叫“眼镜肴”；前蹄旁边的肉，弯如玉带形，叫“玉带钩肴”；前蹄上的老爪肉，肥瘦兼有，清香柔嫩，叫“三角棱肴”；后蹄上的一块连同一根细骨的净瘦肉，叫“添灯棒肴”，其肉质嫩香酥，最为食瘦肉者喜爱。

肴肉中检测到的挥发性风味物质主要包括3-甲基-丁醛、己醛、庚醛、辛醛、壬醛、苯甲醛、1,8-萜二烯、桉叶油醇、甲基黑椒酚、4-甲氧基苯甲醛、1-甲氧基-4-（1-丙烯基）苯、6-甲基-5-庚烯-2-酮、2-戊基呋喃，在较低温度腌制（5℃）、煮制（80℃）能够使其形成更好的风味品质但是延长了加工周期[53-54]。肴肉加工过程中用盐量少（2%～3%，远低于腌制的18%），成品含盐率较低（低于2%）。由微生物导致的食品安全风险较大，储藏初期的优势腐败菌为乳杆菌属和肉食杆菌属，储藏末期为耶尔森菌属和沙雷氏菌属。姚永杰等采用ε-聚赖氨酸39mg/kg、乳酸链球菌素468mg/kg、茶多酚312.5mg/kg、肉桂醛234.25mg/kg复配，在储存期为7d和15d时的抑制率分别达到86%、74%，达到了较好的抑菌效果[55-56]。

参考文献

[1] 张纯，张智勇，平田孝．动态顶空进样法分析月盛斋酱牛肉的挥发性风味组分[J]．食品与发酵工业，1992（4）：47-53．
[2] 王宇，宋永清，乔晓玲．传统酱牛肉加热过程中挥发性风味化合物研究[J]．肉类研究，2009（12）：54-57．
[3] 臧明伍，张凯华，王守伟，等．基于SPME-GC-O-MS的清真酱牛肉加工过程中挥发性风味成分变化分析[J]．食品科学，2016，37（12）：117-121．
[4] 臧明伍，王宇，韩凯，等．北京清真酱牛肉挥发性风味化合物的研究[J]．食品工业科技，2010，31（8）：70-73．
[5] 夏萍萍．特色卤鸡的风味滋味分析及卤料补充方法研究[D]．武汉：武汉轻工大学，2016．
[6] 陶正清，刘登勇，周光宏，等．盐水鸭工业化加工过程中主要滋味物质的测定及呈味作用评价[J]．核农学报，2014，28（4）：632-639．
[7] 刘源，徐幸莲，王锡昌，等．盐水鸭加工过程中滋味成分变化研究[J]．农业工程技术（农产品加工），2007（7）：32-35．
[8] 张航，李海宾，刘尔卓，等．五香酱牛肉加工工艺[J]．肉类工业，2013（5）：8-9．
[9] 黄德智．北京酱猪肉的加工[J]．肉类研究，1995（3）：14-15．
[10] 谢强，苗淑萍，刘卫民，等．无锡酱排骨制作工艺优化研究[J]．农产品加工（学刊），2014（22）：37-39．
[11] 赵改名．特色酱排骨的加工[J]．农产品加工，2009（9）：19-20．
[12] 谢伟，徐幸莲，周光宏．不同生产工艺对盐水鸭风味的影响[J]．食品科学，2010，31（8）：110-115．
[13] 刘汉文，颜秀花，杨文平．盐水鸭生产工艺的研究[J]．食品科技，2008（8）：81-83．

[14] 李继昊，黄明远，王虎虎，等. 不同类型生鲜鸡对白切鸡风味的影响[J]. 核农学报，2019，33（12）：2392-2404.
[15] 李锐，孙玉林，江祖彬，等. 不同鸡品种对白切鸡品质影响[J]. 食品工业，2019，40（5）：197-200.
[16] 徐渊，韩敏义，陈艳萍，等. 三个品种白切鸡食用品质评价[J/OL]. 食品工业科技：1-12. http://kns.cnki.net/kcms/detail/11.1759.TS.20200617.1657.034.html.. [2020-07-13].
[17] 陈华湘. 糟肉加工方法[J]. 农村新技术，1994（4）：40.
[18] 杨帅，杨阳，杨长长. 闾山糟肉的加工制作[J]. 农产品加工，2007（4）：26.
[19] NY/T 3224—2018. 畜禽屠宰术语[S].
[20] CAC/RCP 16—1978. Recommended International Code of Practice for Frozen Fish[S].
[21] 胡宏海，路立立，张泓. 肉品冻结解冻及无损检测技术研究现状与展望[J]. 中国农业科技导报，2015，17（5）：6-10.
[22] 袁琳娜，李洪军，王兆明，等. 新型冷冻和解冻技术在肉类食品中的应用研究进展[J]. 食品与发酵工业，2019，45（2）：220-227.
[23] 王守伟，何建平，王谦，等. 节水型冻肉解冻机[P]. ZL 200520022978. 4, 2006-07-12.
[24] KIM T H, CHOI J H, CHOI Y S, et al. Physicochemical properties of thawed chicken breast as affected by microwave power levels[J]. Food Science and Biotechnology, 2011, 20(4): 971.
[25] 沈月新. 食品保鲜贮藏手册[M]. 上海：科学技术出版社，2006.
[26] 唐梦，岑剑伟，李来好，等. 高压静电场解冻技术在食品中的研究进展[J]. 食品工业科技，2016，37（10）：373-385.
[27] 廖彩虎，芮汉明，张立彦，等. 超高压解冻对不同方式冻结的鸡肉品质的影响[J]. 农业工程学报，2010，26（2）：331-335.
[28] 乔晓玲，王宇，韩凯，等. 一种酱卤肉的风味固化方法[P]. CN101322562，2008-12-17.
[29] 孙圳，韩东，张春晖，等. 定量卤制鸡肉挥发性风味物质剖面分析[J]. 中国农业科学，2016，49（15）：3030-3045.
[30] 胡永懋. 酱卤肉制品定量卤制工艺研究[J]. 食品安全导刊，2015（18）：120-121.
[31] 陈旭华. 酱卤肉制品定量卤制工艺研究[D]. 北京：中国农业科学院，2014.
[32] 李娟. 我国不同地区酱卤牛肉风味物质剖面分析[D]. 北京：中国农业科学院，2018.
[33] 赵福建. 酱卤牛肉的质地及风味改良研究[J]. 中国调味品，2020，45（2）：121-123.
[34] 李素，周慧敏，张顺亮，等. 不同加水量腌制酱牛肉中挥发性风味物质变化[J]. 食品科学，2019，40（10）：199-205.
[35] 贡慧，史智佳，杨震，等. 反复煮制酱牛肉老汤挥发性风味物质的变化趋势[J]. 肉类研究，2017，31（12）：41-49.
[36] 贡慧，杨震，史智佳，等. 不同熬煮时间对北京酱牛肉挥发性风味成分的影响[J]. 食品科学，2017，38（10）：183-190.
[37] 李鸣，邢通，王虎虎，等. 加工工艺对白切鸡品质及微生物状况的影响[J]. 食品科学，2018，39（11）：32-38.
[38] 陈文波，郭昕，徐芬，等. 不同制作工艺对白切鸡食用与卫生品质的影响[J]. 肉类研究，2014，28（5）：16-19.
[39] 芮汉明，张立彦，林小葵. 加工工艺对白切鸡品质的影响[J]. 食品与机械，2008（6）：135-137.
[40] 王南. 扒鸡加工过程中品质指标变化规律[D]. 锦州：渤海大学，2016.
[41] 张逸君，郑福平，张玉玉，等. MAE-SAFE-GC-MS 法分析道口烧鸡挥发性成分[J]. 食品科学，2014，35（22）：130-134.
[42] 熊国远，刘源，高韶婷，等. 符离集烧鸡加工过程中挥发性风味成分变化研究[J]. 南京农业大学学报，2014，37（6）：103-110.
[43] 路立立，胡宏海，张春江，等. 包装材料阻隔性对德州扒鸡的品质影响分析[J]. 现代食品科技，2014，30（8）：194-200.
[44] 段艳，郑福平，杨梦云，等. ASE-SAFE/GC-MS/GC-O 法分析德州扒鸡风味化合物[J]. 中国食品学报，2014，14（4）：222-230.
[45] 刘登勇，刘欢，张庆永，等. 反复卤煮过程中扒鸡卤汤物理及感官特性变化分析[J]. 食品科学，2017，38（11）：116-121.

[46] 邵斌．传统烧鸡中9种杂环胺类化合物形成规律研究[D]．南京：南京农业大学，2012．
[47] 郭光平．烧鸡腐败菌菌相分析及保鲜技术的研究[D]．烟台：烟台大学，2011．
[48] 徐宝才，李聪，马倩，等．基于电子鼻和电子舌分析盐水鸭风味的差异性[J]．中国食品学报，2017，17（12）：279-286．
[49] 李聪，徐宝才，李世保，等．市售盐水鸭挥发性风味物质研究分析[J]．现代食品科技，2016，32（12）：350-358．
[50] 谢伟．卤水与工艺对盐水鸭风味的影响[D]．南京：南京农业大学，2009．
[51] 戴妍，常海军，郇兴建，等．不同二次杀菌处理的南京盐水鸭产品风味变化及感官特性[J]．南京农业大学学报，2011，34（5）：122-128．
[52] 陶正清，刘登勇，戴琛，等．盐水鸭呈味肽的分离纯化及结构鉴定[J]．南京农业大学学报，2014，37（5）：135-142．
[53] 孙宗保，李国权，邹小波．镇江肴肉香味活性成分加工过程中的变化研究[J]．食品与发酵工业，2010，36（2）：180-183．
[54] 孙宗保，李国权．不同加工工艺对镇江肴肉香气的影响[J]．中国调味品，2010，35（2）：80-82．
[55] 姚永杰，徐宝才，王周平，等．天然保鲜剂复配工艺优化及其对水晶肴肉中特定腐败菌的抑制效果[J]．食品科学，2016，37（22）：1-6．
[56] 肖香，董英，祝莹，等．真空包装水晶肴肉加工及储藏过程中的菌相研究[J]．食品科学，2013，34（15）：204-207．

第 5 章　腌腊肉制品

腌腊工艺是我国一种古老而经济的保藏肉品的方法，尤其在“两湖”（湖北和湖南）、“两江”（江苏、安徽、上海和江西）、“两广”（广东和广西）、四川等地，腊月时节制作腊肉更是传承多年的传统，这主要是由于冬至以后、大寒以前制作的腊肉保存得最久且不易变味。我国腌腊技艺历史悠久，氏族公社初期，人们就将猎取到的多余的瘦肉风干储存，这就是今天腌腊肉制品的雏形。早在 3000 多年前《周礼·天官·腊人》中就记载“腊人掌干肉，凡田兽之脯腊膴胖之事”[1]，可见那时就有食用腊肉的传统。腊肉从最初的以延长保质期为目的，后因其独特的色泽、香气、味道而世代相传，并在今日深受大众的喜爱，在肉制品的生产中占有举足轻重的地位。

5.1　腌腊肉制品品质特征

腌腊肉制品具有色泽美观、风味浓郁等特点，由于地域不同，生产原料不同、加工方法不同，呈现的品质特点也不尽相同。不同种类的腌腊肉制品对腊味、腌味、烟熏味、鲜味、甜味、咸味、酒香、酱香等不同风味品质的偏重，突出了产品地域的、独特的、传统的特色。

5.1.1　火腿类

火腿的香气和滋味浓郁，蛋白质、脂质等逐渐降解直接或间接成为呈味物质的前体成分，如脂肪酸、小分子呈味肽、游离氨基酸、醛、酮、酸、醇、酯等。赵冰等[2]采用热脱附-气相色谱-质谱联用技术分析了不同等级金华火腿的挥发性风味物质（表 5.1），每个等级的特征风味和含量均存在一定差异。在从清酱肉中检测出的 67 种挥发性物质中（图 5.1），28 种被嗅闻仪证实对风味有贡献，以醛类和酯类为主，其中提供甜香、果香、花香的 2-甲基丁酸乙酯、3-甲基丁酸乙酯、辛酸乙酯、癸酸乙酯，提供烤香、坚果香的糠醛、3-甲硫基丙醛，提供酱香、腊味的 2,4-己二烯酸乙酯等香气强烈，构成了清酱肉的主体风味[3]。

表 5.1　金华火腿不同等级三签相对含量较高的挥发性风味物质（%）

分级	第一签			第二签			第三签		
特级	甲苯	苯甲醛	壬醛	γ-丁内酯	壬醛	甲苯	壬醛	异戊酸	2-戊基呋喃
火腿	11.74	9.93	8.64	10.49	10.23	8.76	14.12	8.69	8.01
一级	2-戊基呋喃	己醛	壬醛	苯酚	四氢香叶醇	甲苯	己醛	四氢香叶醇	α-蒎烯
火腿	17.85	14.70	12.07	44.81	17.43	4.04	25.75	13.89	6.90
二级	壬醛	己醛	反式-2-癸烯醛	己醛	2,3,5,6-四甲基吡嗪	正丁酸	壬醛	己醛	δ-壬内酯
火腿	14.91	12.71	6.89	23.74	15.82	6.58	19.27	15.28	5.59

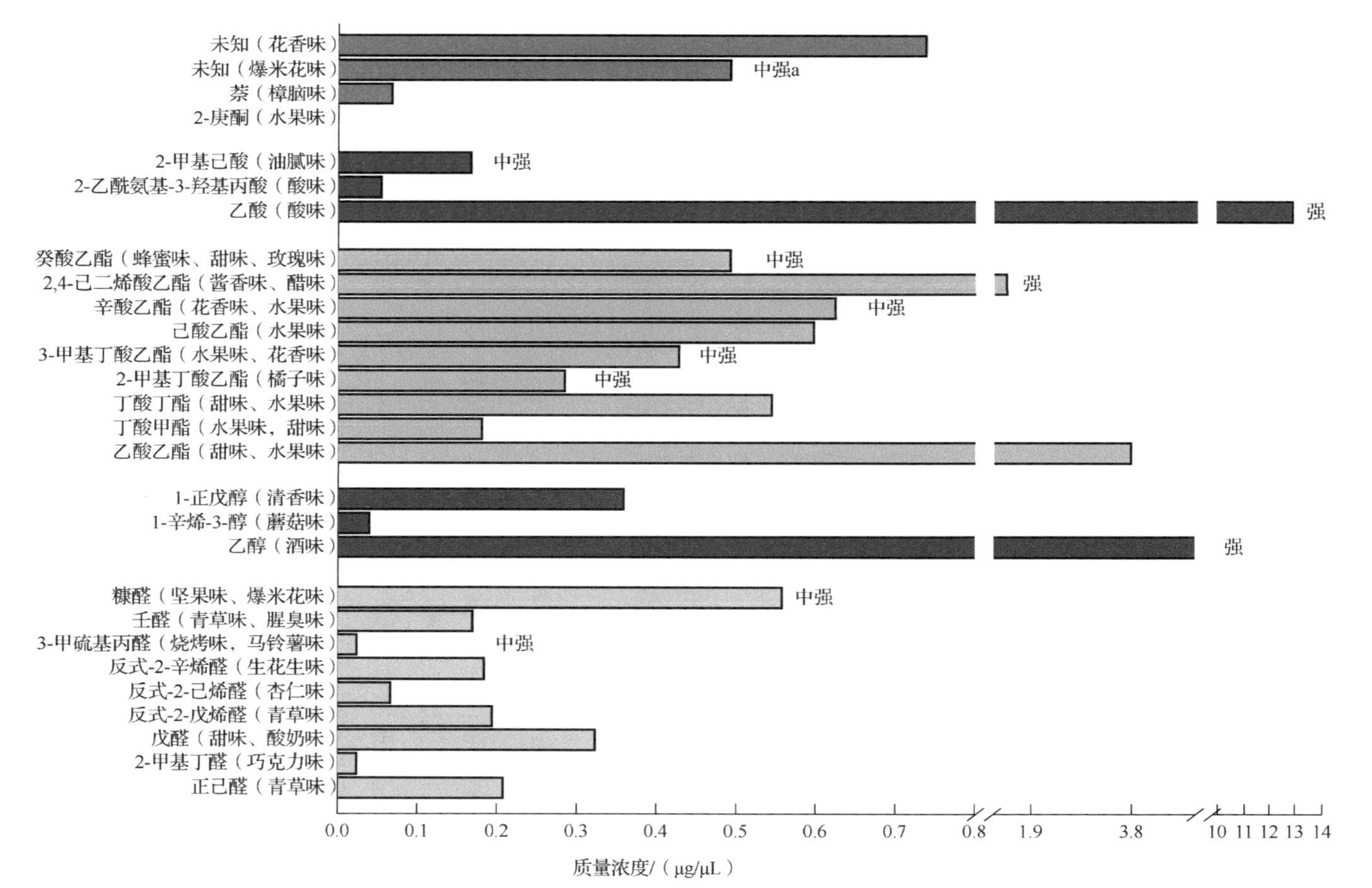

图 5.1　清酱肉 GC-O-MS 鉴定的香气化合物[3]

a 为活性香气成分的嗅闻强度，未标识的代表强度弱。

火腿生产过程中蛋白质在内源蛋白酶的作用下降解生成游离氨基酸及多肽，不仅可以产生鲜美的风味物质，同时还生成具有生物活性的多肽类物质，从而提高火腿的营养价值。虽然日常食用的后腿部位的猪肉也具有一定的抗氧化活性和血管紧张素转化酶（angiotensin converting enzyme，ACE）活性，但经过加工的金华火腿显示出更高的活性。王乐等[4]对烹饪后的猪腿和金华火腿进行体外模拟消化实验，并提取其中的粗肽比较，发现金华火腿粗肽的抗氧化活性和 ACE 抑制活性提高至生肉状态时的 5.0 倍和 1.5 倍。

5.1.2　腊肉类

感官品质凸显了不同地域腊肉的特点，相应的挥发性风味物质的组成也不尽相同。许多学者对特色腊肉制品进行风味表征。利用固相微萃取-气相色谱-质谱联用（SPME-GC-MS）可分析检测出湖南土家腊肉中 64 种主要挥发性风味物质，酯类物质种类和相对含量均最多，其次是酚类物质。在酯类物质中乙酸乙酯、丁酸乙酯、己酸乙酯对风味的贡献最大，与呈烟熏风味的酚类物质、酸类物质、酮类物质、醛类物质等一起形成了浓郁的土家腊肉特色风味[5]。在 3 种广式腊肉挥发性风味物质的检测中共检测出 61 种，其中醇类的相对质量最多，其次是酯类和醛类，提供醇香的主要物质乙醇和提供酯香的主要物质己酸乙酯是广式腊肉中的特征性风味物质[6]。

5.1.3　咸肉类

咸肉是一些地方的特色肉制品，在浙江、安徽、江苏、上海、四川、江西等地均有生产。江苏的如皋咸肉肉质鲜嫩、切面五花三层；四川咸肉肌肉鲜红，咸度适中；上海咸肉肌肉鲜艳紫红，脂肪洁白亮泽；浙江咸肉鲜嫩，色美香醇。刘文营等[7]对干腌咸肉的风味分析结果显示酯类物质占比最高，超过了 50%；其次是醛类，占 19.78%；醇类的种类最多，达到 34 种，占比 17.12%，为咸肉提供了丰富的醇香。在加工过程中，伴随着产品的成熟，咸肉的红度值 a^*逐渐增加。随着人们对健康的重视，学者们开展了低盐低硝咸肉的研发，利用 30%的氯化钾和 15%的乳酸钾替代 45%的氯化钠进行干腌咸肉的腌制，在保持风味的同时改善了咸肉的品质[8]；通过在咸肉制作工艺中添加乳杆菌 RC4，不仅可以降解咸肉中 78.6%的亚硝酸盐，而且可以促进苯甲醛等特征风味的形成，色泽没有显著变化[9]。

5.1.4　香（腊）肠类

分析具有代表性的广式腊肠品质和风味，发现产品的菌相以乳酸菌和球菌类为主，对广式腊肠的风味形成存在一定影响，同时优势菌也有效抑制了有害菌的繁殖；挥发性风味物质中醇类物质相对百分含量在 50%以上，其次是酯类，是广式腊肠醇香的来源，并且醇类与低级脂肪酸形成具有果香和花香的低级脂肪酸酯，形成了产品香甜的风味[10]。吴倩蓉等[11]通过动态顶空制样-热脱附-GC-MS 联用技术分析了风干肠储藏过程中的挥发性风味物质，检测出风干肠挥发性物质由酯类、醇类、醛类、酮类、酸类、烃类等组成，并结合挥发性物质的 OAV 和嗅觉阈值，确定出风干肠样品中异戊酸乙酯、2-甲基丁酸乙酯、正己酸乙酯等具果香味的酯类，(反,反)-2,4-癸二烯醛、正辛醛等具脂肪味的醛类对风味有重要贡献。

5.1.5　风干肉类

有学者对 6 种知名板鸭的风味品质进行了研究，共鉴定出 109 种风味物质，其中醛类物质对板鸭的风味贡献最为重要，但白市驿板鸭是一个特例，对其风味贡献最大的挥发性物质主要是酚类，这主要是由于其在加工过程中采用了熏烤工艺的处理。此外，醇类物质对板鸭的风味也具有较大贡献。在具体风味物质构成上，所有对产品风味具有显著贡献的挥发性物质中，(反,反)-2,4-壬二烯醛和苯甲醛在所有板鸭产品中均有检出，己醛、(反)-2-辛烯醛、壬醛、1-辛烯-3-醇、萘、(*Z*)-2-庚烯醛、2-正戊基呋喃、(反)-2-癸烯醛和芳樟醇含量的差异导致了不同产品中风味的不同[12]。聚类分析显示，南京板鸭、雷官板鸭和扬州板鸭的挥发性物质构成更为接近，南安板鸭和沙县竹炭板鸭可以归为一类，重庆白市驿板鸭与其他板鸭风味差异较大（图 5.2）。

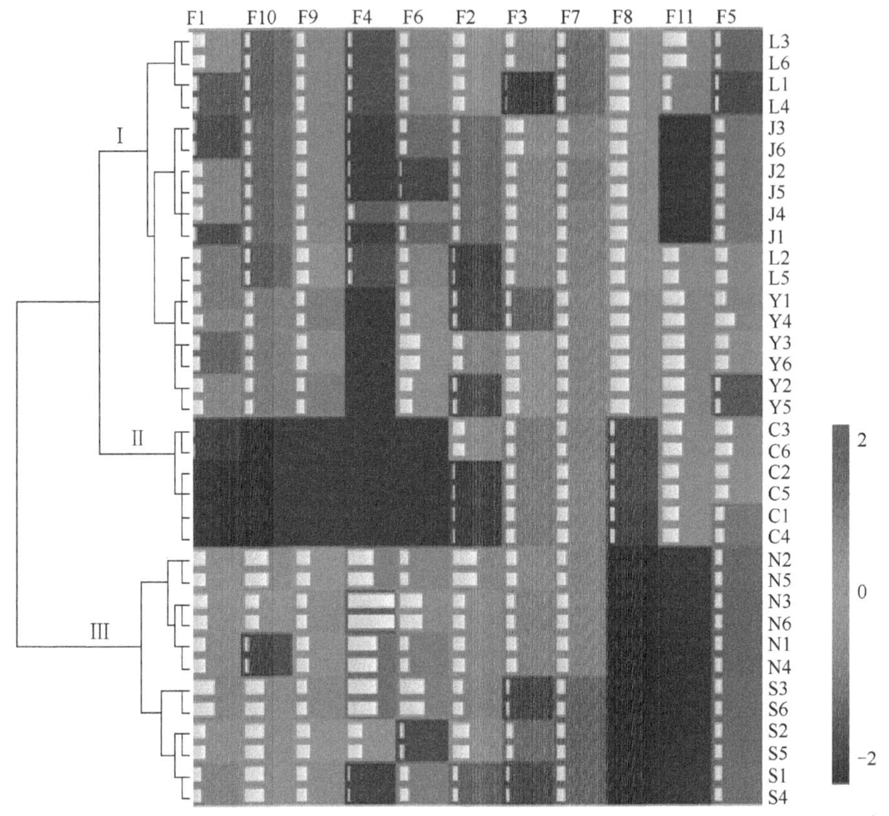

F1．己醛；F2．壬醛；F3．萘；F4．(Z)-2-庚烯醛；F5．苯甲醛；F6．(反)-2-辛烯醛；F7．(反,反)-2,4-壬二烯醛；F8．(反)-2-癸烯醛；F9．1-辛烯-3-醇；F10．2-正戊基呋喃；F11．芳樟醇；N1～N6．南安板鸭；S1～S6．沙县竹炭板鸭；C1～C6．重庆白市驿板鸭；Y1～Y6．扬州板鸭；J1～J6．南京板鸭；L1～L6：雷官板鸭。

图 5.2　6 种板鸭的聚类热图

5.2　腌腊肉制品传统加工工艺

我国幅员辽阔，不同地区的资源禀赋和气候环境差异极大，这也导致不同地区腌腊肉制品的加工工艺千差万别，但是仍然遵循比较统一的基本工艺流程。腌腊肉制品的加工工艺对产品的色泽、风味、质构、营养价值等均具有重要影响，本节将以常见腌腊肉制品为例，对其加工工艺进行简要的介绍。

5.2.1　原料选择

腌腊肉制品的原料主要有畜禽肉及其副产品，畜肉主要有猪、牛、羊、兔等，禽肉主要有鸡、鸭、鹅等。原料品质是决定传统腌腊肉制品品质的重要因素，不同原料肉的化学成分含量与分布不同，其加工的产品物理性质及加工适性也会不同，对最终产品的风味、色泽、质构等品质特性影响很大。原料肉的使用必须经检验检疫合格，符合肉制品加工卫生要求。

1. 火腿类

火腿制作中的关键工艺之一是原料的选择，不同地域的火腿选用的猪种、腿的重量、肥瘦比例、形状等不尽相同，原料的差别也成为影响各自风味形成的原因之一。

金华火腿在地理标志产品标准中规定采用金华猪及以其为母本的杂交商品猪的后腿为原料，而金华猪是原产于中国浙江金衢盆地，其毛色以中间白、两头黑为基本特征，后腿具有大小适中、皮薄骨细、肥瘦适度、肉质细嫩、腿心饱满、后腿稍高、腿蹄壳呈白色等特征的中国名猪[13]。

如皋火腿选择品种优良猪，尖细脚，皮薄肉嫩，在这个基础上选择毛重 60～80kg 健康无病的猪，取其后腿。要严格掌握取鲜腿的规格标准，胴体肥膘为 1.5～2.5cm，最多不超过 3cm。鲜后腿（净腿）每只重 4～7kg。要皮薄脚细、腿心肌肉丰满、无病伤、血清、无毛、肉质新鲜、凉透无异味的后腿[14]。如皋火腿多以如皋的“姜曲海猪”作为原料[15]，屠宰时不能伤及后腿，原料腿要新鲜，皮薄、骨细，无伤无破、无断骨、无脱臼；腿心饱满，肌肉完整而鲜红，肥膘较薄而洁白；洗净鲜腿后根据其大小、肥瘦修成竹叶形或琵琶形。

2. 腊肉类

腊肉的品种很多，腊猪肉可选用不同猪种、不同部位制成各式的腊肉，不同猪种间、不同部位间存在着组分差异，加工制得的产品品质大相径庭。五花肉和腿肉是腊肉的常用原料，不同地区选用传统饲养模式的土猪制作的腊肉其品质与采用商品杂交猪制作的腊肉均存在一定差异。陈新欣等[16]比较了不同部位的杂交商品猪肉和本地猪肉对湖南腊肉品质的影响，得出本地宁乡猪制成的腊肉肉质紧实，亮泽红润，色泽中的亮度值和红度值及利用背最长肌制成的腊肉的挥发性成分种类和含量均高于商品杂交猪。刘文营等[17]比较了壹号土猪、北京黑猪、湘村黑猪和东北民猪、外三元猪的背最长肌对腊肉品质的影响，通过电子鼻测定显示不同猪源的腊肉主体风味存在差异，表现出各自的风味特征；通过电子舌测定出外用三元猪肉生产的产品酸味值最高，并且在鲜味和回味、咸味上表现出较高的值。不同肥瘦比例的五花肉对腊肉的风味影响也是显著的。杨凯等[18]对用不同肥瘦占比的五花肉生产清酱肉的风味进行了比较，肥肉比例高的挥发性风味物质种类多，相对含量高；高肥肉占比的原料含有更多的游离脂肪酸，脂肪酸与醇类物质发生酯化反应生成酯类物质，赋予清酱肉更多的果香、酱香等特有风味；脂质氧化产生醛类物质，脂肪比例大的原料醛类物质的种类和相对含量也高，清酱肉的脂香和腊味就更加浓郁。除猪肉外，猪的副产品，如猪蹄、猪头、猪舌、猪肝等也可用于腊味的加工。

腊牛肉和风干牛肉必须选择在非孕、非病、非犊牛的条件下屠宰所得的牛胴体作为原料。在多个牛种中多选用黄牛，其肉色呈棕红色或暗红色，脂肪为淡黄色，肌肉纤维较粗，肉质紧实。风干牛肉以选择后腿且肌肉中脂肪含量低者为最佳，这样能使产品不易断裂，更具有咀嚼性。

禽类中鸡、鸭、鹅也是制作腊肉的良好原料，基本上以整只白条为原料，以选择健康无病、体大丰满、胸腿肌肉发达且肉质细嫩的肉仔为最佳[19]。禽种选择方面宜选用当地特有禽类品种，如靖西腊鸭选择广西的麻鸭为原料。

3. 咸肉类

咸肉有带骨和不带骨之分，带骨的咸肉根据原料猪胴体不同部位分连片、段头和咸腿 3 种。连片是整个半片的猪胴体，无头尾、带脚爪，制成后每片约 13kg；段头是不带后腿和猪头的，成品在 9kg 以上；咸腿称为香腿，以猪后腿为原料，成品在 2.5kg 以上。小块咸肉选取小块的长方形肉块，每块重 2.5kg 左右[20-21]。

4. 腊（风干）肠类

肠类的原料主要是鲜（冻）畜禽肉，使用前需要注意检查肉和脂肪的新鲜程度，原料的好坏直接影响着产品品质的优劣。原料肉的品种、部位及混料的瘦肉和脂肪的比例对产品的风味影响极大。例如，广式腊肠就以猪肉后腿肉和肥肉的组合为最佳，后腿肉的瘦肉比例大，脂肪和筋腱少。在产品中肥肉、瘦肉的比例也直接影响着产品的分级，在中、高档产品中瘦肉的比例更大。研究证明，不同肉源对腊肠的品质有显著影响，以长白山黑猪肉与三元猪肉作为原料加工广式腊肠，黑猪背脂对不同品种瘦肉源的产品亮度值影响显著，黑猪的瘦肉能显著提升产品的红度值，并能赋予产品较好的特征性风味，感官品质明显优于三元猪肉[22]。

5.2.2 腌制工艺

食盐在腌制过程中发挥着重要作用，一定的食盐浓度可以有效地抑制腐败微生物的繁殖生长，起到良好的防腐作用，利于产品的长期储存。硝酸盐、亚硝酸盐除能与食盐协同加强抑菌效果外，还能与肌红蛋白生成亚硝基肌红蛋白，使肉的颜色呈现较好的玫瑰红色。传统腌腊肉主要采用静腌工艺，腌制耗时久，生产周期长。现代工业化生产通常采用滚揉腌制的方法，大幅度地加快了腌制速度。

1. 火腿类

火腿通常采用干腌法腌制，腌制工艺较为复杂。腌制的温度、湿度、上盐量、上盐次数等均会对火腿的风味产生影响。

金华火腿适宜的腌制温度为 0～15℃，适宜相对湿度为 70%～90%，金华地区冬季气候极其适宜火腿的生产，现代工业化生产利用可以控制温度、湿度的腌制库进行加工，解决了火腿制作的季节限制。金华火腿腌制总用盐量应控制在鲜腿重量的 7%～8%，并与亚硝酸盐混合，分 5～6 次添加，整个腌制时间在 1 个月左右[23]。

如皋火腿的腌制温度一般在 2～10℃最佳，分 4～5 次上盐，用盐量为鲜腿的 10%～12%，腌制 30～40d[14]。

腌制方法对火腿的品质存在一定的影响。干腌法和湿腌法对产品的水分含量和水分活度影响差别不大，但是干腌法制得的产品 POV 值（过氧化值）、TBA 值均显著高于湿腌法，说明干腌法加剧了脂质的氧化；在感官品质评价中，干腌法组的风味更优，而湿腌法组的组织状态优于干腌法，但色泽和口感无差异[24]。

2. 腊肉类

食盐在腊肉加工工艺中除防腐保鲜外，还能增加肉的凝聚力和弹性，促进腊肉风味的形成，并与其他辅料，如糖、酱料、酒等共同起调鲜调味的作用。除传统腌制工艺干腌法、湿腌法、混合腌制法外，近年来西式的腌制工艺也逐渐应用于腊肉的生产中，如注射腌制、真空滚揉腌制、变压滚揉腌制等。传统工艺的主要缺点为标准化程度低、加工时间长、食盐的渗透速度慢，西式的腌制工艺可以有效减少腌制时间。有实验表明，相同条件下，真空腌制能提高食盐的含量，显著提升盐的渗透能力，还可以有效降低食盐和亚硝酸钠的添加量[25]。

3. 咸肉类

咸肉的食盐用量相对较大，如四川咸肉食盐用量在 14%左右，但是一般不高于 20%。通常将食盐和硝酸盐混匀，需要上盐 3 次，腌制温度需要控制在 15℃以下，腌制时间为 25～30d，具体时间以肉品腌透为准。上盐过程中必须擦到肉品每一个裸露的面，尤其肉厚骨头多的地方需要多上盐，防止腌不到或者腌不透导致肉质腐败[26]。江苏、浙江一带的咸肉腌制工艺大致相同，食盐用量在 15%左右，食盐与硝酸盐充分混合后，在 8～12℃的条件下经过擦盐、敷盐、复盐，腌制 1 个月以上成为成品[27]。

4. 腊（风干）肠类

在中式香肠制品中腌制主要起到降低剪切力、增加肉的系水力和黏结力的作用，食盐根据产品类型的不同，添加量也不相同，一般在3%左右。将猪肉粒与食盐、亚硝酸盐等辅料充分混合搅拌，4℃左右腌制数分钟或数小时不等，腌制后即可进行灌制。此外，腌制温度和时间对中式香肠的感官品质影响很大，合适的时间能有效促进亚硝酸盐的快速渗透，达到良好的发色效果。

5.2.3 干燥与成熟工艺

腌腊肉制品的干燥工艺主要包括风干、晒干、烘干。自然风干主要是借助冬季温度低、湿度低、空气干燥等环境，将腌制肉挂在通风处自然干燥脱水，如内蒙古、青海、西藏传统的风干牛羊肉和哈尔滨风干香肠均采用这一工艺。晒干工艺主要是利用阳光的辐射晾晒产品，晒干的过程中肉制品的温度比较低，加之空气干燥、通风可以快速带走物料的水分，可以起到良好的发色作用。如广式腊味产品传统的干燥工艺多采用晒干法，但易受自然条件的限制，潮湿多雨时要及时移至烘房。烘干工艺是最常用的干燥工艺，主要是利用热源和空气对流把水分从物料表面带走。多数腌腊肉制品如湖南腊肉、四川腊肉、广式腊味等均采用此工艺生产，因为湿度不易控制，干燥过程中要定期进行干燥位置的调换，以保证产品的均匀干燥。

干燥成熟工艺是火腿类产品在腌制后进行的工艺，在洗晒完成后，火腿将上架进入长达6～8个月的腌腊期，前期温度在15～25℃，相对湿度为60%～70%，通过通风调节厂房内的温度和湿度。水分在这个阶段不断被蒸发，肌肉和腿皮出现干缩。后熟阶段温度在25～37℃，火腿逐渐趋于成熟，可以进行堆叠后熟。为了缩短干燥成熟时间，现代化生产采用控温控湿装备，调节控制产品在最优的干燥成熟的环境下生产[23]。

干燥工艺主要是通过将肉品中的水分快速挥发降低其水分活度，抑制微生物的繁殖，提高产品的保藏性。在这一过程中还伴随着腌腊特征风味的逐渐形成，蛋白质降解形成小分子呈味多肽和氨基酸，提供丰厚的鲜味，一部分参与到与还原糖的美拉德反应中，生成呋喃、吡嗪等风味物质。脂质在干燥过程中发生水解和氧化，产生了风味的前体物脂肪酸和氧化产物醛、酮、醇等，烟熏工艺产生的酚类物质形成了腌腊肉制品特有的风味物质。在对清酱肉烘干和成熟过程中理化特性及风味品质变化的研究中发现，加工过程中清酱肉的水分活度由烘干前的0.97下降到最终产品的0.745，低水分活度很好地抑制了有害微生物的繁殖，产品嫩度的表征值剪切力也随着水分活度的下降呈上升趋势，给产品带来紧实的质地。较好的肉质色泽会增加产品的购买力，在整个干燥与成熟过程中红度值 a^*在成熟前略有下降，随后逐渐升高，呈现较好的色泽。清酱肉在干燥与成熟过程中逐渐形成特征风味物质，数量呈增加趋势，特别是清酱肉中重要的风味物质——酯类物质，含量逐渐增加，样品成熟后高达 43.59%。由于样品中酒的添加，醇类物质在加工过程中逐渐与脂肪酸等物质发生反应生成酯类等风味物质，含量逐渐减少，而乙酸乙酯、丁酸乙酯等呈上升趋势。运用电子鼻技术主成分分析（PCA）和线性判别式分析（LDA）可知，清酱肉各个阶段的风味有较好的区分，到成熟的后期风味逐渐相似[28]。

5.2.4　烟熏工艺

烟熏工艺主要应用在湖南腊肉、四川腊肉及一些中式香肠中，赋予产品烟熏风味和良好的色泽。烟熏物质中有大量的酚类物质，可以有效地抑制脂质氧化的进程，起到一定的抑制微生物的作用。烟熏材料有很多种果木、杂木、米糠、甘蔗渣等，多为就地取材。传统的烟熏设备为自家的柴火或土炉，熏制时间在 15d 以上。工业化生产一般采用烟熏炉，烟熏温度较高，熏制时间较短，以 2～3d 居多。但是烟熏工艺赋予产品烟熏风味的同时也带来了食品安全问题，如苯并[a]芘就是熏烟中的典型有害物质，对人体具有较高的致癌风险，熏肉的熏制时间越长，其含量越高。因此，如何有效降低熏制腊肉中苯并[a]芘的含量一直是行业面临的重大技术难题。已有技术主要通过选取适宜发烟材料、优化熏制工艺参数、烟熏过滤等对其进行抑制，但是效果不佳。液熏技术是一种无烟熏制技术，加工的产品无苯并[a]芘检出，具有较高的安全性，但是市场上多为山楂核和硬木制备的烟熏液，很难还原传统烟熏腌腊肉制品的独特风味。赵冰等[29-31]以苹果木为原料，经过现代化的加工工艺，将干馏、精馏和纯化等技术结合，开发出绿色、优质、高效的烟熏液，可使产品较好地呈现传统烟熏工艺的风味和色泽。此外，包装材料如低密度聚乙烯对苯并[a]芘也具有一定的吸附效果[32]，可以在一定程度上起到降低产品中苯并[a]芘含量的作用。

5.3　腌腊肉制品加工新技术

腌腊肉制品传统加工工艺中腌制、晾挂、熏制等对产品品质的稳定性和安全性影响较大，产品存在如微生物污染、脂质过氧化、苯并[a]芘及亚硝胺等有害物质含量较高等问题。为解决上述问题并提升产品的工业化程度，大量新技术被应用于腌腊肉制品加工中。

5.3.1　原料肉标准化与感官评价数字化

腊肉原料的标准化是工业化生产中的重要部分，现在大部分原料的筛选还依赖人工挑选，但是近年来智能化的分级手段也开始逐渐应用到原料肉分类中，主要是利用计算机视觉技术模拟生物宏观视觉功能进行原料肉的分类，它通过图像传感器代替人眼获取样品的图像信息，并对图像信息进行分析，是一种快速、无损的非接触检测手段（图 5.3）。杨凯等[18]基于计算机视觉技术，分析清酱肉原料肉的肥瘦比，并利用 GC-MS 测定了清酱肉的挥发性风味物质，探究了原料肉肥瘦比对挥发性风味物质的影响，发现不同原料不同脂肪的占比对风味的影响显著，并以此为依据对原料肉进行标准化分级（图 5.4～图 5.7）。在企业的实际生产中，可利用计算机视觉技术形成产品的原料标准化技术要求，通过原料的分级进行产品的质量分级，这样也便于营养标签的标识，能够为企业带来良好的经济效益。

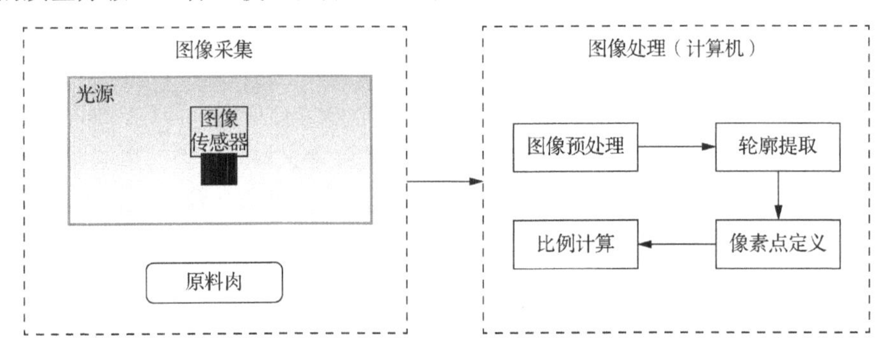

图 5.3　计算机视觉系统结构示意图[18]

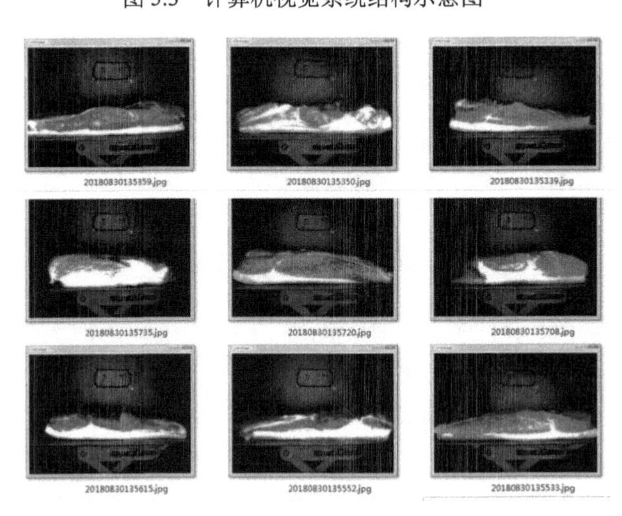

图 5.4　原料-计算机视觉图

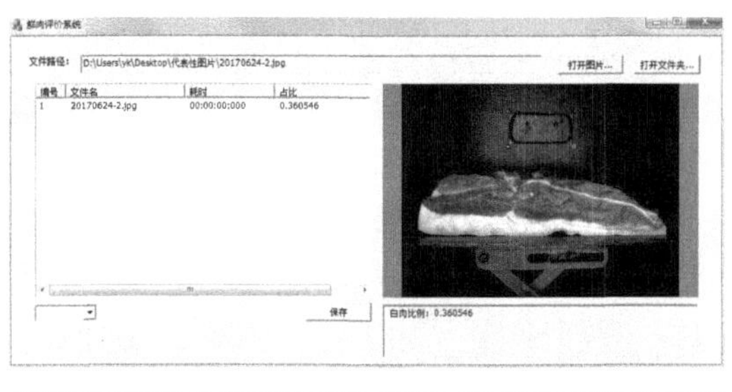

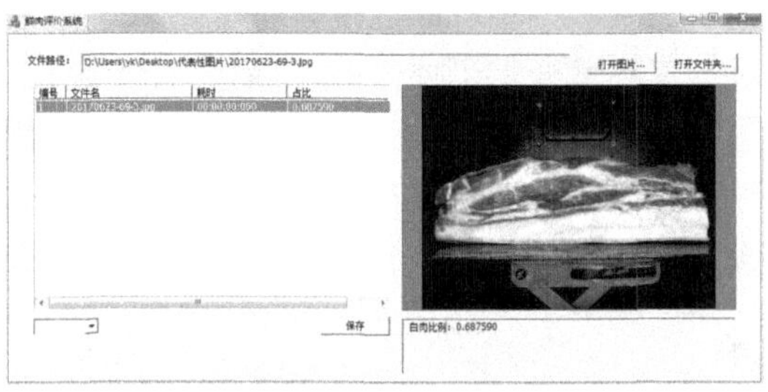

图 5.5　计算原料的脂肪面积占比系统

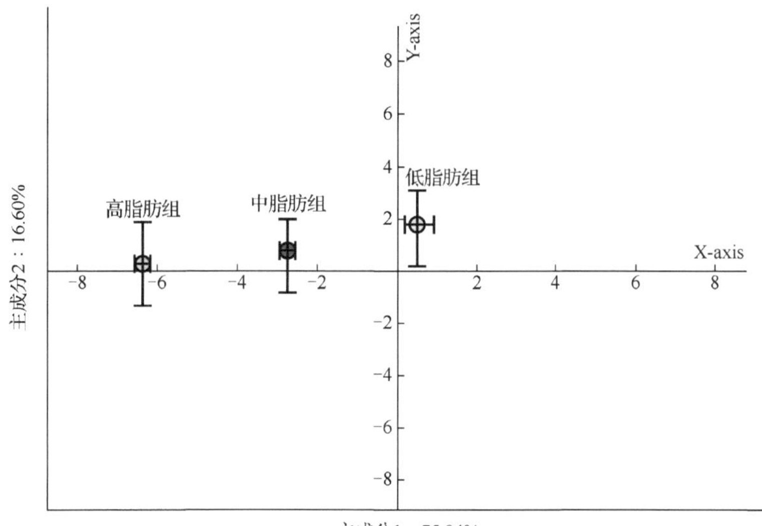

图 5.6　不同脂肪含量湖南腊肉样品电子舌的 PCA

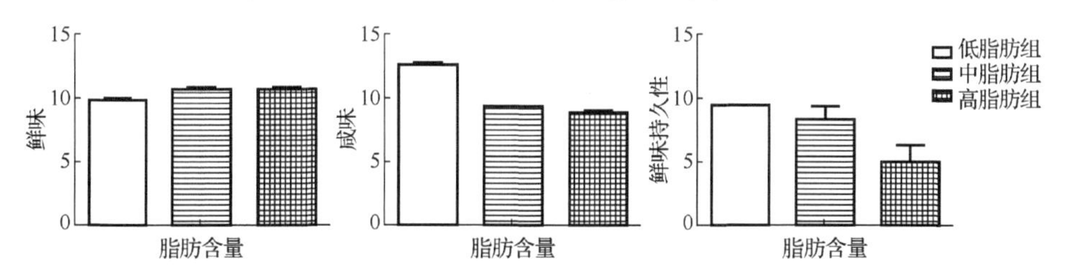

图 5.7　不同脂肪含量对湖南腊肉鲜味、咸味和鲜味持久性的影响

传统的感官评价需要人的参与，人的主观意识及视觉、味觉、嗅觉等感官的疲劳一定程度上会影响评价的准确性和科学性，所以近几年感官评价的数字化逐渐兴起。大量研究采用气相色谱-嗅闻-质谱联用、电子鼻、电子舌、色差计、质构仪等现代仪器分析技术对腌腊肉制品进行风味、味道、质构、色泽等指标的科学分析，代替人工感官评价，以实现对产品品质的精准、客观评价。

这些研究系统分析了腌腊肉制品加工过程中酶、微生物、风味、色泽等的变化规律，模拟出不同自然气候下相应的温度、湿度、风速等环境因素，在保持传统风味的基础上使得加工环境变得可控；通过调控加工过程中内源酶活力和有益微生物生长，加快蛋白质和脂质分解氧化和风味形成速度，在保持产品传统特色风味的基础上可以提升产品品质、提高产品的安全性，有效缩短加工周期，达到品质和节能的双重成效。

5.3.2 新型腌制技术

传统腌制工艺需要手工静腌，现代工艺静腌与真空滚揉相结合，利用自动控温控湿的装备等形成快速腌制成熟技术，可缩短肉料的腌制时间，减少食盐的用量并避免微生物的污染。罗扬[33]运用真空腌制技术对腊肉传统生产工艺进行了改进，新腌制工艺不仅提高了原料肉中的氧合肌红蛋白含量，提升了亮度和红度值，而且改善了肉的弹性。郭昕[34]研究了常压、真空和加压相结合的静态变压腌制工艺对传统腊肉理化指标和风味的影响，新工艺可降低对肌纤维束微观结构的破坏程度，提高腌制肉中盐溶蛋白的含量，腌制时间可缩短至 5.22h，显著提高产品的食用品质。此外，越来越多的现代腌制加工技术如冲击波技术、脉冲电场技术、超声波辅助技术等，在腌制肉制品中研究与应用，推动腌腊肉制品向着高品质的方向发展[35]。为改善产品品质，在腌制工艺中添加新型的护色剂和发酵剂，也成为研究热点。利用苹果多酚、组氨酸、血红素等作为适宜腌腊肉制品的护色剂，在具有良好发色效果的前提下，不影响传统风味的形成，可用于低硝腌腊肉制品的色泽改善[36-38]；发酵剂在腌腊肉制品中的应用，可以在有效改善产品色泽，促进腌腊风味形成的同时，提高产品的安全性[39-40]。

5.3.3 新型干燥技术

随着产品品质标准化、加工工业化的需求增加，现代化肉制品加工设备不断在腌腊肉制品企业中应用，控温控湿的干燥设备模拟自然风干、晾干的条件，可在提高产品的卫生安全性、品质稳定性的同时缩短加工时间。例如，利用风速、风量、风向、温湿度可控可调的干燥发酵成熟智能一体化装备（图 5.8），腌腊肉制品加工周期可缩短 50%以上。红外加热、过热蒸汽加热等新型干燥技术的使用，使得热风干燥耗能少、时间短、营养物质损失少，如连续式中红外-热风组合干燥设备可提高风干肉制品的脱水效率，降低干燥耗时，生产效率可提高 1 倍，风干均匀，可解决传统热风干燥效率低、品质较差等问题。

图 5.8　温湿风可控的现代化干燥成熟装备

为了加快产品的干燥成熟时间，有学者在分析加工过程中影响风味的脂肪、蛋白质降解的因素的基础上，对传统加工工艺进行了优化。刘扬等[41]分析了风干狼山鸡风干工艺参数的相互影响及其与蛋白质降解和感官品质的相关性，确定腌制用盐量 2.6%、起始风干温度 12.5℃、风干过程以 1℃/12h 的速率升温、风干时间 93h 为最佳的风干工艺。

5.3.4　低盐加工技术

盐在腌腊肉制品中起到非常重要的作用，它可以防腐保质、增加产品的风味、改善产品的组织结构。周慧敏等[42]在研究食盐对风干猪肉挥发风味的影响中发现，醛类、醇类、酯类含量随着食盐浓度的增加呈现先增加后降低的趋势，在添加量为 4%时达到最大，而酮类、酸类、杂环类含量则逐渐增加，说明达到一定浓度的食盐才能使得产品的风味较好地释放出来。传统的腌腊肉制品的食盐含量比较高，据调查湖南湘西腊肉的食盐含量主要为 4.5%～6.0%[43]，而有些地区的腊肉食盐含量高达 8%[44]，金华火腿的含盐量为 9%～11%[45]。

腊肉制品的高含盐量也给人们的健康饮食带来了一定的负面影响，近几年低盐腌制技术逐渐成为学者的研究焦点，简单地降低食盐含量达不到防腐功能，同时会对风味产生很大的影响。寻找与食盐相似功能的成分部分替代食盐对腊肉在感官风味、微生物等方面所起到的作用也成为研究热点。大部分学者用氯化钾替代氯化钠，杨应笑等[46]在保证腊肉产品风味品质和卫生质量的情况下，氯化钾替代氯化钠的最佳替代量为40%。柴子惠等[44]利用2.68%氯化钠+1.32%替代盐制作了四川腊肉，与高盐组添加6%的食盐相比降低了盐含量50.81%。除此之外，利用抗氧化剂，辅助工业化的快速腌制手段也成为降低食盐的良好方式。付浩华[47]利用0.2%的D-异抗坏血酸钠及0.7%的迷迭香提取物，配合真空滚揉技术，降低产品食盐含量20%。此外，有学者采用低盐及钾盐部分替代协同“强化高温成熟”的新型火腿发酵技术，可以替代30%的钠盐，缩短发酵时间，满足火腿四季供应市场的需求[48]。

5.3.5 加工过程中有害物防控技术

腌腊肉制品加工过程中易形成亚硝胺、苯并[a]芘等有害物质，对人体健康造成威胁。随着天然抗氧化剂的出现，研究者发现它们不仅可以有效地抑制有害物的产生，提高产品品质，还对人体健康有益。通过添加一些天然提取物质能有效改善腌腊肉制品工业化加工中的品质不足和提高产品安全性，如添加西兰花种子水提物、鼠尾草、茶多酚、甘草提取物等可以替代2,6-二叔丁基-4-甲基苯酚（BHT）等化学合成的抗氧化剂，在提高产品的抗氧化性的同时，很好地改善产品的色泽和风味[7,49-50]。

此外，利用乳酸菌等发酵剂能较好地降低腌腊肉制品中的过氧化值，减少生物胺的含量。适度的氧化有益于腌腊肉制品风味的形成，但是氧化过度导致过氧化物的含量增加就会对人体产生危害。潘晓倩等[51]、周慧敏等[52]将经自主知识产权筛选、制备的乳酸菌添加到腊肠中，在降低过氧化值的同时，有效改善产品色泽，促进腌腊风味形成。蛋白质在风干肠的加工中受微生物的作用易氧化降解生成有害产物生物胺，李素等[53]、赵冰等[54]在风干肠中鉴定出大肠杆菌和克氏耶尔森菌两株易产生生物胺的菌，在风干肠的生产中添加发酵剂，并引入发酵工艺，将乳酸菌添加到羊肉风干香肠中，有效地降低了生物胺的生成，显著提高了产品的安全性。

烟熏工艺赋予腌腊肉制品特有的风味，但同时也存在产生苯并[a]芘有害物的危害。钟昳茹等[55]比较了5种烟熏材料对湘西腊肉品质的影响，锯末与橘子树枝、米糠、木粒、杂木等比较具有最低的苯并[a]芘含量。考虑到环境和食品安全问题，液熏技术是一种有效的熏制方法，以传统烟熏材料制备烟熏液技术，可使熏制腌腊肉制品更接近烟熏风味[31]。

5.3.6 脂肪粒清洗新技术

脂肪粒清洗是传统香肠生产中的一个重要环节，猪脊膘经过切丁或绞制挤压后其表面均会出现浮油，如果不进行清洗会在香肠烘烤过程中溢出，从而极大影响产品的外观、风味和感官。

传统的清洗方法是先使用 50～60℃温水用手工将脂肪粒搅拌开，将表面浮油清洗掉，然后再加冷水冷却，最后把水排掉，完成清洗。该方法存在着较大缺点：劳动强度大，人工成本较高；自动化程度低，生产劳效低；脂肪粒清洗后的温度难以控制，普遍偏高，质量安全隐患高；标准化控制难。手工清洗极易造成脂肪粒批次之间的质量不稳定，从而最终影响产品的质量。

宁鹏等[56]发明了一种脂肪粒自动清洗装置，解决了上述难题，有效提高了产品的质量安全控制水平。该装置包括冷水箱、热水箱、清洗槽和控制系统 4 部分，通过计算机与温度传感器、电子流量开关阀、电子蒸汽阀、搅拌轴、报警器共同作用，实现脂肪粒的自动清洗。通过计算机自动控制冷、热水的温度和用量，再按照计算机中固定的清洗流程来完成脂肪粒的清洗，并且在清洗程序结束后报警，工作人员开启清洗槽的出料口和搅拌器就可及时将洗净的脂肪粒转移到料桶内并关闭出料口和搅拌器，完成清洗过程。通过机械化自动向清洗槽内注入脂肪粒、冷热水既可大大降低工作人员的劳动强度，又可提高劳动的效率。另外，洗丁环节的计算机程序控制能规范过去人工凭经验的洗丁操作和脂肪粒定温出料，稳定每批次脂肪粒的质量。该技术和装备的应用使脂肪粒的温度、洁静度每批次保持基本一致（图 5.9），产品质量的稳定性得到保证，能提高劳动效率，并有效降低人工成本。

清洗前

清洗中

清洗后

图 5.9　脂肪粒自动清洗设备及清洗效果

5.3.7　干燥成熟阶段的自动控制

1. 自动控制烘房

干燥是传统肉制品加工过程中关键的工艺环节，烘房是最常见且最为经济的脱水干燥设施。烘房的原理是利用热源形成适宜温度（40～50℃），把食物中的水分蒸发出去，同时保持烘房内适宜的湿度、适宜的通风量，以及产品在烘烤装置内适宜的分布密度等。烘房运用热交换原理连续使产品的中心温度与表面温度基本一致，使食物的水分由内向外均匀散发出去，直至达到产品脱水标准。

传统的烘房有以下缺陷：①烘房内的温度靠人工手动开启和调节，产品批次之间差异大；②烘房内的湿度靠人工手动开启排气扇控制，排湿的时间和时刻很难保持一致，产品质量差异大；③产品的出品率不易控制，产品何时结束烘烤工序，要靠人工经验判断；④所有温湿度和产品出品率控制都需要人工完成，人工成本较大，且有逐年上升趋势。

宋忠祥等[57]研制的一种能够克服上述缺陷的自动控制烘房，通过计算机和温度传感器、湿度传感器、电子蒸汽阀、排湿机的共同作用，实现自动控制烘干室内的温度和湿度，使每批产品的烘烤过程基本一致，保证了烘烤产品的风味稳定。它通过 4 个重量传感器把烘干室内产品重量的变化反映到计算机显示屏，能准确地掌握产品的烘烤出品率，一旦烘烤出品率达到设计要求，报警器就会发出警报，电子蒸汽阀就会关闭，工作人员就可及时把产品推出烘干室。可自动控制烘干室的温度、湿度、产品烘烤出品率，既不需要人工调节温度和湿度，可节约人工成本，也不需要凭经验判断产品是否达到烘烤要求，可节约测试产品水平的检验成本。通过精确控制每批产品烘烤的温度和湿度，能够确保每批产品的烘烤出品率稳定一致，并提高劳动效率。

2. 人工气候装置

很多传统肉制品依赖当地的自然环境和气候条件，极大地受到自然因素的制约，不仅影响产品的推广生产，而且由于局部气候的干扰因素太多，导致产品品质不容易控制，并且一年当中只有少量的时间适宜生产，导致生产效率较低。人工气候技术和装备的进步很好地解决了上述问题，它把无法控制的大自然环境搬进室内，同时封闭环境也大幅提高了产品的质量安全水平。该技术在传统肉制品现代化加工领域有着广泛的应用前景。

马晓钟等[58]应用基于人工气候系统的生产线（图 5.10）改良了金华火腿工艺，通过应用人工气候系统，火腿优质率比传统工艺提高 20%以上，含盐量降低 2%，除水分外其他理化指标的检测结果均优于传统工艺。新工艺可彻底摆脱自然气候对金华火腿生产的限制，大大减轻工人劳动强度，同时提升产品品质，扩大生产规模，使金华火腿工艺水平与世界同步，真正实现金华火腿标准化、现代化生产。传统金华火腿与新型火腿工艺装备及产品特点比较如表 5.2 所示。

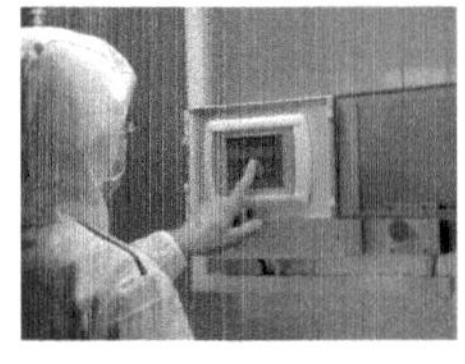

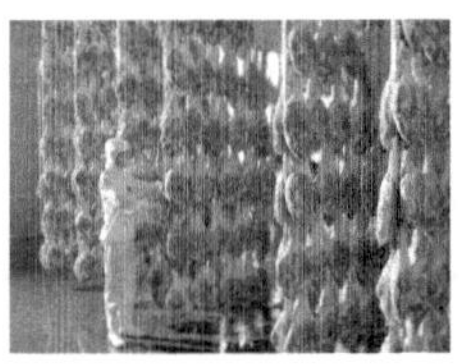

图 5.10　基于人工气候系统的新型金华火腿生产线

表 5.2　传统金华火腿与新型火腿工艺装备及产品特点比较[58]

比较项目		传统金华火腿工艺	新型工艺
风味口感		香味浓烈，口感偏咸，较硬	香味清淡，咸度适中，松软
含盐量		<11%	<6.7%
含水量		<41%	<63.5%
生产时间		冬季投料，周期 10 个月以上	全年投料，周期 6～12 个月
生产方式	操作	全手工	机械化
	修胚	竹叶形	鸡大腿形
	上盐腌制	上盐 5～6 次，堆叠腌制	上盐 2～3 次，架盘腌制
	腌制环境	自然气候，温度 0～15℃，相对湿度 70%～90%	控温控湿，温度 2～4℃，相对湿度 70%～90%
	洗腿	浸泡，手工操作，水温较低（10～20℃）	喷淋，机械操作，水温较高（35～45℃）
	晒腿（风干）	自然气候，露天，10～25℃	控温控湿，全封闭，15～20℃
	整形	人工操作	无
	发酵架	竹、木或金属制蜈蚣架	不锈钢挂架
	发酵环境	自然气候，温度 15～38℃，相对湿度 40%～70%	控温控湿，温度 15～25℃，相对湿度 65%～75%
	后熟	堆叠方式	不锈钢架悬挂方式
	运输	人工搬运	滑动轨道或机器人搬运

5.4　典型产品

腌腊肉制品作为传统肉制品的典型代表，发展至今已经拥有很多代表性产品，本节将对知名度较高的腌腊肉制品及其生产流程和工艺要点进行介绍。

5.4.1　金华火腿

金华火腿起源于浙江省金华市，历史悠久，素以“色、香、味、形”四绝著称于世。金华火腿作为地理标志产品，其地域保护范围主要是金华市的婺城区、金东区、义乌市、永康市、兰溪市、东阳市、浦江县、武义县、磐安县，衢州市的柯城区、衢江区、江山市、开化县、龙游县、常山县等[13]。传统工艺一般在农历立冬之后开始腌制，经过多个加工工艺长时间发酵而成，整个加工时间约 10 个月，品质受原料、加工季节、天气状况、加工技术等影响，其主要加工工艺如下[13,23,59]。

1. 工艺流程

选料→修坯→腌制→浸腿→洗腿→晒腿→整形→腌腊→后熟→成品。

2. 工艺要点

1）选料

选用经兽医检疫合格的金华猪或有其血统的二、三元杂交猪的后腿，要求猪腿腿心饱满、皮薄爪细、肌肉鲜红、脂肪洁白、皮色白润或淡黄、干燥而无软化发黏，净重以 5～13kg 为宜，腿皮厚度宜控制在 0.35cm 以下，肥膘厚度宜控制在 3.5cm 以下。

2）修坯

修坯工艺的好坏决定了金华火腿外形的美观程度，将未经修割的整腿进行斩骨、开面、修整腿边等，刮去皮面的残毛、老皮、污垢，挤出血管中残留的淤血，削平趾骨，使表面和边缘平整干净，并初步形成“竹叶形”的外形。

3）腌制

腌制是金华火腿加工的重要环节，适宜温度为 0～15℃，相对湿度为 70%～90%，因此传统金华火腿在金华地区要求立冬至翌年立春之间进行腌制。上盐操作是关系到火腿质量优劣的关键因素，腌制时间为 30～40d。

第一次上盐：在全部露出的肉面抹擦一层薄盐，要少而均匀，用盐量为腿重的 1.5%左右，上盐后将肉面朝上逐个向上堆叠，一般叠到 12～14 层，也称为“出水盐”。

第二次上盐：在第一次上盐后的第二天进行，挤出淤血，在肉面上继续均匀撒上薄盐，肌肉厚的地方盐量加大，较薄的地方盐量要少，用盐量为腿重的 3%左右，上盐后重新堆叠，也称为“上大盐”。

第三次上盐：在第二次上盐后的第四至第五天进行，抹动陈盐，撒上新盐，用盐量为腿重的 1.5%左右，也称“复三盐”。

第四次上盐：在第三次上盐后的第六天进行，主要进行个别部位的补盐，用盐量为腿重的 1%左右，也称为“复四盐”。

第五次上盐：在第四次上盐后的第七天左右进行，主要是检查重点部位存盐的情况，适当补新盐，用盐量为腿重的 0.5%左右，不高于 1%，也称“复五盐”。

第六次上盐：在第五次上盐后的第七天左右进行，抹动陈盐补新盐，盐量低于 1%为宜，也称“复六盐”。

“复五盐”“复六盐”重点部位在三签头，确保其不失盐。腌透的腿，肌肉结实，肉面呈暗红色。

4）浸腿

把腌好的腿放在清水中浸泡，肉面向下，皮面朝上，最底层相反，一层一层堆起，需将整腿浸没在水中。水温不宜高于 20℃，根据腿的大小、水温的高低、上盐量的多少调整浸泡时间，以达到皮面浸软、肉面浸透为度。

5）洗腿

浸泡好的腌腿进行洗刷，洗净表面盐分和污垢，再浸泡清水中 3h 左右，重复洗刷、浸泡工序，直至洗净。

6）晒腿

将洗刷干净的腿挂在晒腿架上，晒 4～6d 至皮面无水块、皮紧黄亮、肉面微油为止。

7）整形

火腿在晾晒水分稍干后进行整形，绞腿骨、压脚爪，把脚爪弯成 45°，用木槌把俯关节敲直，然后按压腿身，捧拢腿心，使整个腿饱满。为防止形状复原或异形，整个步骤需要多次进行，直至定型。整形后还继续晒腿达到晾晒工艺的标准。

8）腌腊

腌腊工艺是传统金华火腿关键的工艺之一，洗晒完成后的腌腿上架腊制长达 5 个月以上，其间应防蝇、防鼠、隔热、通风干燥和清洁卫生，腿与腿之间保持 5cm 间距，前后不能相碰，以利通风。温度和湿度对产品质量十分重要，前期适宜气温为 15～25℃，后期适宜气温为 25～37℃，相对湿度为 60%～70%。其间腿皮干缩到一定程度后再次进行修整，使外形美观符合金华火腿标准要求。

9）后熟

火腿开始起香渐趋成熟时，根据成熟程度进行落架堆叠，完成后熟阶段。为了防止火腿表面干硬，一般在其表面涂上一层食用油，俗称擦油，使火腿保持油润光泽。堆叠以 10 层左右为宜，初期经 4～5d 堆叠后进行翻堆，后期可 7d 一次。

10）成品

成熟的火腿分级十分重要，一般成品分为特级、一级、二级，遵循地理标志产品中感官指标和理化指标判别，香气由火腿技师利用三签法判断。

5.4.2　清酱肉

《故都食物百咏》云，“故都肉味比江南，清酱腌成亦美甘；火腿金华广东腊，堪为鼎足共称三”，对清酱肉给予极高的评价。北京清酱肉是中国北方传统名食，始创于明代，至今已有 400 多年的历史，属于酱制腊肉的一种，其色泽酱红，清香鲜美，肥肉薄片，晶莹透明，利口不腻，瘦肉片则不柴不散，风味独特。清酱肉主要经过盐腌、酱腌、风干等工艺，干爽易存，酱香浓郁[60-61]。独特的工艺使得肉中的蛋白质充分降解，产生大量的多肽和游离氨基酸，并具有一定的抗氧化功能，表现出较好的食用营养价值。王乐等[62]发现清酱肉中提取的多肽质量浓度为 5mg/mL 时，对·OH 和 DPPH 自由基的清除率分别可达 51.49%和 57.50%；多肽中与抗氧化活性相关的碱性、酸性及疏水性氨基酸的总量达到 87.75%。张顺亮等[63]监测了清酱肉从原料肉、腌制、干燥等各加工阶段的水分活度、水分含量、TBARS 值、POV 值等理化特征指标，可为清酱肉工业化生产中质量过程管理提供借鉴。为解决杀菌温度过高导致产品发生美拉德反应、脂肪大量渗出、脂质氧化、色泽和风味下降等问题，李迎楠等[64]研究了不同杀菌温度对熟制清酱肉色泽、挥发性风味的影响，确定在最佳杀菌温度条件下挥发性风味物质相对含量高达 91.71%，其中具有特征风味的醛类、酯类化合物的相对含量最高，样品风味保持最好，同时红度值 a^*最佳，为清酱肉产品品质保持、工业化生产提供一定的参考。

1. 工艺流程

选料及修整→滚揉腌制→酱腌→静腌→干燥→成熟→成品。

2. 工艺要点

1）选料及修整

选用猪的五花部位，剔除碎骨、血污和筋腱等异物，分割为宽约 4cm、厚约 4cm 的肉条，肥瘦适中。

2）滚揉腌制

将食盐、白砂糖、亚硝酸盐等腌制料溶解后，与五花肉一起进行滚揉腌制，滚揉温度为 2～10℃，1 个周期滚揉时间为 10min，间歇静置时间为 50min，总工作时间为 6～12h。

3）酱腌

将按比例配好的酱腌料与腌好的肉混合均匀，放入滚揉机中酱腌。滚揉温度为 2～10℃，1 个周期滚揉时间为 6min，间歇静置时间为 54min，总工作时间为 5～10h。

4）静腌

酱腌后在冷库中静腌，温度为 2～10℃，时间为 20～30h。

5）干燥

静腌后，将五花肉取出放入烘炉中干燥，温度控制在 40～55℃，干燥 3h 左右。

6）成熟

干燥后将肉放入恒温恒湿库中进行成熟，温度为 10～15℃，相对湿度为 50%～70%，成熟时间为 16d 左右。

7）成品

将成熟后的产品放入包装袋中，用真空包装机进行真空包装。

5.4.3　湖南腊肉

湖南腊肉也称为湘味腊肉，主要产于湖南地区，突出的特点是烟熏味浓郁，外表呈棕红色，内部瘦肉呈酒红色，味道鲜咸，主要工艺包括腌制、烘烤、烟熏。从不同加工阶段挥发性风味物质的种类和含量变化来看，后腿肉制造的湖南腊肉腌制阶段的挥发性风味物质种类最少且含量低，主要是配料中酒产生的醇类物质、酯类物质和具有脂肪味的醛类物质；在烘烤阶段挥发性风味物质种类迅速增加，醛类、酮类物质含量伴随着脂质的氧化程度加剧快速升高，酯类也呈增加趋势，但醇类物质变化不大，逐渐形成了腊肉风味的基本风味；经烟熏工艺后丁香酚、愈创木酚、4-乙基愈创木酚等具有代表性的烟熏香味成分的酚类物质骤增，最终形成了湖南腊肉特有的风味[65]。

1. 工艺流程

原料肉处理→配料→腌制→烘烤→烟熏→包装→成品。

2. 工艺要点[47,55]

1）原料肉处理

生产腊肉的原料肉可采用五花肉和腿部的猪肉，根据市场需求，将原料切成所需要的产品规格，以 0.5～1kg 的肉条为宜，不应过肥或者过瘦。

2）配料

各地生产腊肉时使用的配料各不相同，传统农家腊肉通常只用食盐腌制，用量为 6%左右，有些地区适量添加香辛料、白酒、糖等辅料。工业化生产湖南腊肉由于品质容易控制，食盐的添加量减少，通常在 3.5%左右，白酒在 0.3%左右，白砂糖在 0.5%左右，硝酸钠或亚硝酸钠等添加剂的添加量遵循食品添加剂标准，香辛料适量。

3）腌制

将食盐等腌制剂与其他固体辅料充分混合均匀后，再与肉条混匀，液体配料最后加入，在 4～10℃条件下层叠静腌。腌制时间根据肉块大小灵活掌握，一般 3d 以上，每隔 24h 翻动一次，以腌透为宜。再用水清洗，去除表面的盐分，使肉中食盐的含量均匀。

4）烘烤

晾干肉表面的水分后，在 45～60℃的温度条件下可分不同温度阶段烘烤，一般烘烤时间在 48h 以上。

5）烟熏

烘烤完成后进入烟熏炉，熏制时间为 72h 以上。烟熏材料种类多样，一般就地取材，如硬木锯末、甘蔗渣、茶籽壳、稻壳等，受烟熏材料、时间、温度的影响，产品烟熏风味差异明显。

6）包装、成品

成品进行包装后，可在低温条件下保存，储藏过程中风味会进一步成熟。

5.4.4 广式腊肉

广式腊味制品是有着悠久历史的传统食品，在香港、澳门、台湾及东南亚等地区拥有一定的市场。广式腊肉又称为广味腊肉，具有独特的工艺与口味，突出酒的醇香和甜味，与湖南、四川等地腊味不同，且无烟熏工艺。

1. 工艺流程

选料修整→漂洗→腌制→烘焙→包装→成品。

2. 工艺要点

1）选料修整

精选肌肉与脂肪相间、层次分明的五花肉为上品，修整边缘，刮毛，按规格切成条状，每条长 30～46cm、宽 1.5～2.5cm、重 150～250g。

2）漂洗

将肉坯用 30～40℃温水漂洗干净，除去污物和表面浮油，沥干水分。

3）腌制

配料主要是白酒、酱油、糖、盐等，将配料调匀，放入肉条，再搅拌均匀。每隔 0.5～1h 搅拌一次，腌 3～8h，确保腌料渗入肉的内部，充分吸收配料。若需要色泽鲜亮，可再在肉条上均匀涂抹猪油上色。

4）烘焙

把腌制好的肉条逐条穿上麻绳，挂在竹竿上，晾晒 4～5d 即可，或者转入烘房烘焙，温度控制在 40～50℃，温度可先高后低，定时观察肉坯的干燥程度，烘焙 2～3d，至皮干肉硬、出油即可出烘房。

5.4.5 扬州风鹅

风鹅属于风干禽类，也称为腊鹅、咸鹅，迄今已有 3000 多年的历史，是江苏的传统特色肉制品。例如，江苏的扬州风鹅和溧阳风鹅都比较有名。扬州风鹅主要工艺如下。

1. 工艺流程

原料处理→腌制→风干→包装→成品。

2. 工艺要点

1）原料处理

选用健康良好、大小适中、具有相关监督机构出具的动物检疫证明，以及符合国家相关标准的鹅作为原料，宰杀放血、摘除内脏，去除污物，冲洗干净。

2）腌制

配料中的食盐、白糖、花椒等香辛料适量。把配料粉碎混匀，均匀涂抹在鹅的外表面和内腔，特别是刀口处，防止腐败变坏，然后倒挂腌制 3～4d。

3）风干

用绳穿起，挂于阴凉干燥处，经 15d 左右即为成品。借助现代的风干装备风干温度可设 16℃左右，湿度 70%，风干 5d 左右。可以缩短风干时间，并可以借助发酵剂结合强化高温风干改良传统加工工艺制造扬州风鹅，以提高风鹅的色泽、质构、风味等品质[66]。

5.4.6 涪陵咸肉

传统的涪陵咸肉一般在冬初时开始制作，属于四川当地比较有特色的腌腊肉制品，主要工艺如下[67]。

1. 工艺流程

原料修整→开刀门→腌制→成品→储藏。

2. 工艺要点

1）原料修整

选用健康良好，经卫生检疫合格的猪作为原料，将整只猪劈成两片，去头尾，并把腺体、碎肉、碎脂、碎骨等去除干净。

2）开刀门

为加速腌制可在猪肉体上割出刀口，俗称开刀门。开刀门工艺对咸肉的腌制十分重要，腌制时的温度、猪肉的厚度决定开刀的深度、长度、数量。从肉面用刀划开一定深度的刀口，刀可破肥膘，但是不能划破皮。

3）腌制

腌制是影响咸肉品质的最关键工艺，一般腌制分 3 次上盐，有些地方品种也加硝酸钠进行发色，最大使用量符合我国食品添加剂的使用标准。第一次上盐也称初盐，在原料肉的表面均匀涂少量盐，特别是刀门处也要涂抹到，用盐量为肉重量的 3%～4%，肉面朝上叠放，用盐量也不宜过多，只要能排出肉中血水即可；第二次上盐一般在第一次上盐的次日进行，沥干盐卤再均匀地上新盐，前后腿、脊骨上的肉厚骨多部分要多用盐，肉薄处少擦些，刀门处涂盐，用盐量一般为7%～8%，皮面向下堆叠，要定时检查防止脱盐；复盐一般在第二次上盐后的7～8d，可以看到盐大部分渗透到肉中，肉色已淡红，清盐卤上新盐，用盐5%～6%，堆叠，再腌制15d即可。从第一次上盐起，共腌制24d左右。

4）储藏

放置冷藏库中堆叠保管。

5.4.7 广式腊肠

广式腊肠品种花色多样，如生抽肠、老抽肠、金银肠及东莞腊肠、中山黄圃腊肠等。广式腊肠口味香甜，市场占有率高，主要工艺如下。

1. 工艺流程

原料修整→绞肉与切丁→拌料→灌肠→烘焙→包装→成品。

2. 工艺要点

1）原料修整

选择经检验检疫合格的原料肉，猪腿肉最佳。修割精肉要做到肉上无油膘、无碎骨、无血块、无筋腱、无污物，以避免成品有异物。将肉切成块，漂洗干净沥干备用。

2）绞肉与切丁

将瘦肉块放入绞肉机中用6～8mm孔径筛板绞制。将精膘在切丁机中切至四角分明、0.5～1cm大小均匀一致的肥肉方丁。肥膘丁用30～50℃温水洗涤，漂至显露洁白光泽，滤去水分。

3）拌料

广式腊肠配料主要是糖、酒、盐、酱油、亚硝酸盐等，将肥肉粒及瘦肉粒按一定的比例加入搅拌机中，边搅拌边加入配料，搅拌均匀。依据肥肉和瘦肉混合的比例不同，广式腊肠的等级可分为特级、优级、普通级等。特级腊肠的肥瘦肉比例一般为两成肥肉、八成瘦肉，优级或者一级腊肠肥肉为三成，肥肉越多级别越低，风味也各不相同。

4）灌肠

用灌肠机将肉料灌入肠衣内，一般用动物肠衣和胶原肠衣比较多，采用动物肠衣事先要将肠衣用30℃左右的温水浸泡，但不宜泡得太久，应随浸随灌。按照特定的长度尺码分段扭结，确保每根腊肠大小一致。

5）烘焙

烘焙是整个生产过程中最重要的一环，烘焙的温度和时间对品质的影响很大，直接影响香肠的色、香、味、形。灌肠后要洗净灌肠表面上的肉汁和料液，洗净后的湿肠要及时送入烘房烘焙。温度为 45～60℃，烘焙 48～72h，在烘焙的过程中保证肠体受热均匀，经检验合格后即为成品。对多个热风干燥工艺程序进行比较发现，提升烘焙温度或者延长时间均对挥发性风味成分的产生有影响；在肠体定形收缩后提高烘焙温度，有助于良好风味的形成[68]。

6）包装

市销腊肠一般为散装或抽真空包装，保藏于阴凉通风处。

5.4.8　如皋香肠

如皋香肠历史悠久，长期以来成为如皋当地特色美食，主要工艺如下[69]。

1. 工艺流程

原料修整→切丁和绞肉→搅拌→灌制→烘干→成品。

2. 工艺要点

1）原料修整

原料应选择来自非疫区，且经过检验检疫合格的猪肉，修割精肉要做到肉上无油膘、无碎骨、无血块、无筋腱、无污物。将瘦肉切成小肉块，洗去血水，沥干待用。肥肉采用猪脊膘，用水洗去表面的污物。

2）切丁和绞肉

瘦肉块放入绞肉机中用 0.6～0.8cm 孔径筛板绞制，或手工切成 1cm 左右的肉立方块。肥膘用切丁机切成 0.6～1cm 见方的肥肉丁，肥肉丁用温水冲洗至洁白有光泽后捞起，再用冷水冲洗。

3）配料

食盐为 3%～4.5%，亚硝酸钠添加量符合国家食品添加剂使用标准，白糖为 5%～8%，白酒为 0.5%～1.2%，酱油为 1%～2%，香辛料适量，也可加适量葡萄糖、抗坏血酸，以增强发色效果。

4）搅拌

将准备好的原料（肥瘦比按工艺要求进行调整，多为 1∶3 或 1∶4），边加入辅料边搅拌，做到搅拌均匀，静置 30～60min。

5）灌制

将搅拌好的料装入灌肠机，分段均匀扎肠，长短一致。扎孔排气，用水洗去肠外表的污物，沥干水后挂至杆上。肠体之间留有一定间隙，以利于通风、透气。

6）烘干

烘房温度为 55～60℃，加热 6h 左右，然后 45～55℃烘至产品水分≤25%即可，通风冷却，待包装。无烘房的也可在自然条件下晾晒，冬季一般需要 10d 左右。

5.4.9 莱芜香肠

莱芜香肠是享誉山东内外的名吃，与济南香肠、大名五百居香肠同宗，相传主要香料来源于南洋，同称南肠。莱芜香肠风味独特，采用多种香辛料，如八角、丁香、砂仁、肉桂等，并辅以酱油，突出鲜香、咸香，适合北方人的口味，其主要工艺如下[70]。

1. 工艺流程

原料修整→切丁→拌料→灌肠→晾晒或烘烤→包装→成品。

2. 工艺要点

1）原料修整

原料应选择来自非疫区，且经过检验检疫合格的猪肉，修割精肉要做到肉上无油膘、无碎骨、无血块、无筋腱、无污物等。将瘦肉切成小肉块，洗去血水，沥干待用。肥肉采用猪脊膘，用水洗去表面的污物，沥干。

2）切丁

瘦肉块放入绞肉机中用 0.6～0.8cm 孔径筛板绞制，或手工切成 1cm 左右的肉立方块。肥膘用切丁机切成 0.6～1cm 见方的肥肉丁，肥肉丁用温水冲洗至洁白有光泽后捞起，再用冷水冲洗。

3）拌料

将盐、糖、酱油、香辛料等配料按照配方配制后混合，放入搅拌机中与肥瘦丁（8∶2 或 7∶3）进行搅拌，搅拌时充分混合均匀，静置 30min。

4）灌肠

将配制好的肉馅倒入灌肠机进行灌肠，松紧适度，灌制后的香肠，用针排气，放入温水中漂洗，洗去附着于肠体表面的污物。悬挂在杆上，沥干，肠体之间间隔不易过密。

5）晾晒或烘烤

对沥干后的香肠进行晾晒，冬天白天直接在太阳下晾晒 3d 左右，每隔 3h 翻一次，晒后挂置阴凉通风处；有烘房的可以送入烘房内烘烤，温度保持在 45～50℃，直至产品水分≤25%即可。

6）包装

烘烤后冷却，检验合格后进行真空包装，在阴凉处保存。

参 考 文 献

[1] 江玉祥. 腊肉考（上篇）[J]. 四川旅游学院学报，2016，123（2）：11-13.

[2] 赵冰，张顺亮，李素，等. 不同等级金华火腿挥发性风味物质分析[J]. 肉类研究，2014（9）：7-12.

[3] 张顺亮，郝宝瑞，王守伟，等. 清酱肉中关键香气活性化合物的分析[J]. 食品科学，2014，35（4）：127-130.

[4] 王乐，成晓瑜，马晓钟，等. 金华火腿加热烹饪和体外模拟消化后粗肽抗氧化和ACE抑制活性比较研究[J]. 肉类研究，2018，32（1）：16-22.

[5] 赵冰，成晓瑜，张顺亮，等. 土家腊肉挥发性风味物质的研究[J]. 肉类研究，2013（7）：53-56.

[6] 赵冰，李素，成晓瑜，等. 广式腊肉挥发性风味物质分析[J]. 肉类研究，2013（10）：20-24.

[7] 刘文营，张振琪，成晓瑜，等. 干腌咸肉加工过程中品质特性及挥发性成分的变化[J]. 肉类研究，2016（1）：6-10.

[8] 余健，郇延军. 低钠复合腌制剂对干腌咸肉品质的影响[J]. 食品工业科技，2018，39（7）：197-201.

[9] 田启远，王晓萌，叶聪艳，等. 发酵乳杆菌RC4对咸肉亚硝酸盐含量及挥发性风味物质的影响[J]. 宁波大学学报（理工版），2020，33（1）：38-44.

[10] 潘晓倩，赵冰，成晓瑜，等. “皇上皇”广式腊肠品质及风味成分分析[J]. 肉类研究，2013（9）：22-25.

[11] 吴倩蓉，周慧敏，李素，等. 风干肠贮藏过程中挥发性风味物质的变化及异味物质分析[J]. 食品科学，2019，40（20）：208-216.

[12] 童红甘. 钾盐替代对传统板鸭风味品质的影响研究[D]. 合肥：合肥工业大学，2019.

[13] 国家标准化管理委员会，国家质量监督检验检疫总局. 地理标志产品金华火腿：GB/T 19088—2008[S]. 北京：中国标准出版社，2008.

[14] 徐宏亮，樊钢. 如皋火腿[J]. 肉类工业，1989（10）：12-14.

[15] 宋雪. 金华火腿和宣威火腿风味品级研究[D]. 上海：上海海洋大学，2015.

[16] 陈新欣，周辉，李娜，等. 原料肉特性对湖南腊肉品质的影响[J]. 现代食品科技，2016，32（7）：195-204，236.

[17] 刘文营，高欣悦，李享，等. 几种地方猪猪肉及其腊肉制品的感官特性和理化品质分析[J]. 食品科学，2019，40（19）：52-59.

[18] 杨凯，李迎楠，李享，等. 基于计算机视觉技术分析猪肉对清酱肉挥发性风味成分的影响[J]. 肉类研究，2018，32（4）：58-62.

[19] 吴海. 风味腊鸡的加工技术[J]. 农村百事通，2017（23）：40-41.

[20] 葛长荣，马美湖. 肉与肉制品工艺学[M]. 北京：中国轻工业出版社，2002.

[21] 李家福，高崇学. 农产品储藏加工技术[M]. 北京：农业出版社，1989.

[22] 李享，李迎楠，贾晓云，等. 不同品种猪肉加工广式腊肠的色泽和风味分析[J]. 肉类研究，2017，31（11）：53-59.

[23] 黄水品，金华火腿[M]. 杭州：浙江科学技术出版社，2017：15-20.

[24] 郝宝瑞，张顺亮，张坤生，等. 干腌和湿腌对清酱肉理化及感官特性的影响[J]. 食品工业科技，2014，35（17）：57-61.

[25] 罗青雯. 湖南湘西腊肉工业化生产关键技术研究[D]. 长沙：湖南农业大学，2015.

[26] 叶明. 四川咸肉的加工[J]. 农产品加工，2008（11）：27-28.

[27] 曹宏，翟建青，韩燕，等. 咸肉的加工工艺与辐照保质研究[J]. 农产品加工（学刊），2009（11）：30-31，34.

[28] 李迎楠，刘文营，贾晓云，等. 清酱肉加工过程中理化特性及风味品质的变化分析[J]. 肉类研究，2017，31（4）：29-35.

[29] 赵冰，李素，王守伟，等. 苹果木烟熏液的品质特性[J]. 食品科学，2016，37（8）：115-121.

[30] 赵冰，周慧敏，王守伟，等. 苹果木烟熏液对湖南腊肉品质的影响[J]. 肉类研究，2016，30（1）：11-15.

[31] 赵冰，戚彪，乔晓玲，等. 一种果木烟熏液的制备方法及应用[P]. ZL 2014 1 0363835. 3

[32] 赵冰，张顺亮，贾晓云，等．不同包装材料对肉制品模拟物中苯并[a]芘的吸附效果[J]．肉类研究，2018，32（1）：36-40.
[33] 罗扬．真空腌制在腊肉加工中的应用技术研究[D]．长沙：湖南农业大学，2011.
[34] 郭昕．不同地域传统腊肉差异性分析及静态变压腌制工艺技术研究[D]．北京：中国农业科学院，2015.
[35] 陈星，沈清武，王燕，等．新型腌制技术在肉制品中的研究进展[J]．食品工业科技，2020，41（2）：345-351.
[36] 李迎楠，刘文营，张顺亮，等．发色剂对传统腊肉色泽及风味品质的影响[J]．食品科学，2017（19）：74-80.
[37] 刘文营，乔晓玲，王守伟，等．酶解制备血红素稳定性及在腌腊肉制品中的呈色效果分析[C]//中国食品科学技术学会第十三届年会，2016：193.
[38] 李迎楠，李享，贾晓云，等．酶法制备血红素对湘式腊肠色泽和挥发性风味的影响[J]．肉类研究，2017，31（11）：45-52.
[39] 潘晓倩，成晓瑜，张顺亮，等．腌腊肉制品中乳酸菌的筛选鉴定及其在腊肠中的应用[J]．食品科学，2017（16）：63-69.
[40] 潘晓倩，成晓瑜，张顺亮，等．乳酸菌发酵剂对风干肠风味品质的影响[J]．肉类研究，2017，31（12）：64-69.
[41] 刘扬，臧明伍，张迎阳．狼山鸡风干成熟工艺优化[J]．肉类研究，2013（6）：22-26.
[42] 周慧敏，张顺亮，成晓瑜，等．食盐用量对风干猪肉挥发性风味物质的影响[J]．肉类研究，2017，31（4）：23-28.
[43] 罗青雯，周辉，刘成国，等．湖南湘西腊肉品质调查与分析研究[J]．农产品加工，2015（5）：49-52.
[44] 柴子惠，李洪军，李少博，等．低盐腊肉加工期间品质和菌相变化[J]．肉类研究，2018，32（11）：13-20.
[45] 陈松，张春晖，冯月荣，等．低盐金华火腿控温控湿新工艺的研究[J]．肉类研究，2006（1）：30-32.
[46] 杨应笑，任发政．氯化钾作为腊肉腌制剂中氯化钠替代物的研究[J]．肉类研究，2005（9）：44-47.
[47] 付浩华．低盐腊肉加工工艺优化[J]．肉类工业，2019（7）：14-18，22.
[48] 陈文彬，黎良浩，王健，等．部分 KCl 替代 NaCl 对强化高温成熟工艺干腌火腿肌肉色泽形成的影响[J]．食品科学，2017，38（17）：77-84.
[49] 刘文营，李享，成晓瑜．添加西兰花种子水提物改善腊肉色泽和风味提高抗氧化性[J]．农业工程学报，2018，34（21）：288-294.
[50] 刘文营，乔晓玲，成晓瑜，等．天然抗氧化剂对广式腊肠感官品质及挥发性风味物质的影响[J]．中国食品学报，2019，19（2）：206-215.
[51] 潘晓倩，成晓瑜，张顺亮，等．不同发酵剂对北方风干香肠色泽和风味品质的改良作用[J]．食品科学，2015，36（14）：81-86.
[52] 周慧敏，张顺亮，赵冰，等．木糖葡萄球菌和肉葡萄球菌混合发酵剂对腊肉品质的影响[J]．食品科学，2018，39（22）：39-45.
[53] 李素，赵冰，张顺亮，等．风干肠中产生物胺细菌的筛选鉴定及其产胺特性[J]．中国食品学报，2018，18（1）：257-263.
[54] 赵冰，李素，成晓瑜，等．乳酸菌对羊肉风干香肠的影响[J]．食品科学，2015，36（5）：109-114.
[55] 钟昳茹，陈新欣，周辉，等．烟熏材料对湘西腊肉品质的影响[J]．现代食品科技，2016，32（5）：241-252，240.
[56] 宁鹏，陈文辉，宋忠祥．一种肥丁自动清洗装置[P]，ZL 201120381741．0.
[57] 宋忠祥，陈文辉，刘海斌，等．一种自动控制食物脱水干燥的烘房[P]，ZL 200820211102．8.
[58] 马晓钟，吴开法，张蕾．利用帕尔玛火腿生产线生产金华火腿工艺初探[J]．肉类工业，2015（2）：5-7，10.
[59] 郇延军，王霞，赵改名，等．金华火腿生产现状及创新提高展望[J]．肉类工业，2004（6）：35-40.
[60] 成晓瑜，刘文营，张顺亮，等．北京清酱肉诱导氧化及哈败气味分析[J]．肉类研究，2016，30（2）：1-4.
[61] 郝宝瑞，张坤生，张顺亮，等．基于 GC-O-MS 和 AEDA 法对清酱肉挥发性风味成分分析[J]．食品科学，2015，36（16）：153-157.
[62] 王乐，李享，刘文营，等．清酱肉多肽的抗氧化活性和氨基酸分析[J]．肉类研究，2019，33（2）：29-34.
[63] 张顺亮，郝宝瑞，王守伟，等．清酱肉加工过程中理化特性的变化[J]．食品科学，2014，35（5）：48-52.
[64] 李迎楠，刘文营，贾晓云，等．杀菌温度对清酱肉色泽和风味品质的影响[J]．肉类研究，2017（5）：33-39.

[65] 张顺亮，王守伟，成晓瑜，等. 湖南腊肉加工过程中挥发性风味成分的变化分析[J]. 食品科学，2015，36（16）：215-219.
[66] 段立昆. 接菌发酵及强化高温工艺在风鹅加工中的应用研究[D]. 扬州：扬州大学，2019.
[67] 贺荣平. 几种咸肉制品的制作[J]. 农产品加工，2009（1）：26-27.
[68] 陈海光，曾晓房，白卫东，等. 热风干燥工艺对广式腊肠挥发性风味成分的影响[J]. 中国食品学报，2012，12（7）：148-154.
[69] 陈启康，沙文锋，戴晖，等. 如皋香肠的加工技术[J]. 肉类工业，2005（9）：13-15.
[70] 曹峰，孟昭春，关志炜，等. 氯化钾部分替代氯化钠在莱芜香肠中的应用研究[J]. 食品工业，2014，35（9）：12-15.

第6章 肉 干 制 品

肉类食品的脱水干制是人类最早使用的加工和储藏方法之一。肉类经脱水干制后易于储藏和运输，食用方便，风味独特，受到全世界消费者的喜爱。我国肉干制品的加工技术对世界肉制品加工具有深远影响，如亚洲多国肉干制品的配方和工艺均起源于我国。随着近年来远红外干燥、微波加热干燥等新型干燥技术及营养学、食品卫生学的发展，现代传统肉干制品的配方和加工工艺均得到了极大的丰富和发展。

6.1 肉干制品品质特征

目前肉干制品已经作为休闲肉制品被消费者广泛接受，主要是由于其不仅具有诱人的香气和鲜亮的色泽，还具有较高的营养价值及极好的储藏特性，常温下可以保持一年甚至数年不变质。

6.1.1 风味特征

肉干制品的风味主要来自加工过程中香辛料的添加、脂质的氧化水解、蛋白质的降解、氨基酸的 Strecker 降解反应及美拉德反应等。肉干制品通常经过热加工工艺及香辛料的辅助来赋予肉类浓郁的肉香味。肉干、肉脯和肉松的风味物质主要有烃类、环烃类、脂肪酸、芳香类、含硫化合物、醇类、酯类、脂肪醛和酮类等。美拉德反应是肉干风味物质产生的重要途径。肉中的戊糖（尤其是核糖核苷酸产生的核糖）和含硫氨基酸、半胱氨酸是美拉德反应的重要前体物。在反应过程中，会产生呋喃硫醇、呋喃硫化物和二硫化物等多种重要的风味化合物，它们的气味阈值均较低，能赋予肉干特征性风味[1]。据分析，市售的新疆风干牛肉样品中的特征性香气成分主要有己醛、庚醛、2-戊基-呋喃、辛醛、壬醛和 1-辛烯-3-醇。内蒙古风干牛肉中的特征性香气成分主要是糠硫醇、反-2-辛烯醛、3-乙基-2,5 二甲基吡嗪、2-乙基-3,5-二甲基吡嗪、月桂醛、壬醛、癸醛、苯乙醛、α-蒎烯等。其中，糠硫醇是产生基本肉香味的关键化合物，吡嗪类化合物是烘烤香气和坚果香气的主要来源，α-蒎烯具有松木、针叶的香气。这些化合物共同构成了肉干制品特有的风味[2]。此外，加工工艺尤其是干燥工艺对肉干的风味品质也会产生一定的影响。辜雪冬等[3]研究了牦牛肉干常压水煮后微波干燥、微波煮熟后恒温干燥和微波煮熟后微波干燥 3 种加工工艺处理后产品中挥发性风味物质的改变，发现3种加工工艺产品中主要的挥发性风味物质种类、数量、含量均存在差异，3个处理组主要风味物质及相对含量分别为*D*-柠檬烯（19.64%）、α-甲基-*D*-甘露糖苷（4.33%）、1-壬烯烃-3-醇（2.96%）、*N*-棕榈酸（32.15%）；*D*-柠檬烯（31.42%）、二十一烷（4.22%）、乙烯基硫醚（0.35%）、丁酸乙酯（5.14%）、*N*-棕榈酸（24.54%）、*D*-柠檬烯（38.06%）、己醛（0.94%）、*N*-十六烷酸（19.6%）（图6.1～图6.3）。

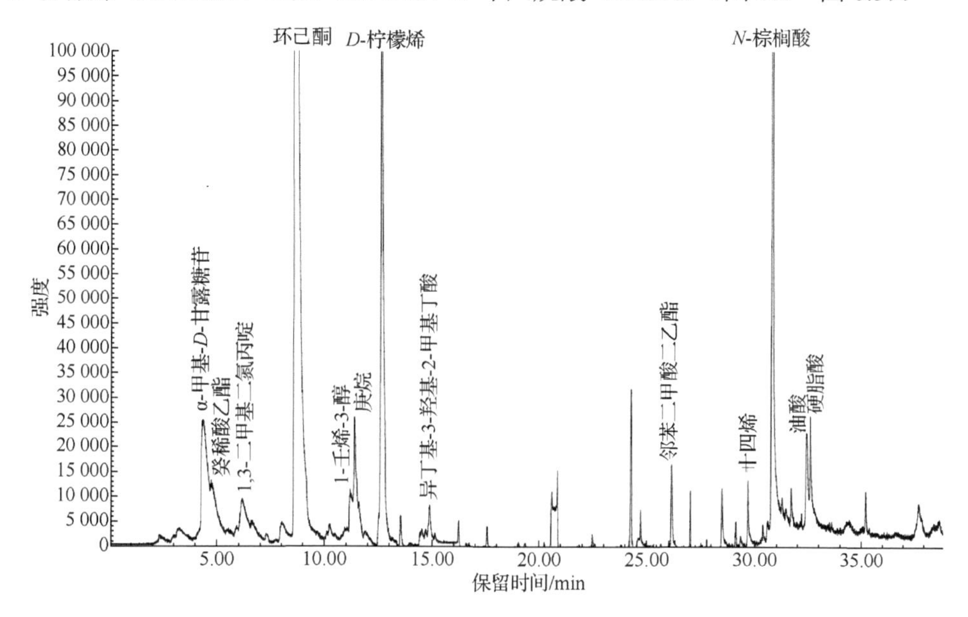

图6.1 常压煮熟后微波干燥牦牛肉干挥发性物质总离子流图

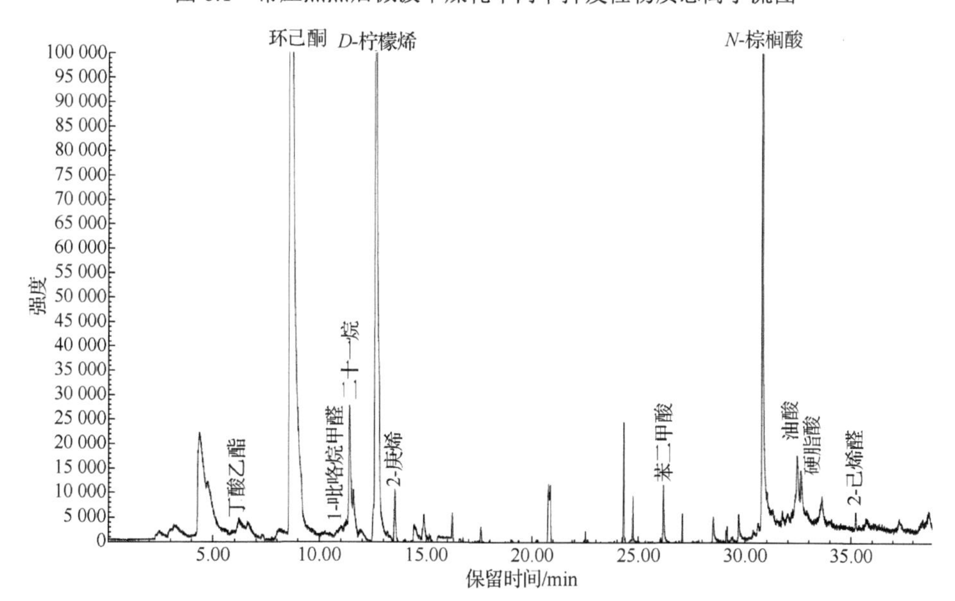

图6.2 微波煮熟后恒温干燥牦牛肉干挥发性物质总离子流图

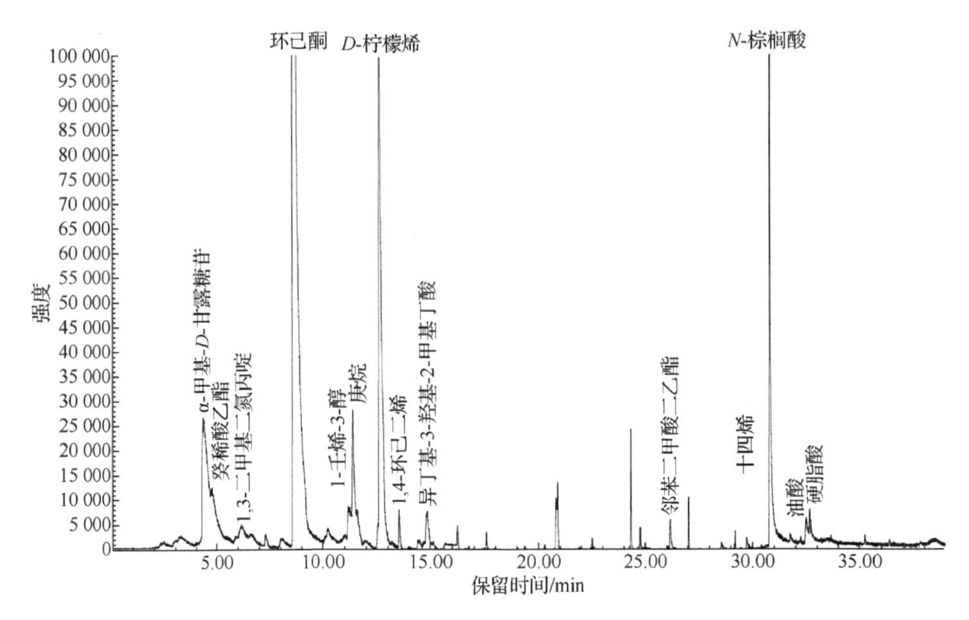

图 6.3　微波煮熟后微波干燥牦牛肉干挥发性物质总离子流图

猪肉脯加工过程中挥发性风味物质的变化主要体现为烃类物质、醇类物质相对含量下降及酸类、杂环类物质相对含量增加，醛类物质相对含量变化不大，但是加工前后物质构成存在明显差异。主要挥发性风味物质为甲基乙基乙醛、乙酸、壬醛、2,5-二甲基吡嗪、1-石竹烯、2-甲基吡嗪，除乙酸和壬醛外，均为加工过程中产生[4]。除原料和香辛料、调味料等，加工过程中某些添加剂的应用对产品的挥发性风味物质也有较大的影响。以鸭肉脯为例，添加魔芋胶能够促进醛类物质的生成，而黄原胶和结冷胶则有利于酮类物质的生成，烃类物质含量的增加又与黄原胶和卡拉胶密切相关，此外所有的食用胶均能增加酯类物质的含量[5]。樊明明[6]用发酵剂对猪肉脯进行处理，发现可以提高产品中醇类、酸类、酮类物质的含量，但是会导致烃类、醛类物质含量的下降。

6.1.2　营养特征

肉干制品与其他肉制品相比含有更为丰富的优质蛋白质和脂肪。例如，每100g 牛肉干中蛋白质含量为 45.6g，是新鲜牛肉的 2.3 倍；脂肪含量为 40g，是新鲜牛肉的 4 倍；还含有钙 43mg、磷 464mg、铁 15.6mg 等矿物质，尤其是牛肉干中含有的铁，通常以血红素铁的形式存在，便于人体吸收。因此，肉干中这些丰富的营养成分能满足人体大部分的需求。肉干中蛋白质的必需氨基酸/总氨基酸和必需氨基酸/非必需氨基酸的比值分别为 40%和 60%以上，完全符合联合国对优质蛋白质的定义，生物有效利用率在 80%以上。干制工艺也使得氨基酸含量相比原料肉出现了显著的上升，但是脯氨酸除外。牛肉干制品中还含有丰富的脂肪酸，如牦牛肉干中含单不饱和脂肪酸6种、多不饱和脂肪酸2种，并含有油酸、亚油酸、α-亚麻酸等功能性脂肪酸。肉干制品中维生素含量较低，主要保留了一些脂溶性维生素。这主要是由于其含水量极低，干物质占比较高所致[7]。部分肉干制品含盐量较高，需要控制其摄入量。

6.1.3 安全特征

肉干制品质量安全问题主要来自两个方面：一是霉菌的污染和生长，这是肉干制品最常见的问题，已经越来越受到生产者的重视；二是肉干制品的油脂氧化问题。

1. 霉菌的污染和生长

肉干制品的微生物危害主要来自霉菌。当肉干制品水分含量升高或含盐量降低的时候，霉菌和霉斑就很容易生成。肉干制品发生的微生物污染主要以曲霉属和青霉属的丝状真菌为主，多数霉菌生长的最低 Aw 值在0.80以上，也有部分霉菌如帚状曲霉在0.75以下仍能生长，在0.70以下其生长才能受到抑制。因此，肉干制品需要通过使用添加剂和加工过程中的干燥来严格调控肉干制品中的水分活度，还需要通过除湿、消毒等手段保证肉干生产过程各个环节的环境卫生，对于包装储藏过程中的霉变，通常采用复合包装材料或充气包装的方法来进行控制。

2. 油脂氧化

尽管肉干制品脂肪含量较低，但仍含有一定量的脂肪，同时为了保持肉干制品的柔软性和油亮外观，有时在加工过程中也会适当添加油脂。这些油脂在肉干制品的加工和储藏过程中容易被氧化，导致肉干制品酸价升高，并伴有一定的哈喇味。另外，脂质氧化还会产生一些对人体有害的物质如过氧化物及其分解产物，这些物质可直接或间接作用于人体，影响人体细胞的正常代谢功能[8]。鉴于此，有必要采取一定的措施对肉干制品中油脂的氧化进行控制，如降低水分活度、选择合理的干燥工艺、添加抗氧化剂等。

6.2 肉干制品传统加工工艺

传统的肉干制品通常是由原料肉经蒸煮、烘烤、脱水和干燥等工艺加工而成，其水分含量低，适宜运输和储藏，而且具有自己特殊的风味，特别是传统的肉干、肉脯、肉松是我国传统肉干制品的典型代表，深受人们喜欢。

6.2.1　原料选择

肉干制品的原料主要以检验检疫合格的畜禽肉为主，畜肉主要为猪肉和牛肉，禽肉主要为鸡肉。原料的品质决定最终肉干制品的品质，不同原料肉的分布区域和化学成分不同，其加工特性也存在较大差别，最终导致产品的风味、色泽和质构等品质特性不尽相同。

1. 肉干类

肉干加工一般多用牛肉，其他畜肉产品相对较少，基本无禽肉产品。原料肉须为经过检验检疫合格的鲜肉，一般以牛前、后腿瘦肉为佳。

2. 肉脯类

传统肉脯一般是由猪肉、牛肉加工而成。选用新鲜的猪、牛后腿肉，去掉脂肪和结缔组织。肉块外形规则、边缘整齐，无碎肉、淤血。

3. 肉松类

传统肉松是由猪瘦肉加工而成，而且制作肉松的原料一定要保证新鲜。现在除猪肉外，牛肉、鸡肉、兔肉等均可用来加工肉松。

正宗的太仓肉松原料主要取自太仓本地独有的梅山猪的后臀尖精肉或者是后腿精肉，及时去皮、去膘、去筋腱、去骨、分割，按猪瘦肉自然纹理切成长不小于 15cm、宽不小于 10cm 的块状（重约 0.75kg），经冲洗后备用[9]。

用于生产肉松的原料肉需要彻底剔除皮、骨、脂肪、筋腱等结缔组织，否则加热过程中胶原蛋白水解后，会导致成品黏结成团块而不能呈良好的蓬松状。原料肉的分割必须尽可能避免切断肌纤维，以免出现过多的短绒。

6.2.2　肉干干燥工艺

1. 烘烤法

将收汁后的肉坯铺在竹筛或铁丝网上，放置于三用炉或远红外烘箱内烘烤。烘烤温度前期可控制在 80～90℃，后期可控制在 50℃左右，一般 5～6h 便可使含水量下降到 20%以下。在烘烤过程中要注意定时翻动。

2. 炒干法

收汁结束后，将肉坯放入原锅中文火加温，并不停搅翻，炒至肉块表面微微出现蓬松绒毛时出锅，冷却后即为成品。

3. 油炸法

先将肉切条后，用 2/3 的辅料（其中白酒、白糖、味精后放）与肉条拌匀，腌渍 10～20min 后，投入 135～150℃的菜油锅中进行油炸。油炸时要控制好肉坯量与油温之间的关系。如果油温高，火力大，则应多投入肉坯；反之则应少投入肉坯。油温过高容易炸焦，油温过低，则脱水不彻底且色泽较差。最好选用恒温油炸锅，易控制成品质量。炸到肉块呈微黄色后，捞出并沥净油，再将酒、白糖、味精和剩余的 1/3 辅料混入拌匀即可[10]。

在实际生产中，也可先烘干再上油衣。例如，四川丰都产的麻辣牛肉干在烘干后用菜油或麻油炸酥起锅。

6.2.3 肉脯烘烤工艺

1. 烘烤

烘烤的主要目的是促进发色和脱水熟化。将摊放肉片的竹筛上架晾干水分后，放入三用炉或远红外烘箱中脱水、熟化。烘烤温度控制在 55～75℃，前期烘烤温度可稍高。肉片厚度为 2～3mm 时，烘烤时间为 2～3h。

2. 烧烤

烧烤是将半成品放在高温下进一步熟化并使质地柔软，产生良好的烧烤味和油润的外观。烧烤时可把半成品放在远红外空心烘炉的转动铁网上，用 200℃左右的温度加工 1～2min 至表面油润、色泽深红为止。成品中含水量一般小于 20%，一般以 13%～16%为宜。

3. 烘烤温度和烧烤温度

若烘烤温度过低，不仅费时耗能，而且香味不足、色浅、质地松软。若温度超过 75℃，则在烘烤过程中肉脯很快卷曲，边缘易焦，质脆易碎且颜色开始变褐。烘烤温度为 70～75℃时则时间以 2h 左右为宜。

烧烤时若温度超过 150℃，则肉脯表面起泡现象加剧，边缘焦、干、脆。若烧烤温度高于 120℃，则能使肉脯具有特殊的烤肉风味，并能改善肉脯的质地和口感。因此，烧烤以 120～150℃、2～5min 为宜[11-12]。

6.2.4 肉松炒松工艺

1. 炒压

肉块煮烂后改用中火，加入酱油、酒，一边炒，一边压碎肉块。然后加入白糖、味精，减小火力，收干肉汤，并用小火炒压肉丝至肌纤维松散时即可进行炒松。

2. 炒松

肉松由于糖较多，容易塌底起焦，要注意掌握炒松时的火力。炒松有人工炒和机炒两种，在实际生产中可结合使用。当汤汁全部收干后，用小火炒至肉略干，转入炒松机内继续炒至水分含量小于 20%，颜色由灰棕色变为金黄色，具有特殊香味时即可结束炒松。在炒松过程中如果有塌底起焦现象，则应及时起锅，清洗锅巴后方可继续炒松。

6.3　肉干制品加工新技术

长期以来，我国肉干制品的生产工业化程度不高，且干燥过程中存在能耗较大，食品安全性、卫生性不易保障，营养成分流失，食用品质下降等问题。针对传统肉干加工中存在的问题，国内逐步开发了一些新技术，对产品品质的提升具有积极意义。

6.3.1　肉干嫩化技术

传统肉干加工过程中，可通过对原料肉进行嫩化来降低产品的硬度，提高产品的适口性。通常，对肉的嫩化可分为物理嫩化和酶制剂嫩化。物理嫩化包括拉伸嫩化、电刺激嫩化、机械嫩化、超高压嫩化等，其中机械嫩化是最常用的牛肉嫩化方法。有研究报道，电刺激嫩化可增加牛肉成熟过程中肌间线蛋白的降解速度，肌钙蛋白-T 降解生成了小分子质量的条带，从而实现牛肉的嫩化[13-14]。此外，功率超声也可导致肌纤维损伤，改变肌肉蛋白质微观结构进而提高肉的嫩度[15]。酶制剂嫩化是通过添加植物蛋白酶[16]（如木瓜蛋白酶、无花果蛋白酶和菠萝蛋白酶等）到原料肉中，通过蛋白酶对肌原纤维和结缔组织的作用，将肌原纤维蛋白和胶原蛋白酶解，甚至分解为多肽和氨基酸，使肌肉丝和筋腱丝断裂，达到使肉变得嫩滑的效果。有机酸对肉干也具有一定的嫩化作用，近年来常被用于辅助腌制。这主要是由于有机酸与食盐共同作用加剧了肌肉中肌束膜和肌内膜结构的破坏，使肌原纤维排布散乱，肌肉组织分裂[17]。电子显微镜下的猪肉、NaCl 腌制猪肉、乙酸结合 NaCl 腌制猪肉结构见图 6.4。

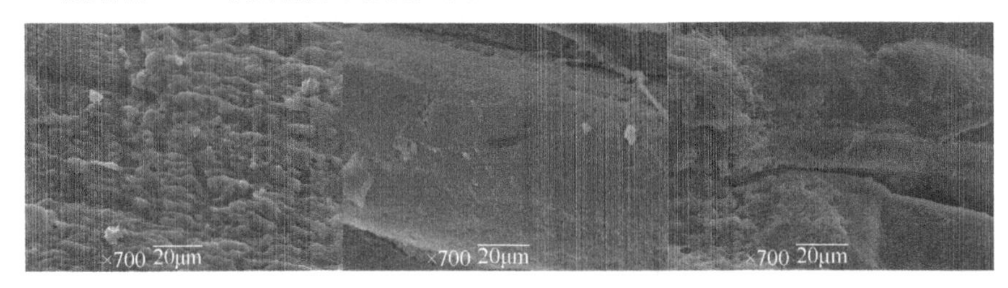

图 6.4　电子显微镜下的猪肉、NaCl 腌制猪肉、乙酸结合 NaCl 腌制猪肉结构

6.3.2 重组肉干加工技术

重组肉干加工技术是将肉的肌纤维打散成为肉块或肉糜，并进行重新组合的方法。在这个过程中肌肉纤维中的盐溶蛋白析出，并重新黏合形成更为完善的微观空间结构，所以可以拥有更好的口感和质地。目前常用的主要是酶重组技术，主要是采用转谷氨酰胺酶通过催化蛋白质或多肽中谷氨酰胺的γ-羧酰胺基酰基和赖氨酸的ε-氨基进行酰胺基转移反应，使其在蛋白质之间形成共价键——ε-（γ-羧酰胺基）-赖氨酸异肽键，最终形成稳定的三维网状结构[18]。共价键极为稳定，所以重组的肉干具有较高的完整性。将重组肉制品加工技术运用到传统肉干加工方法中，能够很好地解决与完善传统肉干口感坚硬及咀嚼困难的不足，使得原料选择更为广泛，可以有效地提高原料肉的利用率。研究发现，重组牛肉干与传统肉干的品质相比，感官特性差别显著，传统加工方法所得产品色泽深、质地硬、口感较差，而用重组加工方法制备的产品外观色泽棕红、质地较软、易于咀嚼、口感较佳。有研究将鸡肉和羊肉进行重组，并通过工艺优化，制备出的肉干相比普通肉干剪切力降低了13.1%，关键挥发性物质增加了4.5%[19]。重组肉干加工过程中添加的辅料对最终产品的品质也具有一定影响，如蒋平香[20]研究了油脂添加量对重组肉干品质的影响，发现油脂含量增加能够明显降低产品的硬度，且该作用明显大于水分的影响，同时也会导致产品凝胶强度的降低。导致这一效果的主要原因是油脂颗粒阻碍了蛋白质之间的相互作用，致使蛋白质之间形成的网状结构致密度下降（图6.5）。

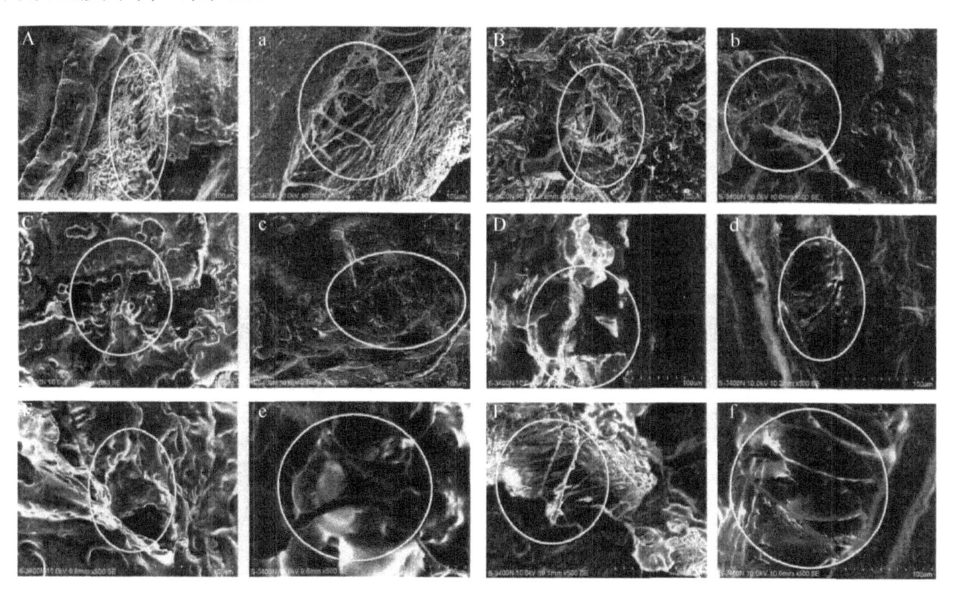

图6.5 不同油脂添加量对重组肉干微观结构的影响

A、B、C、D、E、F分别为油脂添加量为0%、3%、6%、9%、12%、15%的重组肉干样品，大写字母为干燥前的对照组，小写字母为干燥1h后的产品。标注部分为黏结界面。

6.3.3 新型干制技术

干燥是肉干生产的关键工序，通过干燥可降低肉干内部的水分活度，抑制微生物的生长繁殖，延长产品货架期。干燥方法对肉干制品的品质具有决定性的影响，肉干生产中最常用的干燥方式为热风干燥。热风干燥效率低、能耗高、均一性差，传质与传热方向不一致，容易引起肉干表面过热、结壳现象，导致产品干硬，色泽变差。针对热风干燥出现的问题，一些学者研究了利用新型组合式干燥技术加工肉干，取得了较好的效果。例如，中红外-热风组合干燥技术是一种新型的干燥方法，基于中红外较强的穿透性和分子振动效应传热，能够快速升高物料内部温度，加快内部水分自由扩散至表面，同时借助热风的对流传热原理，加快表面水分蒸发，使物料内外同时干燥，提高干燥效率，改善物料的物性特性。谢小雷[21]研究中红外-热风组合干燥工艺和热风干燥工艺对牛肉干干燥过程中色泽和质构特性的影响，发现与热风干燥相比，中红外-热风组合干燥能够显著降低肌红蛋白的氧化和肌肉微观结构的收缩，增加氧合肌红蛋白、肌红蛋白和血红素铁的含量，赋予牛肉干较好的色泽，同时提高了牛肉干的嫩度，增加牛肉干的弹性和咀嚼性，从而改善了牛肉干的色泽和质构，提高了牛肉干的品质。

微波热风耦合干燥技术也是一种肉干干燥的新技术，微波作为物料内部热源对物料内部直接加热，使内部温度急剧上升，形成内高外低的温度梯度，内部水分迅速汽化，水分快速扩散至物料表面，热风作为外部热源，以热空气为媒介，对物料表面进行加热，水分吸收热量快速转移到空气中[22]。王俊山[23]采用微波-热风耦合干燥工艺，解决传统干燥工艺导致的表面硬化问题，同时对微波-热风耦合干燥牛肉动力学进行研究，发现微波-热风耦合干燥在提高干燥效率的同时，能够有效避免热风干燥品质较差的问题，显著改善牛肉干色泽和质构特性，提高牛肉干的出品率。

此外，真空干燥也被证明具有更高的干燥效果，这主要是由于真空干燥过程中避免了肉干的过度氧化，所以产品色泽更为红润，同时真空干燥能够减少物料的收缩和表层硬化现象的出现，使产品具有更好的质构。不同干燥工艺对牛肉干质构特征的影响见图 6.6。

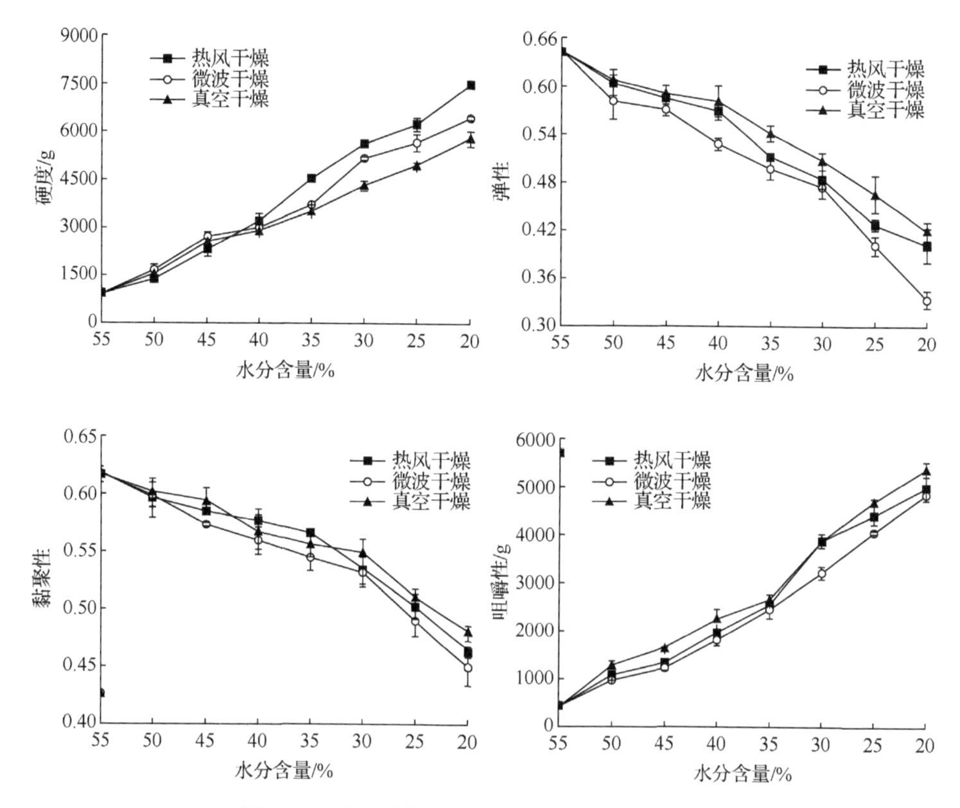

图 6.6　不同干燥工艺对牛肉干质构特征的影响

6.4　典 型 产 品

6.4.1　太仓肉松

太仓肉松始创于江苏省太仓地区，有 100 多年的历史，曾在巴拿马太平洋万国博览会获奖（1915 年），1984 年又获“部优质产品”称号。

1. 原料肉的选择和处理

选用瘦肉多的后腿肌肉为原料，先剔除骨、皮、脂肪、筋腱，再将瘦肉切成 3～4cm 的方块。

2. 加工工艺

将切好的瘦肉块和生姜、香料（用纱布包起）一起放入锅中，加入与肉等量的水，按以下 3 个阶段进行。

肉烂期（大火期）用大火煮，直到煮烂为止，需要4h左右。煮肉期间要不断加水，以防煮干，并撇去上浮的油沫。检查肉是否煮烂，可用筷子夹住肉块，稍加压力，如果肉纤维自行分离，可认为肉已煮烂。这时可将其他调味料全部加入，继续煮肉直到汤煮干为止。

炒压期（中火期）取出生姜和香料，采用中等火力，用锅铲边压散肉块边翻炒。注意炒压要适时，因为过早炒压工效很低，而炒压过迟，肉太烂，容易粘锅炒煳造成损失。

成熟期（小火期）用小火勤炒勤翻，操作轻而均匀。当肉块全部炒松散和炒干时，颜色即由灰棕色变为金黄色，成为具有特殊香味的肉松。

6.4.2 福建肉松

福建肉松与太仓肉松的加工方法基本相同，只是在配料上有区别，在加工方法上增加了油炒工序制成颗粒状，本部分仅介绍其与太仓肉松不同的工艺，相同之处不再赘述。

1. 炒松

将经切割、煮熟的肉块放在另一锅内进行炒制，加少量汤用小火慢慢炒，待汤汁收完后再分小锅炒制，使水分慢慢地蒸发，肌肉纤维疏散后改用小火烘焙成肉松坯。

2. 油酥

将炒好的肉松坯再放到小锅中用小火烘焙，随时翻动，待大部分松坯都成酥脆的粉时，用筛子把小颗粒筛出，剩下的大颗粒松坯倒入已液化的猪油中，并不断搅拌，使松与猪油均匀结成球形圆粒即为成品。

6.4.3 靖江猪肉脯

靖江猪肉脯是靖江肉制品中的老字号产品，至今已有70多年的历史，是远销海内外的一种高档休闲食品。

1. 原料肉的选择与修割

选用新鲜猪后腿瘦肉，去除脂肪、筋膜，将精肉装入模中，在冷冻库中急冷，当精肉中心温度达到-2℃时，取出切片，切片宽8cm、长12cm，厚度为1～2cm。

2. 腌制与搅拌

将配料混合均匀后与肉片拌匀，腌制50min。不锈钢丝面上涂植物油后平铺上腌好的肉片。铺片时中间留一空隙，形成两个半圆形。

3. 烘烤

将腌制好的肉片平铺在涂抹植物油的筛板上，放入 65℃的烘房内，烘烤 5～6h，取出冷却；再放入炉温为 150℃的烤炉中，烤至肉质出油，呈棕红色为止；烤熟后，用压平机压平，切成 120mm×80mm 的长方形，每千克 60 片左右，即为成品。装箱后储藏于干燥阴冷库中。

6.4.4 天津牛肉脯

天津牛肉脯以新鲜牛肉或冷冻牛肉为原料加工而成，是我国的传统食品，其营养丰富，入口鲜香，风味独特，保质期长。

1. 工艺流程

原料肉修整→切片→漂洗→一次入味→摊筛→烘烤→二次入味→冷却→轧片（拉松）→包装。

2. 工艺操作

1）原料肉修整

选择经检疫合格的牛肉，剔去牛筋和牛油。

2）切片

将精牛肉顺肌纤维切成 3.0～3.5mm 的厚片，长宽以包装袋大小为准。

3）漂洗

将肉片装入吊篮内送入冲洗池漂洗 2h，除去血水和污物后，再送入沸水池浸泡脱水。浸泡时间以肉片变色即可，捞出沸水池后再入清水池降温。

4）一次入味

肉片冷却后沥水，加入配料，搅拌均匀后，腌制 3h。

5）摊筛、烘烤

将腌制好的肉片铺在耐高温塑料筛网上，50～70℃热风循环烘干 4～6h，再用 150～200℃高温烧烤 1～2min。

6）二次入味

取炒香的芝麻 3kg、味精 0.3kg 粉碎后与烤熟肉片搅拌均匀、冷却。

7）轧片、包装

剔除有焦斑的肉片后，置于三辊异步轧片机轧片。轧片时将肉片纤维与轧辊保持同一方向，使肉片被轧平，并使肌纤维间得以拉松。轧片后即可包装。

6.4.5　潮汕肉脯

潮汕肉脯的创制已有近百年历史，采用传统工艺精工制作，挑选猪、牛的背肌或腿肌肉加工、切片，配以优质白砂糖、芝麻酱、鱼露及香料，经搅拌、腌渍、摊筛、焙烙、烘烤脱水而制成，风味独特，色、香、味俱佳。

1. 工艺流程

修整→冷却→刨片→调味→贴肉→烘干→烤熟→冷却→包装。

2. 工艺要点

1）修整

肉脯需要较大的肉块，而且肉块中不能有油脂。因此，修整对于肉脯至关重要。修整时要求不能破坏肉纤维，筋膜、油脂要去除干净。

2）冷却

刨片之前，需要对肉块进行冷却，目的是使下一道的刨片能顺利进行。肉经过冷却后，肉质变得比较硬，所刨出的肉片会比较均匀，不容易出现破裂的现象。

3）刨片

采用专门的刨片设备，刨片厚度为1～1.5mm。刨片时，需要加水来润滑刀片。

4）调味

将各种调味料放入肉片中，搅拌均匀，注意不能大力搅动，以免肉片破裂，要求各种调味料分散均匀并完全溶解。为更好地入味，需要进行2～4h的静置腌渍或采用短时（15min）真空滚揉。真空滚揉机的作用是在真空状态下，将肉块通过倾斜式滚揉的循环运动，起到使肉质嫩化、充分吸收盐水、使蛋白质溶解的作用。真空滚揉机增加了真空呼吸循环系统及真空吸料装置，使滚揉效果更趋完美，使用更为方便，还可以防止盐溶性蛋白质氧化。

5）贴肉

将肉片一片接着一片贴在竹制的贴板上，要求连接处紧密、平整。此过程劳动量大，员工的熟练程度决定产品的质量和效率。

6）烘干

采用热烘的方式，温度控制在55～60℃，烘烤2～3h。通过烘烤，产品的水分含量大大降低，可以从竹制的贴板上取下。

7）烤熟

在专门的电热或燃气烤板上逐一将肉脯烤熟。这道工艺可产生熟肉的香味，并使水分进一步减少。

8）冷却、包装

产品经过对流强制冷却到室温，即可进行切割、包装。

参 考 文 献

[1] 雷虹．传统风干肉在风干和贮藏过程中品质及风味物质的变化研究[D]．呼和浩特：内蒙古农业大学，2018.
[2] 沙坤．新疆风干牛肉质量特征及风味形成机制的研究[D]．北京：中国农业科学院，2015.
[3] 辜雪冬，赵娟红，孙术国，等．加工方式对牦牛肉干风味品质影响[J]．高原农业，2018，2（5）：484-496.
[4] 姚芳，张静，刘靖，等．肉脯加工中风味物质的研究[J]．中国调味品，2018，43（2）：179-183.
[5] 王武，张静，查甫本，等．食用胶对鸭肉脯挥发性风味物质的影响[J]．食品科学，2011，32（13）：115-118.
[6] 樊明明．发酵工艺对猪肉脯食用品质影响研究[D]．无锡：江南大学，2015.
[7] 闫晓晶，雷元华，谢鹏，等．牦牛肉干制品加工研究进展[J]．肉类研究，2019，33（3）：67-71.
[8] 刘雨杨．重组复合肉干的品质改善及脂肪氧化控制研究[D]．银川：宁夏大学，2015.
[9] 王敏红，顾江峰．非物质文化遗产——太仓肉松的传承与发展[J]．档案与建设，2014（7）：70-72.
[10] 李真．熏马肉干制备及工业化设计研究[D]．乌鲁木齐：新疆农业大学，2016.
[11] 徐慧．新型猪肉脯的开发研究[D]．成都：四川农业大学，2013.
[12] 马永强．休闲肉脯的研制及贮藏特性研究[D]．长春：吉林大学，2018.
[13] 王莉，王玉涛，郭丽君，等．电刺激对宰后牦牛肉成熟过程中肌钙蛋白-T 和肌间线蛋白及嫩度的影响[J]．食品工业科技，2017，38（11）：65-70，75.
[14] 沈瑾．电刺激影响牛肉成熟过程中嫩度的信号通路分析[J]．安徽农业科学，2017，45（7）：83-86，200.
[15] 张坤．超声波处理对鹅胸肉嫩度及肌动球蛋白特性的影响研究[D]．南京：南京财经大学，2018.
[16] 徐月．肉类嫩化酶及其在畜产品加工中的应用研究[J]．现代食品，2020（1）：44-45.
[17] 陈星．酸辣猪肉干加工工艺及产品特性研究[D]．武汉：华中农业大学，2016.
[18] 张盟，俞龙浩，陈洪生，等．肉源微生物发酵重组牛肉干和传统牛肉干的品质比较[J]．食品安全质量检测学报，2013，4（2）：585-590.
[19] 刘雨杨，张同刚，王旭，等．重组复合肉干工艺条件优化及挥发性风味物质检测[J]．中国调味品，2015，40（10）：23-29.
[20] 蒋平香．油脂对重组肉干硬度及优化成型的影响研究[D]．南宁：广西大学，2015.
[21] 谢小雷．牛肉干中红外-热风组合干燥特性研究[D]．北京：中国农业科学院，2015.
[22] 张静，刘靖，代尚龙，等．微波技术在猪肉脯生产中的应用研究[J]．食品研究与开发，2015，36（20）：80-84.
[23] 王俊山．牛肉干微波-热风耦合干燥生产工艺及干燥动力学研究[D]．扬州：扬州大学，2019.

第7章　熏烧烤肉制品

熏烧烤肉制品作为被广泛食用的肉制品，深受广大消费者的喜爱，主要通过熏烤、烧烤、盐焗等工艺赋予产品良好的色泽、风味、口感和较长的货架期。熏烧烤肉制品属于熟肉制品，可直接食用。全国各地都有熏烧烤肉制品，但是由于消费习惯、加工工艺、配料等的差异，形成了各地的特色性产品，部分产品已经成为世界知名的产品，如北京烤鸭、叉烧肉、盐焗鸡等代表性产品。熏烧烤肉制品突出的风味是熏烤、烧烤、盐焗等工艺赋予肉制品的特色风味，但是不同地区的产品也会结合当地的口味进行加工，如南方产品较多地保留肉本身的颜色，而北方产品习惯赋予产品较深的色泽。

7.1　熏烧烤肉制品品质特征

熏烤、烧烤和盐焗工艺赋予熏烧烤肉制品独特的风味、色泽和质构品质，烧烤特征品质是在高温下蛋白质、脂肪、维生素等发生氧化、降解、美拉德反应、Strecker 降解反应等一系列复杂的反应形成的，但是同时会形成杂环胺、多环芳烃等有害物质。熏烧烤肉制品品质与食用安全的协调与均衡一直是熏烧烤肉制品加工需要解决的难点。

7.1.1　熏烤肉制品

熏烤肉制品一般先采用煮制等工艺使产品熟制，熏烤工艺主要赋予产品烟熏风味和色泽，延长肉制品的货架期，对滋味也具有一定的影响，特别是以液熏工艺加工的熏烤类肉制品。熏烤肉制品的代表性产品有柴沟堡熏肉、沟帮子熏鸡、百乐熏鸭等。

熏烤肉制品的风味主要是由木屑等不完全燃烧产生的熏烟与肉的物理、化学作用形成的，其中特征烟熏风味主要是由酚类化合物形成的，如对甲酚、4-乙基愈创木酚、愈创木酚、2-甲氧基-4-甲基苯酚等都是烟熏的特征挥发性风味物质。酚类化合物的烟熏香味与肉制品本身的香气结合起来，从而赋予熏烤肉制品浓郁的熏烤香气。烟熏液液熏技术的应用提高了熏烤肉制品品质的稳定性，提高了生产效率，但是对产品的品质具有一定的影响。赵冰等[1]研究了传统木熏工艺和现代液熏工艺对熏肉品质的影响，发现烟熏液液熏技术生产的肉制品色泽更加均匀稳定，但是传统木熏工艺肉制品中酚类物质的相对含量要明显高于烟熏液液熏肉制品，对甲酚、4-乙基愈创木酚、愈创木酚、苯酚、2,5-二甲基苯酚等关键性烟熏风味物质含量木熏产品明显高于液熏产品。姚文生等[2]研究了不同烟熏材料对熏鸡腿肉风味的影响，发现戊醛、糠醇、壬醛、辛糠醛、乙酸乙酯等是糖熏鸡腿肉的特征挥发性风味成分，甲基丙醛是茶熏鸡腿肉的特征挥发性风味成分，3-甲基丁醛、2-甲氧基苯酚和 2-乙酰呋喃等是苹果木屑熏鸡腿肉的特征挥发性风味成分。

羰基化合物是熏烤肉制品色泽形成的根本原因，熏烟中存在大量的羰基类化合物，可以与肉中的蛋白质、肽和氨基酸发生美拉德反应，形成良好的烟熏色泽。烟熏过程中肉表面的湿度、烟熏木屑的种类、烟熏温度和时间等都会影响烟熏色泽的形成。潘玉霞等[3]研究发现，以梨木为烟熏木屑加工的肉制品色泽稳定性最好。赵冰等[1]研究发现，烟熏色泽随着烟熏时间的延长而不断加深，同时亮度值不断下降。

熏烟是熏烤肉制品良好品质形成的基础，但是熏烟形成过程中由于木屑的不完全燃烧形成的苯并[a]芘等多环芳烃也随着熏烟附着在肉制品表面。多环芳烃类物质特别是苯并[a]芘是明确的强致癌物质，因此熏烤肉制品中苯并[a]芘等多环芳烃类物质的控制是研究热点。研究表明，木屑种类与燃烧温度对苯并[a]芘等多环芳烃类物质的形成具有重要影响，400℃以下产生的苯并[a]芘含量极少，当温度超过 400℃时，苯并[a]芘含量可快速上升[4]。Stumpe-Viksna 等[5]发现不同烟熏材料产生的多环芳烃含量不同，苹果木屑产生的多环芳烃最少，云杉产生的多环芳烃最多。烟熏液的使用是降低熏烤肉制品中苯并[a]芘含量的有效方法，在烟熏液制备过程中可以通过纯化工艺有效地降低烟熏液中苯并[a]芘的含量，从而有效地控制熏烤肉制品中的苯并[a]芘。赵冰等[6]以苹果木为原料制备的烟熏液采用沉淀、过滤、吸附等纯化处理后，烟熏液中无苯并[a]芘检出。王路等[7]研究发现，大孔树脂可以有效地吸附烟熏液中的苯并[a]芘，且对烟熏液中的羰基类化合物和酚类化合物影响较小。

7.1.2 烧烤肉制品

烧烤肉制品由于蛋白质和脂质在高温下发生降解、聚合等反应，赋予产品良好的色泽、风味和口感。戚彪等[8]研究了气体射流冲击对北京烤鸭鸭皮色泽和酥脆性的影响，结果表明烤制温度、时间对北京烤鸭色泽影响显著，鸭皮的酥脆性与鸭皮的温度和含水率相关。江新业等[9]研究了北京烤鸭的关键芳香化合物，结果表明北京烤鸭的关键香味活性化合物为反式-2,4-癸二烯醛、2-甲基-3-呋喃硫醇、1-辛烯- 3-醇、3-甲硫基丙醛和反-2-十一烯醛。谢建春等[10]研究了烤羊腿挥发性香气成分，发现烤羊腿的香气主要由肉香香气成分、油脂香香气成分、烤香香气成分、烟熏香香气成分、酸败气、奶酪香气成分和茴香香气成分构成。顾小红等[11]研究发现，猪肉、牛肉和鸡肉在相同的烧烤条件下形成的香气物质并不相同，这可能与不同肉种的氨基酸、还原糖和脂肪含量有关，但是 3 种烤肉都含有二甲基二硫、噻吩、硫醇等物质，这些物质是烤肉的特征香气物质，形成了烤肉特有的香气特征。

烧烤肉制品风味主要是由蛋白质、脂质、糖类物质等成分在高温下发生氧化、降解、聚合等一系列反应形成的醛类、酮类、醚类和含硫化合物等共同构成的；特别是糖和氨基酸之间的美拉德反应，不仅会生成棕色物质形成诱人的色泽，同时生成许多香味成分；脂质在高温下发生分解，形成二烯类化合物，从而赋予肉制品特殊的风味；蛋白质发生分解产生多种氨基酸，其中谷氨酸是典型的鲜味成分，是味精的主要成分，可以赋予肉制品良好的鲜味。此外，在烧烤肉制品加工过程中经常会添加孜然粉、花椒、辣椒等香辛料和葱、姜等配料，这些物质中含有的醛、酮、酚和含硫化合物等成分本身具有良好的风味，同时可以与原料肉中的物质进一步发生反应；烧烤肉制品加工过程中经常会使用麦芽糖涂在原料肉的表面，这是由于麦芽糖是还原糖，可以与原料肉表面的蛋白质、氨基酸等物质发生美拉德反应，从而形成令人愉悦的特色烧烤风味。

烧烤肉制品在加工过程中由于加工温度较高，蛋白质和脂质会发生氧化、裂解和聚合等一系列反应形成杂环胺、多环芳烃类物质。烧烤肉制品加工过程中，高温作用下脂质发生氧化和裂解反应，并进一步发生热聚合反应生成苯并[a]芘等多环芳烃类物质，同时蛋白质在高温作用下发生热分解反应，经过环化、聚合等一系列反应也可以形成苯并[a]芘等多环芳烃类物质。因此，烧烤肉制品中多环芳烃类物质的形成是高温加工条件下的产物。《食品安全国家标准 食品中污染物限量》（GB 2762—2017）规定熏烧烤及其肉类制品中苯并[a]芘类多环芳烃限量为5μg/kg。

肉制品中富含蛋白质，因此在高温烧烤加工过程中会形成杂环胺，杂环胺可以通过美拉德反应或者热降解反应形成。烧烤肉制品中杂环胺的形成受到多种因素的影响，包括原料肉中前体物质的种类与含量、烧烤的温度与时间、抗氧化剂的使用等[12]。肌酸、游离氨基酸和糖等都是杂环胺的前体物质，原料中前体物质的含量对杂环胺的形成具有重要作用。杂环胺的含量和种类与加工温度具有显著的正相关性，Hasyimah 等[13]研究发现杂环胺的种类和含量随着烧烤温度的升高而增加，当温度超过 200℃时，杂环胺的含量急剧增加。我国对肉制品中杂环胺的含量没有标准的限量，但是烧烤肉制品中杂环胺的控制技术已经是研究的热点，抗氧化剂与茶叶、香辛料等在控制杂环胺含量方面都具有良好的效果，并得到了应用推广。

7.1.3 盐焗肉制品

盐焗工艺是把原料用纱布等材料包裹后埋入粗盐中，利用粗盐的传热作用将原料加热至熟的烹调方法。盐焗风味的形成主要是原料肉在加热条件下，糖类、脂肪和蛋白质等发生反应生成风味物质，如美拉德反应，同时在加热过程中，肉中的香味前体物质如氨基酸、脂肪酸等发生一系列的化学反应产生了大量的风味成分。盐焗肉制品主要以鸡为原料，以粗盐为传热介质熟化制得，没有添加过多的其他物质，保留了鸡肉本身的特点，因此味香浓郁，皮爽肉滑，色泽微黄，皮脆肉嫩。王琴等[14]以肉鸡、蛋鸡鸡翅为研究对象，分析了盐焗鸡翅在加工过程中的风味变化，结果发现反,反-2,4-癸二烯醛为较重要的挥发性风味成分。赵冰等[15]研究了传统盐焗工艺和现代水焗工艺对盐焗鸡翅挥发性风味物质的影响，结果表明，两种盐焗鸡翅挥发性风味物质的种类和相对含量都不相同，传统工艺的产品挥发性品质更优。

7.2 熏烧烤肉制品传统加工工艺

熏烧烤肉制品具有独特的风味、色泽和质构，其特征品质的形成与原料肉、烟熏木屑种类、熏烤和烧烤工艺紧密相关。熏烤、烧烤作为核心工艺，在赋予产品特征风味的同时，还可以延长产品的货架期。

7.2.1 原料选择

1. 熏烤肉制品

烟熏工艺是熏烤肉制品风味的主要来源，对产品的影响甚至大于原料肉，所以本部分主要对发烟材料的选择进行介绍。地方特色性肉制品使用的烟熏材料也不相同，辽宁沟帮子熏鸡采用糖熏工艺加工，内蒙古卓资山熏鸡采用木屑中加糖（如香樟木锯末）共同熏制而成。不同烟熏木屑对烟熏色泽和烟熏风味都有显著的影响。LEA 等[16]研究发现，由山毛榉、桦树、樱桃木、苹果木和李子木 5 种烟熏材料熏制的产品色泽和质构具有显著的差异，李子木烟熏的产品硬度最大，L^*最高。姚文生等[2]以白砂糖、苹果木和红茶为烟熏原材料制作烟熏鸡腿肉，发现红茶对烟熏鸡腿肉的挥发物质的风味影响最大。

2. 烧烤肉制品

原料肉对烧烤肉制品品质具有重要的影响，与熏烤工艺不同，烧烤工艺在熟化的同时赋予肉制品浓郁的特征品质。原料的种类、部位、脂肪含量对烧烤肉制品的风味和质构都具有重要的影响。脂质在烧烤过程中发生氧化降解可以形成良好的风味，其氧化降解产物可以作为风味前体物质进一步发生美拉德反应形成良好的香气，脂肪还可以对肉的多汁性和嫩度产生积极作用。谢东娜等[17]研究微波、烤制、煮制、蒸制对鸡肉脂肪氧化的影响，发现与其他加工方式相比，烤制可以延缓鸡肉脂肪的氧化。周希等[18]研究发现，鸡肉的嫩度与脂肪含量呈现出正相关，这可能是由于脂肪组织的存在可以与结缔组织呈现出交叉的状态，使鸡肉的纤维束更易分离，从而改善烤鸡的嫩度。钟华珍等[19]研究发现，烤制后的猪肉、鸡肉和鸭肉 L^*、b^*值均显著提高，猪肉 a^*值显著降低，鸡肉 a^*值显著提高。

3. 盐焗肉制品

盐焗鸡是广东东江的传统名菜，因此又名东江盐焗鸡，由于产品具有独特的盐香味，口感细腻，得到广大消费者的喜爱，已经有数百年的历史。盐焗肉制品主要以鸡肉为原料生产，有部分鸭肉类盐焗产品逐渐走向市场。随着鸡肉分割技术的发展，盐焗鸡翅、盐焗鸡腿等产品类型不断涌现，打破了盐焗整鸡的模式，丰富了盐焗肉制品的产品类型，同时打开了休闲盐焗肉制品的市场。不同鸡的品种对盐焗鸡的品质也有显著的影响，盐焗鸡多数以蛋鸡为原料生产，这是由于蛋鸡生长周期长，积累了丰富的胶原蛋白等物质，使产品具有更好的口感和风味，但是随着成本的增加，盐焗肉鸡产品也开始逐渐出现在市面上。王琴等[14]研究发现，盐焗蛋鸡的风味物质种类和含量显著多于盐焗肉鸡，且杂环化合物含量要高于盐焗肉鸡。张永丝[20]研究发现，以进口蛋鸡为原料生产的盐焗鸡脂肪在储藏过程中的氧化程度要高于国产蛋鸡加工的盐焗鸡。李威等[21]研究发现，以蛋鸡为原料生产的盐焗鸡品质高、弹性好，盐焗风味更浓郁。刘娟等[22]发现盐焗蛋鸡鸡翅的剪切力高于盐焗肉鸡鸡翅，盐焗过程中鸡翅结构由于肌节的收缩而逐渐紧密。因此，虽然肉鸡类盐焗产品逐渐走向市场，但是其品质与盐焗蛋鸡相比仍有差距。

7.2.2 熏烤工艺

熏烤是熏烤肉制品的特色工艺，可以赋予产品良好的色泽和风味，同时具有一定的防腐保鲜效果。传统的熏烤工艺主要用木屑、秸秆、锯末、稻壳、糖等原料进行烟熏[23]。通过原材料的不完全燃烧形成熏烟，熏烟直接与原料肉接触完成熏烤。传统的烟熏工艺为开放式烟熏，烟熏材料产生的烟气直接与肉接触，使苯并[a]芘大量附着在产品的表面，造成产品中苯并[a]芘超标。烟熏工艺不具备熟制的功能，仅赋予产品良好的烟熏品质。大部分企业采用可调节的烟熏专用设备进行肉制品的烟熏，一般为间接烟熏，即烟熏设备外部设有熏烟发生器，这种发生器能够在适当的条件下自动工作，产生的熏烟被引入烟熏室之前采用粗棉花或刚毛过滤或用静电沉淀法、冷却法使其中的有害物质部分去除。因此，与传统的烟熏过程相比，熏烟发生器可以显著降低苯并[a]芘的污染，对人体健康危害较小。

此外，熏烤发烟材料不同，苯并[a]芘残留量也不同，所以可以通过选用优质熏烤发烟材料实现对产品中苯并[a]芘含量的控制。发烟材料不应该用水分含量高、发霉变质、有异味的烟熏木屑，应尽可能选用含树脂少的硬质料和商品化、标准化复合烟熏木屑，这样既可以有效地保证产品的烟熏色泽和风味，又可以保证产品的安全。赵志南[24]对辽宁沟帮子熏鸡、山东聊城熏鸡、内蒙古卓资山熏鸡、浙江藤桥熏鸡、内蒙古锦山熏鸡、河北乐亭熏鸡 6 种特色熏鸡产品的食用品质进行了研究，测定了各种熏鸡的色泽、质构、营养物质、呈香物质、呈味物质等指标，并通过电子感官技术确定了熏鸡的滋味特征为咸鲜，熏鸡的共有风味物质为壬醛、己醛、癸醛、2,3-辛二酮、1-辛烯-3-醇、2-戊基呋喃。姚文生等[2]研究了白砂糖、苹果木和红茶 3 种材料熏制鸡腿肉挥发性物质的不同，根据指纹图谱信息和主成分分析结果表明，不同材料熏制的鸡腿肉样品的特征风味物质既有差异又相互联系。李明艳等[25]优化了熏烤牦牛腱的工艺参数，熏烤加工牦牛腱的最佳煮制条件为煮制时间 2h、肉块大小 0.6～0.8kg、煮制温度 80℃，最佳熏烤条件为发烟时间 10min、熏烤时间 10min、熏烤温度 120℃。

7.2.3　烧烤工艺

烧烤是烧烤肉制品的特色工艺，通过高温作用使蛋白质、脂肪发生变化，从而形成特色的风味、色泽和口感。不同地区传统的烧烤方式不同，馕坑烤制是新疆地区的特色烤制方法，馕坑中的烧烤材料是当地的胡杨木，生火将整个馕坑进行加热，等到木炭燃烧结束后将馕坑加盖焖烤。因此，这种烤制方式并不是明火直接烤制，在焖烤过程中不定期翻动观察以保证产品完全熟化，1～2h 后即可食用。

明火烤制是常用的烤制方法，操作简单方便，流传至今，四川和内蒙古的烤全羊就是明火烤制的代表性产品。将清理后的羊胴体整体架起，下面直接生火烤制，烤制过程中不断转动，并撒上调料进行调味，熟化后即可食用。随着现代消费习惯的改进，炉烤工艺也逐渐在内蒙古烤全羊中得到应用。将腌制好的整羊固定，挂在木炭燃烧完全后的烤炉内，用清水喷洒在炭火上，利用高温将羊肉焖熟。这种炉烤工艺与馕坑烤制具有一定的相似性。

7.2.4　盐焗工艺

随着现代食品产业的不断发展，传统的盐焗工艺做法烦琐，需要经过原料腌制、粗盐炒制等流程，不适宜连续化生产。经过长期的不断改进，目前水焗法、气焗法成为盐焗肉制品加工的主要方式，但是在餐饮业中还是保留了传统的盐焗工艺。传统盐焗加工技术是以粗盐为加热介质，将腌渍的原料利用盐的导热特性加热成熟。盐焗技术是利用粗盐可以导热的物理原理使原料成熟，加热温度可以达到 150℃左右，加热时间与原料的大小、形状、肉质等有关，但是不宜过久，以保留原料本身的鲜味与质感。盐焗过程中使用锡纸、砂纸等将原料包裹，既可以使原料中的水分有一定量的散发，又可以保留产品的风味[26]。况伟等[27]研究发现，盐焗时间对盐焗产品品质具有最显著的影响，盐焗鸡的最佳盐焗时间为大火焗 30min，然后小火焗 10min。杨万根等[28]优化了盐焗鸡翅的加工工艺，研究发现盐焗鸡翅最佳生产工艺为盐焗时间 110min、盐焗温度 170℃、复合磷酸盐浸泡时间 3h、复合磷酸盐最佳配比为焦磷酸钠∶三聚磷酸钠∶六偏磷酸钠=2∶1∶1。

7.3　熏烧烤肉制品加工新技术

随着现代食品产业的快速发展和消费者对高品质肉制品需求的增加，传统的熏烤、烧烤和盐焗方式已经不能满足产业发展的需求，适合自动化、工业化和智能化生产，品质稳定、安全指数较高的新型熏烧烤肉制品加工技术不断涌现，并得到快速推广。

7.3.1　新型熏烤技术

1. *液熏法*

液熏法是采用烟熏液替代烟气进行熏烤的方法，是在传统木熏法的基础上发展起来的一种新型烟熏方法。生产烟熏液有两种工艺：一是采用香料调配出具有烟熏风味的香味料（一般称为配制的烟熏香味料或香精），虽然配制的烟熏液只要符合食用香精的相关法规标准要求，就认为其安全性是有保证的，但由于烟熏香味的化学组成比较复杂，根据分析结果配制的烟熏液香味往往不尽如人意；二是以天然植物（尤其是木材）为原料，将烟熏原料高温干馏产生烟气，然后利用冷凝的方式将烟气收集后精制而成的液体烟熏香味料，由于这种烟熏液是将熏烟冷凝收集并精制加工而成，因此其含有的成分与熏烟中的成分基本保持一致，同时通过精制加工有效地去除了产品中的苯并[a]芘等多环芳烃类有害物质，能够显著提升熏烤产品的安全性。目前，国内市场上烟熏液产品较少且品种单一，难以满足肉制品市场对高品质肉制品的需要，同时企业的环保成本不断提升使得液熏法的应用越来越广泛，新型优质烟熏液的开发已经刻不容缓。

烟熏液中酚类化合物和羰基类化合物的含量分别决定了最终产品的风味和色泽，酚类物质的含量越高，产品的烟熏风味越浓，羰基类化合物的含量越高，色泽越深，因此在使用烟熏液进行熏烤肉制品的加工时要选择适宜的浓度和剂量。

可以根据产品的特点通过注射、搅拌、滚揉、喷涂、浸泡等不同的工艺将烟熏液添加到肉制品中，从而赋予肉制品良好的风味和色泽。梁旭等[29]采用山核桃壳为原材料，优化了山核桃壳烟熏液的最佳制备条件。胡武等[30]以木菠萝为原材料通过工艺优化制备木菠萝烟熏液，得到烟熏液的最佳制备条件为干馏温度 425℃、升温速率 10℃/min、粒径 1.0cm；该工艺制备的烟熏液中总酚含量为 23.11mg/mL，3,4-苯并[a]芘含量为 14.24μg/mL，羰基化合物含量为 18.81g/100mL。王路等[31]采用桉树作为制备烟熏液的原材料，通过工艺优化，得到桉树烟熏液的最佳制备条件为干馏温度 400℃、电压 220V、粒径 2.00cm。通过比较发现，不同原材料制备烟熏液时的最佳制备条件并不相同，这可能与原材料本身的性质有关。

赵冰等[6]开发了苹果木烟熏液，对其感官品质、pH、羰基化合物、酚类化合物、苯并[a]芘的含量、挥发性风味物质的组成等进行了测定，并与市场上的烟熏液产品进行对比。结果表明，苹果木烟熏液的 pH 为 2.31，酚类化合物、羰基类化合物的含量分别达到 9.94mg/mL 和 7.91g/100mL，挥发性风味物质以酚类和醛类物质为主，相对含量分别为 36.15%和 17.58%，通过电子鼻主成分分析显示苹果木烟熏液与其他几种烟熏液在主成分空间差异显著，与市场其他烟熏液相比在核心成分和特征性风味物质上均有明显的优势，同时无苯并[a]芘检出。将制备的烟熏液应用到湖南腊肉，研究结果表明用苹果木烟熏液制作的腊肉的感官品质较好，色泽均一稳定，烟熏风味自然浓郁，无苯并[a]芘检出，可以赋予湖南腊肉良好的品质。烟熏液产品见图 7.1。

图 7.1　烟熏液产品

2. 电熏法

电熏法是利用静电作用进行烟熏的方法。在烟熏室内配置导线，将产品悬挂于导线上，烟熏时在导线上施以 10～20kV 的高压电，产品本身即为电极，通电后熏烟中的物质形成带电粒子，快速地被产品吸附并向深层渗透，可以有效地缩短烟熏时间，改善烟熏风味，同时由于熏烟中的物质进入产品内部，可以有效地提升产品的货架期。熏烟中成分与产品的吸附主要依靠静电作用，因此经常会出现熏烟吸附不均匀的现象，产品的尖端熏烟吸附过多，中部较少，同时电熏法的设备较其他烟熏方式成本高，因此电熏法一直没有得到广泛推广。

7.3.2 新型烧烤技术

1. 电烤

电烤加工是现代肉制品发展过程中出现的一种新型烧烤方式，包含红外线电烤、微波电烤和电炉丝电烤等。红外线电烤是采用中波红外线（波长在 1～760nm）直接辐射加热，具有加热速度快、加工均匀、不产生烟气和灰尘的特点。微波电烤是利用微波具有的穿透玻璃、陶瓷、塑料等材料不损失能量，且能量易被含有极性分子的食物吸收的原理。微波电烤利用磁控管产生的振动频率为 24.5 亿次/s 的微波，使食物中的水分子随之振动并产生大量的热能，微波能穿透食品 5cm 以上的深度，因此可以使食品内外同时加热，以保证食品加热的均匀性。电炉丝电烤是最常用的一种电烤方式，利用电炉丝产生的热量直接作用于食物。这种烧烤方式类似于炭烤，烧烤出的食物与碳烤产品风味更为接近。刘建军[32]用电烤箱替代炭烤烤制羊腿，采用先预煮再电烤的新型烤制工艺，使羊腿口感鲜嫩并具有一定的传统特色品质。徐文俊等[33]研究发现微波和光波组合可以迅速赋予羊肉特征性烧烤的风味。

2. 气体射流烧烤技术

气体射流烧烤技术是炉烤加工的一种形式，这种烧烤方式可以在较低的加热温度下使产品具有较好的色、香、味和口感（图 7.2 和图 7.3）。原理是将具有一定压力的热空气通过一定形状的喷嘴射出，使热空气高速冲刷物料表面，高速的气体射流能保证物料表面加热均匀，尤其是对于形状不均匀的产品具有良好的效果，可避免其他烧烤方式由于传热不均导致的局部过热现象，并提高加热介质与原料肉之间的传递系数。气体射流烧烤技术已经应用到北京烤鸭生产，取得了良好的效果，显著地降低了烤鸭的加工温度和能耗，苯并[a]芘等有害物质的生成量得到有效的控制且并未降低烤鸭的食用品质[34]。戚彪等[8]研究了气体射流烧烤技术烤制温度、烤制时间和饴糖溶液浓度等加工条件对烤鸭鸭皮色泽的影响及温度和含水率等对烤鸭鸭皮酥脆性的影响。结果表明，在实验条件范围内，随着烤制温度的上升、烤制时间的延长，烤鸭鸭皮色泽亮度值（L^*）逐渐下降，红绿值（a^*）上升，黄蓝值（b^*）上升，且差异具有显著性，在烤制温度为 190℃、烤制时间为 45min、水和饴糖比为 12∶1（m/m）时鸭皮色泽较佳。

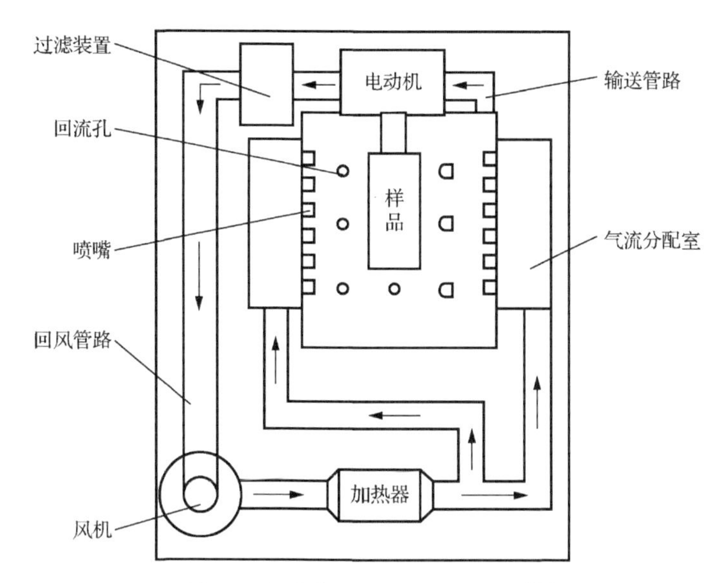

图 7.2　气体射流冲击设备原理图[34]

图 7.3　气体射流冲击设备

3. 过热蒸汽烤制技术

过热蒸汽烤制是采用水在沸腾状态下产生的饱和蒸汽继续加热形成的高温水蒸气加工烤制。过热蒸汽烤制设备和工艺简单，在烤制的箱体内加设对饱和水蒸气进一步加热的筒体，这样，水沸腾时产生的蒸汽被进一步加热，形成具有高凝结热量的高温水蒸气，可以使原料迅速升温，因此具有极高的加热效率。过热蒸汽烤制由于烤制的温度较低，能够有效地抑制杂环胺的形成[35]。王海超[36]研究发现过热蒸汽烤制的羊腿，感官品质良好，与明火烤制的羊腿感官品质接近。Sa-Adchom 等[37]研究发现过热蒸汽烤制技术的传热速率、加热均匀度等方面都具有明显的优势，从而赋予产品良好的色泽、风味和口感。

7.3.3 新型盐焗技术

1. 气焗技术

气焗技术是以蒸汽为加热介质使原料成熟的加工工艺，气焗法采用蒸汽代替粗盐作为传热介质，克服了传统盐焗工艺不能规模化生产的困难，并基本保留了盐焗肉制品的品质，但是气焗仍然存在出品率不高的问题。黄华等[38]优化盐焗鸡的加工工艺为卤水浸泡 16h、气焗 60min、在 100℃下烘制 12h。该工艺制作的产品色泽、风味和口感俱佳。

气焗技术主要加工工艺流程如下：选料→腌制→沥干→涂料→气焗→烘制→冷却→包装→杀菌→成品。

2. 水焗技术

水焗技术是以水为加热介质使原料成熟的加工工艺，严格来讲，水焗技术属于酱卤技术，加工的产品具有酱卤肉制品的特点，已经不属于盐焗类肉制品，但是由于其产品仍具有盐焗肉制品的特点，因此本部分对该技术进行描述。水焗技术是将腌制后的原料在水中煮制成熟，因此出品率较高，且适合大规模的生产，但是需要添加红曲黄等色素使产品具有盐焗肉制品的色泽[38]。陈胜[39]采用真空滚揉腌制结合超声辅助加热（超声功率 600W，煮制时间 19min）的方式，有效地提高了盐焗鸡的出品率，改善了产品的嫩度和质构特性。叶安妮等[40]通过分析水焗产品循环使用卤汤中蛋白质、脂肪、可溶性无盐固形物等物质的变化趋势，发现随着卤制次数的增加，产品的色泽、咸味和口感差异不显著，气味和鲜味的评分增加。吴肖等[41]分析了传统烹饪盐焗和工业化水焗盐焗鸡产品的风味物质的差异，结果表明，传统烹饪盐焗工艺肉香明显弱于工业化水焗工艺，工业化制备盐焗鸡产品更具优势。李秋庭等[42]建立了盐焗鸡热风干燥的 Page 方程模型，表达式为

$$MR=\exp(-Kt1.0309)$$

式中，$K=e(0.051T-7.046)$，T 为干燥温度（℃）；MR 为水分比；t 为干燥时间（h）。

水焗技术主要加工工艺流程如下：选料→腌制→配料→水焗→冷却→包装→杀菌→成品。

7.4 典 型 产 品

熏烧烤肉制品作为传统肉制品的典型代表之一，发展至今已经拥有很多代表性产品，本节将对知名产品及其生产流程和工艺要点进行介绍。

7.4.1 北京烤鸭

北京烤鸭是北京特产。最早的北京烤鸭出现在距今 600 多年前，但是早在南北朝时期所著的《食珍录》中，就已有关于“炙鸭”的文字记载，元代《饮膳正要》中也有关于“烧鸭”的描述。关于北京烤鸭的起源，一说是源自宫廷，由明太祖朱元璋的御厨发明，后因明成祖朱棣迁都被带到了北京；另一说是源于民间，于宫廷完善又由民间向北方传播。

1. 工艺流程

一般来说北京烤鸭的工艺分为挂炉烤制法、焖炉烤制法和叉烧烤制法，其中叉烧烤制法因产量低、费工时，已逐渐被淘汰。挂炉烤制法工艺流程如下：宰杀→打气→掏膛→造型→挂钩→冲洗烫皮→挂糖色→晾坯→灌汤打色→挂炉烤制→成品。

2. 工艺要点

1）宰杀

宰杀时采用切断“三管”（气管、食管、血管）放血法。血滴尽至鸭停止抖动后，把鸭置于 60～65℃的热水中烫毛，动作要快，时长参照实际情况，一般 3min 左右即可。煺毛时动作要轻快，不破坏鸭皮。

2）打气

从宰杀刀口处插入气泵的打气嘴，使鸭体皮肉分离、全身充气、缓慢鼓起，逐渐形成膨大壮实的外形。

3）掏膛

用右手中指伸入肛门，将直肠勾断并取出体外。在右翅膀下要开洞取内脏的地方贴皮轻推排气至别处，然后开一个 4cm 左右的裂口掏净内脏。掏膛动作要轻快，表面不破裂，切面不污染。

4）造型

把一根 6～7cm 的秸秆由裂口处放入膛内，竖直撑起，下端撑住后脊柱，上端支在三叉骨上，使鸭皮绷紧，腔体充盈，造型美观。反复冲洗净膛。

5）挂钩

净好膛的鸭体即可挂钩，将鸭脖里的气捋经鸭肩至鸭脯，用左手小指塞进宰杀刀口，将脖子扭过来压在中指下扣紧，右手持鸭钩竖置，从颈后向前斜穿出来，大致位于宰杀刀口和胸脯之间。

6）冲洗烫皮

用沸水淋烫表皮，使毛孔收缩，表皮蛋白质受热凝固，鸭体越发鼓足。烫制时先烫刀口处，使鸭皮紧缩防止跑气，然后再烫其他部位。一般 3～4 勺沸水即能把鸭坯烫好。

7）挂糖色

用麦芽糖水浇匀表皮。一般情况下，麦芽糖和水的比例为 1∶（5～7），成品通体呈现枣红色，表皮酥脆。

8）晾坯

将鸭坯放在阴凉、干燥、通风的地方风干。环境温度可控制在 15～20℃。可用两个小木条分别支在两腋下撑起翅膀，使其加速干燥。

9）灌汤打色

堵住肛门，向腔内灌入沸水，灌至 80%即可。视挂糖色均匀情况，再浇淋几遍糖水，俗称“打色”。

10）挂炉烤制

烤制的燃料以枣木为佳，也可选用苹果木、梨木等果木。炉温控制在 200～230℃，时间大致为 40min。要不时转动鸭坯，注意观察，保证受热均匀（图 7.4）。一般鸭身呈枣红色，油滴变白，鸭体变轻即为成品。

焖炉烤制法工艺与挂炉烤制法鸭胚制作处理环节相似，但熟制装备比较复杂。传统的焖炉烤鸭炉子由砖砌成，砌砖讲究上三下四中七层（图 7.5）。将炉壁烤热呈灰白色，然后灭火将鸭胚入炉，关闭炉门，不见明火，仅凭炉壁的余温慢慢把鸭子焖熟，其间不能开炉门，也不能将鸭子翻身。焖炉烤制对烤鸭师傅的技艺要求较高。现在一般采用电加热金属炉，先将炉子预热到 200℃左右，再放入处理好的鸭胚，焖烤 45min 左右。

图 7.4　挂炉烤鸭

图 7.5　焖炉烤鸭

挂炉烤制法和焖炉烤制法的比较如表 7.1 所示。

表 7.1　挂炉烤制法和焖炉烤制法的比较

类型	优点	缺点
挂炉烤制法	相对简单易行且具有观赏性而被广泛推广，有果木香气	烟气中含有害物质，明火接触容易造成鸭体污染
焖炉烤制法	封闭环境烤制，不见明火，无杂质，安全绿色	工艺操作难度大，容易造成外焦内生，受热不均

7.4.2 柴沟堡熏肉

柴沟堡熏肉（图 7.6）是塞外古镇河北省怀安县柴沟堡镇特产，最早可追溯到明朝万历年间，史官张鼐在朝宫膳底帐《宝日堂杂钞》中详细记录了柴沟堡熏肉成为贡品的这段历史。清朝乾隆年间，柴沟堡熏肉的详细做法又被记录在袁枚的《随园食单》中，后又被慈禧太后再次钦点为贡品。据《怀安县志》记载，“柴沟堡熏肉特佳，名驰省外，以之分赠亲友，无不交口称赞”。

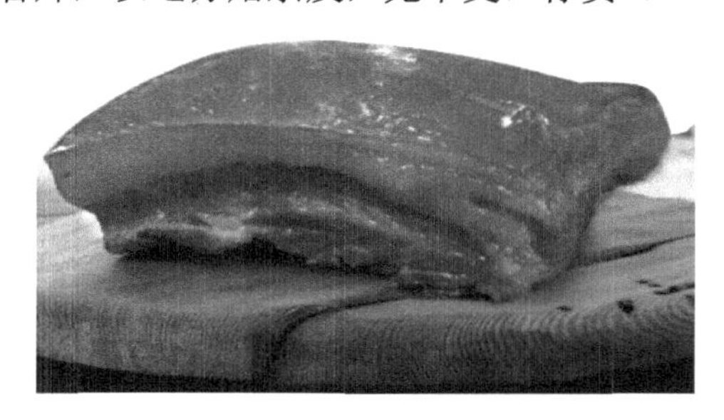

图 7.6　柴沟堡熏肉

1. 工艺流程

原辅料处理→煮制→熏制→成品。

2. 操作要点

1）原辅料处理

选用带皮二级猪肉，肥瘦适中，切成厚度约 5cm、长和宽分别为 16cm 的块状。将花椒、大料、桂皮和丁香装入食品级煮制袋，茴香、砂仁和肉豆蔻装入另一袋。

2）煮制

将肉码入锅内（肥肉朝上），放入两袋料包，加水没过原辅料，加盖大火炖煮。约 30min 后加酱油，可酌情加甜面酱和腐乳，再次焖烧，间隔 30min 翻动一次，总时长约 2.5h 即可。

3）熏制

熏锅内放柏木刨花，架好铁篦，将煮好的肉置于铁篦上，码平沥汤。盖好锅盖（加高 10cm 为佳，给烟循环空间），用慢火加热，引燃柏木，以烟熏肉 2～5min 即可。

7.4.3 广东烧乳猪

广东烧乳猪（图 7.7）居广东肴馔之首，西周时期八珍之一的炮豚即为烧猪，距今约3000年，后在西汉南越王墓中又出土了烧猪专用的烤炉和叉等工具。清朝时，烧乳猪被纳入“满汉全席”菜品之一。

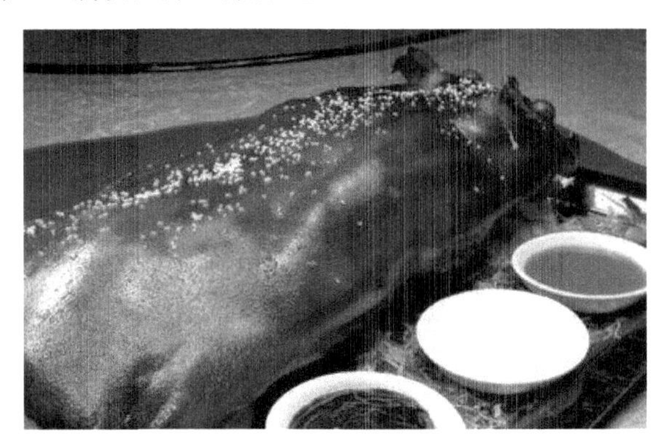

图7.7　广东烧乳猪

1. 工艺流程

原料处理→制坯→上料→烫皮→风干→烧烤→成品。

2. 工艺要点

1）原料处理

清洗干净，沥干血水。

2）制坯

将猪从内腔劈开，将脊骨、肋骨砍裂，呈平板状，可适当去除排骨、后腿扇骨及部分瘦肉，使整体薄厚均匀。挖出猪脑，在两侧牙关各横斩一刀。

3）上料

将香料炒制后加入食盐搅拌均匀涂抹于猪坯内腔腌制30min，控干水分，将除香味料及糖水外的全部调料拌和，匀抹内腔，腌20min后用长铁叉从猪后腿穿至嘴角。

4）烫皮

用不低于70℃的热水淋猪体，使皮绷紧、肉变硬。

5）风干

将烫好的猪体头朝上放，刷糖水；用木条在内腔撑起猪身，前后腿也各用一条木条横撑开，扎好猪手，做好造型；挂至风干表皮。

6）烧烤

用长方形烤炉，先烤猪坯胸腹部，酌情转叉、拨炭、扎针排气和刷油，特别要注意猪头和臀部的扎针和刷油，烤至猪通身呈大红色即可。

7.4.4　常熟叫花鸡

常熟叫花鸡（图 7.8）是江苏特色鸡肉制品，至今已有 300 多年的历史。相传一乞丐偶得一只鸡，欲宰杀煮食，可既无炊具，又没调料，他便将鸡宰杀后去掉内脏，带毛裹上黄泥和柴草，置火中煨烤，待泥干鸡熟，剥去泥壳，鸡毛也随泥壳脱去，顿时香气四溢。明朝大学士钱牧斋路过，问得此法，家中改进，并取名“叫花子鸡”。最先经营叫花鸡的是常熟县城西北虞山胜地的山景园酒家，另起名为“黄泥煨鸡”。

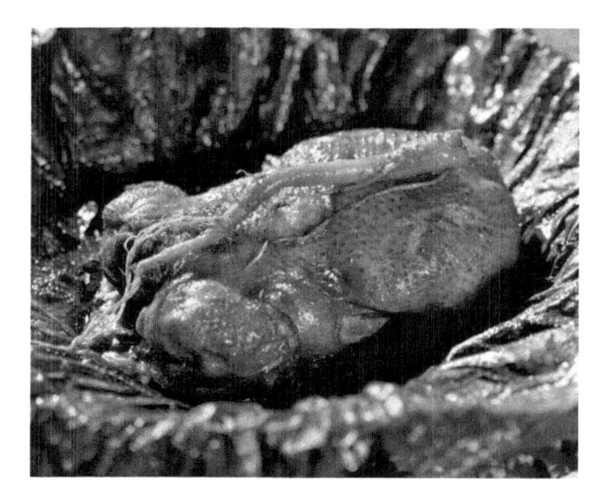

图 7.8　常熟叫花鸡

1. 工艺流程

宰杀→腌制→包鸡→裹泥→煨制→冷却→成品。

2. 工艺要点

1）宰杀

将鸡宰杀，去毛、去脚，翅下开洞，取内脏，抽去气管、食管，洗净晾干。

2）腌制

用刀背拍断鸡腿、翅、颈部，加酱油、黄酒、食盐腌制 1h 取出，将丁香、八角碾成粉末擦涂鸡身。

3）包鸡

将锅置于大火上，加热熟猪油，放入葱花、姜末、猪肉丁、鸡丁、火腿、黄酒、酱油、绵白糖等辅料，炒熟晾凉后，从翅下开洞填入鸡腹腔，将鸡头塞入洞中，两腋下各夹住一颗丁香。用猪网油紧包鸡身，用荷叶包一层再用玻璃纸包一层，外面再包一层荷叶后用麻绳捆牢。

4）裹泥

用清水调和酒坛泥，以约 1.5cm 厚度平摊在湿布上，再将捆好的鸡放在泥中间，拎起湿布 4 个角将鸡攥紧，使泥紧紧裹牢，再去掉湿布，用包装纸包裹住。

5）煨制

将包裹好的鸡放入烤炉，旺火烤约 40min，适时用泥补裂缝，再用旺火烤 30min，然后小火烤 1.5h，最后用微火烤 1.5h 即可。

7.4.5　盐焗鸡

盐焗鸡（图 7.9）是粤东客家地区的特色鸡肉制品，据《归善县志》记载，盐焗鸡至今已有 300 多年历史。盐焗鸡的发明与赣闽粤边区盐业发达及客家人的迁徙生活密切相关。客家人在南迁过程中，将宰杀好的生鸡埋藏于陶罐食盐或盐包中以便储存和携带，发现鸡的味道非常鲜美，之后在东江地区客家民间便有了以陶漏斗盛盐腌鸡的传统做法。到了清代，技师将宰净晾干的鸡用砂纸包好，再包上一层鲜荷叶，然后放入盛着炒热的盐的砂锅中小火焗熟，在民间广为流传[43]。

图 7.9　盐焗鸡

1. 工艺流程

宰杀→腌制→包鸡→盐焗→成品。

2. 操作要点

1）宰杀

将鸡宰杀，去毛、去脚，净膛，抽去气管、食管，洗净晾干。

2）腌制

在鸡身内外擦遍精盐和黄酒，鸡腹中可塞入葱、姜、八角等。

3）包鸡

用荷叶包鸡，外裹 1～2 层毛边纸或锡纸。

4）盐焗

将粗盐炒热至暗红色，把包好的鸡埋至盐中，盖紧锅盖，用火使锅内的盐保持一定的温度焗鸡。盐焗时间建议大火焗 30min 后微火焗 10min，或者小火焗 20min[43]。

参考文献

[1] 赵冰，任琳，陈文华，等．烟熏工艺对熏肉挥发性风味物质的影响[J]．食品科学，2013，34（6）：180-187.
[2] 姚文生，蔡莹暄，刘登勇，等．不同材料熏制鸡腿肉挥发性物质 GC-IMS 指纹图谱分析[J]．食品科学技术学报，2019，37（6）：37-45.
[3] 潘玉霞，李春保．烟熏火腿色泽控制工艺技术研究[J]．肉类工业，2017，439（11）：25-29.
[4] 赵冰，任琳，李家鹏，等．传统肉制品中多环芳烃来源和检测方法研究进展[J]．肉类研究，2012，26（6）：50-53.
[5] STUMPE-VIKSNA I, BARTKEVICS V, KUKARE A, et al. Polycyclic aromatic hydrocarbons in meat smoked with different types of wood[J]. Food Chemistry, 2008, 110(3):794-797.
[6] 赵冰，李素，王守伟，等．苹果木烟熏液的品质特性[J]．食品科学，2016，37（8）：108-114.
[7] 王路，王维民，谌素华，等．大孔树脂精制竹蔗烟熏液的工艺研究[J]．食品与机械，2011，27（6）：147-152.
[8] 戚彪，曲超，郭爱菊，等．气体射流冲击北京烤鸭鸭皮的色泽和酥脆性[J]．肉类研究，2013，27（12）：5-7.
[9] 江新业，宋焕禄，夏玲君．GC-O/GC-MS 法鉴定北京烤鸭中的香味活性化合物[J]．中国食品学报，2008（4）：160-164.
[10] 谢建春，孙宝国，郑福平，等．烤羊腿挥发性香成分分析[J]．食品科学，2006，27（10）：511-514.
[11] 顾小红，汤坚．烤肉的香气成分[J]．无锡轻工大学学报，2000，5：469-474.
[12] 董依迪，邓思杨，石硕，等．肉制品中杂环胺类物质的形成机制及控制技术的研究进展[J]．食品工业科技，2019，40（8）：278-291.
[13] HASYIMAH A K, JINAP S, SANNY M. Simultaneous formation of polycyclic aromatic hydrocarbons (PAHs) and heterocyclic aromatic amines (HCAs) in gas-grilled beef satay at different temperatures[J]. Food Additives and Contaminants, Part A. Chemistry, Analysis, Control, Exposure & Risk Assessment, 2018, 35 (5):848-869.
[14] 王琴，应月，陈卓，等．盐焗鸡翅在加工过程中的风味变化[J]．中国食品学报，2013，13（9）：234-243.
[15] 赵冰，任琳，李家鹏，等．盐焗工艺对盐焗鸡翅挥发性风味物质的影响[J]．肉类研究，2012，26（11）：6-11.
[16] LEA D, MATEJA L P. Effect of different type of smoke on the sensory profile of Frankfurters[J]. Meso, 2017, 19(6): 521-524.
[17] 谢东娜，王道营，闫征，等．加热方式对鸡肉制品不同部位脂质氧化的影响[J]．食品科学技术学报，2019，37（6）：29 -36.
[18] 周希，邵雪飞，熊国远，等．淮北麻鸡和金寨黑鸡加工适宜性[J]．食品与发酵工业，2019，45（17）：181-188.
[19] 钟华珍，刘永峰，甘斐，等．高温加工方式对肉品质的影响[J]．食品与机械，2017，33（11）：190-194.
[20] 张永丝．软包装盐焗鸡翅加工过程的脂肪氧化及控制研究[D]．广州：华南理工大学，2014.
[21] 李威，李汴生，阮征，等．蛋鸡与肉鸡原料在盐焗鸡翅加工中的品质比较[J]．现代食品科技，2011，27（7）：756-758.
[22] 刘娟，李威，李汴生，等．加工工艺对不同品种鸡翅品质特性和微观结构的影响[J]．食品工业科技，2012，33（6）：201-204.
[23] 乔晓玲．肉类制品精深加工实用技术与质量管理[M]．北京：中国纺织出版社，2009.
[24] 赵志南．不同地方特色熏鸡食用品质的比较分析[D]．锦州：渤海大学，2019.
[25] 李明艳，曹效海，刘自平，等．熏烤加工牦牛腱的工艺研究[J]．黑龙江畜牧兽医（综合版），2014，11：36-38.
[26] 任琳，赵冰，赵燕，等．盐焗鸡翅贮存特性的研究[J]．肉类研究，2012，26（6）：34-37.
[27] 况伟，曹新巧，钟福生．五华三黄鸡盐焗产品加工技术研究[J]．嘉应学院学报（自然科学），2013，31（8）：82-84.

[28] 杨万根，孙会刚，王卫东，等. 盐焗鸡翅生产工艺优化[J]. 食品科学，2010，31（20）：522-526.
[29] 梁旭，牛春艳，姜晓坤. 山核桃壳烟熏液制备研究[J]. 黑龙江科学，2019，10（4）：10-11.
[30] 胡武，王维民，谌素华，等. 木菠萝烟熏液制备工艺的研究[J]. 食品科技，2014，39（3）：246-249.
[31] 王路，刘辉，谌素华，等. 桉树烟熏液的制备工艺研究[J]. 食品工业科技，2012，33（8）：274-280.
[32] 刘建军. 烤羊腿加工新工艺及其品质影响因素的研究[D]. 呼和浩特：内蒙古农业大学，2008.
[33] 徐文俊，肖龙泉，刘达玉，等. 羊肉烘烤新工艺研究[J]. 农产品加工（学刊），2014，367（19）：37-39.
[34] 廖倩. 气体射流冲击烤制“北京烤鸭”加工技术与多环芳烃产生的研究[D]. 石河子：石河子大学，2009.
[35] 孟婷婷. 过热蒸汽联合红外光波烤制羊腿工艺参数优化研究[D]. 银川：宁夏大学，2017.
[36] 王海超. 烤羊腿风味、色泽与质构特性的区域化差异研究[D]. 杨凌：西北农林科技大学，2018.
[37] SA-ADCHOM P, SWASDISEVI T, NATHAKARANAKULE A, et al. Drying kinetics using superheated steam and quality attributes of dried pork slices for different thickness, seasoning and fibers distribution[J]. Journal of Food Engineering, 2011, 104(1): 105-113.
[38] 黄华，刘学文. 水焗法生产盐焗鸡工艺初探[J]. 中国调味品，2012，37（3）：118-120.
[39] 陈胜. 盐焗鸡加工工艺优化及其品质特性研究[D]. 扬州：扬州大学，2019.
[40] 叶安妮，李汴生，阮征，等. 即售盐焗鸡卤制过程中卤汤循环使用时成分变化规律[J]. 中国调味品，2019，44（4）：35-39.
[41] 吴肖，蔡连坤，孔令会，等. 传统烹饪盐焗和工业化水焗盐焗鸡溶剂提取法香气成分差异性分析[J]. 食品工业科学，2018，39（14）：235-243.
[42] 李秋庭，吴建文，曲正. 热风温度对盐焗鸡干燥动力学及品质的影响[J]. 食品工业科技，2014，35（10）：134-137，141.
[43] 吴建文. 盐焗整鸡加工工艺研究[D]. 南宁：广西大学，2014.

第 8 章　发酵肉制品

8.1　传统发酵肉制品品质特征

中国传统发酵肉制品历史悠久、风味独特、营养丰富，多采用自然接种方式进行生产，部分产品已有数千年的历史。发酵肉制品的生产利用了有益微生物的发酵作用，将肉类蛋白质、脂质、碳水化合物等物质进行分解转化，产生多肽、游离氨基酸、游离脂肪酸、有机酸等物质，从而赋予肉制品发酵之前所不具备的独特风味、口感和营养价值。

8.1.1　风味特征

风味直接影响消费者对肉制品的接受程度，是衡量产品品质的重要指标之一。发酵肉制品与大多数肉制品不同，其中的风味物质很大一部分来源于微生物降解所添加的碳水化合物（如葡萄糖、蔗糖、果糖）及微生物产生的酶对肉中蛋白质、脂质等大分子物质的分解代谢[1]。微生物对挥发性风味物质的形成起着重要作用[2]。①微生物代谢碳水化合物可产生乙酸、甲酸、乙醇、乙醛、2,3-丁二酮、3-羟基-2-丁酮（乙偶姻）、2,3-丁二醇等风味化合物。②游离脂肪酸可在微生物酶的作用下，降解产生短链脂肪酸和β-酮酸，前者可产生刺激性气味，后者可进一步产生甲基酮，甲基酮的阈值较低，有利于形成动物脂肪、水果的气味。③在游离氨基酸的降解过程中，微生物参与缬氨酸、亮氨酸和异亮氨酸等支链氨基酸的脱羧反应和转氨反应，从而产生相应的支链醇、支链醛等物质，这些物质具有麦芽香气和刺激性气味。其他氨基酸，如苯丙氨酸、苏氨酸、色氨酸、酪氨酸等也可以被转化为相应的醛类，苯乙醛来源于苯丙氨酸，吲哚类化合物来源于色氨酸。含硫氨基酸如半胱氨酸和甲硫氨酸可产生含硫化合物，如二甲基三硫化物和二甲基二硫化物，这些物质具有类似卷心菜、洋葱等气味。④微生物发酵产生的醇类和酸类物质，可由葡萄球菌等微生物的酯酶催化形成酯类化合物，在发酵肉制品中鉴定出的主要酯类化合物是短链的乙酯类（C_1～C_{10}），可产生水果香气。尽管这些化合物含量低，在发酵肉制品中的含量通常在“mg/kg”的数量级，但由于它们的风味阈值较低，因此对产品的气味和滋味品质具有重要影响。

发酵肉制品加工过程中，一般会加入食盐及胡椒粉、大蒜等香辛料，一方面，可除去肉本身的腥、膻等不良风味；另一方面，香辛料产生的挥发性风味物质如萜类化合物，可大大丰富产品的风味，使消费者更容易接受。相关研究表明，在添加香辛料的发酵肉制品中，约有超过一半的挥发性风味物质来源于香辛料，而在不添加香辛料的产品中，可有高达 60%的香气物质来自脂质氧化。在发酵肉制品中，如果减少食盐添加量会导致二甲基三硫化物、三甲基噻吩、2,3-丁二酮、2-壬酮等含硫化合物和乙酸含量的降低[3]，从而减少类似洋葱、黄油和醋的气味。如果减少脂肪添加量，则会降低己醛、反-2-壬烯醛、反-2,4-壬二烯醛、丁酸乙酯等物质的含量[4]，从而减少产品中类似水果、油脂和蘑菇的气味。云南地区传统自然发酵酸肉中挥发性风味物质的种类见图 8.1。

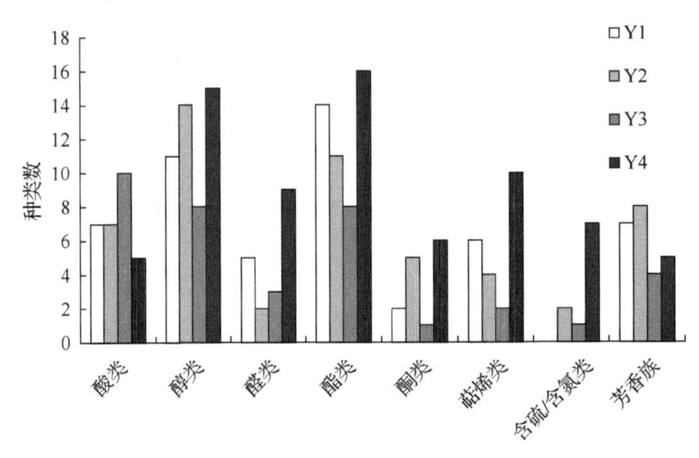

图 8.1　云南地区传统自然发酵酸肉中挥发性风味物质的种类[5]

Y1 采样地：云南省临沧市耿马傣族佤族自治县；Y2 采样地：云南省保山市；
Y3 采样地：云南省临沧市耿马傣族佤族自治县；Y4 采样地：云南省玉溪市元江县。

另外，发酵肉制品典型风味特征的形成，还需要经过一定的时间。这是由于虽然通过微生物和内源酶的作用能够促进蛋白质、脂肪等大分子物质的部分降解，但降解产物在通过生物或化学反应途径进一步转化形成芳香化合物（醛类、酮类、醇类、酯类等）时，需要经过一定的发酵成熟时间。

8.1.2　营养特征

发酵肉制品中，乳酸菌能够促进肌肉蛋白质水解为肽或氨基酸[6]，提高人体消化率，乳酸菌甚至还能生成叶酸、烟碱酸及其他维生素。对发酵肉制品进行营养学研究表明，发酵肉制品中大量乳酸菌的存在提升了其营养价值，活性乳酸菌定殖在人的肠道内继续发挥作用，能够代谢产生乳酸、乙酸、丙酸等有机酸，促进肠道的蠕动，降低肠内的 pH，从而形成不利于有害微生物增殖的环境，有利于促进人体肠道内微生物菌群的平衡。特别是在一些传统发酵猪肉食品中，由于乳酸菌等微生物的作用，猪肉中脂肪及类脂（胆固醇）都有所降低，有相关研究专门筛选出具有降血压、降胆固醇功能的乳酸菌株作为发酵剂生产产品[7]，以提高其风味和营养品质。此外，有的发酵食品中也会添加一些具有营养价值的成分，如有的发酵酸肉中会添加红曲，不仅可以提高其成品着色性和安全性，而且红曲中含有的洛伐他汀等活性物质，可以有效降低肉中的胆固醇含量，对心血管系统有很好的保健作用。

8.1.3　安全特征

发酵肉制品中的微生物主要包括原料肉中固有的、加工过程中环境带入的及添加的发酵剂，这些不同来源的微生物共同作用，保证了发酵肉制品的食用安全。一方面，发酵肉制品中的乳酸菌通过发酵产酸降低发酵肉制品的 pH，达到抑制致病菌和腐败微生物生长的效果，同时还能促进亚硝酸盐的还原作用，大大降低亚硝酸盐的残留量；另一方面，乳酸菌通过产生细菌素等抗菌物质，从而抑制病原微生物产生毒素。此外，发酵肉制品表面存在的一些酵母菌如汉逊德巴利酵母（*Dabaryomyces hansenii*）、季也蒙假丝酵母（*Candida guilliermondii*）等对一些致病微生物如金黄色葡萄球菌和产毒素霉菌的生长具有抑制作用[8-9]，可降低赭曲霉毒素和黄曲霉毒素等有害物质在发酵肉制品中的积累，使发酵肉制品的安全性得到保证。

8.2　发酵肉制品传统加工工艺

传统发酵肉制品的生产，通常依靠经验，缺乏科学理论的指导，因此产品的品质稳定性较差，影响了传统发酵肉制品的工业化规模生产。因此，近年来人们以肉制品的传统发酵工艺为基础，深入解析传统发酵肉制品的微生物发酵机理，采用现代发酵技术，通过添加微生物发酵剂来缩短产品的成熟时间，保证发色效果，改善产品的风味和保证产品的安全性。

8.2.1　原料选择

发酵肉制品的原料主要为畜肉，畜肉主要有猪肉、牛肉、羊肉等。原料肉的种类和产地对终产品的风味、色泽、质构影响较大。原料肉的选用必须经检验检疫合格，符合肉制品加工卫生要求。

1. 发酵香肠类

为了保证在绞碎原料肉时的温度尽可能低，要求原料为冷却至 0℃的鲜肉或−30℃下储存不久的冻肉，尽量降低原料肉中的初始菌数，以减少发酵过程中腐败的概率。发酵香肠肉糜中的瘦肉含量为 50%～70%，使用 PSE 肉生产发酵香肠时，其用量应尽量少于 20%。发酵香肠具有较长的保质期，要求使用不饱和脂肪酸含量低、熔点高的脂肪，因此牛脂和羊脂不适合作发酵香肠的原料，猪背脂是生产发酵香肠的优良原料。

2. 发酵火腿类

选用新鲜猪腿为原料，具体可根据当地人们的风俗而定。鲜腿要求新鲜、毛光、血尽、腿心饱满、骨肉无损伤、卫生检验合格，单只重量以7～15kg为宜。

3. 发酵酸肉

选用健康无病的猪五花肉作为原料。

8.2.2 发酵和成熟

1. 发酵香肠类

经过绞肉、灌肠后，香肠进入发酵阶段。不同类型的发酵香肠，其发酵条件不同，需要通过发酵条件的控制，生产出优质的发酵香肠。发酵室内的相对湿度对避免香肠外层硬壳的形成及预防表面霉菌和酵母菌的过度生长是非常重要的。相对湿度过高发酵速度快，香肠表面出现凝结水，易引起霉菌的污染。相对湿度过低会造成香肠表面出现“硬壳”现象，阻碍香肠内部水分的脱出，延长干燥时间，甚至会导致香肠内部腐败。一般低温发酵时，环境相对湿度应比香肠内部的平衡水分含量对应的相对湿度低5%～10%[10]。一般半干发酵香肠的发酵温度为30～37℃，发酵时间为14～72h；干发酵香肠的发酵温度为15～27℃，发酵时间为24～72h。发酵香肠通常在12～15℃环境下进行干燥成熟，成熟时间一般为10d到3个月。香肠的干燥和成熟程度是影响产品物理化学性质、食用品质和保质期的关键因素。

2. 发酵火腿类

经过修腿、腌制等工艺后，火腿进入发酵阶段。发酵过程中，需要严格控制室内的温湿度，创造出适宜火腿发酵的最佳环境条件，从而让火腿充分发酵和成熟。室内的月均温度控制在13～16℃，相对湿度控制在72%～80%。

3. 发酵酸肉

经过切片、腌制后，将原料肉进行密封发酵成熟，发酵温度一般为10～25℃[11]。

8.3 发酵肉制品加工新技术

8.3.1 直投发酵技术

1. 常用的发酵剂

常用于发酵肉制品的微生物主要包括葡萄球菌、乳酸杆菌、微球菌、酵母菌和霉菌等[12]（表 8.1）。乳酸菌和葡萄球菌在制作时被添加到原料肉中，有时同时添加酵母菌。霉菌则接种于肠体或火腿表面，酵母菌有时也采用这种方法。其中乳酸菌能显著抑制腐败微生物的生长，把它们作为肉品发酵剂应用于发酵肉制品生产，产品风味独特、质量稳定。

表 8.1　肉用发酵剂中常见微生物

微生物	属名	种名
乳酸菌	乳杆菌	植物乳杆菌（*Lactobacillus plantarum*）
		清酒乳杆菌（*Lactobacillus sakei*）
		类植物乳杆菌（*Lactobacillus paraplantarum*）
		弯曲乳杆菌（*Lactobacillus curvatus*）
	片球菌	乳酸片球菌（*Pediococcus acidilactici*）
		戊糖片球菌（*Pediococcus pentosaceus*）
微球菌	库克菌	变异库克菌
	葡萄球菌	木糖葡萄球菌（*Staphylococcus xylosus*）
		肉葡萄球菌（*Staphylococcus carnosus*）
酵母菌	德巴利酵母	汉逊德巴利酵母（*Debaryomyces hansenii*）
	假丝酵母	法马塔假丝酵母（*Candida famata*）
霉菌	青霉	纳地青霉（*Penicillium nalgiovense*）
		产黄青霉（*Penicillium chrysogenum*）

2. 常用微生物的主要作用

1）乳酸菌

选作肉用发酵剂的乳酸菌主要是乳杆菌和片球菌，如乳杆菌属中的植物乳杆菌、清酒乳杆菌和弯曲乳杆菌，片球菌属的戊糖片球菌和乳酸片球菌。作用是通过对果糖、葡萄糖、麦芽糖和蔗糖等的发酵产生乳酸等有机酸而降低 pH，使肉制品的 pH 降至 4.8～5.2，由于 pH 接近肌肉蛋白质等电点（5.2），使得肌肉蛋白质的保水力减弱，从而促进肉制品的干燥速度；一些乳酸菌还会生成一些微生物抑制因子，这些抑制因子可能表现出非特异性机制，如氧化还原电位的降低、过氧化氢的生成、营养物质（氨基酸和维生素等）的竞争等，有些乳酸菌则能产生具有很高专一抑制活性的细菌素。有研究表明，由片球菌产生的细菌素，在肉类 pH 出现显著下降之前就可显著抑制单核细胞增生李斯特菌的生长，而该活性在 pH 降低后会变得更强；另外还可以促进亚硝酸盐分解，同时也可改善产品感官风味，如增加酯类等香气物质的含量（图 8.2）。所选用的乳酸菌应该是同型发酵菌株，即对碳水化合物的发酵只形成乳酸，而不产生二氧化碳和过氧化物等可能加速发酵肉制品褪色和腐败的代谢物。

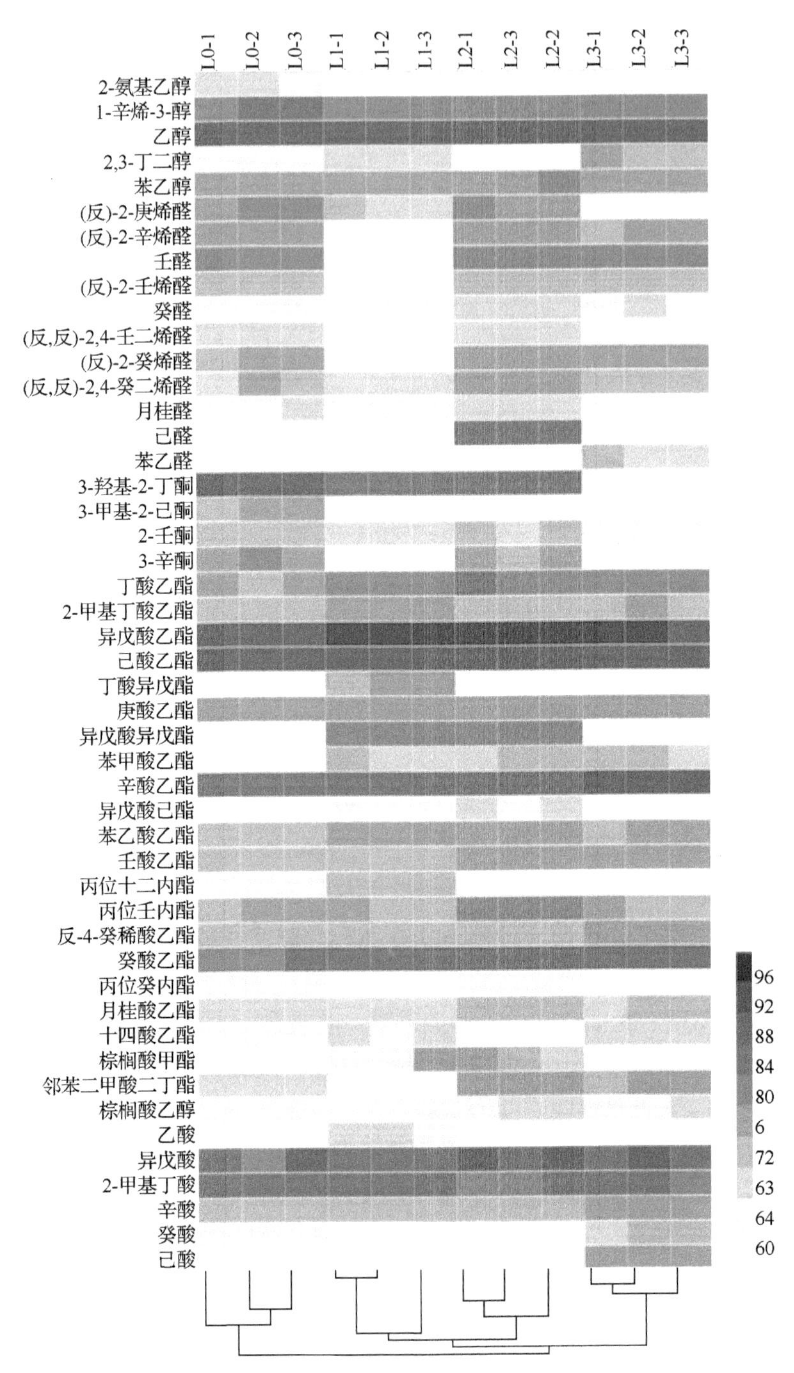

图 8.2　乳酸菌发酵剂对酸肉挥发性风味成分的影响[13]

L0 组为对照组，不添加菌株；L1 组为添加 10^7CFU/g 植物乳杆菌；L2 组为添加 10^7CFU/g 类植物乳杆菌；L3 组为添加 10^7CFU/g 清酒乳杆菌。

2）微球菌

常用于发酵肉制品生产的微球菌，主要包括葡萄球菌属中的木糖葡萄球菌、肉葡萄球菌及变异微球菌（*Micrococcus varians*）。它们大多具有过氧化氢酶、脂肪酶和蛋白酶活性。但微球菌发酵速度较慢，只能在厌氧环境中缓慢生长。葡萄球菌和微球菌通常与乳酸菌混合使用，利用其还原硝酸盐及分解蛋白质和脂肪的能力，使产品形成良好的色泽和风味。

微球菌和葡萄球菌通常都有过氧化氢酶和超氧化物歧化酶活力，因此具有一定的抗氧化能力。在肉制品的发酵过程中，部分乳酸菌会代谢产生过氧化氢，过氧化氢作为强氧化剂容易形成褐色的高铁肌红蛋白和绿色的胆绿素，这两种颜色与肉中的红色结合在一起，形成灰色，对香肠颜色、芳香和货架期都会产生影响。过氧化氢酶和超氧化物歧化酶的协同作用可以降低脂质的氧化程度，首先通过超氧化物歧化酶将食品氧化性酸败的前体自由基催化为过氧化氢和氧气，接着过氧化氢酶再将过氧化氢分解为水和氧气。在发酵香肠的生产中，过氧化氢酶主要是在香肠成熟期产生，当在香肠中的微球菌数达到 10^6～10^7CFU/g 时，每分钟可清除 15nmol 的 H_2O_2。

葡萄球菌还能还原亚硝酸盐[14]。在发酵期间，亚硝酸盐参与的酸催化不可逆化学反应对肉制品的发色是非常重要的，其产物是一氧化氮。一氧化氮与肌红蛋白结合形成一氧化氮肌红蛋白复合物，赋予肉制品特有的红色。有研究显示，在香肠中的葡萄球菌数达到 10^7CFU/g 时，在 18℃和 24℃条件下，分别可还原 125mg/kg 和 200mg/kg 的硝酸钾，相当于 84mg/kg 和 135mg/kg 的亚硝酸钠。

微球菌和葡萄球菌在发酵和成熟过程中能够产生降解蛋白质和脂肪的酶，酶解的产物在干发酵香肠特征风味形成中起了重要作用。有研究发现，凝固酶阴性的葡萄球菌菌株可以对支链氨基酸如缬氨酸、亮氨酸和异亮氨酸进行转氨基和脱羧基作用，生产支链醛、羧酸和醇类物质，如亮氨酸产生的 3-甲基正丁醛、3-甲基丁醇和 3-甲基丁酸，这些物质通常对发酵香肠风味的影响最大。在发酵和成熟过程中，葡萄球菌产生的脂肪酶促进发酵肉制品中游离脂肪酸的释放，游离脂肪酸容易发生氧化产生挥发性物质，是形成肉制品风味的重要前体物质，它能显著改善香肠的感官特征。微球菌科的微生物是肉制品中脂类酶的主要来源，微球菌和葡萄球菌分解脂肪的能力各不相同。有研究认为葡萄球菌中的木糖葡萄球菌能够转换游离脂肪酸，对肉制品的脂类含量影响很大。

目前，允许在食品中使用的葡萄球菌有木糖葡萄球菌与肉葡萄球菌、小牛葡萄球菌（*Staphylococcus vitulinus*）3 种葡萄球菌。这 3 种菌已在多个国家批准使用，其中木糖葡萄球菌与肉葡萄球菌属于欧洲优先推荐的用于香肠发酵的菌种。

3）霉菌

霉菌是好氧性微生物，其菌丝体颜色为白色，无隔膜，单细胞，多核，气生性强，代谢能力强，主要存在于发酵火腿或发酵香肠的表面和紧接表面的下层部分。对宣威火腿的研究表明，火腿表面的霉菌的数量达到了 10^6CFU/g 以上，其发酵品质的形成可能与霉菌的代谢活动有关[15]。

霉菌在发酵肉制品中的作用主要如下。①霉菌分泌产生蛋白酶、脂肪酶的能力较强，这些酶通过分解肉中的蛋白质和脂肪从而形成发酵肉制品的特征风味。②霉菌具有过氧化氢酶活性且在生长的过程中会消耗氧气，可防止发酵肉制品氧化褪色，同时可抑制好氧腐败菌的生长。③霉菌通常以疏松的雾状形态在发酵肉制品的表面生长形成一层白色或绿色的菌丝体保护膜，形成其特有的外观。这层膜不但可以减少肉品感染杂菌的概率，而且能很好地控制肉品水分的蒸发，使产品干燥均匀，防止出现“硬壳”现象，同时使发酵肉制品能够避光、隔氧，从而降低酸败的可能性。通常这层保护膜的形成主要取决于霉菌的生长环境，不同的产品配方或发酵条件，都会使产品呈现出不同的色泽形态。④许多霉菌还能将硝酸盐还原成亚硝酸盐，从而促进发酵肉品颜色的形成。

发酵肉制品生产中通常使用的霉菌，包括产黄青霉、纳地青霉、白地青霉、娄地青霉、米曲霉等。青霉一般被认为是发酵肉制品成熟期间的有益菌株。其中，不产毒素的纳地青霉和产黄青霉是常用的发酵剂和生物防腐剂，经常用于霉菌发酵香肠的生产，如纳地青霉能够产生特异的脂肪分解酶、蛋白质分解酶和淀粉酶等，可以分解肉中的脂肪、蛋白质、淀粉等，从而能够使发酵香肠产生浓香的风味并且增强其口感，提高发酵香肠的感官品质；在火腿表面接种不产毒素的产黄青霉，可以提高火腿中的游离氨基酸的含量；娄地青霉用于肉制品发酵，可使产品产生特殊的风味；利用米曲霉制作发酵香肠也有利于提升其风味。

在安全性方面，大约有 90%的曲霉菌株能够产生毒素，如黄曲霉能够产生黄曲霉毒素。同时，有研究表明 80%的青霉在人工培养基上可产生真菌毒素，且不同的霉菌可以产生不同的真菌毒素，如绿青霉产生神经毒素、橘青霉产生橘青霉毒素，因此霉菌发酵剂上市前必须经过安全性测试。

4）酵母菌

酵母菌是发酵肉制品中常用的微生物，其数量通常可达到 10^6CFU/g。发酵肉制品中分离的酵母菌有汉逊德巴利酵母、皱褶假丝酵母（*Candida rugosa*）、链状假丝酵母（*Candida catenulata*）、诞沫假丝酵母（*Candida zeylanoides*）、毕赤氏酵母（*Pichia*）、红酵母（*Rhodotorula*）等，其中以汉逊德巴利酵母最为常见。发酵肉制品中使用最多的酵母菌主要是汉逊德巴利酵母和法马塔假丝酵母（*Candida famata*），这类酵母菌通常能够耐受较高的渗透压差、好气发酵和较弱的代谢性能，主要生长在发酵肉制品的表面和接近表面的部分。用作发酵剂时，在发酵肉制品中的接种量通常为 10^6CFU/g。

酵母菌在发酵肉制品中的作用主要有：①在发酵过程中，酵母菌具有过氧化氢酶活性且在生长过程中会逐渐消耗氧气，降低氧化还原电位从而抑制酸败和氧化变色，同时可以为厌氧或兼性厌氧微生物的生长创造条件；②酵母菌具有蛋白酶或脂肪酶活性，能够促进发酵肉中脂肪和蛋白质的分解，从而改善产品的风味[16]；③酵母菌对致病微生物如金黄色葡萄球菌和产毒素霉菌的生长具有抑制作用，从而可降低赭曲霉毒素和黄曲霉毒素等有害物质在发酵肉制品中的积累，进而保证发酵肉制品的安全性。但由于酵母菌自身没有还原硝酸盐的能力，同时还会对发酵肉中固有微生物菌群的硝酸盐还原作用具有轻微的抑制作用，因此如果发酵剂中不含其他具有硝酸盐还原活性的微生物，可能会导致发酵肉制品生产中出现严重的质量缺陷，这就要求酵母菌必须与其他菌株如乳酸菌、微球菌制成混合发酵剂进行使用，以提高发酵肉制品的品质。但是需要注意的是，发酵香肠制作过程中添加的大蒜及其他发酵微生物可能会对酵母菌产生抑制作用。

在发酵香肠中接种汉逊德巴利酵母不仅能增加氨基酸的种类，而且能降低香肠的酸度和水分活度，有利于发酵香肠的稳定发色和风味的形成。接种汉逊德巴利酵母可促进发酵火腿中长链脂肪族和支链烃类、长链羧酸的形成，同时酵母菌发酵产生乙醇，能够促进乙醇和酸类物质发生酯化反应生成对应的酯类物质产香，感官评价显示接种汉逊德巴利酵母菌火腿的整体可接受度更高；耐盐的汉逊德巴利酵母对肉制品中的产赭曲霉毒素的青霉菌具有抑制作用，可以抑制产赭曲霉毒素霉菌的生长及赭曲霉毒素在肉制品中的积累，从而保证肉制品的安全性。

3. 发酵剂菌种分离筛选

发酵肉制品中常用的主要是乳酸菌、微球菌、酵母和霉菌。根据发酵肉制品自身的特点，如地域特色等，发酵菌种的筛选标准也不是唯一的，如对产香菌株的筛选。但一些基本的筛选标准应该是相似的，因为必须保证食品的安全性，并有良好发酵适应性和发酵特性。主要有以下几点要求。

（1）不产生黏液。某些细菌会代谢产生黏液状物质，一旦应用于发酵肉的生产中，将会影响产品的外观并损坏肉制品的内部组织状态，给消费者带来不好的口感。

（2）不得产生大量气体。产气的菌株会影响肉制品的结构致密性和外观品质等。

（3）不产生硫化氢和氨气等不良气味气体。微生物发酵产生硫化氢或氨气，会严重影响产品风味，降低产品品质。

（4）不得产生过氧化氢。某些菌有可能产生大量过氧化氢，影响亚硝酸盐在肉制品中的发色作用，并且有可能影响食用者的健康。

（5）耐 6%食盐。氯化钠在发酵肉制品生产中是必不可少的添加调味料，在有些类型的发酵肉制品中氯化钠的添加量会更高一些，所以筛选的优势菌株必须有良好的食盐耐受性。

（6）耐亚硝酸钠或硝酸钠。亚硝酸钠和硝酸钠作为护色剂和防腐剂在大部分肉制品的生产中经常用到。一般添加的是亚硝酸盐，添加浓度为 0.01%～0.015%，所以在筛选时，要求菌株可以在该浓度的亚硝酸盐存在条件下良好生长（图 8.3）。

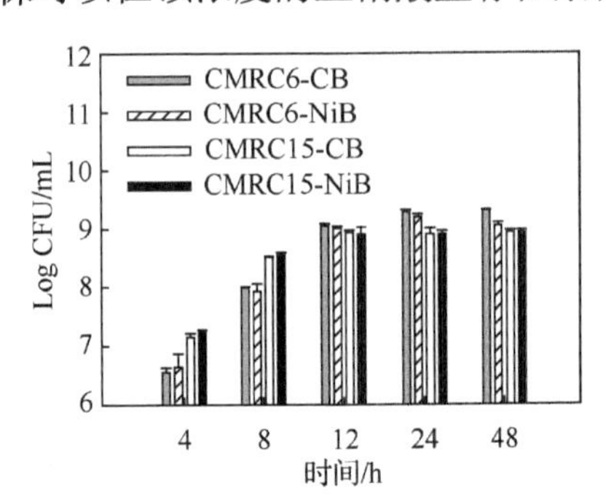

图 8.3　传统酸肉中筛选乳酸菌的亚硝酸盐耐受性[17]

CMRC6 为植物乳杆菌；CMRC15 为清酒乳杆菌；CB 为 MRS 培养基；
NiB 为添加 100mg/L 亚硝酸钠的 MRS 培养基。

（7）无致病性。

（8）不能生成生物胺类物质。

根据菌种选育方式，可分为自然筛选和诱变育种[18]。自然筛选是从各类自然发酵食材、环境或人体中分离野生菌株，而诱变育种则是通过物理因子诱变、化学因子诱变和复合因子诱变等技术选育优良菌株。其中，物理诱变剂主要有紫外线、X 射线、γ 射线等；化学诱变剂主要有烷化剂、金属盐类等；复合诱变包括重复使用同一种诱变剂或同时使用两种或两种以上的诱变剂等，通常复合诱变剂的使用效果要优于单一诱变剂。此外，也可通过杂交育种、基因工程等技术筛选出性能优良的高产菌株。

4. 肉类发酵剂的制备

生产发酵肉制品所用的发酵剂主要包含片球菌属、乳杆菌属、微球菌属等特定微生物，在欧洲也有用酵母作为肉类发酵剂。菌体经冷冻浓缩和冷冻干燥后以干粉的形式供商业发酵肉类使用。冻干型的发酵剂由于易于保存和使用，同时还保持有较高的菌株生长代谢活力，成为生产用发酵剂最常用的形式。

生产发酵剂时，首先选择最适宜生长的培养基，在稍低于目标微生物的最适生长温度下，培养其至对数生长期末期，通过离心分离浓缩菌体，达到浓度每毫升（克）中含有 10^9～10^{11} 个细胞，再与冷冻保护剂（表 8.2）混合，利用真空冷冻干燥机进行冻结干燥。常用的冻干保护剂包括脱脂奶粉、谷氨酸钠、糊精、蔗糖、葡萄糖等物质。加入冻干保护剂后的菌体浓缩物中的干物质（包括保护剂）含量在 10%～15%最佳，并分装到有一定的表面积与厚度（小于 1cm）之比的容器中，以保证干燥后的产品可维持一定的形状。除了预冷冻干机，也可使用液氮或干冰加快冻结，在冷冻至-40℃左右时抽真空进行干燥。

表 8.2　常用冷冻保护剂

糖类	氨基酸类	肽及蛋白质类	多元醇类
蔗糖	谷氨酸	脱脂乳	甘油
乳糖	胱氨酸	血清蛋白	侧金盏花醇
麦芽糖	天门冬氨酸	蛋白胨	甘露醇
葡萄糖	磷酸甘油		
海藻糖	赖氨酸		
糊精			

在制备的过程还有以下几点需要注意。①菌种培养条件。影响菌种生长的主要因素有培养基成分、温度、pH、溶氧度、微生物代谢产物等。工业化生产发酵剂的培养基必须具有以下优点：原料来源广泛、价格相对低廉；培养后活菌体含量要求比较高；培养后的菌体易于浓缩分离；菌体细胞的抗冻性较高。②菌体的富集浓缩分离。菌体的富集浓缩分离常用的方法有两大类：膜渗析法，利用半透膜的选择透过性；离心法，即借助离心机的离心力。这两种方法都可以达到菌体浓缩的目的。由于投资成本、重复利用率等条件限制，进行大规模的菌体浓缩富集时主要还是应用离心法。为避免离心过程中菌体损失率过高，需要对离心机的转速、离心时间、离心温度、培养液的 pH 等因素进行合理优化。③冻干保护剂的选择。冻干保护剂的主要作用是减少菌体的冻干损伤，从而保持其各种生理生化特性，也是绝大多数细菌类菌体发酵剂真空冷冻干燥过程成功的关键。从已有研究看，糖类保护剂对微生物细胞的冻干脱水具有显著的保护作用，其中二糖的保护作用是近年来国内外学者的研究热点。

8.3.2　多菌种发酵技术

由于纯种微生物作为发酵剂，能够产生的风味代谢产物有限，纯种发酵肉制品在其风味品质方面与传统发酵制品具有一定差距。近年来，随着微生物组学技术的发展，研究者逐渐从系统生物学水平解析复杂菌群发挥功能的机制。在此基础上，人们可以利用工程化理念设计高效的多菌种可控发酵体系，为实现产品的定向调控生产提供了很好的研究思路，但是目前该技术在发酵肉领域的应用尚处在初步探索阶段。

8.4 典型产品

传统发酵肉制品历史悠久，部分产品已有数千年的历史。近年来的研究表明，传统发酵肉制品的生产工艺和其微生物组具有丰富的科学内涵和重要的应用价值。以下对典型产品的品质特征及加工工艺进行介绍。

8.4.1 宣威火腿

1. 宣威火腿的品质特征

传统发酵火腿中，宣威火腿主产于我国云南省宣威市，是云腿中的著名产品之一，迄今已有 300 多年的历史，自雍正年间就有史书记载宣威火腿以“身穿绿袍，肉质厚，精肉多，蛋白丰富，鲜嫩可口，咸淡相宜，食而不腻”等特征而闻名天下。传统的宣威火腿是指在宣威市境内霜降到第二年立春之间，利用原产地域内饲养的含有乌金猪血统猪的鲜后腿，配以一定量的食用盐，按当地传统的工艺进行整形、腌制、堆码、风干、发酵，成熟的产品表面长有绿霉且具有独特的发酵风味。

宣威火腿色香味美、营养丰富、风味独特，原因有以下 3 点。①宣威地处云贵高原的乌蒙山脉，海拔为 1700～2868m，年平均气温为 13.3℃，相对湿度为 62.2%～73.8%，具有良好的腌制火腿的自然条件。传统宣威火腿的腌制时期始于头年霜降终于翌年立春，是火腿腌制的最佳时期；在头年腊月尾至翌年 3 月这段时间内，宣威境内独有的干季特点和西南风及日照综合作用，创造了火腿风干的天然优良环境；4 月至 5 月中旬，干季气候特征结合临近夏季相对湿度的上升，有利于火腿的发酵；5 月中旬至中秋时节，境内独有的湿季特点，则有利于传统宣威火腿的进一步成熟。以上 4 个阶段的天然环境特征，对促进传统宣威火腿肌肉中的蛋白质、脂肪、氨基酸等成分的分解和转化，提高火腿的色、香、味有着重要的作用[19]。②以当地独特的乌金猪腿为原料，经过发酵产生了一系列特征性香气物质。目前从宣威火腿鉴定出超过 100 种挥发性风味成分，其中包含不饱和醛类和烃类，同时还发现游离氨基酸含量在加工过程中呈现持续上升趋势，这些物质可能对宣威火腿特征性风味的形成起重要作用。③宣威火腿的优势微生物包括葡萄球菌、微球菌和霉菌，这些微生物可以产生丰富的蛋白酶、脂肪酶等，可能参与了火腿风味的形成。

2. 宣威火腿的加工工艺

宣威火腿的加工工艺主要为选料→修割定形→腌制、堆码→上挂→发酵→成品。具体如下。

1）选料

选用云南、贵州、四川接壤的乌蒙山区至金沙江畔一带生长的含有乌金猪血统的肉猪的后腿为原料。对不同杂交猪作为原料制备的宣威火腿品质进行研究发现，含有乌金猪血统的杂交猪，其鲜肉的风味、色泽、嫩度等品质较高，是生产宣威火腿的优良品种。鲜腿要求新鲜、毛光、血尽、腿心饱满、骨肉无损伤、卫生检疫合格，单只重量以 7～15kg 为宜。

2）修割定形

鲜腿在阴凉通风处冷却 10～24h 直至完全凉透为止，根据腿的大小，看腿定形，然后排出腿内的积血，修去肌膜外附着的脂肪、结缔组织，使之形状呈琵琶形（9～15kg）或柳叶形（7～9kg）。

3）腌制、堆码

宣威火腿一般采用干腌法进行腌制，传统的加工工艺主要采用云南的黑盐，它含有一定量的硝酸盐，有利于盐的渗透，可以保证火腿腌制的安全性。一般用盐量为鲜腿重的 7%，分 3 次进行上盐。腌制季节为头年 10 月下旬至翌年 2 月初，温度为 7～10℃，相对湿度为 62%～82%。

第一次上盐：用盐量为鲜腿重的 2.5%。将修割好的鲜腿放在平整的桌面上，从猪脚擦起，由下而上、由外而内敷盐并进行揉搓，用缓力来回搓至出水后，再敷上一层薄薄的盐，使盐分能均匀地分散于腿中。在血筋、膝关节、荐椎和肌肉厚的部位要多擦多敷盐，但勿用力过猛，以免损伤肌肉组织。第一次上盐结束后，将腿堆码在便于翻动的地方，堆码室内要求干燥、冷凉，堆码时尽量使鲜腿的膝关节向外，上层腌腿腿干压住下层腌腿腿部血筋处，排尽淤血，每层之间用竹片隔开，使火腿受到的压力均匀，堆码 2～3d 后，开始第二次上盐。

第二次上盐：用盐量是鲜腿重的 3%，是 3 次用盐量中最大的一次。上盐方法同第一次上盐，由于皮面回潮变软，盐更易搓上，上盐结束后堆码 3d 开始第三次上盐。

第三次上盐：用盐量是鲜腿重的 1.5%，腿干处只将盐水涂匀，少敷或不敷盐，其余地方仅将盐水及盐敷均匀。堆码 12d，每隔 3～5d，将上下层腌腿倒换一次，俗称“翻码”，翻码不及时或不彻底将导致局部温度过高或腌制不均，严重影响产品的品质。当地老百姓常说“火腿臭不臭在于腌，火腿香不香在于管”，可见腌制和管理是保证火腿品质的关键所在。此外第三次上盐堆码 3d 后要进行复查，如果有淤血排出，则用腿上剩余的盐进行复搓，最终使腌透的腿无淤血排出。

4）上挂

上挂前要逐个检查是否腌透。鲜腿经 3 次上盐干腌后，肌肉由暗红转为鲜红，肌肉组织变坚硬，小腿部呈橘黄且坚硬，则表明已经腌透，可进行上挂。先用绳子打双结套于火腿的趾骨部位，将其挂在清洁、干燥、通风良好的通风室内。成串上挂时，大腿挂在上部，小腿挂在下部，火腿的皮面和腹面要保持一致，腿与腿之间要有一定的距离，不能发生接触，从而保证能够通风透气，挂与挂之间应有人行通道，便于检查管理。

5）发酵

发酵是保证火腿品质的重要因素之一，主要需要掌握 3 个环节：一是上挂初期（清明节前），严防春风浸入火腿，造成火腿暴干开裂；若发现已有裂缝，要及时用火腿的油垢补平；二是早上要适时开门窗通风 1～2h，使火腿逐步风干；三是立夏后，要注意及时根据天气变化来调节开关门窗的时间，严格控制室内的温湿度，创造出适宜火腿发酵的最佳环境条件，从而让火腿充分发酵并保持火腿干燥结实，室内的月均温度控制在 13～16℃，相对湿度控制在 72%～80%。日常管理工作中应注意观察火腿的失水和霉菌生长情况，同时要做好日常的防蝇、防虫、防鼠等工作，天气炎热要防止苍蝇产卵生蛆，火腿走油，生毛虫。若发现火腿生毛虫，可在生虫部位滴上 1～2 滴生香油，待虫爬出后，用肥肉填糊虫洞。研究发现，在火腿的发酵过程中，火腿散发的气味会吸引各种节肢动物，从而导致火腿出现虫害问题。因此，应当注意发酵车间的安全卫生和温湿度，做好害虫防治工作，保证宣威火腿的质量安全。发酵成熟期间每隔 20d 要翻动一次火腿，尽可能地使火腿的发酵程度保持一致。火腿从腌制到发酵成熟的时间不得少于 10 个月，火腿发酵成熟后，呈琵琶形或柳叶形，皮面呈黄色或淡黄色，肌肉呈现玫瑰色，皮薄肉嫩，油润而有光泽，食用时嚼后无渣，香而回甜，油而不腻，盐度适中，色香味俱佳，此时的火腿称为新腿。每年雨季，火腿表面都要长绿霉，微生物和化学分解作用会进一步产生，使火腿的品质不断提高，故以两三年的老腿滋味更好。

6）成品

一般新腿的成品率为 78%，两年的老腿成品率为 75%左右，三年及三年以上的老腿，成品率为 74.5%左右。通常将成品挂在阴凉、通风良好的房间内保藏。为使火腿的水分不至于大量蒸发而干缩，避免其氧化变质或产生虫蛆，可用明胶、甘油、山梨酸钾、维生素 C 混合溶化后涂刷于火腿表面。宣威火腿一般分为特级、一级、二级和次腿 4 个等级，其分级具有很强的技术性，主要是通过竹签检插后，用嗅觉来判定。在火腿表皮发绿时，用竹签刺入 3 个不同部位，抽签而嗅，三针定等级，“三针香气浓郁”为特级火腿，“三针清香”为一级火腿，“三针清香稍有酱味、豆豉或酸味”为二级火腿，凡不符合以上标准的火腿均为次腿。近年来，利用顶空-固相萃取-气相色谱-质谱技术，人们发现乙醇、乙酸、丙酸、丁酸乙酯、丁内酯、2-戊酮及苯甲醛等挥发性风味物质在不同年份的宣威火腿中差异显著，因此特征风味图谱可作为宣威火腿等级评判的另一个依据[20]。

8.4.2　酸肉

中国传统酸肉，古时称为“鲊”，是以新鲜猪肉为原料，加入玉米粉或糯米粉、盐等辅料，在自然状态下利用微生物进行厌氧发酵而成的一类乳酸细菌型发酵肉制品。在我国贵州、湖南、四川、广西等地的侗族、苗族、傣族、土家族、毛南族等少数民族地区被广泛食用。传统酸肉距今已有 2000 多年的历史，我国北魏著名的农学家贾思勰在其所著的农书《齐民要术》中详细总结了酸肉的制作方法，在时间上“以春秋为好，冬夏不佳”和“料用的颗粒米以粳稻米为主”等。

1. 酸肉的品质特征

传统酸肉风味独特、保质期长，并具有降血清胆固醇、调节胃肠道、抗氧化等营养功能，因此越来越受到广大消费者的喜爱。其中，侗族传统发酵酸肉（Nanx Wudl），历史悠久，耐储藏，营养丰富，分布于湖南的通道、靖州、新晃、芷江，贵州的黎平、荔波等地。据报道侗族酸肉的保质期可长达 15 年，这可能是多重栅栏因子的综合作用，具体包括：高浓度的食盐抑制了不耐盐的腐败菌和致病菌；乳酸菌发酵产酸降低 pH，并产生了过氧化氢、细菌素等，抑制或杀死了部分腐败微生物。有研究报道表明，从酸肉中分离出了 1 株可产新型细菌素的消化乳杆菌（*Lactobacillus alimentarius*）FM-MM4，该菌所产的乳杆菌素 MM4 对革兰氏阳性菌、阴性菌及部分酵母均具有抑制作用，而且热稳定性和酸稳定性都较好，121℃加热 15min 后仍保留 84.7%的抑菌活性，并耐受 pH 为 2～5 的酸性环境。

传统酸肉的制作工艺流程主要是将新鲜的猪肉切块或切片，放入酸坛内先用盐腌制 1～2d，再撒入米粉及配料如辣椒粉、五香粉等，密封常温发酵 1～3 个月即可，也就是先进行干腌，后密封发酵，主要是利用原料肉中或环境中本身存在的微生物进行自然发酵，但广西地区的部分酸肉会加入糯米酒接种。不同地域在酸肉加工过程中所采用的原辅料种类、制作工艺及当地环境中的微生物种类都存在一定差异（表 8.3），所以形成了各自独特的风味特征。从传统酸肉中鉴定出的挥发性风味物质包括酸类、醇类、醛类、酯类、酮类、萜烯类、含硫化合物等。有研究表明，多菌种发酵相比纯菌种发酵的风味和口感要更加丰富，可能是由于不同的微生物之间存在协同作用。广西地区接种用的糯米酒中有益微生物种类、数量均较为丰富，所以发酵的酸肉的风味和口感比自然发酵产品更好。自然发酵肉制品在发酵初期由于肉中存在的乳酸菌有限，产酸速度较慢，易感染杂菌，而自制米酒中乳酸菌含量较高，使酸肉在发酵初期就能快速产酸，从而抑制有害微生物的生长，保持酸肉品质的稳定。

表 8.3　传统酸肉中的微生物[21]

酸肉来源	微生物类型		分离菌株
重庆、贵州苗族	细菌	片球菌属（*Pediococcus*）	乳酸片球菌（*P. acidilactici*） 戊糖片球菌（*P. pentosaceus*） 嗜盐片球菌（*P. halophilus*） 啤酒片球菌（*P. cerevisiae*）
		乳杆菌属（*Lactobacillus*）	植物乳杆菌（*L. plantarum*） 清酒乳杆菌（*L. sakei*） 约氏乳杆菌（*L. johnsonii*）
		链球菌属（*Streptococcus*）	乳酸链球菌（*Streptococcus lactis*）
		明串珠菌（*Leuconostoc*）	肠膜明串珠菌（*L. mesenteroides*）
		葡萄球菌属（*Staphylococcus*）	肉葡萄球菌（*S. carnosus*） 表皮葡萄球菌（*S. epidermidis*） 腐生葡萄球菌（*S. saparophytics*） 木糖葡萄球菌（*S. xylosus*）
	酵母菌		德巴利氏酵母属（*Debaryomyces*） 鲁氏接合酵母属（*Zygosaccharomyces rouxii*） 毕赤酵母（*Pichia pastoris*） 异常汉逊酵母（*Hansenula anomala*）
贵州苗族、侗族	细菌	乳杆菌属（*Lactobacillus*）	植物乳杆菌（*L. plantarum*） 消化乳杆菌（*L. alimentarius*） 清酒乳杆菌（*L. sakei*） 泡菜乳杆菌（*L. Kimchi*） 草乳杆菌（*L. graminis*） 弯曲乳杆菌（*L. curvatus*） 嗜酸乳杆菌（*L. acidophilus*）
		乳球菌属（*Lactococcus*）	乳酸乳球菌（*Lactococcus lactis*）
		杆菌属（*Bacillus*）	嗜热脂肪芽孢杆菌（*B. stearothermophilus*） 凝结芽孢杆菌（*B. coagulans*）
		葡萄球菌属（*Staphylococcus*）	腐生葡萄球菌（*S. saparophytics*）
	酵母菌		异常汉逊酵母（*Hansenulaanomala*） 毕赤酵母（*Pichia pastoris*）
	细菌	乳杆菌属（*Lactobacillus*）	清酒乳杆菌（*L. sakei*） 卷曲乳杆菌（*L. crispatus*） 弯曲乳杆菌（*L. curvatus*） 植物乳杆菌（*L. plantarum*）
			发酵乳杆菌（*L. fermentum*） 短小乳杆菌（*L. brevis*） 干酪乳杆菌（*L. casei*）
		明串珠菌属菌（*Leuconostoc*）	肠膜明串珠菌（*L. mesenteroides*）
		片球菌属（*Pediococcus*）	小片球菌（*P. parvulus*） 戊糖片球菌（*P. pentosaceus*） 乳酸片球菌（*P. acidilactici*）

续表

酸肉来源	微生物类型		分离菌株
湘西侗族	细菌	链球菌属（*Streptococcus*）	乳酸链球菌（*Streptococcus lactis*）
		葡萄球菌属（*Staphylococcus*）	表皮葡萄球菌（*S. epidermidis*）
	酵母菌		德巴利氏酵母属（*Debaryomyces*） 毕赤酵母（*Pichia pastoris*） 假丝酵母属（*Canadida*） 隐球酵母属（*Cryptococcus*） 球拟酵母属（*Torulopsis*） 丝孢酵母属（*Trichosporon*）

传统酸肉具有悠久的食用历史，但其在生产加工中存在一些不足，可能导致潜在的安全风险：①传统加工方式为自然发酵，酸肉易遭受杂菌污染；②作坊式生产的差异性和随意性，使得发酵条件难以控制，增加了产品品质的不稳定性；③食盐含量较高，不利于人体健康；④生产周期较长及过程控制缺乏规范，进一步增加了安全风险。

传统酸肉潜在的安全隐患包括以下 3 个方面：①原辅料的卫生质量、加工过程的不规范操作、储存条件不当都会引起金黄色葡萄球菌的生长并产生有害毒素，影响食用安全性；②酸肉的发酵环境为厌氧条件，适合专性厌氧菌如肉毒梭状芽孢杆菌的生长并产生毒性极强的肉毒毒素，同时发酵时间越长，越有利于肉毒梭状芽孢杆菌的繁殖和产毒；③酸肉制品中由于蛋白质含量丰富，可能产生较高含量的生物胺。适量生物胺在人体中发挥着重要的生理作用，但浓度过高就会产生毒性作用，危害人体健康。发酵肉制品中常见的生物胺有酪胺、组胺、尸胺、色胺、苯乙胺等，它们由相应的氨基酸——酪氨酸、组氨酸、鸟氨酸、赖氨酸、苯丙氨酸、色氨酸在肠杆菌科、乳酸菌属、微球菌属某些菌种产生的脱羧酶作用下产生。有研究显示，通过接种纯培养的发酵剂可有效控制发酵肉制品中生物胺的形成。

酸肉制品安全限量标准或指引是确保产品质量和安全性的前提。目前，我国关于酸鲊肉制品的相关标准尚未建立。酸肉属于发酵肉制品，我国的发酵肉制品标准仅有 2012 年上海市食品药品监督管理局发布的《食品安全地方标准　发酵肉制品》（DB 31/2004—2012），该标准对发酵肉制品的感官要求、理化指标及微生物指标做了限量，但适用范围是发酵香肠和发酵火腿两类即食发酵肉制品。酸鲊肉制品安全限量标准的缺乏，不仅给食品安全监管工作带来困难，同时也存在一定安全隐患，不利于酸肉制品的产业化。

2. 发酵酸肉加工工艺

传统酸肉的制作工艺流程主要是将新鲜的猪肉切块或切片，放入坛内先用盐腌制 1～2d，再加入辅料进行发酵，即先干腌、后密封发酵。具体工艺流程如下。

1）原料肉的选择

五花肉应选瘦肉鲜红、脂肪洁白、红白对照分明、界线清晰、肥膘在 1.5cm 以上的最为适宜。

2）食盐

食盐结晶整齐一致，不结块，无反卤吸潮现象，无杂质，无异味，具有纯正的咸味。

3）米粉

挑选质量好的大米放入铁锅中炒香后，磨粉。好的大米大小均匀、有光泽、闻之有清香味、味微甜，无其他异味。

4）香辛料粉

香辛料粉是由多种香料混合配制成的复合调味料，主要原料有花椒、肉桂、八角、丁香等，香味浓郁。

5）加工方法

将原料肉切成长 5～7cm、宽 2～4cm、厚 0.3～0.4cm 的片状或块状，加入 8%食盐干腌 2d，沥干后，加入 4%～5%的米粉及适量香辛料粉，充分混匀后装坛压实，封口腌制。10～25℃密封发酵 1～2 个月。

参 考 文 献

[1] FLORES M, TOLDRÁ F. Microbial enzymatic activities for improved fermented meats[J]. Trends in Food Science and Technology, 2011, 22: 81-90.

[2] MONTEL M C, MASSON F, TALON R. Bacterial role in flavour development[J]. Meat Science, 1998, 49: 111-123.

[3] AASLYNG M D, VESTERGAARD C, KOCH A G. The effect of salt reduction on sensory quality and microbial growth in hotdog sausages, bacon, ham and salami[J]. Meat Science, 2014, 96: 47-55.

[4] OLIVARES A, NAVARRO J L. FLORES M. Effect of fat content on aroma generation during processing of dry fermented sausages[J]. Meat Science, 2011, 87: 264-273.

[5] 米瑞芳，陈曦，熊苏玥，等．传统自然发酵酸肉中细菌群落多样性与风味品质分析[J]．食品科学，2019，40（2）：85-92.

[6] FADDA S, LÓPEZ C, VIGNOLO G. Role of lactic acid bacteria during meat conditioning and fermentation:Peptides generated as sensorial and hygienic biomarkers[J]. Meat Science, 2010, 86: 66-79.

[7] 丁苗，刘洋，葛平珍，等．发酵酸肉中降胆固醇乳酸菌的筛选、鉴定及降胆固醇作用[J].食品科学，2014，35（19）：203-207.

[8] ANDRADE M J, THORSEN L, RODRIGUEZ A, et al. Inhibition of ochratoxigenic moulds by *Debaryomyces hansenii strains* for biopreservation of dry-cured meat products[J]. International Journal of Food Microbiology, 2014, 170: 70-77.

[9] PEROMINGO B, ANDRADE M J, DELGADO J, et al. Biocontrol of aflatoxigenic *Aspergillus parasiticus* by native *Debaryomyces hansenii* in dry-cured meat products[J]. Food Microbiology, 2019, 82: 269-276.

[10] 陈福生．食品发酵设备与工艺[M]．北京：化学工业出版社，2018.

[11] 卫飞，赵海伊，余文书．酸肉的营养价值及安全性研究[J]．粮食科技与经济，2011，36（4）：54-56.

[12] OJHA K S, KERRY J P, DUFFY G, et al.Technological advances for enhancing quality and safety of fermented meat products[J]. Trends in Food Science and Technology, 2015, 44: 105-116.
[13] 米瑞芳，陈曦，戚彪，等．乳杆菌发酵剂对酸肉挥发性风味成分的影响[J]．肉类研究，2018，32（4）：48-55.
[14] MAINAR M S, STAVROPOULOU D A, LEROY F. Exploring the metabolic heterogeneity of coagulase-negative staphylococci to improve the quality and safety of fermented meats: A review[J]. International Journal of Food Microbiology, 2017, 247: 24-37.
[15] 王桥美，杨瑞娟，严亮．微生物多样性与宣威火腿品质关系的研究进展[J]．食品安全导刊，2016，33：137-139.
[16] FLORES M, CORRAL S, CANO-GARCÍA L, et al. Yeast strains as potential aroma enhancers in dry fermented sausages[J]. International Journal of Food Microbiology, 2015, 212: 16-24.
[17] CHEN X, LI J P, ZHOU T, et al. Two efficient nitrite-reducing LACTOBACILLUS strains isolated from traditional fermented pork (Nanx Wudl) as competitive starter cultures for Chinese fermented dry sausage[J]. Meat Science, 2016, 121: 302-309.
[18] 刘晔．食品发酵理论与技术研究[M]．北京：中国水利水电出版社，2018.
[19] 陈明，吴宝森，刘姝韵，等．固相微萃取法分析宣威火腿挥发性风味成分条件的优化[J]．食品安全质量检测学报，2017，8（6）：1993-1999.
[20] 徐宝才．宣威火腿生产气候研究[J]．肉类工业，2009（1）：25-28.
[21] 冉春霞，谭小蓉，王静，等．我国传统酸鲊肉制品的研究现状及展望[J]．中国酿造，2015，34（11）：14-19.

第 9 章　传统肉制品食品安全控制

民以食为天，食以安为先。食品安全，是指食品无毒、无害，符合应当有的营养要求，对人体健康不造成任何急性、亚急性或者慢性危害。食品安全是食品企业的生命线，对于传统肉制品来说更是如此。随着社会的发展和进步，人们对传统肉制品安全的要求也越来越高，不但要求产品美味，还要更安全、更健康。现代化的食品安全控制技术为高质量传统肉制品生产提供了技术支撑。本章将介绍现代化的食品安全控制技术和管理体系在传统肉制品加工中的应用及示例。

9.1　传统肉制品危害因子

传统肉制品危害因子包括生物性、化学性和物理性危害三大类。生物性危害主要包含微生物（细菌、真菌、病毒）、寄生虫、昆虫等；化学性危害包含天然毒素、重金属、农兽药残留、生物胺、苯并[a]芘、食品添加剂非法使用、污染物等；物理性危害包含金属、塑料、骨渣等异物。这些都是保障食品安全需要防控的危害因子[1-2]。

9.1.1　生物性危害因子

食品中的生物性危害主要是指生物（尤其是微生物）本身及其代谢过程对食品原料、加工过程和产品的污染，这种污染会损害人们的身体健康。

1. 微生物危害

微生物广泛分布在自然界中，不同环境中存在的微生物种类和数量不尽相同，而肉制品从原辅料、生产、加工、储藏、运输、销售到烹调等各个环节，常常与环境发生各种方式的接触，进而会导致微生物的污染。微生物污染可导致食品腐败变质，严重的能诱发食物中毒，更有甚者可引起传染病或造成致癌、致畸和致突变作用。

1）肉制品中常见的致病菌

传统肉制品的微生物污染源主要来自沙门氏菌（*Salmonella*）（表 9.1）、金黄色葡萄球菌（*Staphylococcus aureus*）（表 9.2）、单核细胞增生李斯特氏菌（*Listeria monocytogenes*）（表 9.3）、大肠杆菌 O157:H7（*Escherichia coli* O157:H7）（表 9.4）。此外，肉毒杆菌（*Clostridium botulinum*）（表 9.5）、空肠弯曲杆菌（*Campylobacter jejuni*）（表 9.6）和蜡样芽孢杆菌（*Bacillus cereus* Frankland）（表 9.7）也存在污染肉制品的可能。这些微生物随食物进入人体后可引起人体疾病，故称为致病菌[3-6]。

表 9.1　沙门氏菌特性

属性	描述
菌株特性	沙门氏菌是一种革兰氏阴性杆菌、能游动、无芽孢、无荚膜。沙门氏菌属是肠杆菌科中的一个大属，包括近 2000 个血清型，可存在于土壤、水中、工厂、厨房操作台、动物粪便等地，常见于动物，特别是家禽和猪肉中。沙门氏菌在水中不易繁殖，但可生存 2～3 周，冰箱中可生存 3～4 个月，在自然环境的粪便中可存活 1～2 个月。沙门氏菌最适生长温度为 37℃，在 20℃以上即能大量繁殖
感染剂量	15～20 个细胞便可以导致宿主感染，其感染能力还取决于宿主的年龄和健康状况，属内不同菌株之间感染剂量也有较大差异
污染食品/污染环节	较多存在于生肉、家禽制品，其他食品如蛋制品、奶制品、鱼、虾、沙拉酱、花生酱、可可、巧克力等也常见有污染报道
暴发频率/毒性	据统计，沙门氏菌食物中毒占细菌性食物中毒的 40%以上。美国每年发生 2 万～4 万例沙门氏菌病。中国大陆 2013～2015 年由沙门氏菌引发的食源性疾病暴发事件 248 起（20.65%），导致 6514 人患病（28.07%）。伤寒沙门氏菌的死亡率为 10%，其他种类沙门氏菌病的死亡率通常小于 1%
感染症状	伤寒杆菌和副伤寒杆菌通常会引起人类的疾病，如败血症，导致患者出现伤寒或与伤寒类似的发热。其他种类的沙门氏菌大多仅能引起家畜、禽类等动物性疾病

表 9.2　金黄色葡萄球菌特性

属性	描述
菌株特性	金黄色葡萄球菌是一种革兰氏阳性球菌，无芽孢、鞭毛，大多数无荚膜。人和动物是其主要的寄主，可存在于空气、尘埃、污水、水、食品或食品设备、环境表面等地。食品加工者、加工设备和环境表面都是重要的污染源。最适宜生长温度为 37℃，pH 为 7.4，耐高盐，可在盐浓度接近 10%的环境中生长
感染剂量	金黄色葡萄球菌的致病力与其产生的肠毒素有关，而肠毒素的产生又与食品基质、温度、水活性、菌浓度（一般认为 10^6CFU/g 以上）密切相关
污染食品/污染环节	肉及肉制品；家禽和蛋类制品；沙拉制品，如鸡蛋沙拉、金枪鱼沙拉、鸡肉沙拉等。甜品糕点，如奶油蛋糕、巧克力松糕、夹心馅料；牛奶及其制品
暴发频率/毒性	2013～2015 年中国由金黄色葡萄球菌引起的食源性疾病暴发事件一共 148 起，占总事件数的 12.32%，导致 2489 人发病，占总发病人数的 10.73%，但致死率不高，未监测到死亡情况
感染症状	金黄色葡萄球菌的食物中毒属于毒素型食物中毒，其症状为急性胃肠炎症状。伴随恶心、呕吐、多次腹泻腹痛、腹部痉挛和虚脱等症状，病情发展一般较为迅速

表 9.3　单核细胞增生李斯特氏菌特性

属性	描述
菌株特性	单核细胞增生李斯特氏菌属于李斯特氏菌属，为革兰氏阳性短小杆菌，兼性厌氧，不产芽孢，一般不形成荚膜。它是一种人畜共患病的病原菌，广泛分布于自然界中，如土壤、人体和动物的粪便中，很容易污染食物，引起人的食物中毒。该菌的最适生长温度为 30～37℃，但在 4℃的环境中仍可生长繁殖，是冷藏食品威胁人类健康的主要病原菌
污染食品/污染环节	生或熟禽肉；发酵肉制品；生鱼制品；原料乳、巴氏杀菌液体奶；冰激凌；蔬菜等
暴发频率/毒性	根据美国疾病预防控制中心统计每年发生 1600 例李斯特氏菌病（260 例死亡）
感染症状	症状重者会引起败血症、脑膜炎、孕妇子宫颈感染，可能导致自然流产或死产，症状轻者通常伴随类似流感或胃肠道疾病的症状，包括持续发烧、恶心、呕吐、腹泻等

表 9.4　大肠杆菌 O157:H7 特性

属性	描述
菌株特性	大肠杆菌 O157:H7 属于肠杆菌科埃希氏菌属，其血清型属于肠出血性大肠杆菌（EHEC）。革兰氏染色阴性短杆菌，无芽孢，有鞭毛。它在外环境中的生存能力较强，在自然水中可存活数周或数月，在冰箱中可长期存活；对酸的抵抗力较强；对热的抵抗力较差，75℃下 1min 即被杀死；耐低温，在-20℃可存活 9 个月
感染剂量	感染剂量较低，潜伏期为 3～10d，病程 2～9d
污染食品/污染环节	主要存在于牛肉制品中，干腌发酵香肠中也较为常见
暴发频率/毒性	1982 年美国首次报道了由大肠杆菌 O157:H7 引起的出血性肠炎暴发。此后，世界各地陆续报道了该菌引起的感染，并有上升趋势。我国于 1988 年首次分离到大肠杆菌 O157:H7。从已有的流行病调查资料来看，我国也存在大肠杆菌 O157:H7 的散发病例，但尚未有暴发流行的报道。在西北太平洋，大肠杆菌 O157:H7 型被认为是仅次于沙门氏菌的第二大细菌性腹泻的诱因
感染症状	能引起人的出血性腹泻和肠炎，通常是突然发生剧烈腹痛和水样腹泻，数天后出现出血性腹泻，可发热或不发热。部分患者可发展为溶血性尿毒综合征（HUS）、血栓性血小板减少性紫癜（TTP）等，严重者可导致死亡

表 9.5　肉毒杆菌特性

属性	描述
菌株特性	肉毒杆菌是一种革兰氏阳性的厌氧菌，能形成芽孢，芽孢的耐热性强，其菌体和芽孢广泛分布在自然界中。肉毒杆菌能分泌肉毒毒素（一种神经毒素），根据分泌的毒素抗原性的不同，肉毒杆菌可分为 A、B、C、D、E、F 和 G7 个有毒亚型，类型 A、B、E 和 F 造成人类肉毒中毒。肉毒杆菌毒素不耐热，80℃加热 10min 或更长就会分解
污染食品/污染环节	pH 为 4.6 以上的罐头制品；腌肉、腊肉、火腿等肉制品；蔬菜、水果和海鲜产品等
暴发频率/毒性	该疾病的发病率低，但死亡率高（如果治疗不及时、不恰当）。2013～2015 年中国大陆只有 14 例报告，45 人患病，就有 6 人死亡
感染症状	A 型肉毒毒素能够通过与外周神经系统运动神经元突触前膜受体结合，作用并切割神经细胞中的特异性底物蛋白，阻止神经介质——乙酰胆碱的释放引起全身肌肉松弛性麻痹。其中呼吸肌麻痹是肉毒中毒患者死亡的主要原因

表 9.6　空肠弯曲杆菌特性

属性	描述
菌株特性	空肠弯曲杆菌是能运动的革兰氏阴性杆菌，无芽孢，无荚膜。微需氧型，多氧或无氧环境均不生长。最适生长温度为 41.5～43℃。该菌对外抵抗力不强，可被干燥、直接阳光及弱消毒剂杀灭。对热敏感，60℃下 20min 即死亡。空肠弯曲杆菌分布广泛，可存在于禽类和畜类动物的肠道，并污染肉、禽、蛋等食品，引起食物中毒
感染剂量	致病剂量较小，人口服实验表明，最低 400～500 个菌体个数就能使人致病
污染食品/污染环节	该菌可存在于牛、羊、猪、鸡、狗、猫等动物肠道，并污染肉、禽、蛋等食品
暴发频率/毒性	空肠弯曲杆菌是细菌性腹泻的主要病因，普通患者很少因为该病死亡，通常发生在癌症患者或其他虚弱患者身上
感染症状	空肠弯曲杆菌能引起食源性肠胃炎。症状为腹泻、水样便和黏性便，也可能带血（通常具有隐匿性）和白细胞。其他症状有发热、腹痛、恶心、头痛和肌肉疼痛。并发症比较少见，但也有病例会伴有反应性关节炎、溶血性尿毒综合征，或导致败血症

表 9.7　蜡样芽孢杆菌特性

属性	描述
菌株特性	蜡样芽孢杆菌属于兼性好氧革兰氏阳性粗大杆菌，无荚膜，有运动能力，能形成芽孢，其芽孢能耐高温，需要 120℃60min 才能杀死。蜡样芽孢杆菌的最适生长温度为 25～37℃。在自然界中分布广泛，常存在于土壤、灰尘和污水中，以及植物和许多生熟食品中。蜡样芽孢杆菌引起的食物中毒是由该菌产生的肠毒素引起的
污染食品/污染环节	肉类、牛奶、蔬菜、鱼、水稻、马铃薯、通心粉和奶酪产品等；食品的混合物，如酱油、糕点、汤类、砂锅菜、沙拉等
暴发频率/毒性	2013～2015 年中国大陆共监测到蜡样芽孢杆菌引发的食源性疾病暴发事件 96 起，2126 人感染，3 人死亡
感染症状	若摄入活菌为主者，会产生腹痛、腹泻、水样便，恶心、呕吐较少，少数患者有发热。若摄入肠毒素为主者，潜伏期较短，以呕吐为主，伴有腹痛

通过各种致病菌的感染剂量可知，除金黄色葡萄球菌需要在相对较高的菌体浓度时具有致病性以外，其他致病菌在较低菌体浓度时就具有致病能力。因此，我国现行《食品安全国家标准 预包装食品中致病菌限量》（GB 29921—2021）中预包装肉制品的致病菌限量规定，只有金黄色葡萄球菌是不得高于一个限量值，其他致病菌均是不得检出，具体见表 9.8。

表 9.8　预包装肉制品的致病菌限量

食品类别	致病菌指标	采样方案及限量（若非指定，均以/25g 或/25mL 表示）				检验方法	备注
		n	*c*	*m*	*M*		
肉制品、熟肉制品、即食生肉制品	沙门氏菌	5	0	0	—	GB 4789.4	
	单核细胞增生李斯特氏菌	5	0	0	—	GB4789.30	
	金黄色葡萄球菌	5	1	100CFU/g	1000CFU/g	GB4789.10	
	大肠埃希氏菌 O157:H7①	5	0	0	—	GB/T 4789.36	仅适用于牛肉制品②

注：*n* 为同一批次产品应采集的样品件数，*c* 为最大可允许超出 *m* 值的样品数，*m* 为致病菌指标可接受水平限量值（三级采样方案）或最高安全限量值（二级采样方案），*M* 为致病菌指标的最高安全限量值。

① 最新的修订版中已改为“致泻大肠埃希氏菌”。

② 最新的修订版中已改为“仅适用于牛肉制品、即食生肉制品、发酵肉制品类”。

2）肉制品中常见的腐败菌

腐败菌虽然没有致病菌一样的致病能力，但它们的存在和过量生长会导致产品的腐败变质，是包括传统肉制品在内的食品生产的最大食品安全威胁。

肉类腐败的初期，微生物只利用低分子质量的物质，因此肉中葡萄糖的浓度是决定腐败时间和腐败微生物类型的一个很重要的因素。随着腐败的进行，当葡萄糖的供应不能满足腐败微生物的生长需求时，它们就会降解氨基酸，并产生有恶臭味的副产物。不同类型的微生物由于其生物学特性的差异，因而其代谢特征、代谢速度及对肉中成分的利用情况是不同的，从而产生不同的代谢产物，造成肉类腐败时间、腐败类型也不相同。具体畜禽肉腐败类型及引起腐败的微生物见表 9.9。

表 9.9　畜禽肉腐败类型及引起腐败的微生物

食品	腐败类型	微生物
新鲜肉	腐败变臭	产碱杆菌属（*Alcaligenes Castellani & Chalmers*）
		梭菌属（*Clostridium*）
		普通变形菌（*Proteus vulgaris*）
		荧光假单胞菌（*Pseudomonas fluorescens*）
	变黑	腐败假单胞菌（*Pseudomonas putrefaciens*）
	发霉	曲霉属（*Aspergillus*）
		根霉属（*Rhizopus*）
		青霉属（*Penicillium*）
冷藏肉	变酸	假单胞菌属（*Pseudomonas*）
		微球菌属（*Micrococcus*）
	变绿色、变黏	乳杆菌属（*Lactobacillus*）
		明串珠菌属（*Leuconostoc*）
家禽	变黏、有气味	假单胞菌属（*Pseudomonas*）
		产碱杆菌属（*Alcaligenes Castellani & Chalmers*）
		热杀索丝菌（*Brochothrix thermosphacta*）

（1）假单胞菌属（*Pseudomonas*）。假单胞菌属是引起冷藏肉类、蛋类、乳及乳制品变质的常见腐败菌。它在肉制品中可优先利用肉制品中的葡萄糖，当细菌数目达到一定数量时，葡萄糖的供应将不能满足其生长需求，假单胞菌属开始利用氨基酸作为生长的基质，生成带有异味的含硫化合物、酯、酸等代谢物，进而使肉制品腐败变质。

（2）肠杆菌科（Enterobacteriaceae）。肠杆菌科是一类革兰氏阴性无芽孢，需氧、兼性厌氧，发酵葡萄糖产酸、产气，氧化酶阴性的细菌，在欧洲已有很多年历史将其作为食品加工中卫生状况优良的指示菌。它在有氧的条件下可利用肉制品中的葡萄糖和 6-磷酸葡萄糖作为生长底物，有些种类可以分解氨基酸产生包括硫化物在内的挥发性硫化物及有异味的胺类物质。因而当环境条件适宜时，肠杆菌科菌具有很强的致腐能力。

（3）热杀索丝菌（*Brochothrix thermosphacta*）。热杀索丝菌可利用肉制品中的葡萄糖作为生长底物，在有氧的条件下生成乙酸及乙偶姻，产生甜的异味，并能分解亮氨酸和缬氨酸产生异戊酸和异丁酸。无氧条件下分解的终产物主要是乳酸，另外也生成少量的挥发性酸。在真空包装的肉制品中，只要含有少量残存氧，热杀索丝菌就可能成为主要的腐败菌。

（4）不动杆菌属（*Acinetobacter*）和莫拉氏菌属（*Moraxella Fulton*）。不动杆菌属和莫拉氏菌属是在有氧条件下造成肉制品腐败的主要微生物。这类微生物主要利用氨基酸作为生长基质，但其在降解氨基酸时并不产生有异味的副产物，因而其致腐能力较低。但是，这类微生物是腐败菌相的主要组成部分，它可增强假单胞属菌的致腐能力。

3）寄生虫危害

肉类食品常见的寄生虫污染包括旋毛虫、绦虫、棘球蚴、肉孢子虫、肝片吸虫污染等（表9.10～表9.14），这些寄生虫均为人畜共患寄生虫，可寄生在肌肉甚至大脑中。畜、禽被寄生虫感染后可能影响其生长发育、肉产品价值降低，更严重的是人误食了被寄生虫污染的肉类食品后可引起人体疾病，甚至死亡。

表9.10　旋毛虫特性

属性	描述
特性	旋毛虫又称为旋毛形线虫，其成虫寄生于肠管，称为肠旋毛虫；幼虫寄生于横纹肌中，且形成包囊，称为肌旋毛虫
宿主	人和几乎所有的哺乳动物，如猪、犬、猫、鼠、牛等均能感染
感染原因	一是与食肉习惯有关，多数与食用不全熟的猪肉有关；二是通过肉屑污染餐具、手指和食品等引起感染，尤其是烹调加工过程中生熟不分开造成污染；三是粪便中、土壤中和昆虫体内的旋毛虫幼虫也可能直接作为污染源污染人类
临床症状	侵害肠黏膜，引起肠炎，临床表现为恶心、呕吐、腹痛、腹泻等
预防	肉品加工中，食具、容器等用具应生熟分开，防止交叉污染；肉和肉制品应烧熟煮透，使肉品中心温度达70℃以上；改变吃生肉和半生肉的饮食习惯；禁止用生猪肉和屠宰下脚料喂猪

表9.11　绦虫特性

属性	描述
特性	绦虫是常见的通过污染食物引起食源性疾病的寄生虫之一，主要包括猪肉绦虫、牛肉绦虫、细粒棘球绦虫、阔节裂头绦虫等
宿主	人是猪肉绦虫和牛肉绦虫的唯一终末宿主和传染源
感染原因	猪、牛服食污染虫卵的饲料、水被感染后，人食用生的或未煮熟的含绦虫的猪肉或牛肉，进而导致感染
临床症状	临床上一般表现为腹痛、腹泻或便秘，消化不良，食欲亢进，体重减轻，头痛，头晕等
预防	改变吃生肉或半生肉的习惯；加工车间及设备应生熟分开；加强原料肉类的检查，禁止购进含绦虫的牛肉、猪肉作为原材料；大型屠宰场应有冷藏库，肉内绦虫在-10℃储藏5d后可死亡

表 9.12　棘球蚴特性

属性	描述
特性	寄生于人体的棘球蚴主要包括细粒棘球绦虫（*Echinococcus granulosus*）及泡状（或多房）棘球绦虫（*Echinococcus alveolaris*）两种，我国以前者较为常见。棘球蚴病是一种人兽共患病，主要侵犯肝脏，其次是肺，其他部位也可受罹
宿主	可寄生于绵羊、山羊、猪及人的肝、肺等脏器组织
感染原因	含有虫卵的粪便排出体外，污染饲料、饮水或草场，牛、羊、猪、人等误食这种体节或虫卵即被感染
临床症状	临床症状随寄生部位和感染程度的不同差异明显，轻度感染或初期症状均不明显
预防	对于含有肝脏、肺等动物内脏的肉制品，加工时注意生熟分开；加工工艺应确保肉和肉制品烧熟煮透，使肉品中心温度达 70℃以上

表 9.13　肉孢子虫特性

属性	描述
特性	肉孢子虫属真球虫目肉孢子虫科，可寄生于肌肉组织中，最早于 1882 年在猪肉中被发现，到 20 世纪初才被确认为一种常见于食草动物（如牛、羊、马和猪等）的寄生虫。该虫所致肉孢子虫病为一种人畜共患性疾病
宿主	食草动物，如牛、羊、马和猪等
感染原因	人因食用含有包囊的牛、猪肉而成为其偶然的终宿主受到感染；人因误食被终宿主排出的粪便中的成熟卵囊污染的食物，而成为中间宿主受到感染
临床症状	人体感染后主要可出现消化道症状，如间歇性腹痛、腹胀、腹泻、食欲不振、恶心、呕吐，严重者可发生贫血、坏死性肠炎等
预防	加强猪、牛、羊等动物的饲养管理；加强肉类卫生检疫；不食未熟肉类；加工车间及设备应生熟分开

表 9.14　肝片吸虫特性

属性	描述
特性	肝片吸虫又称为华支睾吸虫，其成虫可寄生于人的肝、胆管内，可致肝吸虫病。该病在牧区的家畜中发病率较高
宿主	牛、山羊、绵羊、马、骆驼等易感染
感染原因	有生食牛、羊的肝、肠，喝生水的习惯
临床症状	表现发热、出汗、乏力、恶心、呕吐、腹痛、腹泻、贫血、浮肿等。此外，腹痛部位不定，多在脐周，最后固定在右上腹，有时剧痛，严重时有肝硬变
预防	加强猪、牛、羊等的饲养管理；加强肉类卫生检疫；不食未熟肉类；加工车间及设备应生熟分开

9.1.2　化学性危害因子

1. 亚硝胺

1）基本信息

亚硝胺（nitrosamine）是由亚硝化剂与胺类化合物（仲胺或酰胺）反应生成

的一类亚硝基化合物[7-8]，根据其物理性质可分为挥发性亚硝胺和非挥发性亚硝胺两类，除少部分亚硝胺［如二硝基二甲胺（NDMA）、二硝基二乙胺（NDEA）和某些亚硝基氨基酸］可溶于水外，大多数亚硝胺不溶于水，可溶于有机溶剂。亚硝胺是已知的最具危害性的化合物之一，是世界公认的强致癌物之一，长期或一次大量摄入会引发肿瘤。人体外源性摄入的亚硝胺及其前体物质主要来源于加工食品[9]。在肉制品加工中，亚硝酸盐由于具备抑菌、形成颜色和风味、抗氧化和改善质构等重要作用，是肉制品中难以完全替代的多功能添加剂，然而亚硝酸盐的添加会引发亚硝基化反应，形成一定量的亚硝胺，危害人体健康。曾有研究证明，加工肉制品中的亚硝胺主要来源于添加的亚硝酸盐或硝酸盐[10]，因此控制亚硝酸盐的添加量是减少肉制品中亚硝胺形成的重要途径。

2）毒性与作用原理

亚硝胺是一类国际公认具有强毒性的化合物，国际癌症研究机构（International Agency for Research on Cancer，IARC）在 1978 年评估了亚硝胺的致癌性，认为 NDEA 和 NDMA 是致癌性很强的物质，可严重威胁人体健康。除此之外，亚硝基吡咯烷（nitrosopyrrolidine，NPYR）、亚硝基哌啶（nitrosopiperidine，NPIP）和 *N*-亚硝基二正丁胺（nitrosodibutylamine，NDBA）等也被列为一般致癌性物质[11]。人群中流行病学调查表明，人类某些癌症，如胃癌、食道癌、肝癌、结肠癌和膀胱癌等可能与亚硝胺的摄入有关。

亚硝胺是一种间接致癌物，其本身无致癌性和致突变性，需要在体内经过一系列酶促活化（羟化）反应后才能变成致癌物质。亚硝胺的致癌机理是：亚硝胺化合物在生物酶的催化作用下，被氧化为羟基化亚硝胺，这种物质不稳定，经过脱醛作用，生成单烷基亚硝胺，再转化为终致癌物重氮羟化物，它们一般是亲电的阳离子或者烷化剂，这些物质与 DNA 结合，引起细胞遗传突变，从而显示出亚硝胺的强致癌性[12]。

3）传统肉制品中亚硝胺的来源

亚硝胺本身在自然环境中存在较少，因此传统肉制品中的亚硝胺主要来源于加工过程中亚硝酸盐及胺类等前体物质经一系列反应所生成的亚硝胺。其中，由于亚硝酸盐常被用作肉品腌制剂用于腌肉制品中，同时，畜禽肉类中富含的蛋白质在腌制等工艺下容易发生分解产生胺类物质，经过一定的生物转化与化学反应，形成一定量的亚硝胺，所以肉品的腌制是导致肉制品中形成亚硝胺类有害物的最主要环节。

2. 多环芳烃类物质

1）基本信息

多环芳烃类（polycyclic aromatic hydrocarbons，PAHs）物质是由 2 个或 2 个以上的苯环稠合在一起形成的一类挥发性和半挥发性芳香族烃类化合物及其衍生物，具有较强的致癌性。其中，苯并[a]芘是一种广泛存在的多环芳烃类化合物，分子式为 $C_{20}H_{12}$，结构如图 9.1 所示，含有 5 个苯环，纯品的苯并[a]芘在常温下呈结晶状，颜色为黄色，几乎不溶于水，微溶于甲醇和乙醇，易溶于丙酮、甲苯等有机试剂。在肉制品加工过程中，烟熏、烧烤、油炸等工艺由于燃料的不完全燃烧、脂肪和蛋白质的高温处理使其发生热裂解等反应，再经过环化和聚合反应，可形成苯并[a]芘等多种多环芳烃类物质，特别是加工过程中肉制品发生焦、糊等现象时，苯并[a]芘的生成量急剧上升，是普通食品的 10 倍以上，从而影响肉制品的安全系数。同时，苯并[a]芘容易在身体内富集，因此它是一种对人体具有较大危害的物质，威胁着人们的身体健康。

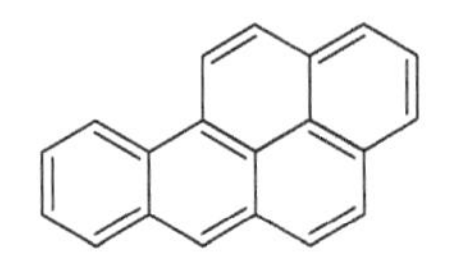

图 9.1　苯并[a]芘分子结构图

2）毒性与作用原理

迄今已发现 200 余种 PAHs，有相当部分具有致癌性，如苯并[a]芘、苯并[a]蒽等。苯并[a]芘是国际公认的强致癌物和突变源，FAO/WHO 食品添加剂联合专家委员会（Joint FAO/WHO Expert Committee on Food Additives，JECFA）在 20 世纪 60 年代就提出将 15 种可以诱变动物体细胞癌变的多环芳烃类物质作为食品安全的重点监控对象，苯并[a]芘就是最具代表性的物质之一，是最早发现的一类致癌物，已发现致癌物中有近 60%属于多环芳烃类物质。苯并[a]芘是多环芳烃类物质中毒性最大的一种，很多国家以苯并[a]芘的含量作为反映食品中多环芳烃含量水平的指示性物质。

苯并[a]芘广泛存在于环境中，经过大量的动物实验证实，苯并[a]芘对人体具有强烈的致癌性、致畸性、致突变性和紊乱干扰内分泌功能等作用，可以引起人体的食道癌、肺癌、肝脏癌、胃肠癌，同时具有胚胎毒性。苯并[a]芘可产生致癌、致畸、致突变的代谢产物，切入 DNA 中干扰转录过程。苯并[a]芘由于超强的毒性，与黄曲霉毒素、亚硝胺、二噁英、尼古丁并成为一级致癌物。虽然苯并[a]芘是一种高活性的致癌物，但是进入人体后没有直接的致癌性，其在细胞内必须被相应的氧化酶激活后才能表现出对人体的致癌、致畸和致突变作用，因此，苯并[a]芘被认为是一种间接致癌物。由于苯并[a]芘在人体内的降解速度非常缓慢，造成苯并[a]芘会在人体内残留富集，所以食用苯并[a]芘含量高的食物后不会立刻产生不良反应，但是可以造成潜在性和潜伏性的危害，因此苯并[a]芘的危害具有很高的隐蔽性，不容易被人们察觉，长时间食用含有苯并[a]芘的食品会对当代人和子孙后代造成严重危害。

3）传统肉制品多环芳烃类物质的来源

传统肉制品中多环芳烃类物质的来源非常广泛，包括本底带入、加工过程中使用的配料带入、加工过程形成等多种途径，其中加工过程形成的多环芳烃类物质是肉制品中多环芳烃类物质最主要的来源。传统肉制品由于其独特的加工方式，烟熏、烧烤、油炸等工艺加工过程中高温使脂肪、蛋白质发生降解、环化和聚合等反应，可以生成多环芳烃类物质，其产生方式主要有以下几种。

（1）肉制品与燃料不完全燃烧产物的直接接触。这种产生途径主要是出现在烟熏肉制品和传统明火烧烤肉制品中。传统的烟熏方式是由木屑等物质的不完全燃烧形成熏烟，然后与肉制品接触，赋予产品良好的烟熏色泽和风味，但是不可避免的是，熏烟中形成的多环芳烃类物质也随之附着在肉制品上。明火烧烤的肉制品在烧烤过程中，木炭等燃料燃烧形成的熏烟附着在肉制品上，使烧烤肉制品中多环芳烃类物质的含量快速上升。部分肉制品加工过程中添加糖类物质，这些物质在高温作用下发生不完全燃烧也可以形成多环芳烃类物质。

（2）脂肪的焦化和裂解。传统肉制品加工过程中烧烤、油炸、煎烤等工艺在高温下使脂肪发生裂解，然后进一步通过环化、聚合反应形成多环芳烃类物质。因此，温度是多环芳烃类物质形成的重要因素。

（3）其他途径。由于多环芳烃类物质具有难以降解的特点，在肉制品加工中使用的原料、辅料、水等物质中也含有一定含量的多环芳烃类物质，并随着加工进入肉制品中。

3. 杂环胺类物质

杂环胺类物质（heterocyclic amine，HAA）是烧烤肉制品高温加工过程中形成的一类多环芳香族化合物。烧烤温度低于 200℃时，杂环胺的生成量较低，当温度超过 200℃后，杂环胺的生成量快速增加。目前，已经明确的杂环胺类化合物有 20 多种，可以分为极性杂环胺和非极性杂环胺，按照生成方式可以分为氨基-咪唑-氮杂芳香烃（amino-imidazo-azaarenes，AIAs）和氨基-咔啉（amino-carboline，AC）两大类。氨基-咪唑-氮杂环芳香烃类杂环胺包括喹啉类（quinoline congeners，IQ）、喹喔啉类（quinoxaline，Me IQx）、吡啶类（pyridine congeners，PhIP）。这类杂环胺主要是由葡萄糖、氨基酸、肌酸和肌苷酸经热反应形成的，这类物质的形成需要的温度较低，一般在 300℃以下即可发生。氨基-咔啉类杂环胺包括 α-咔啉、β-咔啉、γ-咔啉和 ζ-咔啉，是由氨基酸或者蛋白质在超过 300℃的高温作用下裂解形成的。经过毒理学实验的研究证实，杂环胺类物质具有强烈的致突变型和致癌性，对人体健康具有重要的危害。

4. 生物胺

1）基本信息

生物胺[13]（biogenic amine，BA）是一类具有生物活性的低分子质量的含氮基的碱性有机化合物的总称。生物胺按照其化学结构不同可分为 3 类，分别是脂肪族（腐胺、尸胺）、芳香族（酪胺、苯乙胺）和杂环族（组胺、色胺）；按照所含的氨基数量不同可分为 3 类，即单胺（组胺、酪胺、色胺）、二胺（尸胺、腐胺）和多胺（精胺、亚精胺）。生物胺在肉制品、水产品、干酪、啤酒等富含蛋白质的食品中广泛存在，食品中的生物胺主要包括酪胺、组胺、腐胺、尸胺、苯乙胺、色胺、精胺和亚精胺等。少量的生物胺在有机体内具有一定的生理作用，如多胺化合物可以降低不饱和脂肪酸的氧化速度，单胺化合物有舒张和收缩血管、肌肉的作用[14]。通常，人们摄入的食品中所含的少量生物胺不会对人体产生影响，但当人体摄入过多的生物胺就会对人体造成危害甚至导致死亡。

2）毒性与作用原理

生物胺由于其潜在的毒性受到了广泛的关注，现已经成为世界范围内公认的潜在的食品安全问题。生物胺主要是由微生物脱羧酶在辅酶 5-磷酸吡哆醛的作用下，作用于相应的氨基酸，脱去羧基所形成的胺[15]。当人体少量摄入生物胺时，一部分生物胺在人体内通过单胺氧化酶和二胺氧化酶作用转化为低活性的物质，而大量摄入生物胺时，生物胺进入循环系统，体内释放肾上腺素和去甲肾上腺素，从而增加胃酸分泌、心脏输出，使心跳过速，引起偏头痛、血糖升高和血压升高[16]。

在生物胺中，组胺对人类健康影响最大。组胺含量偏高会引起头痛、高血压及消化障碍等，口服 8～40mg 组胺产生轻微中毒症状，超过 40mg 产生中等中毒症状，超过 100mg 产生严重中毒症状。其次是酪胺，当口服酪胺超过 100mg 会引起偏头痛，超过 1080mg 会引起中毒性肿胀。腐胺、尸胺、精胺是中等毒性，但有强烈的刺激作用，能够灼伤眼睛、皮肤、呼吸道、消化道等[17]。此外，腐胺和尸胺可以通过抑制分解组胺的二胺氧化酶和组胺转甲基酶的代谢作用，使组胺的毒性增强[18]，同时，腐胺和尸胺还可以与亚硝酸盐反应生成亚硝胺，亚硝胺具有强致癌作用。研究发现，生物胺的毒性取决于生物胺的摄入量、其他生物胺的辅助效应、胺氧化酶的活性及个人肠道的生理功能。

在传统肉制品中，某些干发酵香肠中的酪胺含量可达 600mg/kg 以上，平均值也可达 200mg/kg，因此，酪胺在干发酵香肠中的危害性更大。对于咸肉等脂肪含量较高的肉制品中，在水及高温条件下，可发现由精胺和亚精胺产生的 *N*-亚硝基吡咯烷和 *N*-亚硝基哌啶[19]。

3）传统肉制品中生物胺的来源

传统肉制品中生物胺的来源十分广泛，原料肉本身和生产加工过程中的发酵与成熟阶段均可以产生生物胺。原料肉中本身就带有少量的生物胺，它们以复杂的途径进行合成，其含量与微生物活性无关，主要是精胺和亚精胺。在传统肉制品的加工过程中，有些产品需要添加一些发酵剂或利用内源性微生物来实现发酵和成熟，在微生物的作用下生成生物胺。生物胺的形成主要有两种途径：第一种是微生物产生的氨基酸脱羧酶对氨基酸的脱羧作用；第二种是氨基酸转氨酶对醛或酮的胺化和转氨作用生成脂肪族的氨基酸。传统肉制品中生物胺的形成以第一种途径为主[20]。

（1）蛋白质分解产物游离氨基酸的脱羧反应。传统肉制品在自身存在的和微生物产生的蛋白酶的作用下，分解蛋白质分子内部的肽链，形成各种短链，然后在肽酶的作用下生成游离氨基酸。氨基酸在氨基酸脱羧酶的作用下生成相应的生物胺，并伴随着二氧化碳的产生。不同的氨基酸需要专一的脱羧酶进行脱羧反应，形成相应的生物胺。在发酵成熟过程中大量的蛋白质水解是形成酪胺的主要因素，高温和低盐含量能加速游离氨基酸的积累，促进生物胺的形成[21]。

（2）具有氨基酸脱羧酶活性的微生物作用。这一途径产生生物胺需要满足 3 方面的条件：一是蛋白质分解产物游离氨基酸，二是发生脱羧反应的条件和适宜微生物生长的环境，三是产氨基酸脱羧酶的微生物的存在。其中，具有氨基酸脱羧酶活性的微生物对生物胺的形成至关重要。传统肉制品中具有生物胺产生能力的微生物有乳杆菌属、肠杆菌科、假单胞菌属和肠球菌。

5. *农残、药残和生物毒素*

为了防止有害微生物生长，在传统肉制品生产过程中有时会使用一些抗菌剂，如纳他霉素、青霉素等，如果使用过量将会造成药物残留超标而危害消费者的身体健康。甚至，一些不法商贩为了防虫、防蝇、防腐，在火腿腌制前会使用敌敌畏等杀虫剂浸泡火腿，这对消费者身体健康的损害将更为严重。2004 年中央电视台曝光的“毒火腿事件”便是这一情况的真实反映。另外，一些干发酵香肠在干燥、成熟的过程中肠衣表面会有霉菌或酵母生长（接种的发酵剂或自然生长），霉菌在生长过程中会分泌出青霉素等抗生素和一些真菌毒素（如黄曲霉毒素），因此，农药残留、真菌毒素也都是发酵肉制品中潜在的化学危害因素。

9.1.3　物理性危害因子

受加工储运环境影响，产品中会掺有异物，影响产品的安全品质，典型异物主要有骨头、金属、碎骨、砂石、陶瓷、玻璃和塑料等，其中骨头会影响加工过程中原料肉处理方式的选择，而金属则是出现概率较大的物理污染物。

9.2　传统肉制品安全过程控制

随着我国居民消费能力的不断提升，消费者对肉制品的健康、安全属性的要求不断提升。传统肉制品具有极其悠久的历史，其传统加工工艺由于定型较早，受限于古人对自然世界认识的不足，往往更偏重于提升产品的感官品质而忽视其安全、健康属性，加之目前我国传统肉制品工业化、标准化水平较低，规模化程度不足，存在极大的安全隐患，所以有效提升传统肉制品安全过程控制水平极为重要。

9.2.1　微生物控制

1. 栅栏技术

栅栏技术（hurdle technology）最早由德国食品专家 L.Leistner 提出[22]，它结合多种技术形成一套系统，通过发挥协同作用，达到在食品设计、加工和储藏过程中有效预防或减少微生物增殖风险的目的。在食品工业中，通常将防腐的方法或原理归结为高温/低温处理、降低水分活度、酸化、降低氧化还原值、使用防腐剂、竞争性菌群等几种因子的作用。栅栏技术的本质就是利用这些因子的协同作用或交互作用，形成特殊的防止食品腐败变质的栅栏，暂时或永久地干扰食品中微生物内平衡（微生物处于正常状态下内部环境的稳定和统一），抑制微生物的增殖和产毒，保持食品品质。这些因子及其互作效应对食品中微生物稳定性的影响，就是栅栏效应（hurdle effect）（图 9.2）。相比利用单一因子控制食品保鲜，栅栏技术的优势在于联合使用多因子控制，降低每种因子的使用强度，从而对产品安全只产生较小的影响。

图 9.2　栅栏因子作用示意图

我国传统肉制品的防腐技术，几乎都是若干种方法的结合，而这些方法就是栅栏因子（hurdle factor）。在实际生产中，可以运用不同的栅栏因子，通过科学合理的组合，从不同方面抑制食品中微生物的繁殖，形成对微生物的多靶攻击。肉制品行业中确认可应用的栅栏因子有很多，但常用的几个主要包括低温处理（t）、热加工（H）、pH、水分活度（Aw）、氧化还原值（Eh）、包装、竞争性菌群（c.f.）和防腐剂（Press.）[22]，所涉及的工艺及技术手段如表 9.15 所示。

表 9.15　食品中可能的防腐保质栅栏

防腐保质栅栏	相应的工艺及技术手段
低温处理（*t*）	冷链（冷却或冻结）
热加工（*H*）	热加工（巴氏杀菌、高温或超高温）
pH	酸度调节（加酸、发酵产酸）
水分活度（*Aw*）	水分活度调节（干燥脱水或添加调节剂）
氧化还原值（Eh）	氧化还原值调节（真空处理、气调包装）
包装	真空包装、活性包装、无菌包装、涂膜包装等
竞争性菌群（c.f.）	发酵产生或添加乳酸菌等竞争性菌群
防腐剂（Press.）	硝酸盐、乳酸盐、山梨酸盐、抗坏血酸盐、异抗坏血酸盐、乳杆菌素、乳酸链球菌肽等

1）低温处理

通常一般微生物生长繁殖温度是 5～45℃，嗜冷菌-1～5℃，特耐冷菌-18～-1℃，在 45℃以上及-18℃以下的环境中一般微生物不再具有生长势能[23]。通过低温处理能很好地抑制细菌的生长繁殖，其作用机理包括：①微生物体内酶活性下降，使各种生化反应速率下降，抑制微生物生长繁殖；②低温使生物体细胞内的原生质体浓度增加，黏度增加，影响细胞的新陈代谢；③低温导致细胞内的水分冻结形成冰结晶，冰结晶会对微生物产生机械损伤。根据肉制品常见微生物污染情况，结合不同细菌生长温度范围，采取有效的低温处理措施，可有效抑制肉制品生产、保藏及售卖过程中残存微生物繁殖，因此低温处理是肉制品防腐最重要，也是最主要的方法[24]。为保证肉制品卫生安全，低温控制的理念应始终贯彻在原料储存、处理、加工、包装、运输、储藏和销售等环节。

2）热加工

传统肉制品中的酱卤肉制品、焙烤肉制品等生产过程都需要热加工工艺。作为肉制品加工中很重要的防腐栅栏因子之一，热加工除了使肉制品熟化达到食用要求，还是杀灭或减少原料肉中初始带菌量的主要方法之一。当肉制品中心温度达到 65～75℃时，肉制品中的致病菌已基本死亡，但耐热性芽孢菌仍能残存。因此，杀菌处理应与冷链技术相结合，同时在保藏及售卖过程中使用，避免肉制品的二次污染。

不能被灭活的耐高温芽孢，在适宜条件下，经过一定时间，仍有增殖可能并导致肉制品腐败变质。一些肉制品生产过程中会采用中心温度超过 100℃的热处理操作，以确保能彻底灭活耐高温的芽孢，可以让产品在流通温度下有较长的保质期。但这种热处理方式因加热温度过高，肉制品蛋白质会过度变性，导致营养流失、肌肉纤维弹性下降、质构较差、有过熟味，会失去部分固有的风味和营养价值。所以通常选择使肉制品中心温度达 70℃左右的热处理方式，此时产品外观、气味和味道等感官特性可以保持在最佳状态，同时结合适当的干燥脱水、烟熏、真空包装、冷却储藏等措施，使产品具备良好的可储性。

3）水分活度

肉制品腐败多是由微生物和酶类共同导致的，其中水分的存在是必要因素。当食品基质中的水分活度较低时，微生物需要消耗更多的能量才能从基质中吸取水分，因此将基质中的水分活性降低至一定程度，微生物就很难生长。水分活度是指系统中水分存在的状态，即水分的结合程度（游离程度），通常以一定温度下食品所显示的水蒸气压 *P* 与同一温度下纯水蒸气压 *Po* 之比，即“*Aw*=*P*/*Po*”来表示。微生物对 *Aw* 值耐受性的强弱次序为霉菌>酵母菌>细菌。一般而言，除嗜盐性细菌（其生长最低 *Aw* 值为 0.75）、某些球菌（如金黄色葡萄球菌，*Aw* 值为 0.86）以外，大部分细菌生长的最低 *Aw* 均大于 0.94 且最适 *Aw* 均在 0.995 以上[25]；酵母菌生长的最低 *Aw* 为 0.88～0.94；霉菌生长的最低 *Aw* 为 0.74～0.94，*Aw* 在 0.60 以下绝大多数微生物都不能生长（图 9.3）。

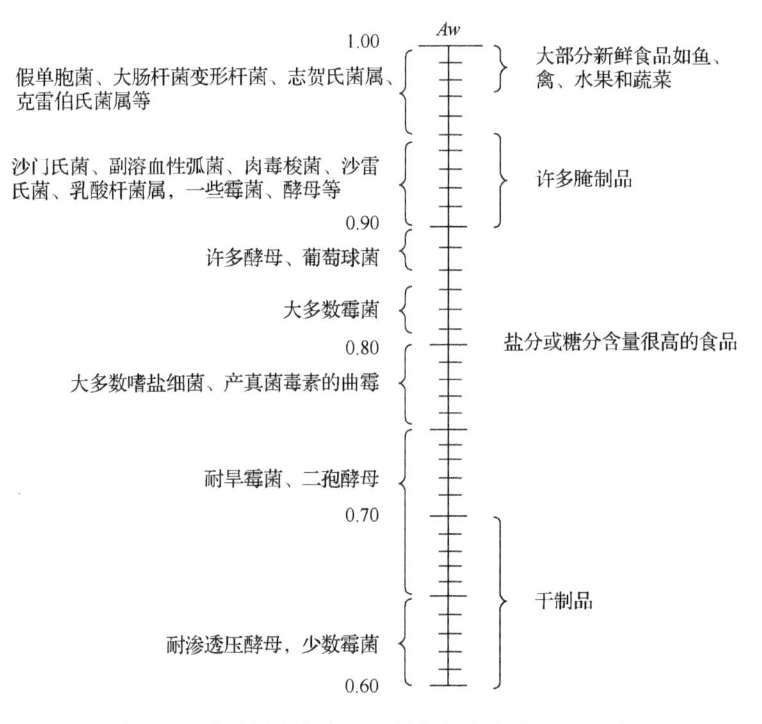

图 9.3　水分活度与大多数微生物生长关系示意图

水分由结合水和游离水构成，与肉制品的储藏性密切相关的是游离水。游离水可自由进行分子热运动，并具有溶剂机能，因此必须减少游离水含量才可以提高食品的储藏性。减少游离水含量，就是要提高溶质的相对浓度。食品中游离水状况可从 *Aw* 值反映出，游离水含量越多，*Aw* 值越高。当 *Aw* 值低于 0.95 时大多导致肉品变质腐败的微生物的生长均可受阻[26]。传统肉制品中如肉脯、肉干、火腿、腌腊肉制品等大多数 *Aw* 值为 0.60～0.90。这些传统肉制品的抑菌防腐栅栏因子主要是 *Aw*。通过加工中的干燥脱水，以及添加盐、糖等调节渗透压，使其 *Aw* 值降至 0.90 以下。但即便如此，仍然容易受嗜盐菌和霉菌的污染。肉制品 *Aw* 与可储性关系见表 9.16[24]。

表 9.16　肉制品 *Aw* 与可储性关系

肉品	蒸煮香肠	酱卤肉	发酵香肠	腊肠	腊肉	肉松
Aw	0.97	0.96	0.91	0.84	0.80	0.65
储存条件/℃	2～4	2～8	常温	常温	常温	常温

4）pH

微生物能耐受的 pH 一般是 6.5～9.0，适宜生长 pH 是 6.5～8.0。当 pH 低于 5.0 时，绝大多数的微生物被抑制，只有一些特殊的微生物如乳酸菌可以繁殖。在保证产品特征及感官特性允许的范围内，适当降低肉制品中的酸度可以防止一些微生物的生长，比在碱性环境下更能有效抑制甚至杀灭有害微生物[27]。

肉制品工业中，可以通过加酸（如肉冻肠）或发酵（如发酵香肠、发酵火腿）降低肉制品 pH 而达到防腐的目的[28]。实际生产中，调节酸度的同时需要配合其他栅栏因子发挥协同防腐作用，这是因为通常肉制品 pH 大于 4.5，大多在 pH 5.8～6.2，属于低酸度食品，pH 的可调度有限，必须考虑在降低 pH 的同时辅以调节 *Aw* 值，发挥共效作用。例如，国外的萨拉米香肠等发酵肉制品，发酵成熟的过程同时伴随 *Aw* 值降低，以及益生菌优势菌群（c.f.）的共效抑菌作用[29]。

5）降低氧化还原值

多数腐败菌均属于需氧菌，肉制品中的含氧量直接影响着残存微生物的生长代谢。肉制品中氧残存量与氧化还原值成正比，高氧化还原值对食品保存不利。反之，降低氧化还原值可以抑制需氧微生物的生长，利于储藏保鲜。肉制品生产过程中降低氧化还原值的手段主要体现在采用真空法进行绞制、斩拌、滚揉、填充灌装、封罐等。此外，真空包装、脱氧剂包装或气调包装也是在强调脱氧或阻氧作用。同时，在肉制品中添加抗坏血酸、维生素 E、茶多酚等抗氧化剂，也有助于降低氧化还原值。

6）合理使用防腐剂

防腐剂是食品添加剂中的一类，在合法合规使用情况下，对于改善肉制品可贮性及保证肉制品的食用安全有着积极作用。肉制品中最常用的防腐剂是硝酸盐类和山梨酸盐类。

硝酸盐类防腐剂不仅可以赋予产品良好的外观色泽，还具有出色的防腐功能，尤其是能有效抑制肉制品中肉毒梭菌的繁殖，肉毒杆菌可产芽孢，本身较难杀灭，在适宜的条件下，该菌会产生外毒素（肉毒毒素），是目前发现的毒性最强的毒物之一，其毒力比氰化物强 1 万倍。尽管现代食品工业研究表明亚硝酸盐具有致畸、致癌性，但因为至今仍未找到另一种更安全且具备硝酸盐类诸多功能的替代物，因此依然允许使用该类型防腐剂。此外，针对具有一定副作用的硝酸盐类防腐剂，各国政府除了会经过充分的安全评估给出合理使用限值外，还会在肉制品生产过程中严格监管其使用情况，同时整个食品行业也在积极开发可部分替代或协同作用以减少其用量的安全防腐剂，如食用酸盐类（乳酸钠）、乳酸菌素类（nisin）等因其良好的安全性和防腐性而应用日益广泛。此外，磷酸盐类、抗坏血酸盐类也可与其他添加剂起到协同防腐功能[3]。山梨酸和山梨酸钾是具良好抑菌防腐功能而又安全卫生的添加剂，一些国家将其作为食品通用型防腐剂，最大使用量为 0.1%～0.2%。在德国，将其作为干香肠、腌腊生制品的防霉剂，以 5%～10%溶液外浸使用[30]。

2. 微生物预报技术

研究和掌握有害微生物的生长、致死规律成为评估生产体系风险系数和制定产品质量安全控制方案的重要前提，而以微生物生长、消亡模型为基础的预测微生物学技术是解决该问题的有效和理想工具。因此，传统肉制品生产过程中主要潜在的有害微生物生长、致死或残留模型体系便成为其质量安全控制技术研究和操作规范制定的重要工具。

1）预测微生物学的概念和发展历史

预测微生物学是一门运用数学模型来描述和预测给定条件下食品中微生物生长、衰亡规律的新兴学科，是微生物学、工程数学、统计学和计算机学有机结合的产物，已在食品风险评估和食品安全控制领域发挥着重要作用。“预测微生物学”这一概念是由 Roberts 和 Jarvis[31]提出的，但该领域的研究早在 20 世纪 20 年代就已经出现[32]。Esty 和 Meyer[33]用对数-线性模型描述了 A 型肉毒杆菌芽孢的热致死规律，开创了通过建立数学模型来研究食品中微生物生物量随时间变化规律的先河，该模型至今在评估低酸罐头类食品灭菌效果中仍有应用。接着，Scott [34]做了另外一项开拓性的工作，他研究了微生物的致死率与水分活度、温度两个环境因子之间的函数关系，开始考虑环境因素对生物量-时间模型参数的影响规律，即开始所谓“二级模型”的研究。但由于种种原因，此后该研究领域并没有太大的发展，直到 20 世纪 80 年代中后期，预测微生物学才开始再次成为研究热点，其原因在于：①计算机的出现推动了预测微生物模型的软件开发及其应用；②消费者更偏好“新鲜和较少加工环节”的食品，这使得栅栏技术和 HACCP 开始运用于食品的生产和销售，而其二者需要大量预测模型的支持；③收集所有产品中微生物的数据几乎是不可能的，但是绝大多数微生物的生长受制于 3～5 种关键的环境因子（温度、pH、NaCl、初菌数等），这使得利用预测模型辅助产品设计和评估及设定优先控制因子成为可能。

随着计算机技术的高速发展和人们对食品安全问题的逐渐重视，预测微生物学进入了快速发展时期，多种优秀的数学模型被建立，数据拟合的能力和精度也越来越高，并且出现了许多数据库用来储存该领域的研究数据，进一步提高了微生物预测的准确性。表 9.17 列出了 1980～2009 年在美国国家生物信息中心（NCBI）的科技论文数据库（PubMed Central）分别以“Predictive Food Microbiology（预测食品微生物学）”和“Predictive Microbiology（预测微生物学）”为关键词检索到的科技论文数量，可见近年来该领域的科技论文数量激增。该技术在食品安全领域，特别是风险评估技术中发挥着越来越重要的作用。

表 9.17　1980～2009 年预测微生物学相关论文检索数量

时间	Predictive Food Microbiology	Predictive Microbiology
1980～1984 年	1	81
1985～1989 年	22	693
1990～1994 年	58	1212
1995～1999 年	81	1668
2000～2004 年	150	2542
2005～2009 年	267	3067

2）预测微生物学中模型的种类

数学模型是预测微生物学的核心，从不同的角度可以有不同的分类方法将其分为若干个类别，其中 Whiting 和 Buchanan 于 1993 年提出的分类方法是目前认同度最高的，他们将模型划分成微生物的生长和残存 2 个类型，每个类型又分成 3 个层次：第 1 个层次（一级模型）描述的是微生物的生物量随着时间变化的函数关系，在此基础上可进一步计算出迟滞期、生长速率及最大菌数；第 2 个层次（二级模型）描述的是一级模型中各参数与条件因素（如温度、pH、水分活度、盐浓度、抗生素种类及浓度等）之间的函数关系；第 3 个层次（三级模型）是模型的最终形式，是以数学模型和参数数据库为基础编写的计算机程序或软件，能够描绘出用户设定条件下微生物的生长、衰亡曲线，并最终达到评估某种食品或加工过程的微生物风险和估计出某种食品的货架期。

（1）一级模型。一级模型是整个预测微生物学领域的基础，也是研究得较为成熟和完善的一部分。虽然函数形式上千差万别，但都能描绘出“S”形曲线是此类模型的共同特征，目前最流行的是 modified Gompertz 模型、logistics 模型和 Baranyi 模型[35-37]。

前两个模型是纯粹的经验模型，不是根据微生物的生长机理而设计的，但公式中的参数仍然被赋予了生物学意义，并由于其简单易而用被各国学者广泛采用。Baranyi 模型属于机理模型，是根据微生物的生长代谢机理推导出的动力学方程，该模型能够很好地处理延滞生长期，能够用来拟合完整的和半个“S”形曲线（之前或之后是线性），不仅能描述生长曲线，而且能描述致死曲线，还能用于波动的环境。Baranyi 模型由于具有强大的功能和真正的生长动力学模型属性，正在逐步取代 modified Gompertz 模型，根据 WoS 引用频次检索，Baranyi 模型后来被引用了超过 300 篇论文，已经成为最为流行的一级模型。

Baranyi 模型表达式为

$$y(t)=y_0+\mu_{\max}t+\frac{1}{\mu_{\max}}\ln(e^{-v\cdot t}+e^{-h_0}-e^{-v\cdot t-h_0})-\frac{1}{m}\ln\left[1+\frac{em\mu_{\max}t+\frac{1}{\mu_{\max}}\ln(e^{-v\cdot t}+e^{-h_0}-e^{-v\cdot t-h_0})-1}{e^m(y_{\max}-y_0)}\right] \tag{9.1}$$

式中，$y(t)$ 为 t 时刻样品中的微生物数量的自然对数，ln（CFU/g）；y_0 为初始时样品中的微生物细胞数量的自然对数，ln（CFU/g）；$y_{\max}$ 为达到稳定期时样品中微生物数量的自然对数，ln（CFU/g）；$\mu_{\max}$ 为最大比生长速率（1/h）；m 为微生物从指数生长期过渡到稳定期时的曲率参数，通常取值为 1；v 为微生物从延滞生长期过渡到指数生长期时的曲率参数，通常可等于 $\mu_{\max}$；h_0 为微生物细胞生理状态的无因次变量，满足关系式 $h_0=\mu_{\max}\times\lambda$，其中，$\lambda$ 为微生物延滞生长期的长短，单位为 h。

modified Gompertz 模型表达式为

$$y_t=y_0+(y_{\max}-y_0)\exp\{-\exp[-B(t-M)]\} \tag{9.2}$$

logistics 模型表达式为

$$y_t=y_0+(y_{\max}-y_0)/\{1+\exp[-B(t-M)]\} \tag{9.3}$$

式中，y_t、y_0、$y_{\max}$、B、M 为模型参数。y_t 为 t 时刻样品中的微生物数量的自然对数，ln（CFU/g）；y_0 为初始时样品中的微生物细胞数量的自然对数，ln（CFU/g）；$y_{\max}$ 为达到稳定期时样品中微生物数量的自然对数，ln（CFU/g）；B 为 M 时刻微生物的最大相对生长速度；M 为微生物绝对生长速度达到最大时的时间。

B 和 M 又可用来计算最大比生长速率和延滞生长期，对于 modified Gompertz 模型满足方程：$\mu_{\max}=(y_{\max}-y_0)\times B/e$；$\lambda=M-1/B$；对于 logistics 模型满足方程：$\mu_{\max}=(y_{\max}-y_0)\times B/4$；$\lambda=M-2/B$。

因此 3 种模型都可统一用初始生物量（y_0）、最大生物量（$y_{\max}$）、延滞生长期（λ）、最大比生长速率（$\mu_{\max}$）这 4 个参数来拟合和描述微生物的生长、消亡曲线，分别满足以下 2 个方程式：

$$y_t = y_0 + (y_{max} - y_0)\exp\{-\exp[2.718\mu_{max}(\lambda - t)/(y_{max} - y_0) + 1]\} \tag{9.4}$$

$$y_t = y_0 + (y_{max} - y_0)/\{1 + \exp[4\mu_{max}(\lambda - t)/(y_{max} - y_0) + 2]\} \tag{9.5}$$

（2）二级模型。二级模型用来描述环境因子对一级模型中各参数影响的定量关系，通常以线性、指数或多元多项式等简单的经验公式为基础建立。微生物在食品中的生长受多种变量的影响，包括温度、pH、水分活度、氧气浓度、二氧化碳浓度、氧化还原电势、营养物浓度和利用率，以及防腐剂等。常用的二级模型有：描述温度与最大比生长速率之间关系的平方根模型；描述多变量（温度、pH、水分活度、亚硝酸含量等）与最大比生长速率关系的二次多项式（响应面）模型；主参数模型及生长界面模型等。式（9.6）是描述温度与最大比生长速率关系最为常用的二级模型。

$$R = \left[A(T - T_{min})\right]^2 \left\{1 - \exp\left[B(T - T_{max})\right]\right\}^2 \tag{9.6}$$

式中，T_{min} 为最低温度，K；T_{max} 为最高温度，K；A 为拉特科斯基（Ratkowsky）方程常数，$mL^{0.5}/(℃ \cdot h^{0.5})$ 或 $mL^{0.5}/(℃ \cdot L^{0.5} \cdot h^{0.5})$；$B$ 为拉特科斯基（Ratkowsky）方程常数，$℃^{-1}$。

（3）三级模型。三级模型主要是指建立在一级和二级模型之上的计算机应用软件程序。世界上已开发的预测软件多达十几种，其中以美国农业部开发的病原菌模型程序（pathogen modeling program，PMP）、加拿大开发的微生物动态专家系统（microbial kinetics expert system，MKES），以及英国农业渔业及粮食部开发的食品微生物模型（food micromodel，FM）最为著名。

2003 年由英国食品标准局（Food Standards Agency，FSA）、英国食品研究所（Institute of Food Research）、美国农业部农业研究服务中心（USDA Agricultural Research Service）及其下属东部地区研究中心（Eastern Regional Research Center）和澳大利亚食品安全中心（Food Safety Centre）联合开发、建立了预测微生物数据库 ComBase（Combined Database），该数据库收录了 50 474 份数据资料，已成为该领域最大的微生物预测模型平台，为全球用户提供免费查询服务。这种公共数据库的构建可推进数据和模型标准化的进程，大大减少无谓的重复试验，提高人类认识各种微生物生长、致死规律，并实现精确预测的效率。

总体来说，开发预测微生物数据软件或数据查询系统通常要经历以下几个阶段。

第一步：原始数据获取。搜集微生物生长、消亡动力学数据资料，这就好比个人创建数据并记录，通常用电子数据表的形式。

第二步：数据库构建。将收集的数据资料按照科学的组织结构录入数据库。

第三步：数据处理与查询系统。编写数据处理程序，根据数据资料构建一级和二级模型，并开发能够提供检索、查询、计算的用户界面操作系统和管理员的管理操作系统。

第四步：实现预测查询。根据用户提交的环境条件（温度、pH、水分活度等），计算查询对象微生物的生长、致死或残存模型参数，绘制变化曲线并将结果输出到查询界面（单机软件界面或网站页面）。

9.2.2 亚硝胺控制

亚硝胺是国际公认的强毒性化合物，其中，NDMA 是毒性最强的挥发性亚硝胺类化合物，许多国家和地区在积极推动建立食品中 NDMA 的标准和指导值。我国在《食品安全国家标准 食品中污染物限量》（GB 2762—2017）中规定，肉制品（肉类罐头除外）中 NDMA 的含量不超过 3.0μg/kg。俄罗斯、乌克兰对食品中亚硝胺的标准管控则更加严格，规定肉类产品中的总亚硝胺（NDMA 和 NDEA）不超过 2.0μg/kg。

传统肉制品需要添加一定量的亚硝胺前体物质作为添加剂使用，所以存在一定程度的亚硝胺超标风险，给人体健康带来威胁。当前，肉制品中亚硝胺控制技术的研究主要从亚硝胺前体物质的控制、亚硝胺的阻断和促进亚硝胺的分解等几个方面展开和实施。

1）减少亚硝酸盐添加量

亚硝酸盐在肉制品中的使用具有多重功能，目前尚未找到较优质的替代物，故仍允许限量使用。所以，为了控制亚硝酸盐的添加量，首先可以从制定肉制品中亚硝酸盐的使用量及残留量标准方面着手。当前我国规定肉类制品及肉类罐头中亚硝酸钠的使用量不超过 0.15g/kg，残留量不超过 0.03～0.05g/kg[38]，通过严格按照国标规定使用亚硝酸盐、硝酸盐及执行残留量标准，可以有效防止亚硝酸盐使用过量，减少亚硝胺前体物质的摄入，从而控制亚硝胺的生成。

目前，亚硝酸盐虽不能被完全替代，但已经有诸多研究发现有些物质可以部分替代亚硝酸盐在肉制品中的作用。其中，亚硝基血红蛋白可替代亚硝酸盐的发色作用，在肉制品加工中作为红色素使用，可显著降低肉制品中亚硝酸钠的残留量，增加产品的安全性[39]。也有研究发现，在肉制品加工中，乳酸链球菌素的抑菌效果大大优于亚硝酸盐，可替代其抑菌作用，降低亚硝酸盐的使用量。

2）抑制生物胺形成

生物胺作为氨基酸的脱酸产物可以参与亚硝化反应，是亚硝胺的重要前体物质[40]。肉制品中富含蛋白质，存在的氨基酸脱羧酶可对氨基酸进行脱羧作用生成生物胺，故可通过控制产酶微生物的生长繁殖来实现对生物胺含量的控制[41]。在加工过程中应严格控制原料的新鲜度及加工的环境卫生，优化温度、pH、渗透压、水分活度等条件并添加对生物胺形成具有抑制作用的菌种及添加剂，抑制微生物活性，减少生物胺形成，实现对亚硝胺的控制。

3）亚硝胺形成的阻断

应用阻断剂阻断亚硝胺形成是控制肉制品中亚硝胺含量的重要措施。大量研究证明，维生素类、黄酮类、酚类、醌类、巯基类、香辛料类等类物质均可作为阻断剂应用于肉制品加工中，阻断亚硝胺的形成[42]。王永丽[43]研究发现，植物多酚可以降低亚硝酸盐的含量，抑制亚硝基化，控制 NDMA 的形成。王美玲等[44]研究发现大蒜对亚硝胺的体内外合成均有明显抑制作用，发挥阻断作用的主要活性成分为大蒜素、硒和维生素 C。邢必亮等[45]在利用维生素 E、维生素 C、茶多酚等物质降低腌肉中 NDMA 的研究中同样印证了维生素及酚类对亚硝胺的阻断作用。

4）促进亚硝胺的分解

促进亚硝胺的分解也是减少人体摄入亚硝胺的一种有效方法。经研究证实，辐照技术对亚硝胺具有一定的降解作用。Wei 等[46]研究证明，γ-辐照至少有能力降解 NDEA、NDMA 和 NPYR 共 3 种亚硝胺。除此之外，生物降解肉制品中的亚硝胺也是研究热点。李木子[47]探讨了弯曲乳杆菌对风干肠中亚硝胺的降解作用，研究发现弯曲乳杆菌能有效降低 NDEA、*N*-亚硝基二苯胺（NDPA）、亚硝基二苯胺（NdpHA）和 NPIP 的含量。

9.2.3　生物胺控制

生物胺是发酵肉制品安全的控制重点。虽然生物胺有潜在的毒性作用，但由于生物胺存在的形式不同和个人体质的差异，生物胺的安全限量难以确定，各国相关标准限量也存在差异。美国食品药品监督管理局（FDA）规定食品中组胺的含量应低于 500mg/kg，并规定美国国内金枪鱼、鬼头刀等相关水产品中组胺的含量低于 50mg/kg，对于酪胺和苯乙胺的安全阈值，所给出的参考上限分别为 100～800mg/kg 和 30mg/kg；欧盟规定鲭科鱼中组胺含量应低于 100mg/kg，其他食品中组胺含量不得超过 100mg/kg，苯乙胺不得超过 30mg/kg，酪胺限定在 100～800mg/kg；我国关于食品中生物胺的现行标准只涉及鱼类及其制品中的组胺，《鲜、冻动物性水产品卫生标准》（GB 2733—2015）规定组胺限量为高组胺鱼类≤40mg/100g、其他海水鱼类≤20mg/100g。传统肉制品中的生物胺限量尚无国家标准，仅上海市食品药品监督管理局发布的上海市地方标准《食品安全地方标准 发酵肉制品》（DB 31/2004—2012）中规定了发酵肉制品中组胺限量为 100mg/kg[48]，但肉和肉制品中的生物胺含量已经被用作评价未知微生物活动的指标及良好操作规范的执行程度。此外，传统肉制品富含生物胺的前体物质，往往导致其中生物胺含量过高，对食用者的健康可能带来不利影响，所以控制肉制品中的生物胺的含量具有重要意义。目前对肉制品中生物胺控制技术的研究主要集中在原料肉、发酵剂、添加物、加工储藏条件等方面。

1. 控制原料肉的卫生

控制原料肉生产的良好卫生条件能够减少产生物胺菌（肠道菌、假单胞菌、乳酸菌等）的污染，从而减少生物胺的积累。

2. 控制产氨基酸脱羧酶微生物的生长

产氨基酸脱羧酶的微生物菌株是生物胺形成的关键因素，而传统肉制品的发酵、成熟和储存过程中的环境条件有利于产氨基酸脱羧酶微生物的生长，导致生物胺的产生。因此，筛选出不具有氨基酸脱羧酶活性或活性较低的菌株作为发酵剂，可以显著减少传统肉制品中的生物胺含量。

3. 抑制氨基酸脱羧酶的活力

生物胺的生成受氨基酸脱羧酶的活力影响较大，因此抑制氨基酸脱羧酶的活力可以有效地控制生物胺的生成。冷冻可以降低酶的活性，从而减缓生物胺的积累。NaCl 可不断破坏位于细菌细胞膜上的氨基酸脱羧酶来降低食品中生物胺的积累[49]。

4. 增强生物胺的降解水平

生物胺能够通过由胺氧化酶催化的氧化脱氨基作用降解，其反应如下：$R—CH_2—NH—R'+O_2+H_2O \rightarrow R—CHO+H_2N—R'+H_2O_2$[50]。开发具有胺氧化酶的微生物以降解发酵食品中的生物胺已经成为研究的热点。

9.2.4 苯并[a]芘控制

由于苯并[a]芘具有强致癌性、致畸性、致突变性，我国在《食品安全国家标准 食品中污染物限量》（GB 2762—2017）中对肉制品中苯并[a]芘的含量进行了限定，并经过多次修改。在最新的 GB 2762 中，肉制品中苯并[a]芘的含量不超过 5μg/kg；欧盟也在 2011 年 8 月 19 日发布《修订污染物最高水平限量》（Regulation（EC）No 835/2011），对《污染物最高水平限量》（Regulation（EC）No 1881/2006）进行修订，修改了肉制品中苯并[a]芘的限量标准。规定以肉制品中苯并[a]芘、苯并[a]蒽、苯荧蒽和 chrysene 4 种多环芳烃的总含量作为评价多环芳烃污染的指标，同时继续保留苯并[a]芘的含量为另一个评价指标，4 种物质的最大残留之和不能超过 12.0μg/kg，苯并[a]芘的含量不超过 2.0μg/kg。为了降低肉制品中苯并[a]芘的含量，必须从产生苯并[a]芘的途径着手，结合新技术才能取得良好的效果。

传统肉制品中苯并[a]芘主要是由于燃料的不完全燃烧、蛋白质和脂肪的高温降解、环化和聚合反应形成的，因此，为了降低传统肉制品中苯并[a]芘的含量，需要从以下几个方面着手。

1. 降低加工温度

温度是形成苯并[a]芘的最重要因素，因此为了控制肉制品中苯并[a]芘的含量，必须降低产品加工过程中的温度。研究表明，原料肉在 300℃以下加工所产生的苯并[a]芘的含量极少，但是当加工温度超过 300℃后，苯并[a]芘的含量快速增加。

2. 提高传热系数

为了保证传统肉制品的色泽、风味和口感等品质，在降低加工温度的同时必须提高产品在热加工过程中原料肉与加热介质之间的传热效率。传统的明火烤制、电烤等方式传热效率较低且均匀度较差，为了达到良好的品质，不得不采用较高的温度，这就造成了苯并[a]芘的大量产生。气体射流技术、红外加热技术等新型加热技术的使用可以在较低的加工温度下赋予产品良好的效果，这就有效地降低了产品中苯并[a]芘的含量。采用气体射流技术生产的烤鸭，加工温度可以控制在 180～190℃，产品品质与传统工艺相当而苯并[a]芘大幅度降低，在 180℃烤制的烤鸭中甚至无苯并[a]芘检出。

3. 控制发烟温度

熏烟中苯并[a]芘主要是木质素在高温下裂解形成的。研究发现，当发烟温度低于 400℃时，熏烟中只有微量的苯并[a]芘产生，但当发烟温度为 400～1000℃时，熏烟中苯并[a]芘的含量随温度升高呈线性快速增加。因此控制发烟温度可以有效地降低熏烟中苯并[a]芘的含量，提高产品的安全性。

4. 过滤烟熏液

苯并[a]芘由于具有较大的分子质量，在熏烟中一般附着在固体微粒上面，可以通过过滤、淋洗或者静电沉淀等工艺处理以除去多环芳烃类物质。熏烟中的有效成分分子质量较小，在过滤等处理时不会受到影响，可以将过滤处理后的熏烟引入烟熏室，从而降低熏烟中苯并[a]芘的含量，提高产品的安全性。

5. 使用液熏技术

烟熏液的使用是降低产品中苯并[a]芘含量的有效途径。由于烟熏液是将熏烟通过冷凝的方式收集，并通过一系列纯化工艺除去烟焦油、多环芳烃类等有害成分的产品，因此烟熏液的使用既可以保证烟熏产品的色泽、风味品质，又可以有效地降低产品中苯并[a]芘的含量。烟熏液应用于肉制品加工已经成为现代肉制品加工的趋势。

6. 使用新型包装材料

部分包装材料可以有效地降低肉制品中苯并[a]芘的含量。研究发现，LDPE可以有效地吸附肉制品中的苯并[a]芘，且超过50%的吸附作用都是发生在24h以内，LDPE可以吸附烟熏香味料、水和烤鸭中的多环芳烃。

9.2.5 物理危害控制

受加工储运环境影响，产品中会掺有异物，影响产品的安全品质。常用的异物掺入实时快速检测方法为X射线成像法和金属检测仪，通过X射线成像技术[51]，可对基质厚度、密度及不同种类基质中的常见异物进行图像性质研究和异物识别，实现异物的定位、尺寸测量和报警功能。其中，金属异物的检测效果最好，碎骨、陶瓷、砂石、玻璃的检测效果次之，塑料的检测效果尚有待提高，图9.4为含有金属异物的猪肉X射线成像图。

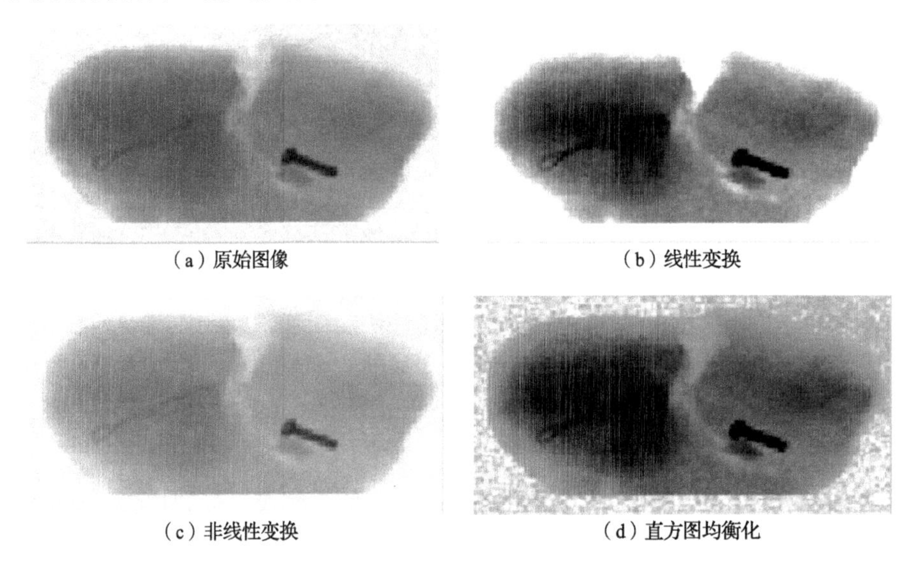

（a）原始图像　（b）线性变换

（c）非线性变换　（d）直方图均衡化

图9.4　含有金属异物的猪肉X射线成像图

9.3 传统肉制品质量安全管理体系

我国食品安全问题正处于发达国家安全问题的特征叠加期[52]。重金属、农兽药、微生物、超量超范围使用食品添加剂、经济利益驱动型掺假（EMA）等需要完善的食品质量安全控制体系作为支撑，以保障食品安全。除对食品最终产品的理化、微生物、污染物等提出限量要求外，对食品企业生产条件、操作和管理行为等提出规范要求也十分重要。这些规范化认证体系主要有质量管理体系（ISO9000）、良好操作规范、危害分析与关键控制点、卫生标准操作程序、ISO22000食品安全管理体系标准等。食品生产企业建立质量安全控制体系，遵照规范实施标准化生产，减少人为失误，控制风险，是极为经济有效的方法，是保障食品最终安全的关键措施。

9.3.1　ISO9000 质量管理体系

ISO 是国际标准化组织（International Organization for Standardization）的简称，是一个全球性独立的非政府组织，现有 164 个成员国，通过成员国相关组织的专家就全球面临的问题一起商磋，达成共识，或建议或修改与市场相关的国际标准，以应对全球出现的国际贸易问题。ISO9000 质量管理体系是 ISO 在 1987 年提出的，为了促进国际贸易合作、消除或削弱出口的贸易壁垒、保证产品质量，在质量管理上建立的一系列统一的工业标准，它为企业提供了一种具有科学性的质量管理方法和手段。ISO9000 质量管理体系适用于各个行业的质量管理工作，包括生产各类产品的制造业、服务业、医院等，是企业等组织建立的最基础的质量保证体系，主要目的是帮助组织建立有效和高效的质量管理体系，改善产品质量，提高整体绩效，以满足用户和市场本身的需求和期望。随着越来越多的企业应用，ISO9000 质量管理体系赢得了全球声誉。我国加入 WTO 后对外贸易逐渐扩大，国际标准化的技术要求及质量管理标准对食品企业的生产提出更高的要求，企业若想在国际市场有一席之地，必须达到或者超过质量标准。

ISO9000 质量管理体系已成为 ISO 迄今为止应用最广泛、最成功的标准，它为组织建立了一个通用的质量管理框架，从而使产品的质量得到保障，增加了产品的市场竞争力，扩大了全球的经济合作。体系标准中主要有 ISO9000:2015《质量管理体系　基础和术语》、ISO9001:2015《质量管理体系要求》、ISO9004:2000《质量管理体系　业绩改进指南》等标准，其中 ISO9001 是全球最著名的质量管理标准，也是质量管理体系的核心标准之一，它需要专门的机构去认证，全球有上百万的企业通过了 ISO9001 认证。通过认证，证实其有能力稳定地提供满足顾客和适用的法律法规要求的产品和服务，有能力应对与组织环境和目标相关的风险和机遇，有能力符合规定的质量管理体系要求；有效地运作体系可以使企业不断改进，获得更好的效益。

我国依照 ISO9001 制定了相应的国家标准《质量管理体系　要求》（GB/T 19001—2016），并随着 ISO 的修订及时进行更新。标准中规定了 7 个方面的要求，即组织环境、领导作用、策划、支持、运行、绩效评价、改进，强调采用一种过程方法，管理一个或多个相关联的活动，以实现预定的输出，一个过程的输出可以直接形成下一个过程的输入。该方法通过结合“策划—实施—检查—处置”（PDCA）循环（图 9.5）确保得到充分的资源和管理，结合风险思维确定可能导致过程偏离的各种因素，并采取适当的行动改进或预防控制，最大限度地减少负面影响[53]。

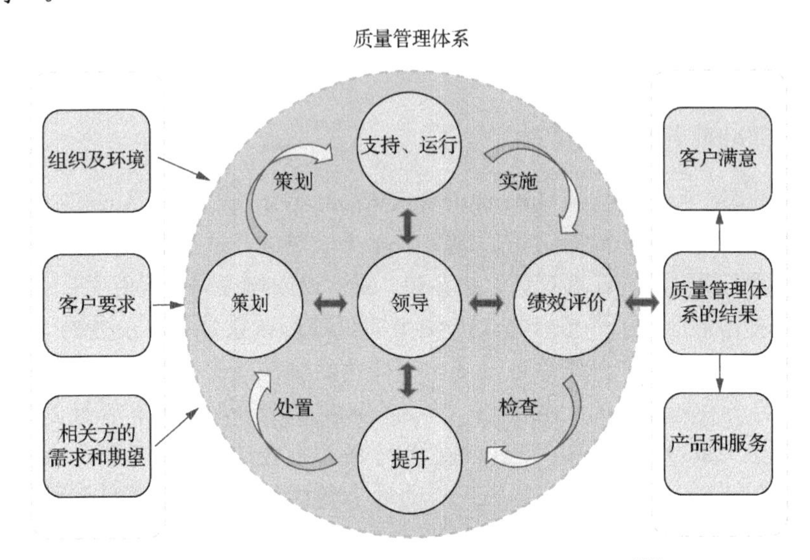

图 9.5　ISO9001 标准的结构在 PDCA 中的展示[53]

PDCA 循环是质量管理体系的基础原则之一，它融入体系之中，一个循环中没有得到改进的问题再放入下一个循环中，形成另一个新的 PDCA 循环，不断地循环改进。在一个 PDCA 循环中，首先理解客户的需求和期望，即要达到或改进问题的方针和目标，策划（P-PLAN）实现目标的过程内容，在这过程中组织应确定影响目标及实施结果的内外环境因素；其次根据策划的内容进行具体实施运行（D-DO）；再次检查（C-CHECK）实施过程中呈现的结果；最后根据结果进行绩效评价并处置（A-ACT），达到目标的则形成良好的规范应用推广，对未达到目标的进行总结，对于需要改进的地方放入下一个循环。领导应在整个循环中确保其对质量管理体系的领导作用，组织在这个过程中应提供支持，包括所需的资源（人员、基础设施、过程运行环境、检测等）、雇佣人员的能力、人员知晓质量管理中相关内容的意识、沟通、成文信息。

基于风险思维是实现质量管理体系的另一个基础原则，主要针对潜在的、不确定的因素产生不确定的结果进行策划和应对，采取预防措施消除潜在的不合格因素和再次发生的可能性，对已发生的不合格因素采取纠正措施，增加企业应对风险的能力。例如，食品企业中原辅料的种类和来源、食品添加剂的类别、生产原料企业的能力、采用的生产工艺方法、生产设备的性能、终产品的安全等这些过程均有可能存在风险。因此，把风险的思维应用到质量管理中也是企业可持续发展的要求。

9.3.2 良好操作规范

良好操作规范（good manufacturing practices，GMP）是最早在药品企业中进行的质量管理，在药品的生产中起到良好的生产管理和质量控制的作用，能最大限度地降低生产过程中的风险，也是全球药品企业采用较多的生产过程监控的规范，已经扩展应用到食品企业。国际相关组织或一些国家都制定了食品方面的良好操作规范，如世界卫生组织下属的国际食品法典委员会（CAC）制定的《食品卫生通则》、欧盟制定的 Regulation（EC）No 852《食品卫生条例》、美国食品药品监督管理局制定的《食品生产企业良好生产规范》等，我国也制定了相关的标准《食品安全国家标准 食品生产通用卫生规范》(GB 14881—2013)。

食品企业的良好操作规范是一种强调食品生产过程中产品质量和安全卫生的自主性管理制度，它规定了在生产过程中的每个环节、每个方面的一系列措施、方法、技术要求和质量监控措施等，显示出原则性和基础性的特点，以此完善食品质量管理，提高产品质量。根据《中华人民共和国食品安全法》的规定，GB 14881—2013 进一步细化了其中的要求，内容涵盖了选址及厂区环境，厂房和车间，设施与设备，卫生管理，食品原料、食品添加剂和食品相关产品，生产过程的食品安全控制，检验，食品的贮存和运输，产品召回管理，培训，管理制度和人员，记录和文件管理共计 14 章的内容，涉及生产的各个环节，主要规范了食品生产行为，防止食品生产过程的各种污染，是生产安全食品的基础性食品安全国家标准[54]。GB 14881—2013 既建立了人员、技术、卫生、文件、质量等软件管理，又有完备的设备设施等硬件管理，强化了源头控制、过程控制，加强了生物、化学、物理污染的防控，增加了产品的追溯与召回、记录和文件等管理要求，更加有利于企业加强自身管理，也是监管部门执法的重要依据。

我国发布的食品方面的“卫生规范”或“良好生产规范”的国家标准有 40 余项，如《食品安全国家标准 乳制品良好生产规范》(GB 12693—2010)、《葡萄酒企业良好生产规范》(GB/T 23543—2009)、《食品安全国家标准 包装饮用水生产卫生规范》(GB 19304—2018)、《食品安全国家标准 速冻食品生产和经营卫生规范》（GB3 1646—2018）、《食品安全国家标准 糕点、面包卫生规范》(GB 8957—2016)、《食品安全国家标准 酱油生产卫生规范》(GB 8953—2010)、《食品安全国家标准 食品添加剂生产通用卫生规范》(GB 31647—2018)、《食品安全国家标准 水产制品生产卫生规范》(GB 20941—2016)、《食品安全国家标准 罐头食品生产卫生规范》(GB 8950—2016）等；地方、行业标准也近 60 项，如《青稞酒良好生产规范》(DB54/T 0116—2017)、《食品安全国家标准 复合调味料生产卫生规范》（DB 31/2003—2012）、《食品安全国家标准 豆芽生产卫生规范》（DBS 61/0010—2016）、《进出口粮食储运卫生规范 第 1 部分：粮食储藏》（SN/T 1882.1—2007）、《食品安全国家标准 蒙古族传统乳制品生产卫生规范》（DBS 15/008—2016）等。

9.3.3 危害分析与关键控制点

危害分析与关键控制点（hazard analysis and critical control point，HACCP）是对食品加工过程中可能发生的生物、化学、物理等食品安全危害进行识别确认、分析评估并采取措施预防控制的系统方法，是一种以预防为基础的食品安全控制体系。HACCP 是评估危害并建立侧重于预防而不是主要依赖于检验最终产品的控制系统方法。HACCP 体系最早为用于美国宇航食品的安全而建立的食品安全控制系统，对食品安全危害进行识别控制，并将其消除或者降到可接受的安全水平，具有科学、系统、合理、易操作的特点被广泛推广应用[55]。HACCP 体系国际认可且如今适用于各国的食品企业，是企业进行国际贸易、增加产品竞争力的基础体系。

HACCP 体系包含建立危害分析、确定关键控制点、确定关键控制点的关键限值、确定关键控制点的监控系统、当偏离关键点限值时采取纠正措施、验证系统有效性程序、建立适用于这些原则和应用的所有过程的文件和记录 7 个方面[56]。它强调关键控制点的控制，在对整个加工过程中所有潜在的危害进行分析的基础上，识别显著危害因素，确定关键控制点。针对不同的食品反映出加工方法的专一性，不是零风险，是降低食品安全风险。HACCP 的应用与质量管理体系（如 ISO9000 系列）的实施兼容[57]，并且是此类系统中食品安全管理的首选系统。

随着 HACCP 体系认证在食品企业的普及，我国也制定了食品及细分行业的相关标准，如《危害分析与关键控制点（HACCP）体系食品生产企业通用要求》（GB/T 27341—2009）、《危害分析与关键控制点（HACCP）体系及其应用指南》（GB/T 19538—2004）、《速冻食品生产 HACCP 应用准则》（GB/T 25007—2010）、《危害分析与关键控制点（HACCP）体系乳制品生产企业要求》（GB/T 27342—2009）、《肉制品生产 HACCP 应用规范》（GB/T 20809—2006）、《水产品危害分析与关键控制点（HACCP）体系及其应用指南》（GB/T 19838—2005）等，国家认证认可监督管理委员会制定了《危害分析与关键控制点（HACCP 体系）认证实施规则》《危害分析与关键控制点（HACCP 体系）认证依据》等，规定了《危害分析与关键控制点（HACCP 体系）认证补充要求 1.0》等，并规定了危害分析与关键控制点（HACCP）体系认证依据为《危害分析与关键控制点（HACCP）体系食品生产企业通用要求》（GB/T 27341—2009）、《食品安全国家标准 食品企业通用卫生规范》（GB 14881—2013）、《危害分析与关键控制点（HACCP 体系）认证补充要求 1.0》，认证机构应在此认证依据基础上，按照适用的我国和进口国（地区）相关法律、法规、标准和规范要求制定专项审核指导书，指导食品企业建立自己产品的 HACCP 体系。我国鼓励企业实施 HACCP 体系，提高食品安全管理水平，HACCP 体系的认证有统一的认证标志（图 9.6）。我国对出口企业要求比较严格，《质检总局关于进一步规范和促进出口食品农产品企业内外销“同线同标同质”的公告》（2017 年第 15 号）中把获得危害分析与关键控制点（HACCP）认证作为出口食品农产品生产企业证明符合“三同”的要求条件之一；国家认证认可监督管理委员会发布的《关于发布出口食品生产企业安全卫生要求和产品目录的公告》（认监委 2011 年第 23 号公告）中，明确了生产罐头类、肉及肉制品类等 7 类产品的出口食品企业应通过 HACCP 认证。

图 9.6　HACCP 体系认证标识[58]

9.3.4　卫生标准操作程序

卫生标准操作程序（sanitation standard operating procedure，SSOP），是食品企业为了满足食品安全的要求，在卫生环境和加工要求等方面所需要实施的清洗、消毒和卫生保持的具体程序，确保加工过程中消除不良因素，使其加工的食品符合卫生要求的作业指导文件[57]，是确保食品工厂卫生条件所必需的特定书面程序。它包括 8 个方面的内容：与食物或食物接触表面接触的水或用于制冰的水的安全性；食物接触表面的状况和清洁度，包括器皿、手套和外衣；防止从不卫生物体到食品、食品包装材料和其他与食品接触的表面（包括器皿，手套和外衣）及从生产品到加工产品的交叉污染；手的清洗与消毒，厕所设施的维护与卫生保持；防止食品、食品包装材料和与食品接触表面掺入润滑剂、燃料、农药、清洁剂、消毒剂、冷凝液及其他化学、物理和生物污染物；有毒化合物的正确标识，储存和使用；可能会导致食品、食品包装材料和与食品接触的表面微生物污染的员工健康状况的要求；虫害的防控。有效的 SSOP 对于确保食品处理设施中的卫生计划有效是很重要的，如果没有构思周密、编写得当且正确执行的卫生标准操作程序（SSOP），就不可能获得成功的 HACCP 系统[58]。

9.3.5　ISO22000 食品安全管理体系标准

ISO22000 是国际标准化组织（ISO）在 2005 年 9 月 1 日正式发布的《食品安全管理体系标准》，在 2018 年 6 月进行了更新（ISO22000：2018），是应用于食品安全的管理体系，从农场到餐桌整个食品供应链上面临许多日益增长的食品安全挑战，ISO22000 的目的是在全球范围内规范和协调食品安全管理的要求，有助于确保整个食品链的食品安全。ISO22000 是在 GMP、HACCP 与 SSOP 的基础上，以及融合了 GAP（良好农业规范）、GHP（良好卫生规范）、GPP（良好生产规范）、GTP（良好贸易规范）等，同时整合了 ISO9001 的部分要求而形成的管理方式。新版 ISO22000 引入了 ISO 所有的管理体系标准高阶结构（HLS），采用了风险思维的新方法，更有助于食品企业进行有效的危害识别和控制、降低食品安全风险给企业带来的损失，提高消费者的信任度[59]。我国针对 ISO22000:2005 制定了相应的国家标准《食品安全管理体系　食品链中各类组织的要求》（GB/T 22000—2006），新的版本 GB/T 22000 也正在更新中。国家认证认可监督管理委员会已经发布了 CNAS-EC-054:2018《关于 ISO22000：2018 认证标准换版的认可转换说明》。

ISO22000 的应用范围渗入食品链中的一个或者多个环节，包括种植生产、饲料加工、辅料生产、食品加工、食品零售、食品服务与配餐服务、提供清洁、运输、储存等，也涉及间接介入食品链的环节，如设备供应商、清洁剂和食品包装材料及其他食品接触的材料的供应商。每一个环节都被纳入控制范围之内，设置管理体系时还要结合前提方案（prerequisite program，PRP）与 HACCP 计划，在形成完整体系框架的同时，要求体系中的多个工作部门保持相互沟通，及时对体系中的具体变化进行更新，对体系实施全面管理[60]。潜在危害识别扩大了污染的范围，不仅包括食品安全的危害，还包括过敏原、欺诈等；在风险管理方面不同于原有概念的风险，不仅有 HACCP 原则的运行层面的风险，也强调了含战略层面和达到预期目标能力的业务层面的管理，强化了领导的能力与责任、目标和沟通机制；过程方法中含有 PDCA 循环和 HACCP 原则两个独立的方法，HACCP 介入 PDCA 循环的运行中完成组织、运行策划和控制[59]。

前提方案在 GB/T 22000（ISO22000）中被定义为（食品安全）在整个食品链中为保持卫生环境所必需的基本条件和活动，以适合生产、处理和提供安全的终产品和人类消费的安全食品的概念，ISO22000 包括了 GMP、SSOP 内容，提出了“PRP”替代传统的 GMP、SSOP 概念，GAP、GVP（good pharmacovigilance practice，药物警戒质量管理规范）、GMP、GHP、GPP、GDP（good documentation practices，良好的记录存档管理规范）、GTP 根据在食品链中的位置和类型，等同于“PRP”。制定 PRP 时应涵盖建筑物和相关设施的布局和构造；工作空间和员工设施在内的厂房布局；空气、水、能源和其他基础条件的提供；废弃物和污水处理的支持性服务；设备的适宜性，及其清洁、保养和预防性维护的可实现性；对采购材料（如原料、辅料、化学品和包装材料）、供给（如水、空气、蒸汽、冰等）、清理（如废弃物和污水处理）和产品处置（如储存和运输）的管理；交叉污染的预防措施；清洁和消毒；虫害控制；人员卫生；其他适用的方面[61]。

操作性前提方案（operational prerequisite program，OPRP）在 GB/T 22000（ISO22000）中被定义为食品企业为减少食品安全危害在产品或产品加工环境中引入和（或）污染或扩散的可能性，通过危害分析确定基本的前提方案。它与传统的 SSOP 存在相关性和差异性，与 SSOP 一样，同属于卫生控制措施的管理；但是 OPRP 更明确，如 SSOP 是 GMP 程序之一，没有具体要求什么阶段编制及对危害分析的依赖，OPRP 在确定危害分析后，采取的控制潜在危害可能性的措施，包括引入的、污染的或扩散的危害。OPRP 应形成文件，每个方案包括由每个方案控制的食品安全危害；控制措施；监视程序，以证实实施了操作性前提方案；当监视显示操作性前提方案失控时，采取的纠正和纠正措施；职责和权限；监视的记录[61]。

9.3.6　管理体系间的相互关系

1. HACCP 与 ISO9000 的关系

两个都属于质量管理范畴，很多的要素和程序是可以兼容的，都是在危害分析和风险评估的基础上开展实施的，是以提供给客户满意的产品为最终目标。ISO9000 可作为建立整个食品加工质量管理体系的框架，国际食品法典委员会认为 HACCP 是 ISO9000 系列标准的一部分，如过程和变化控制、纠正措施、验证有效性等。ISO9000 管理体系中 ISO9001 质量管理体系是对组织结构、程序、过程和资源及其相互配置等实施质量管理的，HACCP 是防止食品遭受生物、化学、物理危害的预防性管理手段。ISO9001 中的“过程控制”与 HACCP 体系是对应的，二者可以有机结合，互相补充，将食品安全风险降到最低。ISO9000 系列在食品企业中是自愿的，而 HACCP 在一些国家是要强制执行的，特别是对参与国际贸易的企业来说，HACCP 认证是必要的条件[62]。

2. HACCP 与 GMP、SSOP 的关系

SSOP 侧重于卫生问题，它强调与食品接触的所有事件包括生产车间、人员、环境、设备、工具等潜在危害的预防和措施；GMP 侧重于保障加工过程中食品质量和食品安全所采取的重要措施；HACCP 侧重于控制食品的显著危害。HACCP 含有 7 个基本原理，GMP 包括 4 个要素，而 SSOP 含 8 个方面。SSOP 是落实 GMP 卫生要求的一种方法，是最基础的卫生条件，不依赖于危害分析；GMP 可以指导 SSOP 的实施；由 SSOP 可以控制的危害，在 HACCP 一般不作为关键控制点；HACCP 必须建立在良好的 GMP 和 SSOP 基础上，才能更完整、有效。三者关系可用图 9.7 金字塔表示[63]。

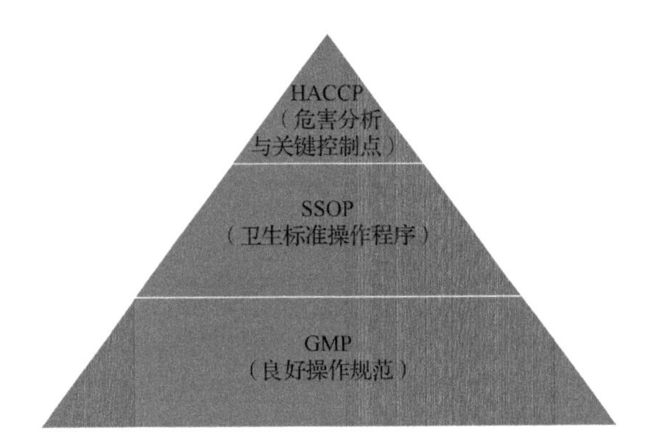

图 9.7　食品安全金字塔（HACCP、SSOP、GMP 的关系）[58]

3. ISO22000 与 HACCP、GMP、SSOP、ISO9001 的关系

ISO22000 是在 HACCP、GMP、SSOP 基础上整合了部分 ISO9001 内容，因此它的内容包含了 HACCP、GMP、SSOP 的要求，但是只是部分内容涵盖了 ISO9001，有交叉，各自建立起来的管理体系是独立的，不能互称满足对方的管理体系认证要求。它们应用的行业领域也有所不同，ISO9001 适用于各行各业；ISO22000 适用于食品行业，包括生产与销售；而 HACCP 只适用于食品的生产行业；GMP 多用于医药和食品行业的生产；SSOP 也适用于食品企业。

4. ISO22000 与 HACCP、PRP、OPRP 的关系

ISO22000 标准在引言中指出“在危害分析过程中，组织应通过组合前提方案、操作性前提方案和 HACCP 计划，选择和确定危害控制的方法”。3 种措施在 ISO22000 要求中需要通过危害分析确定及其对应的控制措施进行选择和组合，PRP 是进行危害分析的基础，选择和组合分别纳入 OPRP 和 HACCP 计划管理，其中关键的危害控制措施一般由 HACCP 计划完成。与 HACCP、OPRP 相比较，PRP 具有外延性，不是针对特定的危害采取的特定的措施，PRP 是建立 HACCP 和 OPRP 的基础。HACCP 和 OPRP 具有相似性，但是 HACCP 计划在管理措施上更为严格。例如，针对“监视程序”，PRP 中没有要求，OPRP 中规定了监视程序，并没有明确的要求，而在 HACCP 计划中明确监视对象 CPP、CPP 限值，以及 CPP 相关的监视系统，包括监视装置、频率、记录等更为严格。在针对特定的危害时，涉及加工与产品的危害时由 HACCP 计划来管理，涉及人员或者环境时由 OPRP 来控制管理，或者两者共同控制。

9.3.7　传统肉制品食品安全控制方案

1. 原辅料食品安全控制措施

使用高品质的原辅料是生产高品质食品的前提和基础，因此原辅料质量把关是整个传统肉制品加工质量安全控制的首要任务，也是最为关键的环节。表 9.18 列出了原辅料关键质控指标/参数、质量劣变风险、危害因子及控制技术/措施。

表 9.18　原辅料质量安全风险因素

<table>
<tr><th>原料类型</th><th>指标/参数</th><th>质量劣变风险</th><th>危害因子</th><th>控制技术/措施</th></tr>
<tr><td>分割部位肉</td><td>原料肉的新鲜度、卫生状况、包装完好度、检验检疫情况；辅料的卫生状况</td><td>不新鲜或长冻龄原料肉存在微生物超标，脂肪、蛋白质过度氧化等问题，对产品安全、感官、食用和营养品质有不利影响</td><td rowspan="2">腐败菌、致病菌及其毒素、病毒、寄生虫等生物危害；
兽药残留、农药残留等化学危害；
掺假、注水等经济利益驱动掺假行为</td><td rowspan="4">原料接收标准、规范；
关键指标的快速检测方法、装备</td></tr>
<tr><td>原料腿（发酵火腿加工）</td><td>猪腿重量、脂肪厚度；皮肤完整度（有无伤口）等</td><td>影响风干、发酵火腿产品的干燥速度、产品均一性等</td></tr>
<tr><td>香辛料</td><td>卫生状况；风味特性</td><td>来源或规格不同，容易造成产品风味变化、均一性差</td><td>可能带入过量芽孢杆菌</td></tr>
<tr><td>添加剂</td><td>卫生状况；纯度</td><td>添加剂的卫生状况差或纯度不够会导致产品卫生问题</td><td>亚硝酸盐的过量使用</td></tr>
</table>

2. 加工过程中肉制品食品安全控制措施

加工过程是传统肉制品品质形成的关键环节，该过程是产品风味、质构、色泽等产品特性形成和定型的阶段，危害因子主要是工艺条件控制不当由化学反应生成的有害物质，以及卫生条件和加工过程控制不到位造成的微生物污染和异物带入（表 9.19）。

表 9.19　加工过程质量安全风险因素

工艺环节	指标/参数	质量劣变风险	危害因子	控制技术/措施
解冻	失水率； 温度和时间； 能耗和水耗	解冻方法不当导致原料肉的失水率高、汁液流失严重； 能耗水耗大、时间长	温度时间控制不当导致有害微生物过量生长	解冻温度和时间严格控制； 高性能解冻技术， 管理体系
修整/腌制/灌装/成型	腌制效果； 灌装紧密度等	脂肪处理不当会导致色泽发黄、氧化过度和发色、入味效果不理想等	人员、设备、腌制液带入腐败菌、致病菌、异物等； 腌制液带入过量亚硝酸盐； 温度控制不当导致微生物生长繁殖	新型脂肪粒清洗技术与装备； 在线检测技术及装备； 管理体系

续表

工艺环节	指标/参数	质量劣变风险	危害因子	控制技术/措施
熟制（热加工）	温度、时间；加热方式；受热均匀度	温度和时间控制不当，受热不均等导致产品风味、色泽、质构等品质劣变和均一性差；营养损失和破坏率高	烤制工艺控制不当会导致杂环胺等危害因子的产生	风味色泽固化技术；新型烧烤技术；管理体系
杀菌	温度、时间	高温杀菌会导致风味色泽劣变、质构软烂；部分营养元素遭到破坏	杀菌温度、时间控制不当导致有害微生物杀灭效果不好	中温杀菌技术能有效降低杀菌温度，减少质量劣变；管理体系
风干、发酵加工	产品失水率、水分活度、pH、蛋白质降解度等；产品干燥速度	发酵和干燥温度、风速控制不当导致产品内外干燥速率不统一，产品表面形成硬壳等情况；产品成品率和优品率低	卫生条件控制不当导致腐败菌、致病菌和蝇虫等危害因子产生；有害微生物过量生长导致生物胺、亚硝酸胺等化学危害因子含量超标	栅栏技术；发酵环境封闭、自动控制；关键指标在线监控；管理体系
烟熏工艺	烟熏效果	烟熏时间、烟熏量控制不当导致的风味、色泽劣变，均一性差等	烟熏工艺控制不当导致苯并[a]芘等有害物生成和积累过量	绿色烟熏液新型烟熏装置，高效烟雾过滤系统等；管理体系

3. 包装与储藏过程中产品质量安全关键影响因素与控制措施

包装与储藏过程是传统肉制品品质保持和防止腐败变质的关键环节，危害因子主要是包装操作不当导致的微生物和异物等带入和污染，包装破损导致流通环节污染，以及储藏温度控制不当导致的微生物繁殖等（表 9.20）。

表 9.20　包装与保藏质量安全风险因素

工艺环节	指标/参数	质量劣变风险	危害因子	控制技术/措施
包装	包装环境、包装材料、包装方式	包装密封性不好导致微生物污染、氧化等情况	管理、操作不当导致微生物和异物等危害因子带入和污染；包装破损导致后期产品容易受到污染	包装环境卫生控制；包装完好度检测
储藏	温度	储藏过程中出现风味劣变、褪色	储藏温度控制不当导致低温产品微生物过量生长	严格控制保藏条件

4. 传统肉制品生产 HACCP 计划表

传统肉制品 HACCP 计划表应依据特定产品的具体工艺和风险点制定。以腊肉为例的危害分析表和 HACCP 计划表分别如表 9.21 和表 9.22 所示。

表 9.21　危害分析表

编制：　　批准：　　日期：

加工类型：腌腊肉制品

产品：腊肉

加工步骤（1）	确定本步骤引入控制或增加的危害（2）	潜在的食品安全危害是否显著（3）	说明对（3）的判断依据（4）	应用什么预防措施防止危害（5）	是不是关键控制点（6）
原料肉、辅料、添加剂、包装材料验收	生物危害：致病菌 化学危害：农兽药残留、瘦肉精 物理危害：重金属、异物	是	原料肉中单核细胞增生李斯特氏菌等可能会存在、兽药有可能会有残留、瘦肉精会非法使用，重金属、异物的污染	供方要提供合格的检验检疫报告和证明，采购合格的原辅料和包装材料。异物可以根据感官法检测验收	关键控制点 1
原料肉储存	生物危害：致病菌 化学危害：无 物理危害：无	是	储存温度降到一定温度以下才能抑制致病菌的生长	控制冷库温度，定期监测和记录，做好储存温度记录	否
辅料、包装材料储存	生物危害：无 化学危害：无 物理危害：无	否			否
原料肉解冻	生物危害：致病菌 化学危害：消毒清洁剂污染 物理危害：标签等的残留	是	致病菌的生长与解冻温度和时间有关；物理、化学危害 SSOP 可控制	严格控制解冻温度和时间、定期校准温度计；拆除包装时严格按照操作规程操作	否
原料肉修整	生物危害：致病菌 化学危害：消毒清洁剂污染 物理危害：肉表面碎骨渣	否	与原料肉接触的工器具的生物、物理、化学危害 SSOP 可控制		否
配料	生物危害：无 化学危害：亚硝酸盐、硝酸盐 物理危害：无	是	食品添加剂使用不当会有潜在的危害	添加剂的使用严格按照 GB2760—2014 执行，检查配料记录	关键控制点 2
腌制	生物危害：致病菌 化学危害：消毒清洁剂污染 物理危害：异物混入	是	致病菌的生长与腌制温度和时间有关；物理、化学危害 SSOP 可控制	严格按照操作规程操作，监控腌制环境的温度并定期检查	否
干燥	生物危害：致病菌 化学危害：亚硝胺、消毒清洁剂污染 物理危害：无	是	致病菌的生长与干燥温度、湿度和时间，亚硝酸盐、硝酸盐的添加及产品含水量有关；物理、化学危害 SSOP 可控制	监控温度、湿度和时间，严格按照干燥的操作规程执行，检测水分的损失	关键控制点 3

续表

加工步骤（1）	确定本步骤引入控制或增加的危害（2）	潜在的食品安全危害是否显著（3）	说明对（3）的判断依据（4）	应用什么预防措施防止危害（5）	是不是关键控制点（6）
冷却	生物危害：致病菌 化学危害：消毒清洁剂污染 物理危害：异物混入	否	冷却环境温度、湿度、洁净度对致病菌生长有影响，危害 SSOP 可控制	监控冷却环境的温度，保持环境通风、干燥	否
包装	生物危害：致病菌 化学危害：消毒清洁剂污染 物理危害：异物混入	否	危害 SSOP 可控制		否
产品贮存	生物危害：无 化学危害：过氧化值 物理危害：无	是	易脂肪氧化	采用真空包装或者低温保存	关键控制点 4
运输	生物危害：无 化学危害：无 物理危害：无	否			否

表 9.22　HACCP 计划表

编制：　　　　批准：　　　　日期：

加工类型：腌腊肉制品

产品：腊肉

CCP（1）	显著危害（2）	关键限值（3）	监控				纠偏行动（8）	验证（9）	记录（10）
			对象（4）	方法（5）	频率（6）	人员（7）			
原辅料、包装材料验收 CPP1	致病菌、农兽药残留、瘦肉精、重金属	致病菌符合 GB29921—2021 的规定，农药残留量应符合 GB2763—2021 的规定；兽药残留量应符合国家有关规定和公告；瘦肉精不得检出；污染物限量应符合 GB2762—2017 中畜禽肉的规定	合格证、合格的检测报告	第三方检测及批次检测报告	第三方检测报告每半年 1 次；每批批检报告	采购员、质检员	检测结果偏离，拒收	复查相关的检测报告；核查纠偏的处理结果	原辅料验收记录，合格证明，检验报告，纠偏措施记录，纠偏处理记录
配料 CPP2	亚硝酸盐	符合 GB2760—2014 中食品添加剂的规定	操作规程的执行记录、配料	检验、核查记录	定期抽查检验，每批核查	操作人员、质检员	核查出库和配料记录、称量设备校准记录，混料方法，发现问题及时纠正，有问题配料停止使用	核查干燥规程执行记录，抽样检测及核查纠偏的处理结果	原辅料出库记录、抽样检测记录、纠偏措施记录，纠偏处理记录

续表

CCP（1）	显著危害（2）	关键限值（3）	监控				纠偏行动（8）	验证（9）	记录（10）
			对象（4）	方法（5）	频率（6）	人员（7）			
干燥 CPP3	致病菌、亚硝胺等	干燥的温度、湿度、重量损失的控制符合操作规程的限制，显著危害物应符合 GB29921—2021、GB2762—2017、GB2760—2014 中的规定	操作规程的执行记录，产品	检验、核查记录	定期抽查检验，重量损失每批检测，记录核查	操作人员、质检员	干燥工艺操作过程记录，温度、湿度等计量设备校准记录，发现问题及时纠正，有问题产品禁止售卖	复查监控设备的校准及校准记录，干燥操作记录，抽样验证有效性，核查纠偏的处理结果	监控设备校准记录，干燥操作记录，检验报告，纠偏措施记录，纠偏处理记录
产品储存 CPP4	过氧化值	符合 GB2730—2015 的规定	监控储存环境的温湿度记录，产品	检验、核查记录	定期抽查检验，每天温湿度记录、核查	操作人员、质检员	温度、湿度等计量设备校准记录，发现问题及时纠正，有问题产品禁止售卖	复查储存记录、纠偏的处理结果审查	监控设备校准记录，检验报告，纠偏措施记录，纠偏处理记录

参考文献

[1] 孙玉海．南通市食品生产加工环节监管模式的研究[D]．南京：南京理工大学，2008.

[2] 冯叙桥，赵静．食品质量管理学[M]．北京：中国轻工业出版社，1995.

[3] 李薇薇，王三桃，梁进军，等．2013 年中国大陆食源性疾病暴发监测资料分析[J]．中国食品卫生杂志，2018，30（3）：293-298.

[4] 付萍，刘志涛，梁骏华，等．2014 年中国大陆食源性疾病暴发事件监测资料分析[J]．中国食品卫生杂志，2018，30（6）：84-90.

[5] 付萍，王连森，陈江，等．2015 年中国大陆食源性疾病暴发事件监测资料分析[J]．中国食品卫生杂志，2019，31（1）：64-70.

[6] 李笑曼，臧明伍，赵洪静，等．基于监督抽检数据的肉类食品安全风险分析及预测[J]．肉类研究，2019，33（1）：42-49.

[7] 李贺楠，时宏霞，李莹莹，等．传统腌腊肉制品酸价和过氧化值指标适用性[J]．肉类研究，2014，28（1）：17-21.

[8] 李玲．传统中式香肠和模拟胃酸体系汇总亚硝胺产生及控制技术的研究[D]．南京：南京农业大学，2012.

[9] HERRMANN S S, GRANBY K, DUEDAHL-OLESEN L. Formation and mitigation of *N*-nitrosamines in nitrite preserved cooked sausages[J]. Food Chemistry, 2015, 174:516-526.

[10] SANNINO A, BOLZONI L. GC/CI-MS/MS method for the identification and quantification of volatile *N*-nitrosamines in meat products[J]. Food Chemistry, 2013, 141(4):3925-3930.

[11] FISHBEIN L. Overview of some aspects of occurrence, formation and analysis of nitrosamines[J]. Science of the Total Environment, 1979, 13(3):157-188.

[12] 顾维维．*N*-亚硝基化合物与癌[J]．化学教育，1992，5：9-13.

[13] VAN B H, SEO H W, KIM J H, et al. The effects of starter culture types on the technological quality, lipid oxidation and biogenic amines in fermented sausages[J]. LWT Food Science and Technology, 2016, 74:191-198.

[14] 刘辰麒，丁卓平，王锡昌．生物胺的检测方法评价[J]．现代科学仪器，2006，4：91-93．

[15] 王青华，范桂强，张咚咚．酱油中生物胺的形成机制及其测定[J]．中国调味品，2018，43（10）：148-151．

[16] BENEDUCE L, ROMANO A, CAPOZZI V, et al. Biogenic amine in wines[J]. Annals of Microbiology, 2010, 60(4): 573-578.

[17] 张璐，边银丙，邢增涛，等．农产品及其加工品中生物胺检测技术的研究进展[J]．上海农业学报，2011，3：135-139．

[18] WARTHESEN J J, SCANLAN R A, BILLS D D, et al. Formation of heterocylic *N*-nitrosamines from the reaction of nitrite and selected primary diamines and amino acids[J]. Communications in Nonlinear Science and Numerical Simulation, 1975, 20(2): 516-535.

[19] 王树庆，范维江，李成凤．肉及肉制品中的生物胺[J]．食品研究与开发，2016，24：203-206．

[20] KIM M K, MAH J H, HWANG H J. Biogenic amine formation and bacterial contribution in fish, squid and shellfish[J]. Food Chemistry, 2009, 116(1): 87-95.

[21] SUZZI G, GARDINI F. Biogenic amines in dry fermented sausages: A review[J]. International Journal of Food Microbiology, 2003, 88(1): 41-54.

[22] 王卫．栅栏技术在中国传统肉制品加工中的应用研究[D]．成都：四川大学，2001．

[23] WANG W, LEISTNER L. Traditionelle Fleischerzeugnisse von China und deren optimierung durch Huerden-technologie[J]. Fleisehwirtseh, 1994, 74: 1135-1145.

[24] 孙信仁，程明，王彩凤．多栅栏技术结合 HACCP 系统在肉品加工储贮中的应用[J]．中国畜牧兽医文摘，2013，29（7）：186．

[25] LE1STNER L. Basic aspect of food Preservation by hurdle technology[J]. International Journal of Food Microbiology, 2000, 55: 181-186.

[26] LEISTNER L, WIRTH F. Bedeutung and messung der wasseraktivitat (aw-wert) von fleisch and fleischwaren[J]. Journal of Food Composition and Analysis, 1993, 73: 214-218.

[27] LEISTNER L, ROEDEL W, KRISPIEN K. Microbiology of meat and meat products in high-and intermediate-moisture ranges[J]. Fleischwirtseh, 1994. 74: 1154-1158.

[28] LEISTNER L. RODEL K. The significance of water activity for micro-organisms in meats[J]. Fleischwirtseh, 1993, 73: 1131-1142.

[29] ROBINS M. Food structure and the growth of pathogenic bacteria[J]. Food Technology International Euroge, 1994,1: 31-36.

[30] ROBERTS T A, BAIRD-PARKER A C, TOMPKIN R. B, et al. Microorganisms in Foods 5: Characteristics of Microbial Pathogens[M]. London: Blackie Academic and Professional, 1996.

[31] ROBERTS T A, JARVIS B. Predictive modelling of food safety with particular reference to *Clostridium botulinum* in model cured meat systems[J]. Society for Applied Bacteriology Symposium, 1983, 11(11): 85-95.

[32] NICOLA'F B M, VAN LMPE J F. Predictive food microbiology: A probabilistic approach[J]. Mathematics and Computers in Simulation, 1996, 42(2-3): 287-292.

[33] ESTY J R, MEYER K F. The heat resistance of the spore of Bacillus botulinus and allied anaerobes, XI[J]. Journal of Infectious Diseases, 1922, 31: 650-663.

[34] SCOTT W J. The growth of microorganisms on ox muscle. Ⅲ. The influence of water content of substrate on rate of growth at -1℃[J]. Journal of the Council for Scientific and Industrial Research Australia, 1936, 11: 266-277.

[35] BARANYI J, ROBERTS T A. A dynamic approach to predicting bacterial growth in food[J]. International Journal of Food Microbiology, 1994, 23: 277-294.

[36] GIBSON A M, BRATCHELL N, Roberts T A. The effects of sodium chloride and temperature on the rate and extent of growth of *Clostridium botulinum* type A in pasteurized pork slurry[J]. Journal of Applied Bacteriology, 1987, 62: 479-490.

[37] GOMPERTZ B. On the nature of the function expressiveness of the law of human mortality, and a new mode of determining the value of life contingencies[J]. Philosophical transactions-Royal Society. Biological sciences, 1825, 115: 513-585.

[38] 郝利平. 食品添加剂[M]. 北京：中国农业大学出版社，2002.
[39] 张红涛，孔保华，蒋亚男. 肉制品中亚硝酸盐替代物的研究进展及应用[J]. 包装与食品机械，2012，30（3）：50-54.
[40] MARKIEWICZ G D, DEJAEGHER B, MEY E D. Influence of putrescine, cadaverine, spermidine or spermine on the formation of *N*-nitrosamine in heated cured pork meat[J]. Food Chemistry, 2011, 126:1539-1545.
[41] 黄智，程伟伟，张大磊，等. 肉制品中亚硝胺形成影响因素和控制措施研究进展[J]. 食品工业科技，2016，37（21）：372-376.
[42]MERGENS W J, KAMM J J, NEWMARK H L, et al. Alpha-tocopherol: Uses in preventing nitrosamine formation[J]. IARC Scientific Publications, 1978, 4(19): 199-212.
[43] 王永丽. 植物多酚及盐替代对干腌培根生物胺及亚硝胺调控机制研究[D]. 南京：南京农业大学，2015.
[44] 王美玲，高曼玲，杜晓力，等. 大蒜在体内外抑制亚硝胺合成的研究[J]. 实用肿瘤学杂志，1990，4：26-29.
[45] 邢必亮，徐幸莲. 降低腌肉亚硝胺含量的复合抗氧化剂研究[J]. 食品科学，2011，32（1）：104-107.
[46] WEI F X, XU G, ZHOU G, et al. Irradiated Chinese rugao ham: Changes in volatile *N*-nitrosamine, biogenic amine and residual nitrite during ripening and post ripening[J]. Meat Science, 2009, 81(3): 451-455.
[47] 李木子. 微生物发酵技术降低风干肠中亚硝胺的研究[D]. 长春：东北农业大学，2015.
[48] 上海市食品药品监督管理局. 发酵肉制品生产卫生规范：DB31/2017—2013[S]. 上海：上海市食品药品监督管理局，2013.
[49] 景智波，田建军，杨明阳，等. 食品中与生物胺形成相关的微生物菌群及其控制技术研究进展[J]. 食品科学，2018，39（15）：262-268.
[50] YAMASHITA M, SAKAUE M, IWATA N, et al. Purification and characterization of monoamine oxidase from Klebsiella aerogenes[J]. Journal of Fermentation and Bioengineering, 1993, 76(4): 289-295.
[51] 温朝晖. 食品异物 X 射线无损伤检测系统研究[D]. 北京：中国农业大学，2005.
[52] 王守伟. 中国肉类食品质量安全控制问题浅谈[J]. 食品安全导刊，2015（16）：54-55.
[53] 中华人民共和国质量监督检验检疫总局，中国国家标准化管理委员会. 质量管理体系要求：GB/T19001—2016[S]. 北京：中国标准出版社，2016.
[54] 中华人民共和国国家卫生和计划生育委员会. 食品生产通用卫生规范：GB14881—2013[S]. 北京：中国标准出版社，2013.
[55] 马颖，吴燕燕，郭小燕. 食品安全管理中 HACCP 技术的理论研究和应用研究：文献综述[J]. 技术经济，2014，33（7）：82-89.
[56] 郑月. HACCP 体系在风味酱生产中的应用初探[J]. 农产品加工，2020（4）：81-84，92.
[57] 詹慧文. 对我国现行食品安全法的反思及完善——以 HACCP 与 GMP、SSOP 及 ISO9000 的关系为视角[J]. 法制与社会，2012（11）：75-76.
[58] MEKONEN Y M, MELAKU S K. Significance of HACCP and SSOP in food processing Establishments[J]. World Journal of Dairy and Food Sciences, 2014, 9 (2): 121-126.
[59] 徐国民，肖文晖. ISO22000：2018 食品安全管理体系标准关键变化和应对措施探讨[J]. 标准科学，2019（5）：117-121.
[60] 王新龙. ISO22000 食品安全管理体系在食品企业的建设与导入[J]. 科技视界，2019（20）：269-270，255.
[61] 中国国家标准化管理委员会. 食品安全管理体系食品链中各类组织的要求：GB/T22000—2006[S]. 北京：中国标准出版社，2006.
[62] 孙军. 在食品加工中采用 ISO9000 和 HACCP 的比较[J]. 检验检疫科学，2000，（4）：11-14.
[63] 陈松. 传统发酵火腿 HACCP 体系建立及低盐工艺研究[D]. 杨凌：西北农林科技大学，2010.

第10章　肉品品质检测技术

传统肉制品是我国居民膳食的重要组成，其质量安全与人们的身体健康密切相关，也是其作为食物最重要的基本属性。检测技术是实现肉制品质量安全控制的重要手段，本章将重点对常用的肉品检测技术进行介绍。

10.1　肉品品质快速检测技术

传统肉品品质检测技术存在检测速度慢、设备要求高、实验耗材消耗大等诸多问题，尤其是无法实现对产品的实时、在线监测及无损检测，同时监测效率也较为低下，在实际应用中存在诸多不便。因此，如何实现对肉品品质的快速、精准检测一直是国内外的研究重点。本节将对近年来较为成熟的肉品品质快速检测技术进行简要介绍。

10.1.1　基于光学特性的肉品品质快速检测技术

1．近红外光谱肉品品质快速检测技术

近红外光谱是指介于可见光区和中红外之间，波长为780～2526nm的电磁辐射波。近红外光谱检测技术（near infrared reflectance spectroscopy，NIRS）是利用肉品中有机化合物在近红外光谱区内的光学吸收特性，对肉品进行定性和定量分析的光学分析技术（图10.1）[1-2]。其中，近红外光谱吸收主要指的是有机物的含氢基团（如—OH、—CH等）的倍频和合频吸收，因为传统肉制品大多数有机化合物，如蛋白质、脂肪、有机酸和碳水化合物等均具有不同的含氢基团，所以可以利用近红外光谱测定这些有机化合物的含量及其他品质相关的信息。近红外光谱技术应用在原料肉质量快速检测方面的研究较多，主要集中在水分、色泽、嫩度、系水力、pH及蛋白质、脂肪等营养指标的检测[3-7]。早在1981年，Kruggel等[8]就利用近红外光谱技术对碎羊肉和乳化状态牛肉样品的水分、脂肪和蛋白质含量进行测定，并分别建立了预测模型，其中，乳化牛肉中水分、脂肪和蛋白质含量预测模型的相关系数分别为0.90～0.94、0.91～0.94和0.80～0.85，而碎羊肉中的水分、脂肪和蛋白质含量预测模型的相关系数分别为0.83～0.85、0.83～0.85

和 0.72～0.77，预测效果较好。在 2011 年，Gjerlaug-Enger 等[9]利用近红外光谱仪对猪肉样品中的水分和脂肪酸成分进行测定，脂肪酸的预测相关系数达到了 0.98。邹昊等[10]应用便携式近红外光谱仪快速无损检测生鲜羊通脊肉的嫩度，检测模型相关系数为 0.94，预测较为准确。但近红外光谱技术检测模型的建立需要以大量化学测定为基础，且分析结果容易受到外界因素的影响，硬件设备及检测标准未统一，在原料肉质量检测中的实际应用还需进一步提高。

图 10.1　用近红外光谱检测技术检测猪肉品质

王辉等[11]、邹昊等[12]基于近红外光谱的多指标在线快速检测方法，通过品质指标与其特征基团在光谱区的倍频和合频响应关联，构建了偏最小二乘法预测模型，实现蛋白质、水分、脂肪、挥发性盐基氮、持水力、胆固醇六大品质指标同步快速定量检测，品质分级准确率大于 90%，检测时间不超过 30s，能实现对原料、加工过程中样品和成品多指标同步实时监测，解决了原料质控、分级、适用性评价和加工过程中产品品质的在线控制难题。

近红外光谱检测技术较其他传统分析技术具有测试速度快、成本低、分析效率高等优点，并且可以实现对样品的无损检测。由于近红外线在光纤中良好的传输特性，通过光纤可以使仪器远离采样现场，将测量的光谱信号实时地传输给仪器，实现在线分析检测。但近红外光谱检测技术也有测试灵敏度相对较低、前期建模需要具有化学计量学知识、耗费时间长、费用高及分析结果的准确性高度依赖建立模型的质量和模型的合理性等缺点。

2. 高光谱成像肉品品质快速检测技术

高光谱成像技术是一种新兴的无损检测技术，它将光谱学、计算机分析技术及信号处理技术融合在一起，采集被测样品的图像信息及光谱信息。高光谱成像可以在纳米级的光谱分辨率上，从紫外到近红外（200～2500nm）光谱覆盖范围内，用几十个至数百个波段同时对物体连续成像，实现物体空间信息和光谱信息、光强度信息的同步获得，信息采集方式包括反射、透射、散射和荧光 4 种模式。高光谱成像技术具有光谱响应范围广、仪器操作简便，并且不需要对样品进行破坏性的处理等优势，能够实现实时在线检测，更好地实现对肉制品的质量控制[13]。

在肉品品质快速检测研究方面，高光谱成像技术主要应用在检测原料肉的颜色、水分、pH、嫩度及蛋白质、脂肪营养指标上[14-18]。Iqbal 等[19]使用近红外高光谱成像技术对煮熟的火鸡腿中的水分进行检测，使用偏最小二乘回归（PLSR）分析找到了 9 个水分的特征波段，并对其建立模型，相关系数为 0.88。Wu 等[20]利用高光谱成像技术预测牛肉的嫩度（剪切力）和颜色（L^*，a^*，b^*），利用洛伦兹分布函数参数与最佳波长建立多元线性回归模型，模型预测牛肉嫩度和颜色的交叉验证相关系数分别是 0.91、0.96、0.96 和 0.97。张晶晶等[21]利用高光谱成像技术对滩羊肉的新鲜度进行快速检测，选用蒙特卡洛算法剔除异常样本，应用竞争性自适应重加权算法和连续投影算法优选出 14 个特征波长，建立预测模型，模型预测相关系数为 0.65。

高光谱成像技术在肉制品快速检测方面的应用日益广泛，但是也存在着一些缺点：一方面，高光谱成像技术需要同时采集被测样品的表面图像信息和光谱信息，数据量较大，如果采集时间较短就会导致有效信息不足，影响检测精度；另一方面，图像分析软件处理速度无法满足在线实时检测的要求，有待进一步优化。

10.1.2　计算机视觉判别肉品品质技术

计算机视觉技术利用代替人眼的图像传感器获取物体图像，将图像转换成数字图像信息，并通过计算机模拟人脑进行信息识别处理，作出相应的分析结论（图 10.2）。在原料肉质量检测方面，主要集中在颜色特征识别、背膘厚测定、猪眼肌肌肉内脂肪含量测定及牛肉大理石花纹判断胴体分级等研究上[22-26]。赵杰文等[27]利用计算机视觉技术获取牛肉眼肌切面的图像，并应用数学形态学方法对其进行分割获取图像中的背长肌区域并提取大理石花纹，为牛肉胴体等级分级提供支持。于铂等[28]对猪的左半胴体和眼肌面积图像进行拍摄，并提取相关特征，建立了图像特征与等级的关系，利用反向传播神经网络方法对猪肉综合评级，与右半胴体的感官评价结果相近。Zapotoczny 等[29]利用图像分析评估了 16 种猪肉和家禽生鲜肉的品质，通过 12 个颜色指标和 2800 多个纹理特征进行评价，并利用标准化学方法进行化学成分分析，发现化学成分与图像纹理参数间的相关系数为 0.7～0.92。计算机视觉技术在原料肉质量检测中应用较多，已经形成了较为完善的设备和技术方法，主要为肉品分级提供强有力的支持，而利用计算机视觉技术获取更多原料肉的相关指标信息需要进一步研究。传统肉制品加工过程中对原料肉冻龄的判别一直是业界难题，中国肉类食品综合研究中心首创了冻肉冻龄机器视觉判定电子眼在线监测装置[30]，开发出电荷耦合器件（CCD）自动成像、无光泽和有光泽像素点智能抠取和关系算法，实现冷冻肉储藏期（以表面氧化变色程度为表征）准确预测，检测时间小于 1s，准确率大于 90%，填补了国内空白。

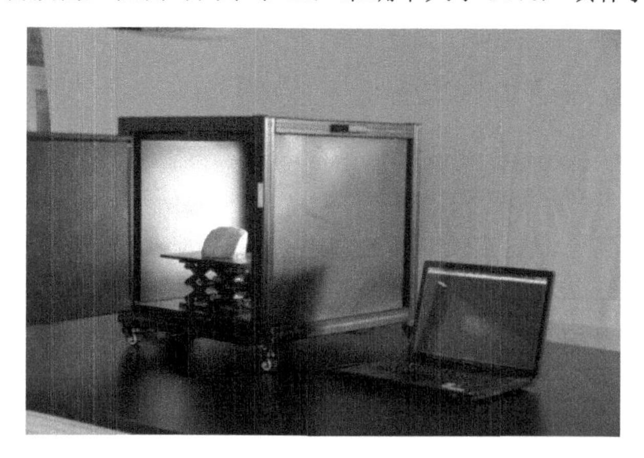

图 10.2　计算机视觉判别冻肉冻龄在线监测装置

10.2　肉品农兽药残留快速检测技术

兽药残留是指食品动物用药后，动物产品的可食用部分中所有与药物有关的物质的残留，包括药物原形或（和）其代谢产物。原料肉中兽药残留逐渐成为肉制品加工中原料肉验收的重点项目。兽药主要分为抗生素类、抗虫类药、激素类、镇定剂类、抗肾上腺素类、解热镇痛抗炎药等。近年来，在市场监管部门的监督抽检过程中检出率较高的兽药主要涉及抗菌药物，包括磺胺类及其增效剂、喹诺酮类（恩诺沙星、环丙沙星、氧氟沙星）、氯霉素类（氯霉素、氟苯尼考）、四环素类［土霉素、金霉素、多西环素（强力霉素）］、硝基呋喃类等。另外还有 β-受体激动类药物（如克伦特罗、沙丁胺醇），杀虫剂、杀菌剂（如五氯酚酸钠），镇定剂类药物（如氯丙嗪），激素类药物（如地塞米松），以及禽类专用的抗病毒药物金刚烷胺和抗球虫药物尼卡巴嗪等。

目前，酶联免疫法、免疫胶体金试纸、光谱法、生化传感芯片等快速检测技术不断发展，其灵敏度、检测速度、便携性、选择性都在不断提升。鉴于它们方便、快捷的技术性能，我国已经开始推广肉品农兽药残留的快速检测技术。

10.2.1　免疫分析技术

免疫分析技术是较为成熟、商品化程度较高的一种快速检测技术，广泛应用于肉制品中农兽药残留、病原性微生物、生物毒素及非法添加剂等的快速检测。

基本原理是利用抗原和抗体高度专一的非共价键特异性结合反应对各种物质进行检测。按照标志物的不同可以将免疫分析技术分为酶联免疫分析技术、胶体金免疫分析技术、光学免疫分析技术（包括化学发光免疫分析技术、荧光免疫分析技术）等[31]。

1. 酶联免疫分析技术

酶联免疫分析（enzyme-linked immuno sorbent assay，ELISA）是较为主流的免疫分析技术，其原理是将酶标记在抗原（抗体）分子上，获得对应的酶标抗原（酶标抗体），酶作用于底物生成有色产物，待测抗原（抗体）的含量与有色产物量成正比，可以通过仪器或肉眼观察颜色变化来判断待测物含量[32]。

ELISA 方法常用 96 孔聚苯乙烯酶标板作为固相载体，以辣根过氧化物酶为标志物对底物邻苯二胺和四甲基联苯胺等进行标记。ELISA 具有快速、灵敏、专一性强等特点，是食品安全快速检测的重要手段。王敏等[33]以氯丙嗪-牛血清白蛋白（BSA）为包被抗原，自制鼠抗氯丙嗪单克隆抗体，建立了可在 1h 内定量检测猪肉中氯丙嗪含量的间接竞争酶联免疫吸附法。Ma 等[34]建立了一种基于微流控纸基分析设备的 ELISA 方法，通过测定与检测物浓度成正比的颜色变化来实现对瘦肉精含量的定量检测。该方法较传统 ELISA 法，大幅度降低了耗样量，缩短了分析时间并简化了检测设备。

2. 胶体金免疫分析技术

胶体金免疫分析技术（colloidal gold immunochromatographic assay，GICA）是以胶体金作为标志物，一般在硝酸纤维素膜上将抗原和抗体进行特异性结合，通过对比测试线与控制线的颜色实现目标物的快速检测[35]。胶体金是由氯金酸（$HAuCl_4$）在白磷、抗坏血酸、枸橼酸钠及鞣酸等还原剂的作用下聚合而成的，具有特定大小的金颗粒，其表面带有负电荷，在碱性的条件下，可利用物理吸附作用把抗体固定在表面，并且不影响抗体本身的生物活性[31]。GICA 试纸条具有简便、快速、便携、结果易判读等特点，肉制品检测中主要用到的商品化 GICA 试纸条包括瘦肉精、氯霉素、孔雀石绿、硝基呋喃类、磺胺类及喹诺酮类等兽药残留的快速检测试纸条及沙门氏菌、大肠埃希氏菌 O157、志贺氏菌等致病菌的快速检测试纸条等[36]。刘波等[37]首次开发了利用免疫胶体金技术快速检测苯并[a]芘的试纸条，该试纸条可在 10min 内准确判定食物中的致癌物苯并[a]芘。Wu 等[38]研制的用于快速半定量检测鸡肌肉组织中金刚烷胺（amantadine，AMD）的胶体金免疫层析试纸条，可以在 12min 内得到检测结果，检出限为 1.8ng/mL，回收率为 81%～120%，可应用于鸡肉中金刚烷胺的现场快速检测中，技术原理见图 10.3。

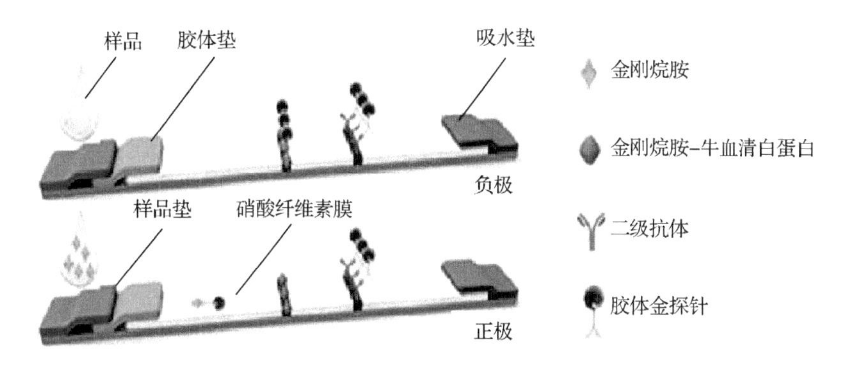

图 10.3　胶体金免疫分析技术原理示意图[14]

3. 光学免疫分析技术

1）化学发光免疫测定

化学发光免疫测定（chemiluminescent immunoassay，CLIA）是以参与化学发光反应的发光剂或催化剂作为标志物，对抗体进行标记，标记后的抗体与待测物经过抗原抗体反应和分离等步骤，最终以化学发光的形式来反映待测物的含量。化学发光强度与化学发光反应速率相关，而反应速率由标志物的含量决定，所以化学发光强度可以作为定量依据[39]。CLIA 技术较其他免疫分析技术具有高灵敏度、广谱性、检测结果稳定和不易被干扰等突出优势。栾军等[40]通过选择适宜的偶联载体蛋白，建立了一种测定四环素的竞争化学发光酶免疫测定法（TC-CLEIA）。该方法检测限低，有较好的准确度、重复性、特异性，可在 30min 内完成动物源性食品中四环素残留的检测。

2）荧光免疫分析技术

荧光免疫分析技术（fluorescence immunoassay，FIA）是把荧光基团的共价键连接到能够识别分子物质（蛋白质、核酸等）上的一种技术。这种技术通过荧光信号物质的特定基团与识别分子物质的特定基团反应完成标记过程，利用标志物的荧光特性来提供被检测对象的信号[41]，其原理示意图如图 10.4 所示。该技术不仅具有胶体金技术的操作简单、高灵敏度、便携式等优点，而且可通过荧光示踪增强技术实现对目标物质的定量检测。

Li 等[42-43]已成功将基于 UCNPs（上转换纳米颗粒）开发的荧光免疫层析技术应用在多种食品污染物如双酚 A、雌二醇等残留的快速检测中，检出限分别为 0.2ng/mL、0.5ng/mL，回收率为 86.1%～107.4%。丁乔棋等[44]以羧基化的 CdTe/ZnSe 量子点荧光微球作为标志物与氯霉素单克隆抗体进行偶联，分别将氯霉素全抗原（CAP-HS-BSA）和羊抗鼠二抗喷涂硝酸纤维素膜形成检测线（T 线）和质控线（C 线），研制出可在 15min 内快速、定量检测氯霉素的量子点荧光微球免疫层析试纸条。

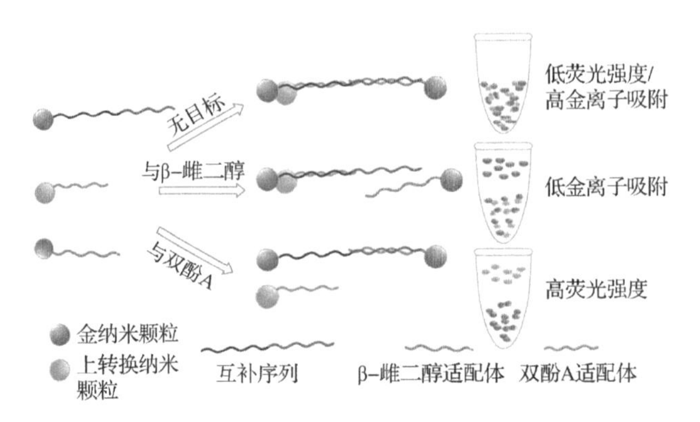

图 10.4　荧光免疫分析技术原理示意图[43]

10.2.2　生物传感器分析技术

生物传感器（biosensor）是以生物物质如酶、蛋白质、抗原、抗体、微生物等作为识别元件，通过适当的转化器及信号放大装置，将生化反应转变成可定量的物理、化学信号，从而实现对化学物质的检测[45]。生物传感器具有选择性强、灵敏度高及稳定性好等特点，加上其廉价、便携的特点，使其在食品安全快速现场检测领域具有较大优势。

随着纳米、分子印迹等各种新技术的发展及检测仪器和检测方法的不断成熟，生物传感器逐渐趋向微型化、集成化及智能化。Thompson 等[46]将氟苯尼考胺与载体蛋白偶联制成多克隆抗体，可对牛、羊、猪肾脏中残留酰胺醇类抗生素进行快速检测，甲砜霉素的检出限为 25μg/kg，氟苯尼考及氟苯尼考胺的检出限为 150μg/kg。

10.2.3　微生物分析技术

肉品农兽药残留微生物分析技术中较为常用的快速检测方法是微生物显色法（microbial chromogenic reaction），其原理是利用快速产酸指示菌生长产酸使指示剂变色，当样品中没有抗生素残留或残留量低于检出限时，指示菌快速生长产酸使检测液的 pH 下降，指示剂变色。反之，若抗生素残留质量浓度高于检出限则会抑制指示菌生长，检测液的 pH 基本不变，指示剂不会变色[47]。微生物显色法具有成本低廉、操作简单、广谱性等优点。范维等[48]以动物源性食品中常见的抗生素为目标，开发出一种基于微生物显色技术的高通量快速检测初筛试剂盒。该试剂盒能在 4h 内同时完成 4 类 30 多种抗生素残留的检测，且检出限满足国内外最大残留限量要求。

范维等[47]研发的基于嗜热脂肪芽孢杆菌（*Bacillus stearothermophilus*）指示作用的抗生素快速筛查技术，可对传统肉制品原料及加工过程中可能存在的大环内酯类、β-内酰胺等五大类 30 多种抗生素总残留当量快速筛查，检出限低于欧盟限量标准（肌肉中阿莫西林 50μg/kg，氨苄青霉素 50μg/kg 等），检测时间为 3～4h，在该领域有着广阔的应用前景。

10.2.4　拉曼光谱分析技术

拉曼光谱（Raman spectra）技术是利用物质产生的拉曼散射效应，根据不同物质具有独特的振动模式来实现对试样的分析检测。传统的拉曼光谱检测技术易受到荧光干扰，信号强度低且灵敏度不高。近年随着计算机技术、光学技术、生物及化学技术等与拉曼光谱技术的结合，产生了如傅里叶转换拉曼光谱、表面增强拉曼光谱、激光共振拉曼光谱和共聚焦显微拉曼光谱等新的拉曼光谱技术。傅里叶转换拉曼光谱是近红外激发拉曼技术与傅里叶变换技术的结合，可对含荧光和对光不稳定的化合物进行快速的全谱扫描，直接反映生物组织内分子的信息。表面增强拉曼光谱是指吸附在粗糙金属纳米材料表面的待测物质拉曼光谱信号比普通拉曼信号显著增强的现象。金、银和铜是常用的拉曼增强金属，其中银的增强效果最好[49]，可检测到单分子水平，可解决普通拉曼光谱灵敏度低的问题，极大地拓展拉曼光谱的应用范围。共聚焦显微拉曼光谱技术是将共聚焦光学显微镜技术引入一般拉曼光谱分析中获得的一种具有良好空间分辨率的新型分析技术[50]。该技术通过将显微镜激发激光束聚焦到待分析样品上，可对直径为微米量级的光斑区样品进行精确分析获得其拉曼光谱信息，从而有效避免周围其他杂散信号的干扰，进而从分子水平上精确反映样品的化学成分组成和分子结构差异。

拉曼光谱具有快速、无损、可靠及灵敏度高等优点，在食品安全快速检测方面显示出巨大的应用潜力。Zhao 等[51]建立的拉曼光谱快速检测方法，分别选择 1168cm^{-1} 与 1258cm^{-1} 处的拉曼光谱信号强度建立标准曲线，可以对猪肉中莱克多巴胺和盐酸克伦特罗残留物进行检测，总准确率达到 100%。

10.2.5　质谱高通量分析技术

质谱技术是一种测量离子质荷比的分析方法，其基本原理是将化合物电离成不同质荷比（*m/z*）的带电离子，经过质量分析器对不同质荷比的离子进行测量。质谱分析可对化合物的组成成分及结构进行推断，并且能够通过测定待测离子的响应强度对物质进行定量分析。串联质谱是串联两个质量分析器（MS-MS），串联质谱仪器结构图如图 10.5 所示。第一个质量分析器对化合物的母离子进行预分离或筛查。高速运动的母离子被惰性气体碰撞得到多级碎片。第二个质量分析器对碎片离子进行分析，进而得到更多化合物的结构信息。常见的串联形式有串联四极杆质谱、四极杆离子阱质谱等。串联质谱是一种特异性更高、抗基质干扰能力更强、定性定量更为准确的分析技术。质谱技术被认为是一种同时具备高特异性和高灵敏性的分析方法，广泛应用于肉制品检测。

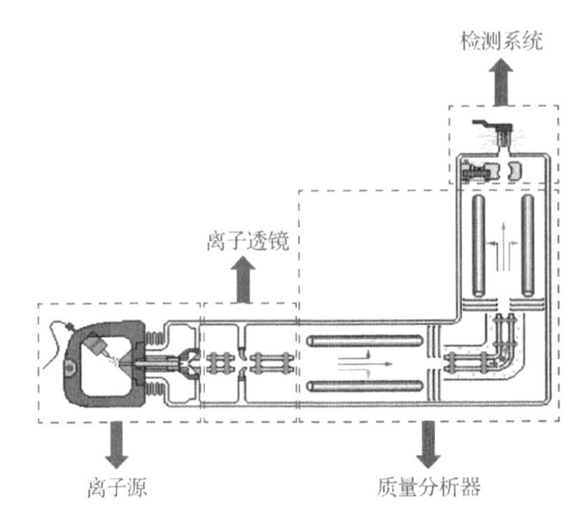

图 10.5　串联质谱仪器结构图

高分辨质谱能够精确测定离子的质荷比至四位小数，在食品农兽药残留高通量检测中应用较广。根据工作原理，高分辨质谱又分为飞行时间质谱、静电轨道阱质谱、磁质谱。磁质谱的维护成本较高，所以在食品检测行业中应用较少。飞行时间质谱的质量分析器是一个离子漂移管，其结构示意图如图 10.6 所示。由离子源产生的离子在漂移管内以恒定的速度飞至接收器，其中离子质量越大，飞行时间越慢，到达的时间就越长，反之则越短，由此便可区分不同质荷比 m/z 的离子。静电轨道阱质谱（LTQ-orbitrap）的质量分析器是形状类似于纺锤体的轨道阱，其结构示意图如图 10.7 所示。静电轨道阱质谱的工作原理是，在轨道阱上加直流电压使之产生特殊的静电场，离子进入后受到电场的引力产生圆周轨道运动，不同质荷比所产生的振动频率及运动半径均不同，信号通过傅里叶转化为频域谱，频域谱进一步转化为质谱信息，最终通过软件导出质谱信号。

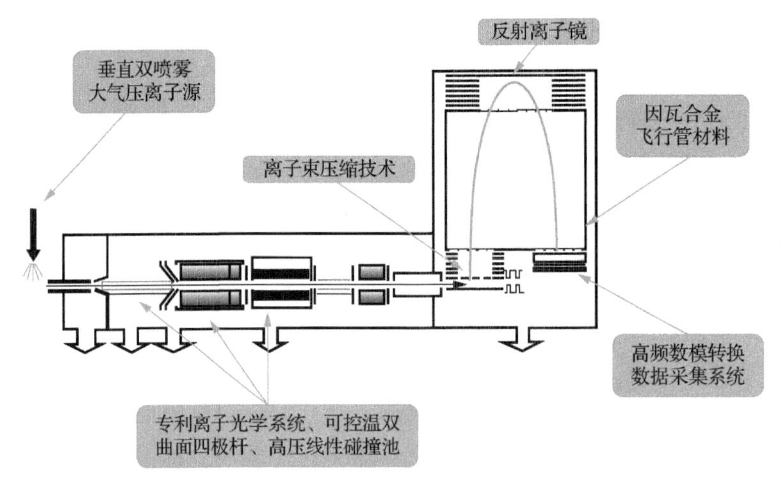

图 10.6　飞行时间质谱结构示意图

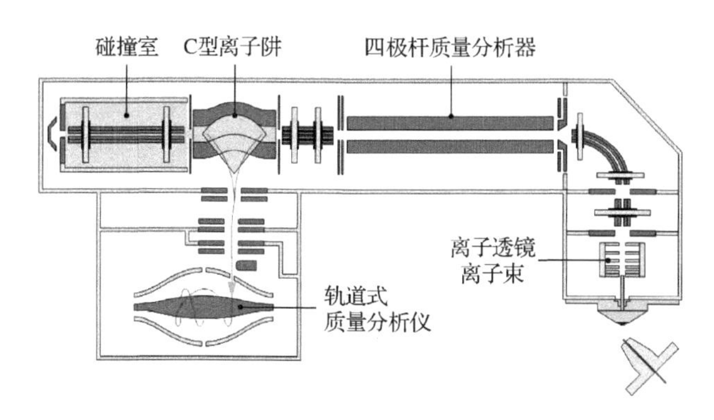

图 10.7　静电轨道阱质谱结构示意图

动物源性食品兽药残留检测绝大多数采用液相色谱-串联质谱法（LC-MS/MS），样品前处理方法主要分为 3 类：固相萃取柱净化法、QuEChERS、液-液萃取法。固相萃取柱净化法是净化过程中选用合适的固相萃取柱进行样品净化，这也是国家标准及行业内常用的净化处理方法。

张颖颖等[52]建立了测定 16 种喹诺酮类药物的 LC-MS/MS，采用弱阴离子固相萃取柱净化，内标法定量，检出限为 0.2μg/kg，定量限为 0.8μg/kg，回收率为 70%～120%；在对动物性食品中的 8 种抗病毒类药物进行测定的 LC-MS/MS 中[53]采用了 MCX 固相萃取柱进行净化，内标法定量，方法检出限小于 1.0μg/kg，回收率为 70%～120%。王一涵等[54]采用 HLB 固相萃取柱进行净化，建立了测定猪肉中 14 种大环内酯类药物的 LC-MS/MS。QuEChERS 是将样品经有机溶剂提取，盐析分层、脱水后，加入适量的净化剂进行分散固相萃取，从而达到净化的目的。赵颖等[55]建立了同时测定 20 种磺胺药物残留的 LC-MS/MS，样品经 1%的乙酸乙腈水溶液（20/80，*V*/*V*）提取后，取上清液用 QuEChERS 净化，方法重现性及灵敏度高。黄坤等[56]采用 QuEChERS-超高效液相色谱-串联质谱方法测定了畜禽肉中的 11 种喹诺酮类兽药残留，方法检出限为 0.5～2.0μg/kg，定量限为 1.5～6.0μg/kg，回收率为 74.52%～106.83%，操作简便，准确性高。液-液萃取法虽然操作简便、回收率高，但是由于食品基质复杂，其净化效果不如其他方式，在 LC-MS/MS 检测过程中存在比较明显的基质干扰，应用相对较少。尹晖等[57]采用乙腈饱和的正己烷通过液-液萃取法对鸡肉及鸡蛋中的金刚烷胺、金刚乙胺进行测定，方法检出限为 1ng/g，鸡肉组织中金刚烷胺的回收率为 79.6%～107.5%，金刚乙胺的回收率为 78.4%～101.2%，操作简便快捷。

庞国芳[58]指出在常规的农药、兽药、化学污染物多残留分析技术中，GC-MS、LC-MS/MS 等仪器被广泛使用，但由于仪器自身的扫描速度和驻留时间的限制，很难在一次检测过程中实现超过 200 种的农药化学污染物的同时检测。此外，上述检测技术由于标准品有效期的限制需要不断进行购买与更新，增加了检测成本，所以亟须发展快速高通量检测技术。

近年来，我国兽药超量、超范围使用现象屡见不鲜。然而，我国常用的LC-MS/MS兽药残留检测方法主要以定向筛查方法为主，难以实现全面筛查，检测的局限性越来越突出，所以多兽残检测逐渐向非定向高通量筛查及未知物筛选方向转变。高分辨质谱具有更高的分辨率，所以其在兽药残留检测方面的应用越来越多。吴宁鹏等[59]用HLB固相萃取柱净化后，用液相色谱-飞行时间质谱对猪肉中的54种兽药进行测定，通过保留时间、准确的一级分子质量及特征碎片离子对药物进行准确的定性分析，并在一定的浓度范围内考察54种药物的线性关系及回收率，在猪肉中的检出限为2～10μg/kg，方法操作简便，杂质干扰少。朱万燕等[60]利用超高效液相色谱-四极杆-飞行时间质谱（quadrupole-time of flight mass spectrometry，Q-TOF）对猪肉中的6类兽药进行测定，包括磺胺类、喹诺酮类、四环素类、硝基咪唑类、大环内酯类、β-内酰胺类，利用全扫描模式对33种化合物进行了定性及定量分析，33种化合物均具有良好的线性关系，定量限为2.5～100μg/kg，回收率为67.0%～109.0%，该方法适用于猪肉中多类兽药残留的同时检测。孙清荣等[61]利用液相色谱-Q-TOF对鸡肉中的48种兽药进行测定，通过全扫描模式建立了目标化合物的一级精确质量数及谱图库，利用质量数及保留时间对样品进行测定，从而可以在无标准品的情况下进行样品检测。

10.3 肉品微生物快速检测技术

食源性病原微生物是影响肉制品质量与安全的重要因素，也是保证肉制品食用安全的主要控制因子，在肉制品生产加工、流通、餐饮等环节的安全控制上一直占据主要位置。近年来，随着现代肉类工业的快速发展，对肉品微生物检测技术提出了更高的要求，食源性致病菌的相关检测技术经历了从生化检测、免疫学、分子生物学到质谱分析检测等几个阶段，朝着快速、高通量、强特异性、高准确度的方向发展。较为先进的病原微生物快速检测技术主要有拉曼光谱分析技术、高光谱分析技术及电化学分析技术等。这些快速检测技术能够大大提高病原微生物的检验效率，满足当前食品安全风险监测过程中对快速检测的要求[62]。

10.3.1 拉曼光谱分析技术

Zhang等[63]将核酸适配体技术与拉曼增强技术相结合，分别选择1582cm^{-1}与1333cm^{-1}处的拉曼光谱信号强度建立标准曲线，实现了同时对食品中沙门氏菌和金黄色葡萄球菌的快速定性、定量检测，检出限分别为15CFU/mL和35CFU/mL，原理示意图见图10.8。Meisel等[64]利用共聚焦显微拉曼光谱结合聚类分析方法建立分类模型，该模型可在10min内对牛肉和家禽肉制品中常见的19种致病菌进行鉴别，且具有高敏感性。

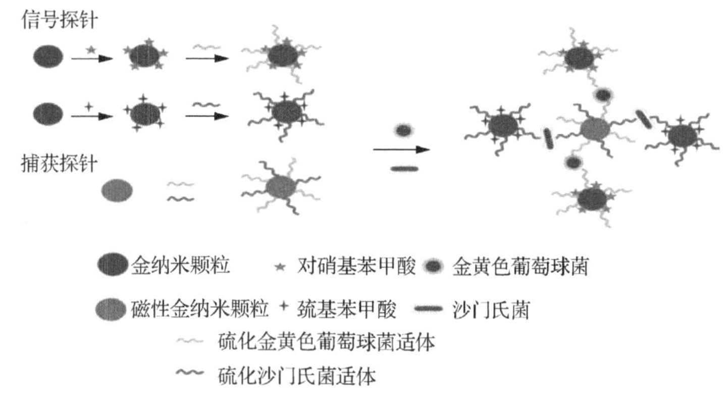

图 10.8　拉曼光谱分析技术原理示意图[63]

10.3.2　高光谱分析技术

传统肉制品生产加工过程中常用的细菌检测方法，如平板计数法、PCR 法和电现象测量法，对被细菌污染的原料肉或产品不能达到快速、准确、无损的检测。高光谱成像技术能满足所有这些要求，可以对肉及其制品表面的腐败微生物进行无损检测，有助于产品货架期的稳定[65-67]。

Tao 等[68-69]在 400～1100nm 光谱范围内应用高光谱散射技术检测在温度为 4℃条件下，储藏 1～14d 的猪肉表面的菌落总数与相应波长下高光谱图像的关系，并采用偏最小二乘回归算法得到相关系数为 0.863 的预测模型，以及采用多元线性回归方法建立相关系数为 0.886 的模型，两种模型的预测效果较好。这表明高光谱散射技术可作为检测微生物腐败的潜在方法。高光谱成像系统配置图如图 10.9 所示。李文采等[70]基于高光谱成像技术，提取鸡胸肉表面感兴趣区域的散射光谱，应用 PLSR 方法建立菌落总数预测模型，预测系数达到 0.93，并得到了鸡胸肉表面的菌落总数分布图（图 10.10），效果良好。

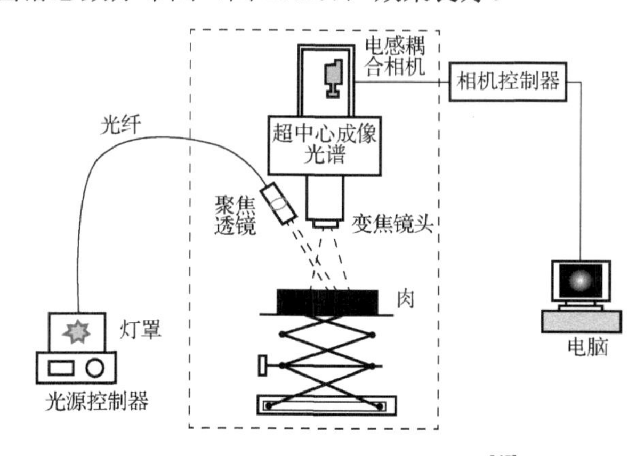

图 10.9　高光谱成像系统配置图[67]

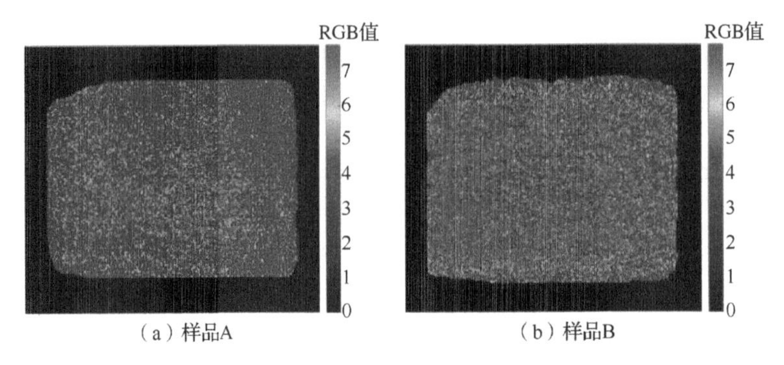

（a）样品A　（b）样品B

图 10.10　鸡大胸菌落总数的高光谱预测分布图

样品 A 预测值 4.00 lg（CFU/g），实测值 3.99lg（CFU/g）；样品 B 预测值 6.77 lg（CFU/g），实测值 6.79 lg（CFU/g）。

10.3.3　电化学分析技术

电化学分析技术可应用于传统肉制品原料肉、加工过程中的微生物快速检测，其微生物含量检测原理是：微生物细胞膜具有较高的绝缘性，细胞内溶液含有大量的带电粒子，在电场力的作用下，表现出一定的电学特性。在培养介质的过程中，微生物的生长代谢会导致培养介质电学特性的改变。电化学快速检测技术具有灵敏度高、快速、使用成本低、操作简单的优点，便于实现自动化，在微生物快速分析与检测领域有实际应用价值。目前，日本的全自动微生物快捷检测系统已在市场上得到应用和认可，但该设备的采购价格极高。刘飞等[71]以生鲜猪肉为检测对象，研制出电化学检测设备，建立检测菌落总数快速检测方法，决定系数达到 0.9998，如图 10.11 所示为电化学检测生鲜猪肉的标准曲线，大幅缩短了检测时间，有望替代进口产品。Cheng 等[72]通过将开发的自组装单层膜改性金电极用于传感器中，成功研制了一种可在 10min 内完成单核细胞增生李斯特菌检测的新型电化学免疫传感器，原理图见图 10.12。

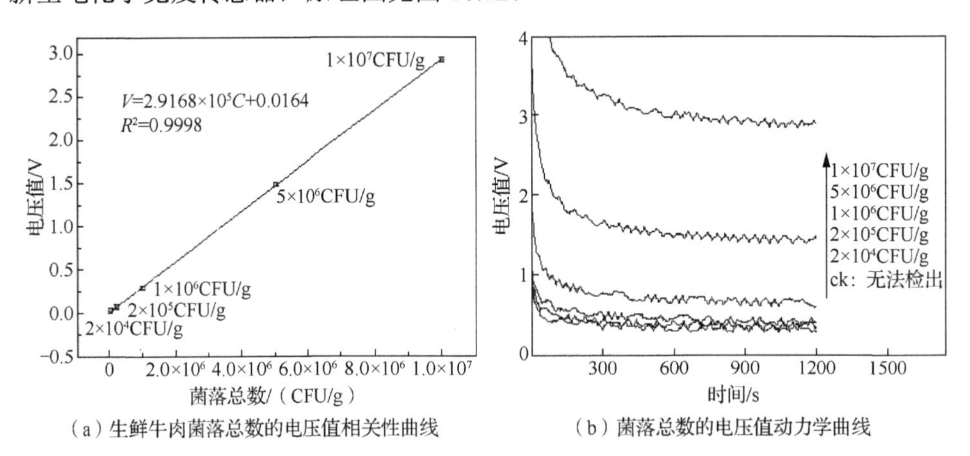

（a）生鲜牛肉菌落总数的电压值相关性曲线　（b）菌落总数的电压值动力学曲线

图 10.11　电化学检测生鲜猪肉的标准曲线

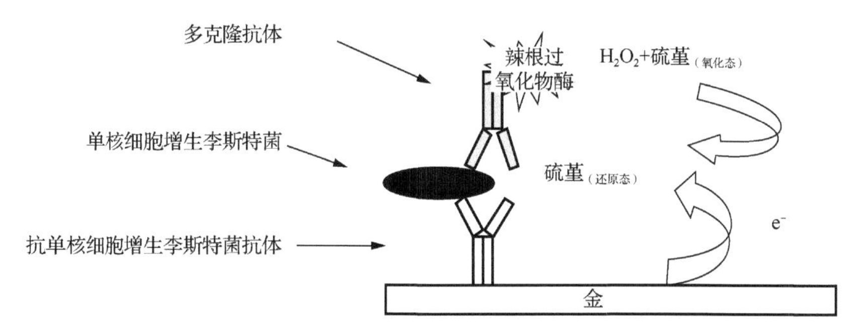

图 10.12　电化学免疫传感器检测系统原理图[72]

Yue 等[73]以噬菌体作为识别分子，通过电化学发光免疫分析技术实现了对低浓度的铜绿假单胞菌的快速检测，整个检测过程可以在 30min 内完成，方法检出限为 56CFU/mL，回收率为 78.6%～114.3%，原理示意图见图 10.13。

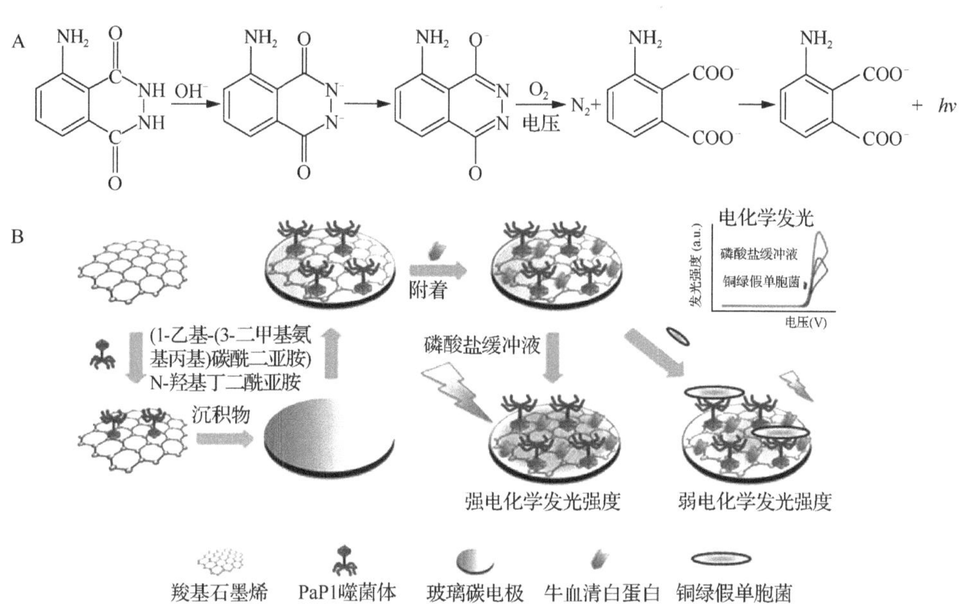

图 10.13　电化学发光免疫分析技术原理示意图[73]

10.4　肉品真实性鉴定技术

近年来，国内外肉类掺假事件频发[74]。2013 年暴发的“马肉风波事件”更是暴露了全球肉类食品供应链的脆弱性，原料肉面临着较大的掺假风险。掺假形式和手段多种多样，包括畜种造假、产地造假、注水注胶等。作为保障食品安全、维护消费者利益的重要技术手段，传统肉制品中动物源性成分的定性或定量检测技术开发已成为国内外的研究热点。开发准确、快速、低成本的肉类掺假检测技术对于行业健康发展、保护消费者权益意义重大。分子生物学检测技术是最主要的肉类掺假鉴别技术，应用已经较为成熟，主要包括聚合酶链式反应（polymerase chain reaction，PCR）技术[75-76]、基因测序技术[77-78]、基因芯片技术[79-80]等，尤其以 PCR 技术因其准确、稳定、快速、低成本等特点应用最为广泛。除分子生物学检测技术外，基于蛋白质组学的质谱分析技术在肉类真实性鉴定方面具有灵敏度高、准确度高、可以实现高通量检测等优势。因此，近些年分子生物学检测技术及基于蛋白质组学的质谱检测技术逐渐成为肉类真实性鉴别领域的主流技术。

10.4.1 PCR 技术

1985 年，美国珀金 • 埃尔默-塞图斯（PE-Cetus）公司的凯利 • 穆利斯（Kary Mullis）等发明了具有划时代意义的聚合酶链式反应即 PCR 技术，该技术是传统肉制品掺假鉴定过程中最常使用的技术，具有特异性高、快速、简便、重复性好等优点。PCR 技术自发明以来不断更新迭代，已经在第一代普通 PCR 技术、第二代实时荧光定量 PCR 技术的基础上开发出了第三代数字 PCR 技术。

1. 普通 PCR 技术

PCR 技术是一种模拟 DNA 天然复制的体外扩增技术，主要包括 3 个基本反应步骤：变性—退火—延伸。双链 DNA 模板在 95℃左右高温条件下，配对碱基之间的氢键断裂，DNA 降解为单链，此步骤为 DNA 的变性；随着温度降低，引物与单链 DNA 特异性结合，此步骤称为退火；然后在 DNA 聚合酶的作用下，以 dNTP 为反应原料，进行体外半保留复制，此步骤称为延伸。“变性—退火—延伸”3 个步骤进行一次称为一个循环，一般经过 35 个循环后可实现 DNA 模板短时间内的大量扩增（图 10.14）。PCR 扩增产物常用电泳方法进行验证，主要包括琼脂糖凝胶电泳、聚丙烯酰胺凝胶电泳和微芯片电泳等。其中微芯片电泳技术是新近发展出来的检测方法，它是指以电场方式驱动样品在芯片的微管道中流通，然后再通过光电倍增管将被测样品所产生的微弱信号转换为电信号，并对该信号进行采集与处理。与普通电泳方法相比，微芯片电泳方法具有高效率、低消耗、高通量、易集成等特点，可以在数十秒内自动完成对样品的检测。

多重 PCR 技术是在常规 PCR 基础上改进并发展起来的一种新型 PCR 技术，最早由 Chamberlain 等[81]在 1988 年提出。多重 PCR 技术是在同一反应体系中加入两对或两对以上的引物，同时扩增多个目标 DNA 片段的方法，其反应原理、反应试剂、操作过程等与一般 PCR 相同。Matsunaga 等[82]首次将常规多重普通 PCR 技术应用在物种鉴定上，通过设计 6 对特异性引物，建立了一种同时鉴定牛、猪、鸡、羊、山羊和马源性成分的方法，对于未知样品可根据扩增产物片段长度来实现物种鉴定，同时该方法对熟肉制品同样具有较好的鉴定效果。普通 PCR、实时荧光定量 PCR 和数字 PCR 技术均可开展多重 PCR 实验研究。多重 PCR 技术成本低、高效、省时，可对多物种成分同时进行鉴别，被越来越多地应用到肉类食品真伪鉴别中[83-86]。

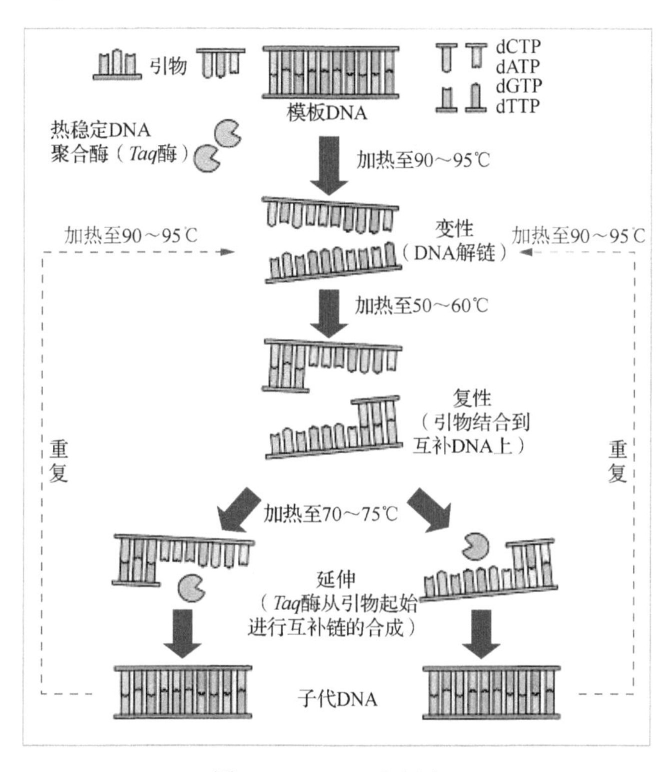

图 10.14 PCR 反应原理

Li 等[87]介绍了一种简便、快捷的基于普通多重 PCR 微芯片电泳技术的多物种同步检测技术，该检测方法包含 2 组独立的 5 重 PCR 反应体系，可同时检测猫、猪、鼠、羊（绵羊、山羊）、禽（鸡、鸭）、牛、驴、犬（狗、狐、貉）、鹿、马共计 14 种常见动物源性成分，该方法不仅简化了检测流程、提高了检测效率和通量，而且降低了检测成本，同时微芯片电泳仪采用全密闭检测，避免了琼脂糖凝胶电泳对实验室环境的污染和实验室人员的伤害。Safdar 等[88]于 2015 年开发了一种 4 重 PCR 鉴定饲料中牛、绵羊、山羊和鱼 4 种源性成分的方法，每个物种检出限达到 0.01%DNA，在 2016 年他们又开发了用 6 重常规 PCR 鉴定食物中 5 种肉类和 1 种植物的技术[89]。

2. 实时荧光定量 PCR 技术

1992 年，日本科学家 Higuchi 等[90]发现，在 PCR 体系中加入溴化乙锭染料（EB）时，由于 EB 染料可以自由嵌入 DNA 双链中，从而引起荧光信号显著增强，于是在反应过程中不打开反应管的情况下可实时检测到扩增产物，从而顺利提出了比传统 PCR 法更方便、快速、灵敏的实时荧光定量 PCR（RT-qPCR）方法，对核酸的分析由定性发展到了相对定量的阶段。实时荧光定量 PCR 技术是在常规 PCR 技术基础上，通过在反应体系中加入荧光基团，利用特定仪器检测荧光信号积累的强弱，进而实时检测每一循环 PCR 反应产物，并对与其产物量呈正相关的初始模板进行定量分析的技术。实时荧光定量 PCR 包括染料法（图 10.15）和探针法两种类型。染料法是利用荧光染料来指示扩增的增加；探针法是利用与靶序列特异杂交的探针来指示扩增产物的增加。由于 EB 染料是一种诱变剂，具有较强的致癌性，存在不小的安全隐患，逐渐被其他相对安全的染料所取代，SYBR Green I 便是常用的一种荧光染料。SYBR Green I 是一种只能与双链 DNA 结合而无法与单链 DNA 结合的荧光染料，与双链 DNA 结合后荧光增强 1000 倍，SYBR Green I 的荧光信号强度与双链 DNA 的数量相关，可以根据荧光信号检测出 PCR 体系中存在的双链 DNA 数量。

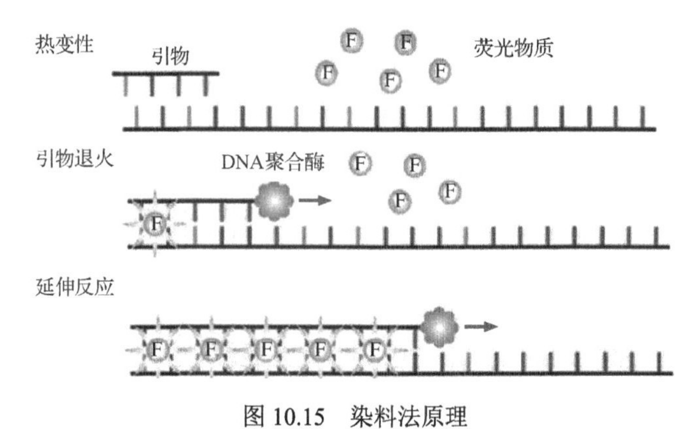

图 10.15　染料法原理

周彤等[91]介绍了一种基于多重 RT-qPCR 熔解曲线分析的多物种同步检测技术，应用引物的简并性设计，即寻找遗传相近的物种（如鸡鸭鹅、狗狐貉、山羊绵羊等）而与其他物种特异的 DNA 序列，来设计扩增产物的熔解温度（*Tm* 值）具有显著性差异的特异性引物，该引物可特异性地识别出特定遗传相近的物种，实现不增加 PCR 反应重数的前提下提高可检测物种的种类，从而建立了一种用于快速鉴别肉或肉制品中猪、牛、绵羊、山羊、鸡、鸭、狗、狐、貉 9 种源性成分（图 10.16）的 5 重实时荧光聚合酶链式反应熔解曲线分析方法，具有广阔的应用前景。

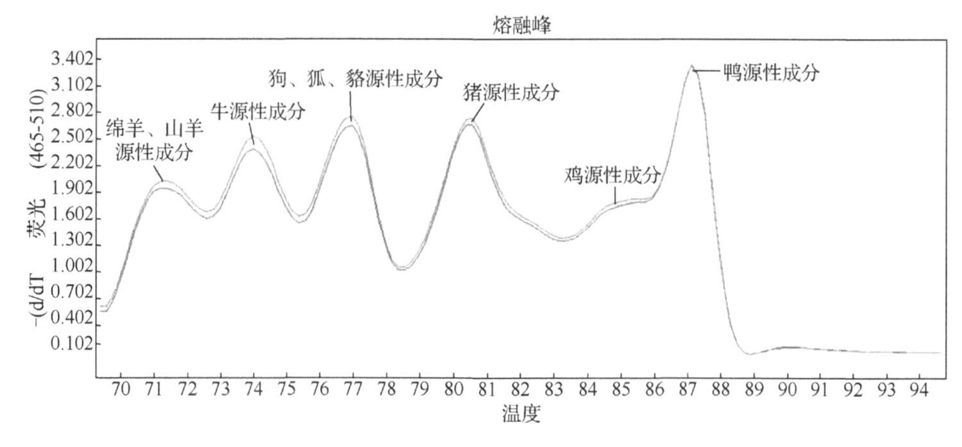

图 10.16　5 重 RT-qPCR 鉴别 9 种动物源性成分的熔解峰值图

Taq Man 探针法是水解探针模式的一种，引入了 5′端和 3′端分别标记荧光报道基团和淬灭基团的探针，通过 *Taq* 酶 5′端外切酶活性释放荧光信号，只有当样品中含有扩增目的基因，并启动扩增过程后荧光信号才会出现并逐渐积累，其信号强度与扩增出目的 DNA 片段有着紧密的正相关关系（图 10.17）。与靶基因模板序列互补探针加强了信号特异性，使得 *Taq* Man 探针法在特异性上具有无可比拟的优势，成为使用较多的方法类型。

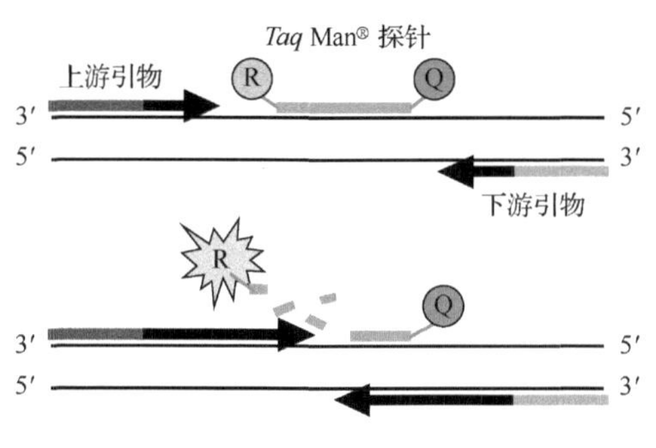

图 10.17　探针法原理

Taq Man 探针法特异性好、准确度高，基于此，中国肉类食品综合研究中心开发出较为准确的常见动物源性成分的定量方法。针对猪、牛、羊等常见物种设计出物种特异性和通用引物、*Taq* Man 探针，通过分析该双引物、探针对同一试样和具有浓度梯度阳性对照样品的 RT-qPCR 扩增结果之间的相关关系，便可计算出试样中指定肉种（猪、牛、羊）成分占总肉成分的百分比含量。以测定试样中牛肉成分占总肉成分的百分比含量为例，计算公式如表 10.1 所示。如果待检生鲜肉样中不存在其他肉种的掺杂成分，两种引物、探针体系的 RT-qPCR 结果会高度

一致；一旦试样中掺杂其他肉种成分，两种引物体系的 RT-qPCR 结果便会有较大差别，特异性引物扩增的 C_t 值结果势必会大于通用引物体系，根据计算公式便可计算出该物种 DNA 占总肉 DNA 的比例，即可推断出该肉种成分的掺杂比例。周彤等[92]分别以猪线粒体 DNA 的 *NADH4* 基因和 16S rRNA 基因为靶位点设计猪特异性引物、探针和通用引物、探针，建立了一种基于实时荧光聚合酶链式反应的肉及肉制品猪源性成分含量准确测定方法，并通过特异性、灵敏性、线性、准确度及市售肉制品检测对该方法体系进行检验和评价，结果表明该方法具有良好的特异性及灵敏性和较高的准确度。

表 10.1　标准曲线设置与结果计算方法

<table>
<tr><th>方案序号</th><th>RT-qPCR 类型</th><th>特点</th><th>标准曲线绘制方法</th><th>结果计算方法</th></tr>
<tr><td>1</td><td>单重</td><td>特异性探针和通用探针标记同一荧光染料；两套 RT-qPCR 反应在不同反应管中进行</td><td rowspan="2">标准曲线 1：C_{ts} vs log（1/稀释倍数）；
标准曲线 2：C_{tu} vs log（1/稀释倍数）</td><td rowspan="2">$X(\%)=10\frac{C_{ts}-C_1}{k_1}-\frac{C_{tu}-C_2}{k_2}\times100\%$</td></tr>
<tr><td>2</td><td>双重</td><td>特异性探针和通用探针标记不同荧光染料；两套 RT-qPCR 反应在同一反应管中进行</td></tr>
</table>

注：X 为试样中牛肉成分占总肉成分的百分比含量（m/m）；C_{ts} 为试样特异性引物体系（猪/牛/羊）RT-qPCR C_t 值；C_{tu} 为试样通用引物体系 RT-qPCR C_t 值；C_1 为特异性引物体系（猪/牛/羊）RT-qPCR 标准曲线截距；C_2 为通用引物体系 RT-qPCR 标准曲线截距；k_1 为特异性引物体系（猪/牛/羊）RT-qPCR 扩增标准曲线斜率；k_2 为通用引物体系实时荧光定量 PCR 扩增标准曲线斜率。

3. 数字 PCR 技术

1992 年，澳大利亚的科学家 Sykes 等[93]首次提出极限稀释 PCR，建立了数字 PCR 实验流程。1999 年，美国科学家 Vogelstein 等[94]在识别只存在于一小部分细胞中的直肠癌患者基因突变时，描述了一种将 PCR 中指数级扩增转化为线性数字信号的途径，通过稀释实现单拷贝 DNA 模板的独立扩增，然后通过荧光探针分别分析是否存在突变，通过检测直肠癌患者粪便中 *RAS* 突变癌基因，验证了方法的可行性，从而第一次明确提出数字 PCR 这一术语。数字 PCR 是将大的 PCR 反应单元分成 1 万～2 万个独立的微小的 PCR 单元进行反应，每个单元至多含有一个待检核酸靶分子。PCR 扩增完成后，利用微滴分析仪逐个对每个微滴进行检测，有荧光信号的微滴判读为“1”，没有荧光信号的微滴判读为“0”，根据泊松分布原理及阳性微滴的个数与比例即可得出靶分子的起始拷贝数或浓度，从而实现对最初反应体系中核酸靶分子数的绝对定量。数字 PCR 系统发展过程中主要出现了两种类型，即微孔板数字 PCR 系统和微滴式数字 PCR 系统（图 10.18）。数字 PCR 技术通常以单拷贝核基因作为检测靶标，通过设计动物源性成分特异性引物、探针及通用引物、探针，来构建多重数字 PCR 技术，根据特异性拷贝数与单位质量动物源性成分之间的转换关系建立准确灵敏的动物源性成分定量检测方法，并结合数字 PCR 中特异性引物与通用引物的扩增拷贝数之比，可直接推导出是否存在其他动物源性成分的掺假情况。

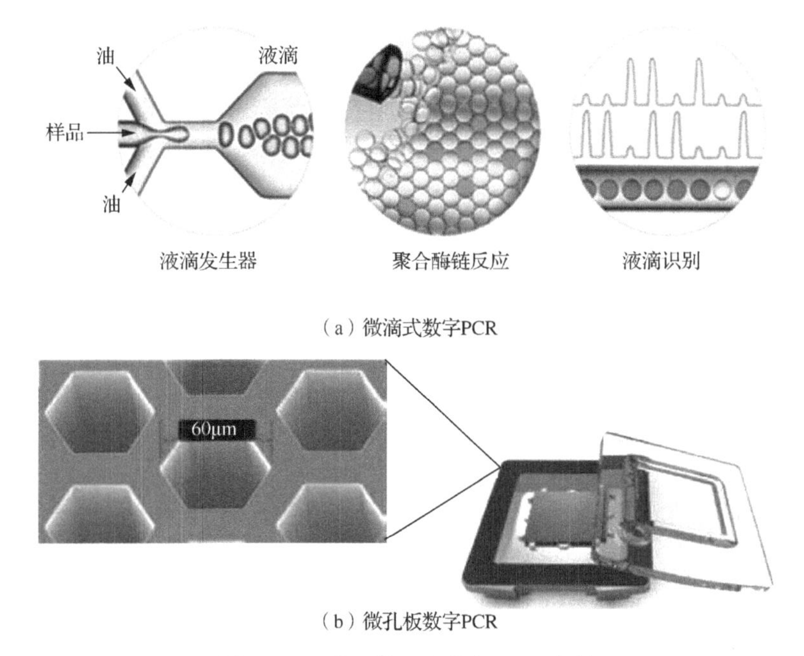

（a）微滴式数字PCR

（b）微孔板数字PCR

图 10.18　常见的两种数字 PCR 类型

4. PCR 延伸技术

1）PCR-RFLP

限制性片段长度多态性（restriction fragment length polymorphism，RFLP）是应用物种间同源基因上特定限制性内切酶位点特异性来实现对样品中动物源性成分来源的识别。此方法简单高效，采用 PCR 技术扩增出特定的 DNA 区域，然后将扩增产物进行限制性内切酶反应，通过分析电泳图谱特征来判定物种来源，但该方法适合鉴别单一成分样品，多物种混合物样品由于电泳图谱较为复杂，分析难度较高，结果可靠性较低。

2）PCR-AFLP

扩增片段长度多态性（amplified fragment length polymorphism，AFLP）技术是一种在 PCR 和 RFLP 技术基础上发展起来的检测 DNA 多态性的新方法。在长期的进化和自然选择过程中，由于动物基因组中单核苷酸突变、插入及缺失导致增加或减少限制性酶切位点，这种差异可通过选择性的 PCR 扩增来检测。它能检测基因组的多态性，并且结果可重复、分辨率高，广泛应用于微生物、植物、动物等种质鉴定中。

3）PCR-RAPD

随机扩增多态性 DNA（random amplified polymorphic DNA，RAPD）技术是建立在 PCR 技术基础上的一种可对整个未知序列基因组进行多态性分析的 DNA 分子标记技术。利用一个随机引物（一般为 8～10 个碱基），通过 PCR 反应随机扩增 DNA 片段；扩增片段经琼脂糖凝胶电泳或聚丙烯酰胺电泳分离并记录 RAPD 指纹，从而进行扩增产物 DNA 片段的多态性分析。RAPD 所用的一系列随机引物的序列各不相同，结合位点不同，扩增得到的 DNA 片段的区域不同。但对于任一特定引物，它在基因组 DNA 序列上有其特定的结合位点，如果基因组的这些区域发生 DNA 片段或碱基的插入、缺失等突变，就可能导致这些特定结合位点、扩增片段发生相应的变化，使 RAPD 扩增产物在电泳图谱中 DNA 带数增加、减少或片段长度发生相应变化，从而检测出基因组 DNA 在这些区域的多态性。该技术具有操作简单、信息量大、检测速度快、实验设备简单、无须 DNA 探针、引物设计随机、不依赖于种属特异性和基因组的结构等一系列优点，具有广泛性和通用性。

4）PCR-SSR

微卫星 DNA 是一种广泛分布于真核生物基因组中的串状简单重复序列（simple sequence repeat，SSR），每个重复单元的长度为 1～10bp，不同数目的核心序列呈串联重复排列而呈现出长度多态性。在基因组中因每个 SSR 序列的基本单元重复次数在不同基因型间差异很大，从而形成其座位的多态性。而且每个 SSR 座位两侧一般是相对保守的单拷贝序列，据此可设计引物，其关键是首先要了解 SSR 座位的侧翼序列（flanking region），寻找其中的特异保守区。核心序列重复数目不同，所以扩增出不同长度的 PCR 产物是检测 DNA 多态性的一种有效方法。

5）PCR-SNP

单核苷酸多态性（single nucleotide polymorphism，SNP），是指基因组 DNA 序列中由于单个核苷酸（A、T、G、C）的替换而引起的多态性。一个 SNP 表示在基因组某个位点上有一个核苷酸变化，主要由单个碱基的转换（嘌呤之间互换，或者嘧啶之间互换）和颠换（嘌呤、嘧啶之间互换）引起。通常情况下，只有频率达到 1%以上的变化才算作 SNP。SNP 是同一物种不同个体间染色体上遗传密码单个碱基的变化，主要表现为基因组核苷酸水平上的变异引起的 DNA 序列多态性（图 10.19），可作为种内品种鉴定的基础，结合普通 PCR 技术、实时荧光定量 PCR 技术可开发基于 SNP 特征位点的物种品种鉴定方法。构建方法的基础便是 SNP 特征位点的筛选，最常用的方法是利用生物信息学方法从已有的 DNA 序列数据库中搜寻 SNP。另外，DNA 片段的直接测序也是发现 SNP 最直接和常用的方法。

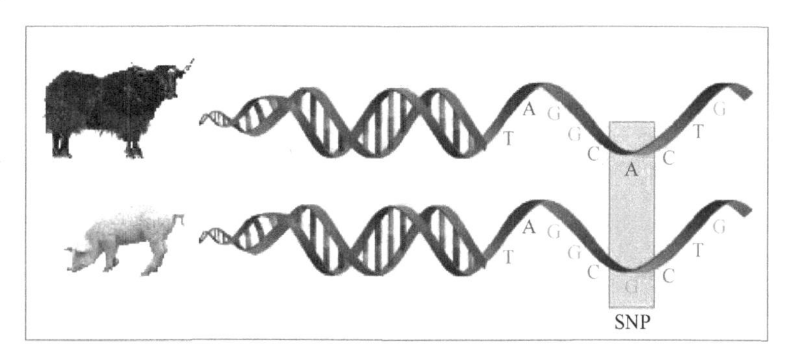

图 10.19　不同物种之间的 SNP 特征位点

10.4.2　基因测序技术

不同物种 DNA 序列在长期的进化过程中存在大小不一的差异，根据这种差异对不同物种的基因进行测序分析，根据差异构建方法可实现物种的准确区分。DNA 条形码技术和二代测序技术是两个典型的代表。

1. DNA 条形码技术

DNA 条形码（DNA barcoding）的概念是由加拿大动物学家 Hebert 等[95]于 2003 年首次提出的，它是指生物体内能够代表该物种的、标准的、有足够变异的、易扩增且相对较短的 DNA 片段。DNA 条形码技术是一种定向检测技术，理想的 DNA 条形码必须具备以下两个条件：第一，片段长度适中，利于扩增和测序，通用性好，易于获得；第二，种间差异较大，种内变异较小，表现出良好的识别能力，如图 10.20 所示。该方法是将特异性 PCR 反应得到的扩增产物分离纯化后进行测序，并到基因组数据库进行序列比对来确定待检样品所属的物种类型。陈文炳等[96]采用 3 对通用引物对 6 种鳗鱼的 3 个基因（16S rRNA、*Cytb*、*COI*）片段进行 PCR 扩增、测序，筛选出 6 种鳗鱼物种特异性强的 3 条 DNA 片段序列作为 6 种鳗鱼的 3 个基因的 DNA 条形码，从而建立了 6 种鳗鱼的物种多基因 DNA 条形码精准鉴定方法；潘艳仪等[97]分析 51 种动物的 DNA 条形码序列，新设计一对微型 DNA 条形码的通用引物，建立一种联合微型 DNA 条形码和克隆测序法对动物源性多组分样品进行准确、高效鉴定的方法，新设计的引物有较好的通用性，能对 11 个物种进行有效扩增并获得单一条带。微型条形码能准确鉴定 11 个肉类物种，与常规 DNA 条形码鉴定效果一致，总体上达到了较高的准确度和检出效率。

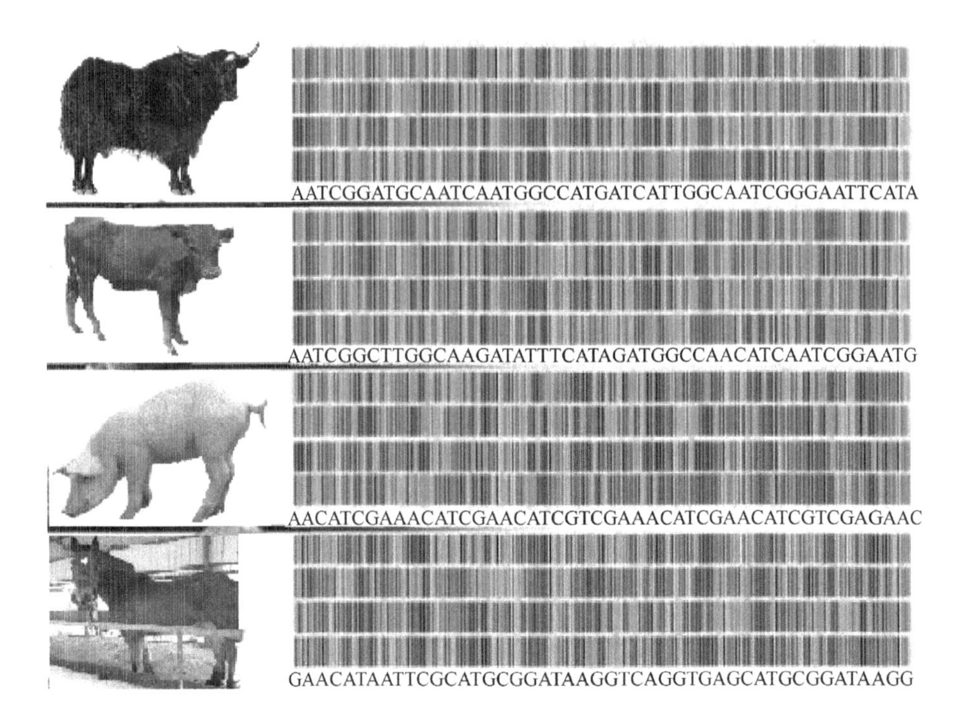

图 10.20　不同物种的 DNA 条形码

2. 二代测序技术

二代测序（next generation sequencing，NGS）技术，又称为高通量测序技术[98]，与第一代测序技术——传统 Sanger 毛细管电泳测序方法相比，二代测序技术以更低的成本提供更高通量的数据，并实现大规模的基因组研究，一次运行的数据量大，可以同时对数百万个 DNA 分子实施测序。二代测序技术是一种非定向检测技术，Ribani 等[99]采用 DNA 二代测序法对乳制品中奶牛、水牛、山羊源性成分进行了检测，从 3 个混合羊奶和牛奶样本中获得了 5 个文库的测序结果，能够检测出样品中标注的所有物种，甚至其中一些样品能检测出未标注的物种成分，表明该方法在乳制品品种鉴定中具有较高的实用价值，对于监测乳制品的真伪水平具有重要意义，同时该方法具有较好的食品鉴定的应用前景。

10.4.3　基因芯片技术

基因芯片又称 DNA 微阵列（micro-array），是指 DNA 分子作为探针的固-液相杂交分析法，其原理可以追溯到 DNA 印迹（Southern blot）杂交技术，即核酸片段之间通过碱基互补配对机制形成共价双链，由于核酸分子之间形成的氢键数目的差异，造成不同的杂交双链对杂交体系的温度、离子强度的敏感性不同，最终引起样品中特定的 DNA/RNA 分子探针和杂交体系间分配行为的差异。基因芯片示意图如图 10.21 所示。为提高点样密度和检测灵敏度，降低探针用量，基因芯片将大量的核酸探针高密度、有序地固定在玻片等载体上，可平行分析样品的多个参数。基因芯片是微电子技术与分子生物学的有机结合，是一项高度交叉的新型技术。基因芯片由于具有出色的并行分析能力，无论在食品种类鉴别、转基因食品检测还是食品微生物分析等领域，都具有极广的应用前景。

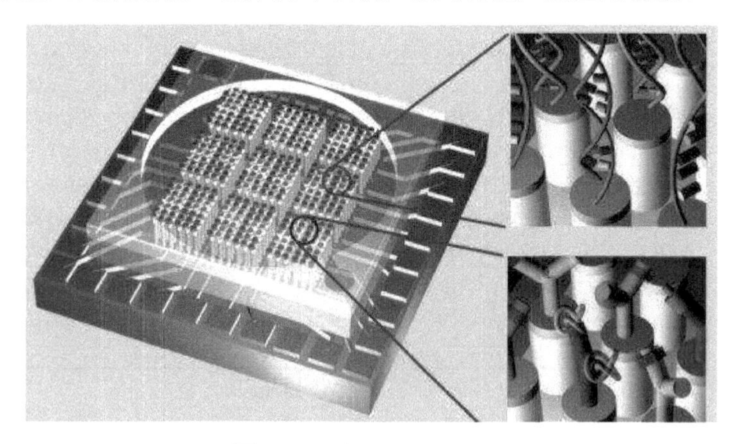

图 10.21　基因芯片示意图

10.4.4　质谱技术

近年来，质谱技术更新很快，新型号质谱仪不断涌现，应用的领域也在不断地扩大。基于 LC-MS/MS、GC/MS/MS 及电感耦合等离子体质谱仪（ICP-MS）技术的检验方法在当前的食品安全标准中占据的比重日益增加。高分辨质谱技术结合蛋白质组学、代谢组学等食品组学方法，在物种鉴别、产地溯源、品质鉴别等领域发挥着越来越重要的作用[100]。

1. 物种鉴别

在不同物种间，即使是同一类蛋白质其氨基酸组成也不完全相同，以肌红蛋白为例（表 10.2），虽然不同物种肌红蛋白的氨基酸序列很相似，但依然存在差异。其中鸡与鸭作为禽类，相对猪、牛、马 3 种动物亲缘关系更近，所以它们之间的共有多肽更多。由于氨基酸序列的差异，这 5 个物种的肌红蛋白中存在一条多肽（标注下划线）在各组中组成均不相同即特异性多肽，可以用于实现对每个物种的区分。利用质谱技术进行特异性多肽的筛选及检测，最终可以实现物种的鉴别。

表 10.2　牛、猪、马、鸡、鸭肌红蛋白的氨基酸组成

物种	肌红蛋白的氨基酸组成
牛	MGLSDGEWQL VLNAWG**K**VEA DVAGHGQEVL I**R**LFTGHPET LE**K**FD**K**F**K**HL **K**TEAEM**K**ASE DL**KK**HGNTVL TALGGIL**KKK** GHHEAEV**K**HL AESHAN**K**H**K**I PV**K**YLEFISD AIIHVLHA**K**H PSDFGADAQA AMS**K**ALELF**R** NDMAAQY**K**VL GFHG
猪	MGLSDGEWQL VLNVWG**K**VEA DVAGHGQEVL I**R**LF**K**GHPET LE**K**FD**K**F**K**HL **K**SEDEM**K**ASE DL**KK**HGNTVL TALGGIL**KKK** GHHEAELTPL AQSHAT**K**H**K**I PV**K**YLEFISE AIIQVLQS**K**H PGDFGADAQG AMS**K**ALELF**R** NDMAA**K**Y**K**EL GFQG
马	MGLSDGEWQQ VLNVWG**K**VEA DIAGHGQEVL I**R**LFTGHPET LE**K**FD**K**F**K**HL **K**TEAEM**K**ASE DL**KK**HGTVVL TALGGIL**KKK** GHHEAEL**K**PL AQSHAT**K**H**K**I PI**K**YLEFISD AIIHVLHS**K**H PGDFGADAQG AMT**K**ALELF**R** NDIAA**K**Y**K**EL GFQG
鸡	MGLSDQEWQQ VLTIWG**K**VEA DIAGHGHEVL M**R**LFHDHPET LD**R**FD**K**F**K**GL **K**TPDQM**K**GSE DL**KK**HGATVL TQLG**K**IL**K**Q**K** GNHESEL**K**PL AQTHAT**K**H**K**I PV**K**YLEFISE VII**K**VIAE**K**H AADFGADSQA AM**KK**ALELF**R** NDMAS**K**Y**K**EF GFQG
鸭	MGLSDQEWQQ VLTIWG**K**VEA DLAGHGHAVL M**R**LFQDHPET LD**R**FE**K**F**K**GL **K**TPDQM**K**GSE DL**KK**HGVTVL TQLG**K**IL**K**Q**K** GNHEAEL**K**PL AQTHAT**K**H**K**I PV**K**YLEFISE VII**K**VIAE**K**H SADFGADSQA AM**KK**ALELF**R** NDMAS**K**Y**K**EF GFQG

注：加粗的 KR 为胰蛋白酶酶解位点，标下划线的为各物种独有多肽。

早期基于质谱技术的肉类鉴别主要利用二维凝胶电泳实现蛋白质的分离，再用高分辨质谱 Q-TOF 或者轨道阱质谱进行鉴别，随着生物质谱技术的发展和蛋白质组学的成熟，基于串联质谱技术的物种特异肽段检测已逐渐成为肉类掺假鉴别的主要方法[101]。基于蛋白质组学的肉类真实性鉴别的基本工作流程如图 10.22 所示。

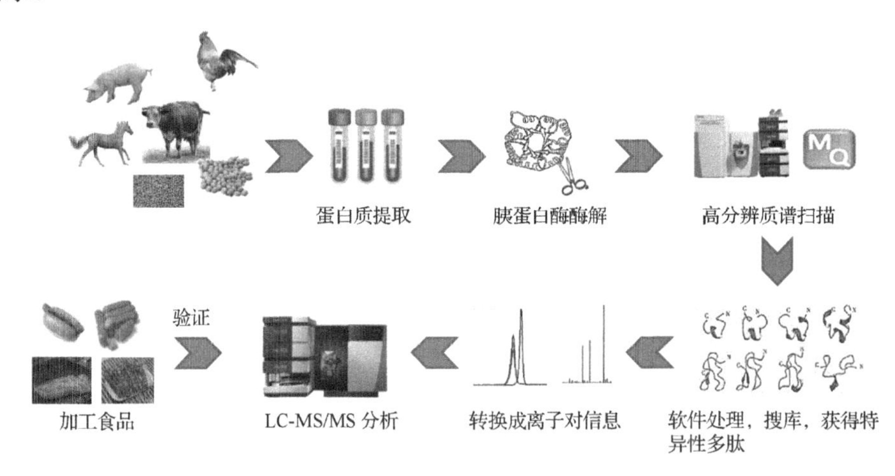

图 10.22　基于蛋白质组学的肉类真实性鉴别的基本工作流程

靶标多肽的选择是构建质谱方法的关键[102]，当前研究多是通过对比生肉熟肉制品寻找稳定蛋白质，进而筛选出肉制品中更稳定的多肽，如 Montowska 等[103]

利用蛋白质二维电泳图谱对比了猪、牛、鸡、驴、鸭、鹅的生肉与加热处理的熟肉，发现血清白蛋白、载脂蛋白B、HSP27、H-FABP等加热前后有很大差别；或者设定不同加工条件，如Sarah等[104]对猪肉分别进行100℃煮沸30min、121℃高温高压灭菌20min及4℃冷藏30min，对比发现有4条多肽始终存在，可以作为猪稳定性特异标志物。

由于找到特异性多肽即可实现对不同肉种、植物蛋白质的鉴别，因此不同研究团队采用的蛋白质、多肽也不尽相同。Sarah等[104]发现肌红蛋白、*L*-乳酸脱氢酶A属于热稳定蛋白；Montowska等[105]选择了肌红蛋白作为分析对象开展了对牛、猪、鸡、驴、鸭、鹅产品的鉴别；Giaretta等[106]利用超高效液相色谱技术，以肌红蛋白作为靶蛋白检测生牛肉汉堡中的猪源性成分含量。在选择多肽开展掺假含量计算方面，张颖颖等[107]研究发现，在牛和猪、鸡按不同比例混合时，在筛选的靶标多肽中仅有5条可用于掺假成分计算，因为各个多肽共存时存在竞争和抑制关系，导致不同多肽量化关系与实际物种比例不一致，但如何抑制和竞争缺少相关研究。

除了单纯的肉类真实性鉴别，国内外学者还采用质谱方法对肉品中植物蛋白质的鉴别开展了一定的研究，如Josephine等[108]对3种不同的小麦开展了特异性多肽的筛选，并构建LC-MS/MS鉴别方法，可以实现1%添加的鉴别；Alexander等[109]使用NanoLC-MS/MS和十二烷基硫酸钠-聚丙烯酰胺凝胶电泳对大豆蛋白质进行筛选，最终选择大豆球蛋白G4亚基A4作为鉴定的标记蛋白；Hoffmann等[110]建立了测定肉制品中过敏性成分羽扇豆、豌豆、大豆的质谱分析方法，并利用同位素内标法测定其多肽和所属蛋白质的含量；Montowska等[111]考虑肉制品中通常添加大豆蛋白质、牛奶蛋白质和蛋清蛋白质，所以利用LC-Q-TOF-MS/MS筛选了大豆、鸡蛋、牛奶特异性多肽链，对非肉蛋白质进行检测。Li等[112]利用LC-MS/MS实现了对5种动物蛋白质和3种植物蛋白质的同时鉴别。

基于蛋白质组学的质谱检测方法作为一种新兴的检测技术[113]，不但可以实现对肉类成分的鉴别，而且可以实现植物、动物多物种同时鉴别，尤其适用于非常复杂和高度加工的食品基质，该方法具有稳定、灵敏度高、高通量和强鉴别能力等优点，具有广泛的应用价值。

2. *产地溯源*

不同地域特有的畜产品是传统肉制品的重要原料来源，越来越受到人们的青睐，如黑猪、滩羊、苏尼特羊等，而产地溯源技术的开发为保护这类农产品提供了监管手段，为保障食品安全追溯提供了技术支撑。无机及同位素质谱技术主要用于矿物元素和同位素比值分析，肉与肉制品中稳定同位素比值和矿物元素含量能够反映产地信息。稳定同位素和矿物元素分析技术被认为是食品产地溯源最为可靠的技术手段之一[114]。无机及同位素质谱分析方法如稳定同位素质谱法和电感耦合等离子体质谱法在产地溯源领域应用广泛。

在欧美等国家，稳定同位素质谱技术已经广泛应用于各类食品的分析检测中，用于溯源的主要同位素指标为 C、H、O、N、S、Sr，其中 C 同位素组成与动物饲料种类密切相关。Bahar 等[115]通过对牛喂养不同来源 C_3 植物和 C_4 植物，分析其对牛肉组织中天然丰度碳（$\delta^{13}C$）和氮（$\delta^{15}N$）稳定同位素组成的影响，发现肉的碳稳定同位素比可用于量化牛肉生产中的 C_3/C_4 饲料成分；动物组织中的 H、O 同位素比值主要受饮用水影响[116]，与当地降水和地下水中 H、O 同位素比值相关，也与地理纬度相关；N、S 同位素比值与土壤和气候相关；Sr 同位素比值主要受地质条件影响。Franke 等[117]分析了 78 个彼此独立并且来自不同国家的新鲜家禽胸肉和 72 个干牛肉样品，用同位素比质谱法测量 O 及 Sr 的同位素，结果发现，$^{87}Sr/^{86}Sr$ 不能充分说明家禽肉或牛肉干中地理来源的差异，而 $\delta^{18}O$ 却可以。Schmidt[118]研究了 C、N 和 S 稳定同位素组成作为牛肉地理来源和摄食历史的标志物的潜在用途，巴西和美国生产的牛肉中 C 和 N 同位素的组成与北欧生产的牛肉中明显不同。Kim 等[119]应用稳定同位素技术对从韩国主要市场收集的本地和进口猪肉共计 599 个样本进行了分析，对比了美国、韩国和欧洲猪肉的 C、N 同位素比率的变化情况，结果显示不同地区样品之间存在显著差异。Sun 等[120]通过 IRMS（气体同位素比质谱仪）测定了来自中国 5 个不同地区的两种饲养方式下羔羊肉和羊毛样品中的 C、N 和 H 同位素组成，发现羔羊组织中的 $\delta^{13}C$、$\delta^{15}N$ 和 $\delta^{2}H$ 值在不同区域之间存在显著差异，其中 $\delta^{13}C$ 值与羔羊饲料高度相关，而 $\delta^{2}H$ 值与羔羊饮用水显著相关，羔羊肌肉的 $\delta^{13}C$、$\delta^{15}N$ 和 $\delta^{2}H$ 值都与羊毛样品高度相关。

矿物元素分析技术主要是通过测定肉类食品中多种矿物元素的含量，同时利用多元统计分析手段，分析肉类食品中矿物元素含量的差异性。生物体内的矿物元素组成与基体所在地域的环境包括水、土壤、饲料等息息相关，因此可以作为产地溯源的指标。Zain 等[121]分析了原始和工厂牛奶样品中的 24 种必需和微量元素。结合化学计量学工具，对产品中的钙、钠、铁、锌、锰、钾、钡和镁等元素进行分析，实现了马来西亚奶源与来自热带其他地区奶源的产地判别。Danezis 等[122]利用稀土元素含量的差异，实现对野生兔子肉与农场兔子肉的区分。

由于肉类食品基质复杂、干扰因素较多，稳定同位素和矿物元素技术在肉品产地溯源方面的研究起步相对较晚。为了达到更高的判别率，研究人员综合研究多种鉴别因子，将稳定同位素和矿物元素组合起来进行产地鉴别，实现技术的优势互补。Heaton 等[123]使用 IRMS 和 ICP-MS 分析了来自世界主要牛肉产区（欧洲、美国、南美、澳大利亚和新西兰）的牛肉样品，最终确定了 6 个关键变量［脱脂干燥质量的 $\delta^{13}C$‰，Sr，Fe，$\delta^{2}H$‰（脂质），Rb 和 Se］，实现来自欧洲、南美、大洋洲牛肉的判别。

相较于国外，我国肉品产地溯源技术还有待提高。由于基础数据库的构建滞后，日本、新西兰和欧盟等发达国家和地区已经构建了葡萄酒、橄榄油、牛乳等产品信息的基础数据库，肉类数据信息溯源库还需要进一步收集数据和系统构建。通过获取更多的数据集，并了解多地的地理条件等信息，将来不仅能够将样品准确分配到所属地理区域，还能根据全球气候地理和地质地图对不同地区动物源性食品中的稳定同位素和矿物元素含量进行预测，进而构建系统的溯源数据库[124]。同时如何在多种复杂因素下（饲养条件差异、动物年龄和品种的差异等）构建适合肉类的数学模型，提高结果的准确判别率，也是这类技术的关键。

3. 品质鉴别

代谢组学（metabonomics）研究对象大都是相对分子质量在 1000 以内的小分子物质，通过对某一生物体组分或细胞在某一特定生理时期或条件下所有代谢产物同时进行定性和定量分析，以寻找出目标差异代谢物[125]。代谢组学分析与基因表达研究或蛋白质组学分析这些只揭示细胞中发生的一部分行为的研究不同，它能描述某一时刻生物体组分或细胞的完整生理状态。在食品领域，代谢组学可用于肉类及乳品质研究、有害微生物致病机理研究、食品储藏及加工条件优化、食品组分及品质鉴定、功能性食品开发、食品安全监督检测等[126]。目前，代谢组学分析技术以核磁共振和质谱分析为主，其中质谱分析技术相对更为常用。

代谢组学基本研究方法分为靶向（targeted metabolomics）和非靶向（untargeted metabolomics）[127]。代谢组学的研究方法流程如图 10.23 所示。靶向代谢组学通常针对某个代谢通路或已知的某些特定代谢物进行高通量检测和定量分析，主要用于验证差异性代谢物。

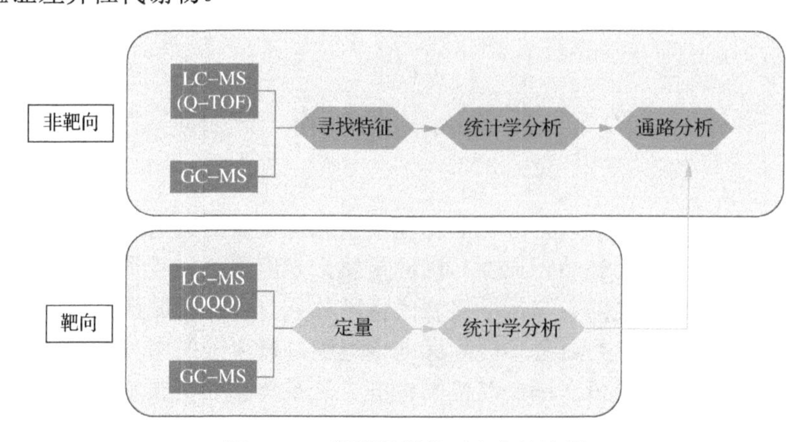

图 10.23　代谢组学的研究方法流程

非靶向性代谢组学[128]又称为发现代谢组学，主要是将对照组和实验组的代谢组（某一生物体的全部代谢物）进行比对，以找出其代谢物的差异。代谢组学研究通过一定的手段从众多代谢产物中挑出差异性代谢产物，然后通过已知的代谢通路逆推找出调节酶和基因，完成疾病发病机制、有效制剂治疗机制等方面的研究。非靶向性代谢组学基于质谱方法常用的分析技术主要两种。①气质联用法（GC-MS）。GC-MS 作为代谢组学研究的经典技术[129]，具有稳定性好、分辨率高等特点，同时由于具有相对完善的数据库，定性更为准确。缺点则主要表现在样品前处理复杂，并且对于不易衍生化的物质定性和定量较困难，一定程度上影响了该技术的应用。②液质联用法（LC-MS）[130]。LC-MS 的优势主要表现在样品制备和前处理简单、分辨率高、分离和分析范围广；缺点则主要表现在没有统一的数据库，不同厂家的数据库之间没有可比性。目前，代谢组学技术已经被用于肉类食品领域，Ueda 等[131]使用气相色谱-质谱法（GC/MS）鉴定了家畜肉中的代谢物，确定了牛、猪和鸡之间的明显差异代谢物，并开展了日本黑牛大理石牛肉不同的组织类型（肌肉、肌内脂肪和肌间脂肪）的代谢物差异比较，结果表明大多数代谢物在肌肉组织中含量较高。贺绍君等[132]运用同样技术分析急性热应激肉鸡血清物质代谢组学变化，鉴定出了 30 种差异代谢物和 7 种差异代谢通路可作为标志物用于揭示急性热应激的发病机理，代谢通路富集分析表明机体三羧酸循环、半乳糖代谢、丙酸代谢、脂肪酸生物合成等代谢通路发生显著改变。

整体而言，基于质谱技术的代谢组学技术在肉品科学中的应用较少，但具有很大的实用性及应用潜力，包括对肉类品质变化的小分子生物标志物的识别和不同产品品质差异的分析，而且可以实现连续的、动态的监测并获得多维的数据信息，已经逐渐成为肉品科学中新的分析思路和方法。当然，在取样方法、分析技术研发和数据库构建等方面，代谢组学技术都需要进一步的研究及完善[133]。随着代谢组学前处理技术和分析手段的不断完善，代谢组学在肉类科学领域将发挥越来越重要的作用。

10.5　传统肉制品标准与检验

随着我国经济的发展，各行各业都面临全球化发展的机遇和挑战。我国是肉制品生产大国，传统肉制品行业要与国际接轨，走出国门，亟须一个科学的、规范的、满足国内外需要的、与国际接轨的标准体系。食品领域最重要的两大标准系统——国际食品法典委员会和国际标准化组织，对我国的肉与肉制品标准体系的完善具有重要参考价值。肉制品检验标准方法是食品安全国家标准体系的重要组成部分，为市场监管提供技术保障。目前，我国标准检测技术不断与国际接轨，为传统肉制品走出国门提供了技术支撑。

10.5.1　我国传统肉制品食品安全标准检验方法

我国肉制品检验项目主要依据相关国家或行业标准。不同种类的肉制品需要检测的理化指标、污染物、添加剂、微生物等项目各不相同。肉制品的理化检测项目主要包括质量指标、污染物、食品添加剂和非法添加物等。常用的理化检测技术主要包括常规化学、物理分析法（如重量法、滴定法和比色法）和现代仪器分析法（如液相色谱法、气相色谱法、质谱法和光谱法）。

肉制品中食品添加剂的使用应按照《食品安全国家标准 食品添加剂使用标准》（GB 2760—2014）中的规定。肉制品中常用的食品添加剂主要为抗氧化剂、防腐剂、着色剂、增味剂等。目前，肉制品中超量、超范围使用风险较大的食品添加剂主要为防腐剂山梨酸、苯甲酸和脱氢乙酸，甜味剂安赛蜜、糖精钠和甜蜜素，合成着色剂日落黄、胭脂红、诱惑红、柠檬黄，防腐剂和护色剂硝酸盐和亚硝酸盐，水分保持剂复合磷酸盐等。

污染物的检测限量依照《食品安全国家标准 食品中污染物限量》（GB 2762—2017）中的规定。肉制品中常见的污染物主要有重金属如铅、砷、汞、镉、铬及苯并[a]芘和 *N*-二甲基亚硝胺。

质量指标包括蛋白质、脂肪、氯化物、水分、灰分、总糖、淀粉、pH、过氧化值、三甲胺氮等。质量指标大多应用常规化学、物理分析法进行检测。肉制品中还富含多种营养成分如维生素、胆固醇、脂肪酸和微量元素等。

近年我国监督抽检数据显示（图 10.24），肉制品中禁用兽药残留风险较为突出，检出禁用兽药主要为莱克多巴胺、盐酸克伦特罗、沙丁胺醇、氯霉素、硝基呋喃类药物等[134]。兽药的检测方法多为色谱或色谱-质谱联用技术。近年来随着高分辨质谱的普及及生物传感器、分子生物学、生物芯片等新兴技术的发展，高通量筛查技术和快速检测技术成为农兽药残留检测领域的最新发展方向。农兽药残留检测方法在 10.2 节中已经进行了详细介绍。

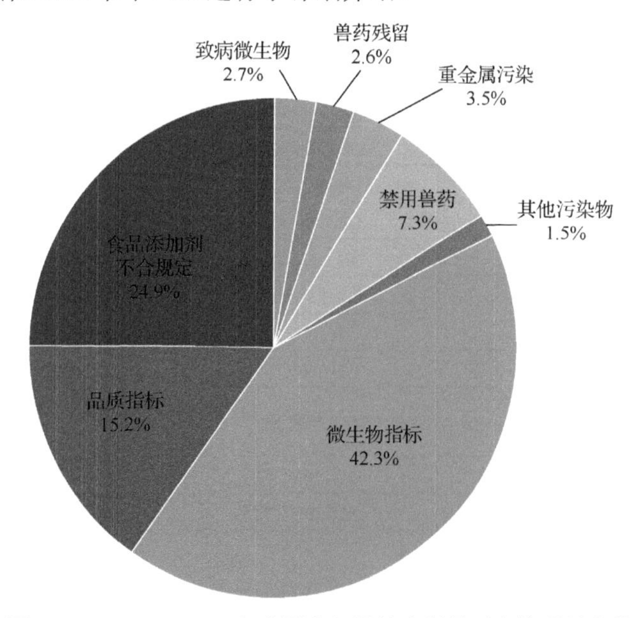

图 10.24　2015～2017 年我国监督抽检肉制品不合格项目占比

我国肉制品微生物超标严重，肉制品监督抽检不合格项目中微生物指标占42.3%[134]。肉制品中微生物可能来源于原材料、生产加工过程和包装、运输、销售的各个环节。微生物的检验方法主要为平板计数法和 MPN 计数法，也有噬菌体诊断检验技术。

目前，我国食品安全国家标准规定的肉制品检验项目及方法见表 10.3。

表 10.3　我国食品安全国家标准规定的肉制品检验项目及方法

项目类别	检测指标	方法标准号	检测方法
质量指标	水分	GB 5009.3	直接干燥法/蒸馏法/卡尔费休法
	蛋白质	GB 5009.5	凯氏定氮法/分光光度法
	脂肪	GB 5009.6	索氏提取法/酸水解法
	灰分	GB 5009.4	灼烧称重法
	总糖	GB/T 9695.31	分光光度法/直接滴定法
	淀粉	GB 5009.9	碘量法
	pH	GB 5009.237	pH 计
	酸价	GB 5009.229	自动电位滴定法
	三甲胺	GB 5009.179	顶空气相色谱法/顶空气相色谱-质谱联用法
食品添加剂	氯化物	GB 5009.44	电位滴定法/福尔哈德法/银量法
	亚硝酸盐和/或亚硝酸盐	GB 5009.33	离子色谱法/分光光度法
	抗坏血酸	GB 5009.86	高效液相色谱法
	乙基麦芽酚	GB 5009.250	高效液相色谱法
	双乙酸钠	GB 5009.277	液相色谱法
	山梨酸、苯甲酸、糖精钠	GB 5009.28	液相色谱法
	脱氢乙酸	GB 5009.121	气相色谱法/液相色谱法
	葡萄糖酸-δ-内酯	GB 5009.276	分光光度法/高效液相色谱法
	叔丁基对苯二酚	GB/T 21927	高效液相色谱法
	聚磷酸盐	GB/T 9695.9	薄层色谱法
	红曲色素	GB 5009.150	液相色谱法
	胭脂红	GB/T 9695.6	高效液相色谱法/比色法
污染物	铅	GB 5009.12	原子吸收法/ICP-MS 法/二硫腙比色法
	苯并[a]芘	GB 5009.27	高效液相色谱法
	N-亚硝胺	GB 5009.26	气相色谱-质谱法/气相色谱-热能分析仪法
农兽药残留	六六六、滴滴涕	GB/T 9695.10	气相色谱法
	氯霉素	GB/T 9695.32	气相色谱-质谱法/酶联免疫法

续表

项目类别	检测指标	方法标准号	检测方法
微生物指标	菌落总数	GB 4789.2	平板计数法
	霉菌/酵母菌总数	GB 4789.15	平板计数法
	大肠菌群	GB 4789.3	MPN 法/平板计数法
	金黄色葡萄球菌	GB 4789.10	MPN 法/平板计数法
	沙门氏菌、志贺氏菌和致泻大肠埃希氏菌	GB 4789.31	噬菌体诊断检验
营养指标	脂肪酸	GB 5009.168	气相色谱法
	胆固醇	GB 5009.128	气相色谱法/高效液相色谱法/比色法
	维生素 A、D、E	GB 5009.82	高效液相色谱法
	维生素 B_1、B_2	GB 5009.84，GB 5009.85	高效液相色谱法/荧光分光光度法
	烟酸和烟酰胺	GB 5009.89	高效液相色谱法
	钙、铁、锌、铜、镁	GB 5009.92，GB5009.90，GB 5009.14，GB 5009.13，GB 5009.241	原子吸收法/ICP-MS 法/ICP-OES 法

10.5.2　国际组织肉制品标准检验方法

日本、美国和欧盟等主要发达国家和地区的肉与肉制品标准体系都是建立在 ISO 或 CAC 等国际标准的基础上。发达国家参照国际标准，在其出口贸易中具有优势，在其进口贸易中设置技术壁垒。为让我国传统肉制品走出国门，走向国际，我国的肉与肉制品标准也多参照或采用 ISO 和 CAC 的标准，使我国肉制品检验标准化水平不断提高。

1. ISO 中肉制品标准检测方法

国际标准化组织下属食品标准化技术委员会/肉禽蛋鱼及其制品分技术委员会（ISO/TC34/SC6）负责肉与肉制品领域相关标准的制定。ISO 中肉与肉制品标准有 57 项，其中基础标准和分析检测方法标准有近 30 项。ISO 标准检测方法的特点是基础、经典、适用性强。ISO 肉与肉制品标准检测方法见表 10.4。我国 GB/T 9695 肉与肉制品系列标准主要依照 ISO 肉制品系列标准。但是随着我国食品安全标准体系越来越健全，GB/T 9695 系列标准大部分已经作废。

表 10.4　ISO 肉与肉制品标准检测方法表

ISO 标准序号	检测项目	方法
ISO 936：1998	总灰分	重量法
ISO 937：1978	氮含量	凯氏定氮法
ISO 1442：1997	水分	重量法
ISO 1443：1973	脂肪	酸水解法

续表

ISO 标准序号	检测项目	方法
ISO 1444：1996	游离脂肪	索氏提取法
ISO 1841-1：1996	氯化物	福尔哈德法（银量回滴测定氯离子方法）
ISO 1841-2：1996	氯化物	电位滴定法
ISO 2294：1974	总磷	磷钼酸喹啉沉淀称量法
ISO 2917：1999	pH	pH 计直接测量法
ISO 2918：1975	亚硝酸盐	比色法
ISO 3091：1975	硝酸盐	比色法
ISO 3496：1994	羟脯氨酸	比色法
ISO 4134：1999	*L*-（+）-谷氨酸	比色法
ISO 5553：1980	聚磷酸盐	波层色谱法
ISO 5554：1978	淀粉	碘量法
ISO 13493：1998	氯霉素	液相色谱法
ISO 13496：2000	着色剂	薄层色谱法
ISO 13730：1996	总磷	分光光度法
ISO 13965：1998	淀粉和葡萄糖含量	酶催化法
ISO 3565：1975	沙门氏菌	菌落计数法
ISO 13720：2010	假单胞菌属	菌落计数法
ISO 13722：2017	布罗克斯菌	菌落计数法
ISO 21527-1：2008	霉菌和酵母菌计数	菌落计数法
ISO 6391：1997	埃希氏大肠杆菌计数	菌落计数法
ISO 5552：1997	肠杆菌科	MPN 法和菌落计数法

2. CAC 中肉制品标准检测方法

国际食品法典委员会（CAC）的主要工作就是编制国际食品标准。机构分为一般委员会（横向委员会）和商品委员会（纵向委员会）。一般委员会负责一般原则、食品标签、分析和采样方法、食品卫生、农兽药残留、食品添加剂和污染物及进出口检验等。商品委员会负责特定类别的食品标准，如鱼和鱼制品、奶和奶制品、水果蔬菜、谷物与豆类、肉和肉制品等。CAC 标准方法的特点是协调性，即协调各国家的食品标准化。它是国际上解决食品卫生贸易争端的重要参考依据，其肉与肉制品标准检验方法中常见ISO 标准和美国官方分析化学师协会AOAC方法。AOAC 提供的分析检测方法普遍被国际认可为“金标准”。

CAC 标准体系肉制品单元共包括 5 类产品标准[135]，《咸牛肉》（CODEX STAN 88—1981）、《午餐肉》（CODEX STAN 89—1981）、《熟制腌火腿（后腿）》（CODEX STAN 96—1981）、《熟制腌猪蹄髈（前腿）》（CODEX STAN 97—1981）、《熟制腌肉肠》（CODEX STAN 98—1981）。产品标准中分析检测方法除了个别要求外，都

是按照通用标准《分析方法与取样法典标准》（CODEX STAN 234—1999）中的要求。CAC标准肉与肉制品的检测项目及检测方法见表10.5。

表10.5　CAC标准肉与肉制品的检测项目及检测方法

项目类别	检测指标	方法标准号	检测方法
营养指标	水分	AOAC 950.46	重量法
	蛋白质	AOAC 992.15/ISO 937：1978	滴定法
	脂肪	AOAC 960.39 /ISO 1443—1973	索氏提取法/酸水解法
	灰分	AOAC 920.153	重量法
	氨基氮	AIIBP Method No 2/7	范斯莱克氨基氮测定法
食品添加剂	氯化钠	AOAC 935.47	银量回滴测定氯离子方法
	亚硝酸盐和/或亚硝酸盐	ENV 12014-3：1998-06-Part 3/ENV 12014-4：1998-06-Part 4 NMKL 165（2000）/ISO 2918：1975/AOAC 973.31	酶还原法/离子交换色谱法/比色法
	抗坏血酸	AOAC 967.22	荧光分析法
	安赛蜜、阿巴斯甜	EN 12856：1999-04	高效液相色谱法
	甜蜜素	EN 12857：1999-04	高效液相色谱法
	糖精	EN 12856：1999-04	高效液相色谱法
	苏丹红（Ⅰ，Ⅱ，Ⅱ和Ⅳ）	CODEX STAN 88—1981，REV. 1—1991	高效液相色谱法或液相质谱联用技术
污染物	铅	AOAC 934.07 /AOAC 972.25	双硫腙比色法/原子吸收光谱法
	锡	AOAC 985.16	原子吸收光谱法
兽药残留	四环素	AOAC 995.09	液相色谱法
	氯霉素	ISO 13493：1998	液相色谱法
微生物指标	霉菌/酵母菌总数	AOAC 997.02	再水化干膜法（石化法）
	大肠菌群	ISO 4831：2006	最大概率数技术
	大肠杆菌	AOAC 986.33	再水化干膜法（Petrifilm细菌总数测试片和Petrifilm大肠菌群测试片）
	金黄色葡萄球菌	AOAC 2003.07	测试片法
	肉毒杆菌	AOAC 977.26	微生物法
	产气荚膜梭菌	ISO 7937：1985	菌落计数

参考文献

[1] 梁梦醒．肉品品质快速检测的方法研究[D]．镇江：江苏科技大学，2018.
[2] 刘登勇，艾迎飞，吕超，等．注水肉检测方法研究进展[J]．肉类工业，2012（1）：54-56.
[3] 刘媛媛，彭彦昆，王文秀，等．基于偏最小二乘投影的可见/近红外光谱猪肉综合品质分类[J]．农业工程学报，2014，30（23）：306-313.
[4] 刘飞，田寒友，王辉，等．基于近红外光谱的生鲜肉多指标预测模型的优化及应用[C]．中国食品科学技术学会第十三届年会，2016.

[5] 赵杰文，翟剑妹，刘木华，等. 牛肉嫩度的近红外光谱法检测技术研究[J]. 光谱学与光谱分析，2006，26（4）：640-642.

[6] 廖宜涛，樊玉霞，伍学千，等. 猪肉 pH 的可见近红外光谱在线检测研究[J]. 光谱学与光谱分析，2010，30（3）：681-684.

[7] 刘魁武，成芳，林宏建，等. 可见/近红外光谱检测冷鲜猪肉中的脂肪、蛋白质和水分含量[J]. 光谱学与光谱分析，2009，1：104-107.

[8] KRUGGEL W G, FIELD R A, RILEY M L, et al. Near-infrared reflectance determination of fat, protein, and moisture in fresh meat[J]. Journal - Association of Official Analytical Chemists, 1981, 64(3):692-696.

[9] GJERLAUG-ENGER E, KONGSRO J, AASS L, et al. Prediction of fat quality in pig carcasses by near-infrared spectroscopy[J]. Animal, 2011, 5(11):1829-1841.

[10] 邹昊，田寒友，刘文营，等. 应用便携式近红外仪检测生鲜羊通脊肉的嫩度[J]. 肉类研究，2014，28（10）：15-19.

[11] 王辉，田寒友，邹昊，等. 生鲜牛肉多指标的快速无损同步检测方法[P]：中国，201510965311. 6，2018-02-27.

[12] 邹昊，田寒友，刘文营，等. 生鲜羊肉中挥发性盐基氮含量的快速无损检测方法[P]：中国，201310654421. 1，2016-08-17.

[13] 樊永华. 高光谱成像技术在肉制品品质无损检测中的应用[J]. 粮食与食品工业，2018，25（5）：64-67.

[14] 许卫东，朱荣光，段宏伟，等. 基于高光谱图像技术的冷却羊肉颜色检测[J]. 中国科技论文，2016，11（4）：454-458.

[15] 王婉娇，王松磊，贺晓光，等. 冷鲜羊肉冷藏时间和水分含量的高光谱无损检测[J]. 食品科学，2015，16：137-141.

[16] 李小昱，钟雄斌，刘善梅，等. 不同品种猪肉 pH 高光谱检测的模型传递修正算法[J]. 农业机械学报，2014，9：216-222.

[17] 陈全胜，张燕华，万新民，等. 基于高光谱成像技术的猪肉嫩度检测研究[J]. 光学学报，2010，30(9)：2602-2607.

[18] 范泽华，姚江河，陈杰. 运用近红外高光谱成像技术检测羊肉脂肪及蛋白质含量[J]. 吉林农业，2016，14（7）：127.

[19] IQBAL A, SUN D W, ALLEN P. Prediction of moisture, color and pH in cooked, pre-sliced turkey hams by NIR hyperspectral imaging system[J]. Journal of Food Engineering, 2013, 117(1):42-51.

[20] WU J, PENG Y, LI Y, et al. Prediction of beef quality attributes using VIS/NIR hyperspectral scattering imaging technique[J]. Journal of Food Engineering, 2012, 109(2): 267-273.

[21] 张晶晶，刘贵珊，任迎春，等. 基于高光谱成像技术的滩羊肉新鲜度快速检测研究[J]. 光谱学与光谱分析，2019，39（6）：1909-1914.

[22] 陈士进，丁冬，李泊，等. 基于机器视觉的牛肉结缔组织特征和嫩度关系研究[J]. 南京农业大学学报，2016，39（5）：865-871.

[23] 吴海娟，彭增起，沈明霞，等. 机器视觉技术在牛肉大理石花纹识别中的应用[J]. 食品科学，2011，32（3）：10-13.

[24] 陈坤杰，尹文庆. 机器视觉技术在分析牛肉颜色变化特征中的应用[J]. 食品科学，2008，9：63-67.

[25] 陈坤杰，李航，于镇伟，等. 基于机器视觉的鸡胴体质量分级方法[J]. 农业机械学报，2017，6：295-300.

[26] 田芳，彭彦昆. 生猪肉产量预测的非接触实时在线机器视觉系统[J]. 农业工程学报，2016，32（2）：230-235.

[27] 赵杰文，刘木华，张海东. 基于数学形态学的牛肉图像中背长肌分割和大理石纹提取技术研究[J]. 农业工程学报，2004（1）：144-146.

[28] 于铂，郑丽敏，任发政，等. 利用图像处理技术评定猪肉等级（英文）[J]. 农业工程学报，2007（4）：242-248.

[29] ZAPOTOCZNY P, SZCZYPIŃSKI P M, DASZKIEWICZ T. Evaluation of the quality of cold meats by computer-assisted image analysis[J]. LWT-Food Science and Technology, 2016, 67:37-49.

[30] 刘飞，田寒友，邹昊，等. 冷冻肉新鲜程度的评估方法及系统[P]：中国，201510874182. X，2018-03-30.

[31] 李慧琴，易云婷，彭程. 纳米标记免疫层析技术在食品快速检测中的应用进展[J]. 食品技术研究，2019（15）：160-162.

[32] 安清聪，张曦，李琦华. 猪肉中四环素类抗生素残留的 ELISA 检测[J]. 畜牧与兽医，2005，37（6）：33-34.

[33] 王敏，王玮，吕青骎，等. 间接竞争 ELISA 方法快速检测猪肉组织中的氯丙嗪[J]. 南京农业大学学报，2020，43（1）：172-177.

[34] MA L, NILGHAZ A, CHOI J R, et al. Rapid detection of clenbuterol in milk using microfluidic paper-based ELISA[J]. Food Chemistry, 2018, 246: 437-441.

[35] 张洪歌，崔冠峰，杨瑞琴，等. 常见食品安全快速检测方法研究进展[J]. 刑事技术，2019，44（2）：149-153.

[36] 伊廷存，霍胜楠，钟立霞. 免疫胶体金技术在食源性致病菌检测中的应用研究[C]. 第八届食品质量安全技术论坛论文集，2017.

[37] 刘波，王宇，戚平，等. 食用油中致癌物苯并[a]芘的快速免疫检测胶体金层析试纸条研制[J]. 中国油脂，2016，41（7）：68-72.

[38] WU S, ZHU F, HU L, et al. Development of a competitive immunochromatographic assay for the sensitive detection of amantadine in chicken muscle[J]. Food Chemistry, 2017, 232: 770-776.

[39] 林金明，赵利霞，王栩. 化学发光免疫分析[M]. 北京：化学工业出版社，2008：1-9.

[40] 栾军，王毅谦，龙云凤，等. 竞争化学发光酶免疫检测动物源性食品中四环素残留[J]. 食品工业科技，2020，41（4）：179-183.

[41] 李双，韩殿鹏，彭媛，等. 食品安全快速检测技术研究进展[J]. 食品安全质量检测学报，2019，10(17)：5575-5579.

[42] LI Q, BAI J, REN S, et al. An ultrasensitive sensor based on quantitatively modified upconversion particles for trace bisphenol A detection[J]. Analytical and Bioanalytical Chemistry, 2019, 411(1): 171-179.

[43] LI Q F, REN S Y, WANG Y, et al. Efficient detection of environmental estrogens bisphenol A and estradiol by sensing system based on AuNP-AuNP-UCNP triple structure[J]. Chinese Journal of Analytical Chemistry, 2018, 46(4): 486-492.

[44] 丁乔棋，李丽，范文韬，等. 基于新型量子点荧光微球的氯霉素免疫层析试纸条的制备和应用[J]. 分析化学，2017，45（11）：1686-1693.

[45] 穆小婷，董文宾，王玲玲，等. 乳品中毒素检测方法的研究进展[J]. 食品科技，2014，39（4）：284-287.

[46] THOMPSON C S, TRAYNOR I M, FODEY T L, et al. Screening method for the detection of residues of amphenicol antibiotics in bovine, ovine and porcine kidney by optical biosensor [J]. Talanta, 2017, 172: 120-125.

[47] 范维，高晓月，李贺楠，等. 高通量微生物显色法快速检测动物源性食品中抗生素残留[J]. 食品科学，2017，38（16）：239-244.

[48] 范维，高晓月，李贺楠，等. 高通量抗生素残留初筛试剂盒的研制及应用[J]. 食品科学，2019，40（14）：333-338.

[49] ALULA M T, MENGESHA Z T, MWENESONGOLE E. Advances in surface-enhanced Raman spectroscopy for analysis of pharmaceuticals: A review[J]. Vibrational Spectroscopy, 2018, 98: 50-63.

[50] LORENZ B, WICHMANN C, STOCKEL S, et al. Cultivation-free raman spectroscopic investigations of bacteria[J]. Trends Microbiol, 2017, 25(5): 413-424.

[51] ZHAO J H, YUAN H C, PENG Y J, et al. Detection of ractopamine and clenbuterol hydrochloride residues in pork using surface enhanced raman spectroscopy[J]. Journal of Applied Spectroscopy, 2017,84(1): 76-81.

[52] 张颖颖，李莹莹. 超高效液相色谱-串联质谱测定猪肉中 16 种喹诺酮药物残留量[J]. 肉类研究，2016，30（5）：36-41.

[53] 张颖颖，李慧晨，吴彦超，等. 超高效液相色谱-串联质谱法测定动物性食品中 8 种抗病毒类药物残留量[J]. 食品科学，2018，39（2）：303-309.

[54] 王一涵，王展华，陈万勤，等. 固相萃取/超高效液相色谱-串联质谱法同时测定猪肉中 14 种大环内酯类兽药残留[J]. 分析测试学报，2019，38（10）：1247-1253.

[55] 赵颖，李晓东，姜玲玲，等. 鸡肉鸡肝中 20 种磺胺类兽药残留的测定——QuEChERS-超高效液相色谱串联质谱法[J]. 当代畜牧，2016，11：44-46.

[56] 黄坤，吴婉琴，罗彤，等. QuEChERS-超高效液相色谱-串联质谱法同时测定畜禽肉中 11 种喹诺酮类兽药残留[J]. 肉类研究，2019，33（3）：40-45.

[57] 尹晖，孙雷，毕言锋，等．鸡肉和鸡蛋中金刚烷胺与金刚乙胺残留检测 UPLC-MS/MS 法研究[J]．中国兽药杂志，2014，48（6）：32-35．

[58] 庞国芳．无需标准品做参比高分辨精确质量数定性鉴别水果蔬菜中 1200 种农药化学污染物——GC-Q-TOFMS 和 LC-Q-TOFMS 高通量快速侦测技术[C]．分析科学创造未来——纪念北京分析测试学术报告会暨展览会（BCEIA）创建 30 周年，2015．

[59] 吴宁鹏，班付国，孟蕾，等．超高压液相色谱-串联四极杆飞行时间质谱法同时筛查猪肉中 54 种兽药[J]．中国兽药杂志，2014，10：47-52．

[60] 朱万燕，张欣，杨娟，等．超高效液相色谱-四极杆-飞行时间质谱法同时测定猪肉中多类兽药残留[J]．色谱，2015，9：1002-1008．

[61] 孙清荣，郭礼强，张金玲，等．HPLC-Q-TOF 法筛查鸡肉中 48 种兽药残留[J]．食品研究与开发，2017，38（4）：127-132．

[62] 郭沫然.光谱技术在食品安全检测中的应用研究[D]．长春：长春理工大学，2014．

[63] ZHANG H, MA X Y, LIU Y, et al. Gold nanoparticles enhanced SERS aptasensor for the simultaneous detection of *Salmonella typhimurium* and *Staphylococcus aureus*[J]. Biosensors and Bioelectronics, 2015, 74: 872-877.

[64] MEISEL S, STÖCKEL S, RÖSCH P, et al. Identification of meat-associated pathogens via Raman microspectroscopy[J]. Food Microbiology, 2014, 38: 36-43.

[65] LIAO Y H, FAN Y X, CHENG F. On-line prediction of fresh pork quality using visible/near-infrared reflectance spectroscopy[J]. Meat Science, 2010, 86(4): 901-907.

[66] 赵俊华，郭培源，邢素霞，等．基于高光谱成像的腊肉细菌总数预测建模方法研究[J]．中国调味品，2016，41（2）：74-78．

[67] 王伟，彭彦昆，张晓莉．基于高光谱成像的生鲜猪肉细菌总数预测建模方法研究[J]．光谱学与光谱分析，2010，30（2）：411-415．

[68] TAO F F, WANG W, ZHANG L L, et al. A rapid nondestructive measurement method for assessing the total plate count on chilled pork surface[J]. Spectroscopy and Spectral Analysis, 2010, 30(12): 3405-3409.

[69] TAO F F, PENG Y, L I Y, et al. Simultaneous determination of tenderness and *Escherichia coli* contamination of pork using hyperspectral scattering technique[J]. Meat Science, 2012, 90(3): 851-857.

[70] 李文采，刘飞，田寒友，等．基于高光谱成像技术的鸡肉菌落总数快速无损检测[J]．肉类研究，2017，31（3）：35-39．

[71] 刘飞，李文采，田寒友，等．猪肉剩余货架期快速预测电化学设备的设计与试验[J]．农业工程学报，2016，32（12）：261-266．

[72] CHENG C, PENG Y, BAI J, et al. Rapid detection of *Listeria monocytogenes* in milk by self-assembled electrochemical immunosensor[J]. Sensors and Actuators B: Chemical, 2014, 190: 900-906.

[73] YUE H, HE Y, FAN E, et al. Label-free electrochemiluminescent biosensor for rapid and sensitive detection of pseudomonas aeruginosa using phage as highly specific recognition agent[J]. Biosensors and Bioelectronics, 2017, 94: 429-32.

[74] 李丹，王守伟，臧明伍，等．国内外经济利益驱动型食品掺假防控体系研究进展[J]．食品科学，2018，39（1）：320-325．

[75] FAJARDO V, GONZÁLEZ I, ROJAS M, et al. A review of current PCR-based methodologies for the authentication of meats from game animal species[J]. Trends in Food Science and Technology, 2010, 21(8): 408-421.

[76] 李家鹏，乔晓玲，田寒友，等．食品和饲料中动物源性成分检测技术研究进展[J]．食品科学，2011，32（9）：340-347．

[77] 刘英华．高通量测序技术的最新研究进展[J]．中国妇幼保健，2013，28（12）：135-137．

[78] KANE D E, HELLBERG R. S. Identification of species in ground meat products sold on the U.S. commercial market using dna-based methods[J]. Food Control, 2016, 59: 158-163.

[79] 佘灵顺．基因芯片技术及其在食品检测中的应用[J]．现代食品，2018，7：99-101．

[80] 张高祥，陈一资，黄小波．基因芯片技术及其在食品安全检测中的应用[J]．中国国境卫生检疫杂志，2007，30（2）：125-127.

[81] CHAMBERLAIN J S, GIBBS R A, RAINER J E, et al. Deletion screening of the Duchenne muscular dystrophy locus via multiplex DNA amplification[J]. Nucleic Acids Research, 1988, 16(23): 11141-11156.

[82] MATSUNAGA T, CHIKUNI K, TANABE R, et al. A quick and simple method for the dentification of meat species and meat products by PCR assay[J]. Meat Science, 1999, 51: 143-148.

[83] ALI M E, AHAMAD M N U, ASING, et al. Multiplex polymerase chain reaction-restriction fragment length polymorphism assay discriminates of rabbit, rat and squirrel meat in frankfurter products[J]. Food Control, 2017, 84:148-158.

[84] ALI M E, RAZZAK M A, HAMID S B A, et al. Multiplex PCR assay for the detection of five meat species forbidden in Islamic foods[J]. Food Chemistry, 2015, 177: 214-224.

[85]LI J, HONG Y, KIM J H, et al. Multiplex PCR for simultaneous identification of turkey, ostrich, chicken, and duck[J]. Journal of the Korean Society for Applied Biological Chemistry, 2015, 58(6):887-893.

[86] HOU B, MENG X, ZHANG L, et al. Development of a sensitive and specific multiplex PCR method for the simultaneous detection of chicken, duck and goose DNA in meat products[J]. Meat Science, 2015, 101:90-94.

[87] LI J, LI J, XU S, et al. A rapid and reliable multiplex PCR assay for simultaneous detection of fourteen animal species in two tubes[J]. Food Chemistry, 2019, 295: 395-402.

[88] SAFDAR M, JUNEJO Y. A multiplex-conventional PCR assay for bovine, ovine, caprine and fish species identification in feedstuffs: Highly sensitive and specific[J]. Food Control, 2015, 50: 190-194.

[89] SAFDAR M, JUNEJO Y. The development of a hexaplex-conventional PCR for identification of six animal and plant species in foodstuffs[J]. Food Chemistry, 2016, 192: 745-749.

[90] HIGUCHI R, DOLLINGER G, WALSH P S, et al. Simultaneous amplification and detection of specific DNA sequences[J]. Bio Technology, 1992, 10(4):413-417.

[91] 周彤，李家鹏，李金春，等．一种基于多重实时荧光聚合酶链式反应熔解曲线分析的肉及肉制品掺假鉴别方法[J]．食品科学，2017，38（12）：224-229.

[92] 周彤，李家鹏，田寒友，等．一种基于实时荧光聚合酶链式反应的肉及肉制品中猪源性成分含量测定[J]．肉类研究，2013，27（12）：11-15.

[93] SYKES P J, NEOH S H, BRISCO M J, et al. Quantitation of targets for PCR by use of limiting dilution[J]. Biotechniques, 1992, 13(3): 444-449.

[94] VOGELSTEIN B, KINZLER K W. Digital PCR[J]. Proceedings of the National Academy of Sciences of the United States of America, 1999, 96(16): 9236-9241.

[95] HEBERT P D N, RATNASINGHAM S, DE WAARD J R. Barcoding animal life: Cytochrome *c* oxidase subunit 1 divergences among closely related species[J]. Proceedings of the Royal Society B: Biological Sciences, 2003, 270(Suppl_1):S96-S99.

[96] 陈文炳，邵碧英，缪婷玉，等．多基因 DNA 条形码鉴定 6 个鳗鱼物种[J]．食品科学，2018，39（2）：163-169.

[97] 潘艳仪，邱德义，陈健，等．基于微型 DNA 条形码的多种动物源性成分的鉴定[J]．食品科学，2018，39（10）：332-338.

[98] 李妍，徐兴祥．高通量测序技术的研究进展[J]．中国医学工程，2019，27（3）：32-36.

[99] RIBANI A, SCHIAVO G, UTZERI V J, et al. Application of next generation semiconductor based sequencing for species identification in dairy products[J]. Food Chemistry, 2018, 246: 90-98.

[100] 李莹莹，张颖颖，丁小军，等．液相色谱-串联质谱法对羊肉中鸭肉掺假的鉴别[J]．食品科学，2016，37（6）：204-209.

[101] MIGUEL A S, ENRIQUE S. Peptide biomarkers as a way to determine meat authenticity[J]. Meat Science, 2011, 89(3): 280-285.

[102] VON B C, BROCKMEYER J, HUMPF H U. Meat authentication: A new HPLC-MS/MS based method for the fast and sensitive detection of horse and pork in highly processed food[J]. Journal of Agricultural and Food Chemistry, 2014, 62 (39): 9428-9435.

[103] MONTOWSKA M, POSPIECH E. Species-specific expression of various proteins in meat tissue: Proteomic analysis of raw and cooked meat and meat products made from beef, pork and selected poultry species[J]. Food Chemistry, 2013, 136 (3-4): 1461-1469.

[104] SARAH S A, FARADALILA W N, SALWANI M S, et al. LC-QTOF-MS identification of porcine-specific peptide in heat treated pork identifies candidate markers for meat species determination[J]. Food Chemistry, 2016, 199: 157-164.

[105] MONTOWSKA M, ALEXANDER M R, TUCKER G A, et al. Authentication of processed meat products by peptidomic analysis using rapid ambient mass spectrometry[J]. Food Chemistry, 2015, 187: 297-304.

[106] GIARETTA N, GIUSEPPE A M D, LIPPERT M, et al. Myoglobin as marker in meat adulteration: A UPLC method for determining the presence of pork meat in raw beef burger[J]. Food Chemistry, 2013, 141(3):1814-1820.

[107] 张颖颖，赵文涛，李慧晨，等. 液相色谱串联质谱对掺假牛肉的鉴别及定量研究[J]. 现代食品科技，2017，33（2）：230-237.

[108] JOSEPHINE B, HUSCHEK G, RAWEL H M. Determination of wheat, rye and spelt authenticity in bread by targeted peptide biomarkers[J]. Journal of Food Composition and Analysis, 2017, 58: 82-91.

[109] ALEXANDER L, FLFRENTINA C R, MARIA L M, et al. Identification of marker proteins for the adulteration of meat products with soybean proteins by multidimensional liquid chromatography-tandem mass spectrometry[J]. Journal of Proteome Research, 2006, 5(9): 2424-2430.

[110] HOFFMANN B, MÜNCH S, SCHWÄGELE F, et al. A sensitive HPLC-MS/MS screening method for the simultaneous detection of lupine, pea, and soy proteins in meat products[J]. Food Control, 2017, 71: 200-209.

[111] MONTOWSKA M, FORNAL E. Detection of peptide markers of soy, milk and egg white allergenic proteins in poultry products by LC-Q-TOF-MS/MS[J]. LWT - Food Science and Technology, 2018, 87: 310-317.

[112] LI Y, ZHANG Y, LI H, et al. Simultaneous determination of heat stable peptides for eight animal and plant species in meat products using UPLC-MS/MS method[J]. Food Chemistry, 2017, 245: 125-131.

[113] PRANDI B, VARANI M, FACCINI A, et al. Species specific marker peptides for meat authenticity assessment: A multispecies quantitative approach applied to Bolognese sauce[J]. Food Control, 2019, 97:15-24.

[114] ABBAS O, ZADRAVEC M, BAETEN V, et al. Analytical methods used for the authentication of food of animal origin[J]. Food Chemistry, 2018, 246: 6-18.

[115] BAHAR B, MONAHAN F J, MOLONEY A P, et al. Alteration of the carbon and nitrogen stable isotope composition of beef by substitution of grass silage with maize silage[J]. Rapid Communications in Mass Spectrometry, 2005, 19(14): 1937-1942.

[116] MONAHAN F J, SHMIDT O, MOLONEY A P. Meat provenance: Authentication of geographical origin and dietary background of meat[J]. Meat Science, 2018, 144: 2-14.

[117] FRANKE B M, KOSLITZ S, MICAUX F, et al. Tracing the geographic origin of poultry meat and dried beef with oxygen and strontium isotope ratios[J]. European Food Research and Technology, 2008, 226(4): 761-769.

[118] SCHMIDT O, QUILTER J M, BAHAR B, et al. Inferring the origin and dietary history of beef from C, N and S stable isotope ratio analysis[J]. Food Chemistry, 2005, 91(3):545-549.

[119] KIM K S, KIM J S, HWANG I M, et al. Application of stable isotope ratio analysis for origin authentication of pork[J]. Korean Journal for Food Science of Animal Resources, 2013, 33(1): 39-44.

[120] SUN S, GUO B, WEI Y. Origin assignment by multi-element stable isotopes of lamb tissues[J]. Food Chemistry, 2016, 213: 675-681.

[121] ZAIN S M, BEHKAMI S, BAKIRDERE S, et al. Milk authentication and discrimination via metal content clustering-A case of comparing milk from Malaysia and selected countries of the world[J]. Food Control, 2016, 66: 306-314.

[122] DANEZIS G P, PAPPAS A C, ZOIDIS E, et al. Game meat authentication through rare earth elements fingerprinting[J]. Analytica Chimica Acta, 2017, 991: 46-57.

[123] HEATON K, KELLY S D, HOOGEWERFF J, et al. Verifying the geographical origin of beef: The application of multi-element isotope and trace element analysis[J]. Food Chemistry, 2008, 107(1): 506-515.

[124] 齐婧，李莹莹，姜锐等. 矿物元素和稳定同位素在肉类食品产地溯源中的应用研究进展[J]. 肉类研究，2019，33（11）：67-72.

[125] SOLSONA R G, BOIX C, IBÁÑEZ M, et al. The classification of almonds (*Prunus dulcis*) by country and variety using UHPLC-HRMS-based untargeted metabolomics[J]. Food Additives and Contaminants: Part A, 2018, 35(3): 395-403.

[126] RUBERT J, ZACHARIASOVA M, HAJSLOVA J. Advances in high-resolution mass spectrometry based on metabolomics studies for food—a review[J]. Food Additives and Contaminants: Part A, 2015, 32(10): 1-24.

[127] 陈颖. 基于组学的食品表征识别与鉴伪研究[J]. 食品科学技术学报，2019，37（4）：1-13.

[128] RIEDL J, ESSLINGER S, FAUHL-HASSEK C. Review of validation and reporting of non-targeted fingerprinting approaches for food authentication[J]. Analytica Chimica Acta, 2015, 885: 17-32.

[129] BEALE D J, PINU F, KOUREMENOS K A, et al. Review of recent developments in GC-MS approaches to metabolomics-based research[J]. Metabolomics, 2018, 14: 152.

[130] GIKA H G, THEODORIDIS G A, PLUMB R S, et al. Current practice of liquid chromatography—mass spectrometry in metabolomics and metabonomics[J]. Journal of Pharmaceutical and Biomedical Analysis, 2014, 87:12-25.

[131] UEDA S, IWAMOTO E, KATO Y, et al. Comparative metabolomics of Japanese Black cattle beef and other meats using gas chromatography—mass spectrometry[J]. Bioscience Biotechnology and Biochemistry, 2019, 83(1): 137-147.

[132] 贺绍君，丁金雪，李静，等. 基于气相色谱-质谱联用技术的急性热应激肉鸡血清物质代谢组学研究[J]. 动物营养学报，2018，30（8）：3116-3124.

[133] 许彦阳，姚桂晓，刘平香，等. 代谢组学在农产品营养品质检测分析中的应用[J]. 中国农业科学，2019，52（18）：3163-3176.

[134] 李笑曼，臧明伍，赵洪静，等. 基于监督抽检数据的肉类食品安全风险分析及预测[J]. 肉类研究，2019，33（1）：42-49.

[135] 熊立文，李江华，杨烨，等. ISO、CAC 肉与肉制品标准体系浅析以及对我国的启示[J]. 肉类研究，2011，25（6）：47-53.

第 11 章　传统肉制品清洁生产

在传统肉制品产业快速发展的同时，相应的环境污染物排放也逐渐增加，环境污染问题日益严重。为促进世界范围内环境保护在制造业领域的发展，联合国环境规划署 1989 年提出清洁生产的概念来表征从原料、生产工艺到产品使用全过程的广义的污染防治途径，以增加生态效率及减少人类和环境的风险。1998 年，联合国环境规划署推出了《国际清洁生产宣言》，同年我国签署该宣言[1]，清洁生产成为我国 21 世纪议程的优先行动领域。食品工业能源消耗占整个制造业的 1/3[2]，传统肉制品加工作为食品工业的重要组成部分，解决其带来的能源消耗及环境污染问题，已成为传统肉制品发展必须攻克的难关之一[3-4]。

为促进传统肉制品绿色制造的发展，本章将从清洁生产法规标准，传统肉制品加工行业清洁生产技术及其未来发展方向，中国传统肉制品行业废水、废气、固体废弃物处理技术及噪声防治技术 3 个方面阐述我国传统肉制品行业清洁生产现状，为我国传统肉制品加工行业整体实现“节能”“降耗”“减污”“增效”提供理论支持，为促进我国传统肉制品加工企业切实实现清洁生产提供可借鉴的新技术。

11.1　清洁生产法规标准

清洁生产是保障我国工业可持续发展的重要战略之一，清洁生产战略的实施是在保障我国经济高速增长的同时，以提高资源能源利用率、减少环境污染物的产生与排放为目标，实现工业生产全过程控制，各行业逐渐形成环境友好的生产最佳模式、最终实现环境保护与经济发展的“双赢”[5]。

11.1.1　清洁生产促进法

我国作为快速发展的社会主义国家，十分重视清洁生产的推行。1997 年 4 月 14 日，《国家环境保护局关于推行清洁生产的若干意见》（环控〔1997〕0232 号）发布，规定建设项目的环境影响评价应包含清洁生产有关内容。2002 年 6 月 29 日，中华人民共和国第九届全国人民代表大会常务委员会通过了《中华人民共和国清洁生产促进法》，于 2003 年 1 月 1 日起施行，以加快重点行业清洁生产技术的推行，指导企业通过不断改进设计，采用先进技术、工艺和设备，改善管理，综合利用等措施，从源头削减污染，提高资源利用率，以减轻或消除工业生产对人类健康和生存环境造成的危害[6]，标志着我国首次将清洁生产以法律的形式予以确认。

《中华人民共和国清洁生产促进法》是世界上第一部以推行清洁生产为唯一目的的法律性文件[7]。该法实施后，大力促进了我国清洁生产工作的全面推进，也取得了显著成效，但其自身仍存在很多问题，存在部分规定简略抽象、鼓励性条款笼统等缺陷。为促使清洁生产在我国可持续发展中做出更大贡献，我国于 2012 年 2 月 29 日第十一届全国人民代表大会常务委员会第二十五次会议通过《全国人民代表大会常务委员会关于修改〈中华人民共和国清洁生产促进法〉的决定》，于 2012 年 7 月 1 日起实施，对《中华人民共和国清洁生产促进法》进行了 20 条修改，修改重点归纳总结如下：①修改后强化了政府对企业实施的强制性审核、监督和评估，并同时规定所需费用纳入同级政府预算；②修改后增加了关于中央预算的规定；③修改后对遏制过度包装做出了新的规定，更注重发挥清洁生产从源头控制的作用；④修改后扩大了实施强制性清洁生产审核的企业范围；⑤修改后进一步明确了对清洁生产研究、示范、培训的政策支持及资源回收利用的鼓励；⑥修改后对违法行为应承担的法律责任进一步做出规定。

为促使清洁生产在我国切实推行，相关部门以《中华人民共和国清洁生产促进法》为依托，进一步制定了如《工业企业清洁生产审核技术导则》（GB/T 25973—2010）、《节能减排综合性工作方案》等标准及规定，依托清洁生产，从产品的源头控制污染物的产生；构建清洁生产标准体系，通过对企业进行全面的系统分析，提出相应的清洁生产措施和制定相应的政策，改善企业的生产现状和环境现状，使企业走上一条绿色可持续发展的道路[8]。

近年来随着我国科学技术的进步，肉制品行业的现代化、智能化程度大幅提升。国内一些企业通过持续的技术、设备引进，已经达到世界先进水平，但肉制品加工行业整体工艺、设备、管理水平相对落后，亟须开发出一批适合我国国情的清洁生产技术，并实施清洁生产指标体系管理，以提升行业整体水平，推动整个行业循环经济的发展，更好贯彻落实《中华人民共和国清洁生产促进法》。

11.1.2　肉制品加工清洁生产指标

1. 生产工艺与装备要求

选用先进的、清洁的生产工艺和设备是实现清洁生产的重要途径。第一，针对肉制品行业应采用自动化程度高、能连续定量化生产、卫生条件好的生产设备；

第二，生产中凡是与肉制品有接触的工具均采用不锈钢材质，以确保食品卫生要求并达到防腐、防酸标准，清洁生产技术详见 11.2 节。

2. 资源能源消耗及利用指标

肉制品加工过程中将来源可靠的原辅料通过特定的加工程序加工成目标肉制品，在此过程中主要消耗水、电能等，水耗及能耗的多少直接反映企业清洁生产的水平。从清洁生产的角度，资源指标的高低同时也反映企业的生产过程在宏观上对生态系统的影响程度，因为在同等条件下，单位肉制品资源能源消耗量越高，对环境的影响越大。

3. 产品指标

肉制品加工行业作为食品加工业，最终产品的安全和质量是极其重要的指标。产品合格率 100%是每个企业都希望达到的目标，随着残次品率的升高，资源的利用率降低，对环境产生的负面影响加大。此外，产品的包装材料也应使用环境友好的包装材料，避免过分包装，并符合食品卫生标准的相关要求。原料肉及肉制品的种类不同，所采取的保鲜和储藏条件也不同，同时使用的包装材料也应不同，应选用适宜的条件和材料以实现产品寿命优化。

4. 污染物产生指标

除资源能源利用指标外，另一类能反映生产过程状况的指标便是污染物产生指标。如果污染物产生指标较高，则说明工艺相对比较落后、管理水平较低。此外，肉制品加工企业必须对生产过程中产生的污染物进行处理、处置以满足相应的国家、地方标准要求，“三废”及噪声处理处置技术详见 11.3 节。

5. 废物回收利用指标

废物回收利用是清洁生产的重要组成部分，生产过程不可能完全避免废水、废料、废渣、废气、废热等的产生，生产企业应尽可能地实现水资源的循环利用、污水再利用及固体废弃物经处理、处置后的再利用。

6. 环境管理要求

肉制品生产企业必须符合国家和地方有关环境法律、法规，污染物排放达到国家和地方排放标准、总量控制和排污许可证管理要求。此外，相关生产企业应积极建立健全环境管理体系，争取获得 ISO14000 等认证。

综上所述，肉制品加工企业在生产过程中应充分考虑上述清洁生产指标，以促进我国肉制品加工行业清洁生产水平的提高，企业应建立符合自身发展的清洁生产指标体系，其编制框架如图 11.1 所示。

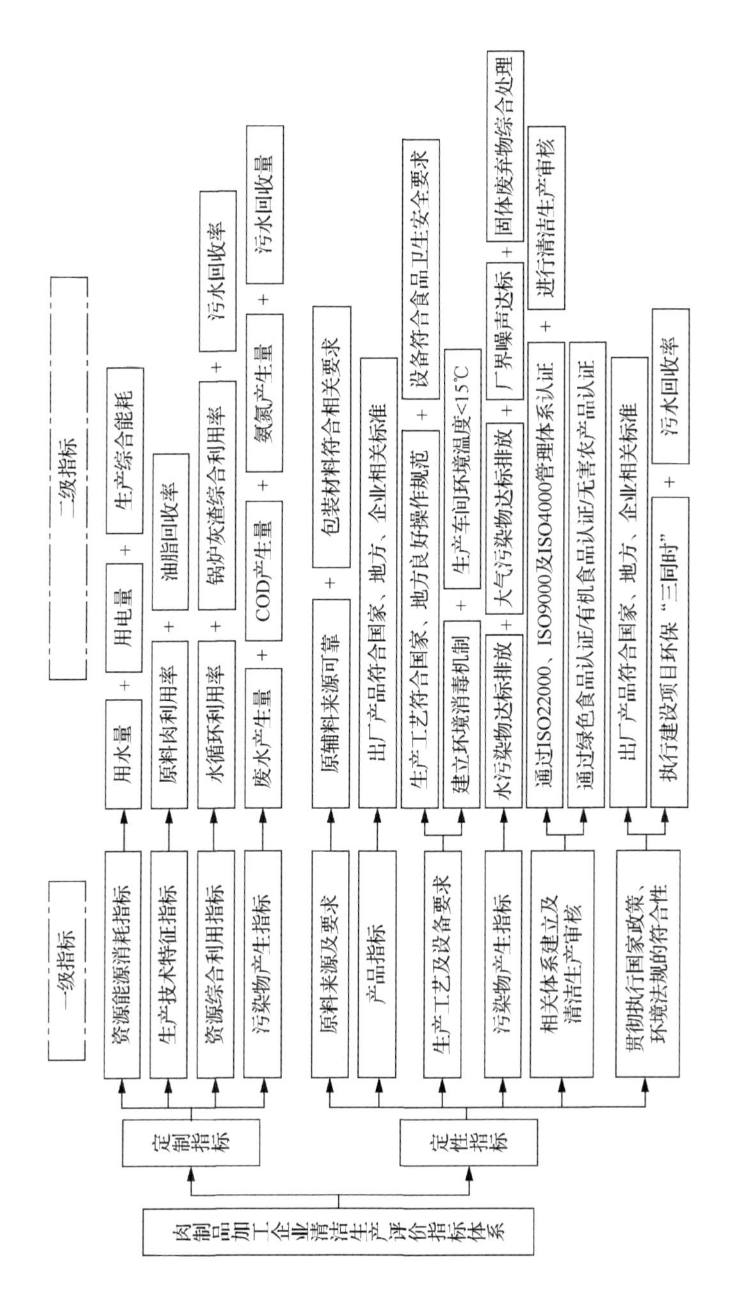

图 11.1　肉制品加工企业清洁生产指标体系编制框架

11.1.3　清洁生产相关标准在肉制品加工行业的应用

据资料显示，我国肉类生产主要集中在山东、广东、河南、四川、湖南、辽宁、吉林、内蒙古等省份，其中山东省肉类产量最大，禽类屠宰加工和禽肉出口更是占到全国出口总量的70%以上。2017 年 4 月 17 日，山东省经济和信息化委员会、山东省环境保护厅发布《山东省清洁生产审核实施细则》，并于同年 5 月 20 日开始实施，替代原《山东省清洁生产审核暂行办法》（鲁经贸函字〔2005〕122 号）。虽然山东省暂未将肉制品加工企业列入 2019 年山东省实施强制性清洁生产审核企业名单，但省内肉制品加工企业应积极采用清洁生产技术、建立健全清洁生产指标体系，这将有助于进一步提高企业生产效率，降低企业资源能源消耗及废弃物处理处置成本。

广东省环境保护厅于 2010 年出版《重点行业清洁生产工作指南》一书，书中第二部分第七节重点介绍了畜牧养殖及屠宰和肉类加工清洁生产典型案例，省内肉制品加工企业可将此作为企业清洁生产参考依据之一。

辽宁省作为全国的重化工业基地，对清洁生产工作十分重视，于 1997 年 12 月成立辽宁省清洁生产中心，以促进全省清洁生产的组织、协调、推广和督导工作。2006 年发布《关于辽宁实施强制性清洁生产审核重点企业（第一批）名单的公告》，开启全省重点污染企业强制性整治，并逐年增加强制清洁生产审核重点企业，阜新双汇肉类加工有限公司等重点企业均在名单之中。因此省内除强制性清洁生产审核要求的肉制品加工企业，其他肉制品加工企业也应高度重视清洁生产审核工作，以适应未来的发展趋势。

北京市人民政府为贯彻实施《中华人民共和国清洁生产促进法》《节能减排综合性工作方案》，积极推动工业企业清洁生产审核工作在首都全面开展，促进肉制品加工业清洁生产标准的有效实施，已于 2017 年 10 月 1 日起实施《清洁生产评价指标体系　肉制品加工业》（DB11/T 1405—2017），并完善北京市肉制品加工行业的清洁生产审核程序、深化审核工作内容，使北京市肉制品加工业清洁生产审核工作更加规范、合理、科学，以进一步实现肉制品加工业的全面节能、降耗、减污、增效，为将来全国实现肉制品加工业的清洁生产起到积极的促进作用。

综上所述，北京已率先开展专门肉制品加工行业的清洁生产指标体系管理工作，为我国肉制品加工行业清洁生产管理的深入及深化提供了成功案例。为保障我国清洁生产战略在肉制品加工行业中的稳步实施，国家应鼓励其他肉制品加工重点省市学习北京的成功案例，逐步开展肉制品加工行业清洁生产指标体系管理工作并逐渐推广到全国，最终形成国家层面的肉制品加工行业清洁生产评价指标体系，促进我国肉制品加工行业不断向“低能耗”“低成本”“高品质”“环境友好”的方向发展。

11.2　清洁生产技术及其未来发展方向

在肉制品加工过程中，需要消耗大量的能源进行原料肉的清洗、解冻、熏烤、蒸煮、消毒、冷却、冷冻和包装。除能源外，肉制品加工企业用水量大且废水中所含的有机污染物（通常以 COD 表示）和总氮浓度均较高。肉类加工废水作为农副食品加工行业内污染较重的工业废水之一，其排放将会导致地面水体富营养化和地下水的污染[9]。为了有效控制我国传统肉制品加工行业给环境（特别是水环境）带来的危害，实现加工过程的清洁生产及高效末端治理刻不容缓。

11.2.1　肉制品加工行业清洁生产技术

为了缓解我国肉制品加工过程带来的环境保护负担，工业和信息化部发布了《关于印发聚氯乙烯等 17 个重点行业清洁生产技术推行方案的通知》（工信部节〔2010〕104 号），特别推荐了 7 项屠宰及肉类加工行业清洁生产技术，其中 3 项主要应用于肉制品加工行业，包括节水型冻肉解冻机、冷藏设备节能降耗技术、新型节能塑封包装技术与设备。

1. 节水型冻肉解冻机

节水型冻肉解冻机是在恒温、恒湿、恒流的条件下，通过降压、调温等方式，以锅炉高温蒸汽作为解冻热源的冷冻原料肉解冻设备。节水型冻肉解冻机解冻 1t 原料肉的用水量仅为普通流水解冻的 0.5%，每解冻 1t 原料肉可节省 24t 生产用水，可大大减少用水量、降低废水排放，降低企业生产成本，从而节约同等比例的废水处理费用、减少生产企业对环境的污染，为企业的可持续发展奠定良好基础。

2. 冷藏设备节能降耗技术

冷藏设备节能降耗技术将自动控制引入肉制品冷冻、冷藏设备的运行管理，可以实现换热温差的动态调节、按需除霜及夜间深度制冷等，大幅度提高制冷效率，使机组运行更经济、稳定、合理，在保障安全运行的同时进一步降低能耗。该技术的应用，可实现每小时节省用电 178kW·h，较传统冷冻、冷藏设备节省能源约 30%，可有效改善传统冷冻、冷藏设备高能耗的现状。

3. 新型节能塑封包装技术与设备

新型节能塑封包装技术采用原体 PVDC 塑料薄膜自封，替代传统铝丝作为结扎主体，用配套包装设备实现塑料薄膜结扎包装，彻底改变传统包装方式，解决了肉类加工工业传统包装过程中铝丝消耗的问题。每根香肠可节约铝用量 0.3g、每吨产品可节省铝用量约 6kg，在降低生产成本的同时，减少了固体废弃物的排放，具有显著的环境效益。

据了解，我国肉制品加工行业通过推广上述清洁生产重点技术，在 2012 年，全行业节约用电 1153kW·h，节约用水 22 515.3 万 t，减少包装用铝丝 2.6 万 t；肉制品加工行业作为食品加工行业中的水污染排放重点行业，年减少废水排放 21 390 万 t，减少 COD 排放 7.4 万 t，减少氨氮排放 0.4 万 t；同步减少固体废物排放 6.25 万 t。

11.2.2　清洁生产技术未来发展方向

通过实施清洁生产技术，我国肉制品加工行业正朝着安全无害的方向发展，但是，相对于其他工业企业，我国食品加工业特别是传统肉制品加工行业现有清洁生产技术应用较少，且耗能较先进国家高出 30%～200%，亟须研制开发更多适用于我国基本国情及国民需求的肉制品加工清洁生产新技术，并应在以下方面加大研究力度。

1. 提高畜禽副产品利用率

肉制品加工过程中，部分油脂、皮、骨头等畜禽副产品通常被作为废弃物处理。通过对这些物质的回收，可以在降低废水中污染物负荷、减少固体废弃物的同时，提高经济收益，具有明显的环境效益和经济效益。中国肉类食品综合研究中心针对畜禽副产品的再利用开展多年研究，形成了一系列副产品综合利用新技术，为我国肉制品加工行业清洁生产提供了必要的技术支持，代表性技术有：①以骨胶蛋白为原料，制备对金黄色葡萄球菌和大肠杆菌有抑制活性的抗菌肽[10-11]；②以血红蛋白为原料，制备抗氧化肽[12]，最终成为功能食品、医药及化妆品等高附加值的生物制品；③以牛骨为原料，研究形成工业化牛骨汤蒸煮提取工艺，在保障传统生产产品色、香、味一致，保持营养成分不变的基础上，形成工业化生产工艺[13-14]等。

2. 降低废水排放

根据生产工艺流程对水质和水量的要求，通过统筹规划实现一水多用和废水深度处理后回用，可最大限度地降低肉制品加工企业的废水排放量。例如，肉制品加工过程中的蒸煮水、夹层锅冷凝水、冷却塔冷却水等均可重复利用，降低单位产品污水产生量。其中，冷却塔水循环系统作为节能降耗研究重点，已取得重要研究进展，循环水量最小、供水网络结构最简及柔性设计的冷却塔循环系统成为研究的重点[15]。

在废水深度处理后回用方面，针对肉制品加工废水水质特点及处理难点，开展相关科学研究及应用实践，努力实现研究成果的应用转化仍是目前的重点工作。中国肉类食品综合研究中心依托国家重点研发项目，已研发出多项新型屠宰及肉类加工废水深度处理技术及工艺，详见 11.3 节。

3. 不断发展高效节能降耗新技术

如前所述，肉制品加工需要消耗大量热能及电能，根据全国 169 个行业能耗统计结果，肉制品加工行业能源使用以电力和煤炭为主，按标煤折算后分别占行业能源消耗总量的 63.8%和 24.3%；产值能耗为 0.099t 标煤/万元，略低于农副食品加工业 0.105t 标煤/万元的整体水平。

在自动化及智能控制技术高速发展的时代，研发基于上述技术的新型高效节能肉制品加工装备，通过调节生产设备冷水循环利用率、风机运行速度等，在满足生产工艺要求的前提下进一步降低系统能耗，是未来肉制品加工业实现产业升级的重要途径。

4. 提高企业的环境管理水平

肉制品加工企业应建立完整的环境管理体系及制度。我国肉制品加工行业清洁生产管理评价指标体系一般需要满足科学性、污染防治、可行性、层次性、完备性、主导性和独立性 7 项原则[16]。企业应通过实施有效的清洁生产管理评价指标体系来提高企业各方面效果指标的效率，获得更多的短期和长期回报，同时降低企业对环境造成的负面影响。此外，企业应加强员工的培训教育，以提高职工的环保意识，进一步避免人为造成的资源、能源浪费。

5. 积极实现产业园区化发展

伴随我国经济集约化发展的内在需求，产业园区化成为近年来我国发展的主要载体。肉制品加工行业副产品品种多、可再利用生产成为下游产品的资源丰富，但是行业集中度不够往往导致副产品再利用成本高企，很多企业出于成本考虑将其作为废弃物排放，造成严重的环境污染问题。同时，肉制品加工依赖包装、物流配送等企业及食品推广、信息服务、人才服务等相关服务机构，现有的分散式布局使得这些行业也难以充分利用规模优势优化资源配置。产业园区化发展可以从源头保障原料品质及稳定供给、满足下游副产品生产需求，并逐步形成上下游关联产业集中的产业聚合体，形成多重交织的产业链环，对提高我国传统肉制品加工行业创新能力和经济效益均具有实际意义。尤其是在食品安全与环境保护均上升到国家战略高度、大众生活水平对食品及生活环境的要求逐步提高的背景下，我国传统肉制品及其副产品加工行业实现从短浅操作到价值投资转变，实现产业链和价值链的延伸，形成关联度高、技术经济联系紧密的现代化园区势在必行。

综上所述，通过调整优化肉制品加工行业整体布局，大力淘汰落后产能，倡导清洁生产，构建清洁生产指标体系，开发清洁生产技术并制定相应的政策，促进产业园区化发展，是改善行业现状并促使整个行业走上绿色可持续发展道路的必要措施。

11.3　末端治理技术

联合国环境规划署定义清洁生产是指将综合预防的环境策略持续应用于生产过程、产品和服务中，以便减少对人类和环境的风险性，同时明确清洁生产不包括末端治理技术，如废水处理、空气污染控制、焚烧或者填埋等。然而采用清洁生产工艺并不能完全实现“零排放”，产生的“三废”及噪声仍然需要进行处理或处置。我国传统肉制品加工行业造成的最主要的环境负担是产生的大量生产废水，如酱卤制品、干炸和其他熟肉制品的废水产量约为22.668t/t产品，蒸煮香肠制品为14.055t/t产品，烧烤、腌腊、熏制为27.202t/t产品。因此本节重点阐述肉制品加工过程中“三废”的来源、危害、常规处理技术及未来发展方向。

11.3.1　废水来源及处理技术

随着我国经济的迅猛发展，各类水环境污染事件呈高发态势，一段时间内成为“民生之患、民心之痛”。肉制品加工过程中的废水主要来自原料肉处理、解冻、洗肉、盐浸及蒸煮等生产加工工序，产生的废水中含有血液、油脂等，废水中的主要污染物为COD、BOD_5、SS、氨氮、总氮、总磷、动植物油等，属于高氮高磷高有机物废水，且排放量较大，存在较高的水环境污染风险。针对肉制品加工废水特点，国内外通常采用生物处理技术或以生物处理技术为主的物化-生物组合处理技术，按处理程度主要分为预处理及二级处理。

（1）预处理技术：首先需要采用过滤、沉淀、隔油、撇油、气浮等分离措施将废水中的油脂、碎肉、皮毛等固体污染物和液体污染物进行物化分离[17]，之后进入一般性固体废弃物处理环节。

（2）生化处理技术：肉制品加工废水 $BOD_5/COD>0.5$，废水可生化性较强，适用于采用物化处理工艺处理[18]。目前，生化处理方法主要分为厌氧处理技术和好氧处理技术两大类。针对废水特点，通常先采用厌氧处理法，将70%左右的COD去除后再用好氧处理技术。其中厌氧处理俗称厌氧消化，常用的处理设备主要有水解酸化池、升流式厌氧污泥床（UASB）、厌氧膨胀颗粒污泥床（EGSB）等；好氧处理技术主要可分为活性污泥法及生物膜法，处理工艺主要包括活性污泥技术、氧化沟、厌氧/缺氧/好氧（AAO）工艺、序批式活性污泥法（SBR）、生物接触氧化、膜生物反应器（MBR）等[19]。

2010 年 1 月，生态环境部召开《肉类加工工业水污染物排放标准》（GB 13457—1992）修订工作开题论证会，与清洁生产水平、污染防治情况相结合，提出了进一步降低废水中总氮、总磷的排放限值，经过中国环境科学研究院、中国肉类食品综合研究中心及中国轻工业清洁生产中心几年的努力，生态环境部分别于 2017 年 11 月 8 日与 2018 年 7 月 31 日公布了《屠宰及肉类加工工业水污染物排放标准》第一次及第二次征求意见稿。其中，二次征求意见稿中规定现有企业总氮及总磷的直接排放上限分别为 25mg/L 和 2mg/L、新建企业分别为 20mg/L 和 1mg/L、环境敏感地区分别为 15mg/L 和 0.5mg/L，总氮及总磷的间接排放上限分别为 70mg/L 和 8mg/L。可以预见，出水标准的提高将对肉类加工废水处理工艺提出更高的要求。

我国现有处理工艺可基本满足对 COD、BOD_5、SS、动植物油、氨氮等指标的要求，主要限制因素为总氮、总磷去除能力有限且处理成本高、处理效果不稳定。因此亟须开发出一批适合我国国情及气候条件的新型肉类加工废水深度脱氮除磷工艺，并力求实现将肉制品加工废水深度处理再利用，在减少废水排放量的同时，能够减少企业新鲜水用量和排水量，缓解水资源紧张问题。国际上脱氮除磷先进技术主要包括：基于厌氧氨氧化[20-21]、同步硝化-反硝化[22]、短程硝化-反硝化的污水深度脱氮技术；新型比表面积大、颗粒化程度高的可原位再生除磷吸附剂[4]；基于传统微生物好氧过量吸磷的生物-化学组合技术；反硝化除磷同步脱氮除磷技术[23]；新型人工湿地[24]等。实现上述技术的转化并应用到肉制品加工废水处理中是目前研究的重点方向。中国肉类食品综合研究中心长期从事肉制品加工废水处理相关研究及新技术研发工作，成功研发出如廊道式污水处理工艺等高效低耗的肉制品加工废水生物处理工艺，在满足《肉类加工工业水污染物排放标准》（GB 13457—1992）要求的基础上，大幅度降低土建投资及运行维护成本。作为新版标准的起草单位之一，中国肉类食品综合研究中心开展了一系列肉制品加工废水深度脱氮除磷研究工作，先后开发出基于厌氧氨氧化技术的强化廊道式生物处理体系，实现屠宰及肉类加工废水的深度脱氮[21-25]，以及新型比表面积大、颗粒化程度高、可实现固体废弃物再利用的可原位再生除磷吸附剂，实现屠宰及肉制品加工废水的深度除磷[26-27]。

11.3.2　废气来源及处理技术

肉制品加工行业产生的废气主要包括锅炉产生的废气及烟熏、油炸、烧烤等过程产生的油烟，根据其形态一般分为颗粒物和气体两类。肉制品加工过程产生的油烟不仅对灰霾产生有直接贡献，同时对周边居民生活也造成一定的困扰。以首都北京为例，其餐饮油烟排放贡献了整体 $PM_{2.5}$ 的约 4%（2018 年 5 月 14 日统计数据），油烟大气污染投诉占全市大气污染投诉总量的 34%（2015 年统计数据）。因此，有效控制油烟污染物是促进社会和谐和保护环境的双重需求。肉制品加工过程中的油烟在排放前必须经过有效处理以满足《饮食业油烟排放标准》（GB 18483—2001）的要求及各级地方政府制定的相关标准。通常采用光催化氧化法、洗涤法、离子法及复合净化法等处理方法来处理。

（1）光催化氧化法：紫外线氧化废气净化设备利用 C 波段紫外线，在催化氧化剂的作用下，将废气分子破碎并进一步氧化还原。同时根据不同的废气成分配置多种复合惰性催化剂，以大幅度提高废气处理的速度和效率，从而达到对废气进行净化的目的[28]。

（2）洗涤法：废气净化塔通常采用中和法、吸收法、水洗法等，其中酸碱中和的填料湍球塔，处理能力大、阻力小、吸收效率高，是应用最多的一种气体净化设备，经处理的气体再经过气水分离脱液处理，然后通过排放管道排入大气中。洗涤塔会产生大量废水，需要定期清洗并更换洗涤液，存在污水排放等二次污染问题。

（3）离子法：在介质阻挡放电过程中，等离子体内部产生富含极高化学活性的粒子，如电子、离子、自由基和激发态分子等。废气中的污染物质与这些具有较高能量的活性基团发生反应，最终转化为二氧化碳和水等物质，从而达到净化废气的目的。

（4）复合净化法：由于传统肉制品加工中油炸、烧烤所产生的油烟成分及特征复杂，每一种方法均有其缺点，通常采用由两种或多种净化技术相结合的复合净化法。该方法通常会选用机械净化法和离心分离法作为预处理工艺，后续连接光催化氧化、静电沉积等工艺。复合净化法普及率高、净化效率高，油烟去除率可达到 95%。

针对肉制品加工油烟中的挥发性有机物（VOC），常采用工业 VOC 治理技术，但是其在传统肉制品加工业中的适用性还有待进一步研究。考虑到处理效果和运行维护成本，推荐相关企业以活性炭吸附作为油烟气态污染物（VOC）的主要处理方式。

此外，肉制品加工企业的污水处理站在处理污水和污泥过程中会产生大量的恶臭，恶臭污染物主要来源于预处理单元的提升泵井、格栅、沉砂池等工艺步骤，以及污泥处理单元的污泥浓缩池、污泥脱水间等工艺步骤。恶臭主要由含硫化合物、含氮化合物、烃类化合物、含氧有机物及有机氯化物组成。人体吸入此类物质，会引起呼吸系统、循环系统、消化系统、神经系统的诸多不适[29]。为了保护人体健康，改善环境空气质量，国家和部分地方政府颁布了恶臭污染物排放标准，对恶臭的最大排放限值和厂界浓度限值等做出了直接规定。《恶臭污染物排放标准》（GB 14554—93）明确规定厂界一级排放标准为 10、二级为 20、三级为 60。

常见的污水处理厂恶臭处理技术主要有生物处理技术、燃烧技术及等离子体技术。肉制品加工企业可根据自身设置的污水处理厂规模及恶臭排放状况选择经济可行的方法。

11.3.3　固体废弃物来源及处理技术

固体废弃物主要包括废包装等一般性生产固体废弃物、职工的生活垃圾及可堆肥的废弃物，一般主要是指肉制品加工过程中产生的骨头、油脂和皮毛等。

1. 固体废弃物的堆肥

肉制品加工过程中产生的废骨、皮渣等可通过堆肥形成优质的有机复合肥料，富含植物生长所需的氮、磷、钾等元素，适用于制造以园艺、果林、草坪、药材及蔬菜为主的专用或通用肥料[30]。值得关注的是，随着清洁生产新技术的逐步研发与应用，如骨头、油脂和皮毛等副产品的利用率将逐步提高，所产生的可堆肥固体废弃物将逐步减少。

2. 生活垃圾的收集

生活垃圾的收集主要有混合收集和分类收集两种方式，其中混合收集方便简洁且应用广泛，但是废物相互混杂，增加了废物处理难度，不利于有再生价值的废物的回收。依据《中华人民共和国固体废弃物污染环境防治法》，生活垃圾应当逐步做到分类收集、储存、运输及处置。结合我国逐步开展的垃圾分类工作，肉制品加工行业应积极采用分类收集，以提高废物的综合利用，减少处理处置量，从而降低管理费用和处理成本。

11.3.4　噪声来源及防治措施

肉制品加工过程中使用的搅拌机、风扇、速冻机等机械在运行时会产生一定的噪声。众所周知，声源、传播途径及接收者是噪声污染的“三要素”，因此可从“三要素”控制方面考虑来进行噪声控制，常用的噪声控制技术包括吸声降噪、隔声降噪和消声降噪。其中，吸声降噪主要采用多孔性吸声材料及共振吸声结构实现；隔声降噪通常采用隔声壁、隔声间、隔声罩、隔声屏等实现；消声降噪主要用于消除空气动力性噪声，通常通过安装消声器来阻隔声音的传播。

综上所述，为促进我国传统肉制品加工行业可持续发展，有效遏制我国环境污染日益严重的趋势，满足人民日益增长的美好生活需求，在不断开发肉制品加工行业清洁生产技术、推行行业清洁生产评价指标体系基础上，需要进一步深化肉制品加工行业“三废”治理程度，为我国经济高速发展和人民生活水平稳步提高保驾护航。

参 考 文 献

[1] 涂瑞和．联合国环境规划署与清洁生产[J]．产业与环境（中文版），2003，S1：19．

[2] TIWARI B K, NORTON T, HOLDEN N M. Sustainable food processing: Energy consumption and reduction strategies in food processing[S]. USA: John Wiley & Sons, Ltd., 2014: 377-400.

[3] 于颂明，王宝贞．活性污泥法处理肉类加工废水技术及改良研究[J]．北方环境，2002（1）：60-62．

[4] 佟爽，赵燕，祝明，等．屠宰及肉类加工废水处理现状及研究进展[J]．工业水处理，2019，39（3）：6-10．

[5] 佚名．“清洁生产”的正确概念[J]．中国环保产业，1997（4）：14.DOI: CNKI:SUN:ZHBY.0.1997-04-007.

[6] 陆沛年．基于清洁生产的平衡计分卡的应用研究——以某中小肉类加工企业为例[J]．会计之友，2012（4）：37-41．

[7] 白艳英，马妍，于秀玲．修订完善《清洁生产促进法》的思考[J]．环境保护（观察思考），2011（21）：40-42．

[8] 吴萱．屠宰行业清洁生产技术及评价指标体系的研究[D]．大连：大连理工大学，2013．

[9] USEPA. Effluent limitations guidelines and new source performance standards for the meat and poultry products point source category[S]. United States Environmental Protection Agency (USEPA) Federation Registration, 2004.

[10] 张顺亮，成晓瑜，潘晓倩，等．牛骨胶原蛋白抗菌肽的制备及其抑菌活性[J]．肉类研究，2012，26（10）：5-8．

[11] 张顺亮，潘晓倩，成晓瑜，等．牛骨胶原蛋白源抑菌肽的分离纯化及成分分析[J]．肉类研究，2013，27（11）：33-36．

[12] 孔卓姝，刘海杰，成晓瑜，等．响应面法优化酶法制备猪血红蛋白抗氧化肽[J]．肉类研究，2013，27（9）：1-6．

[13] 成晓瑜，杨巍，史智佳，等．蒸煮提取牛骨汤工艺的研究[J]．肉类研究，2010（11）：29-32．

[14] 刘文营，李迎楠，成晓瑜，等．低温高压及预先添加 NaCl 对牛骨汤的煮制效果及风味成分的影响[J]．肉类研究，2016，30（4）：6-10．

[15] 丁力，鄢烈祥，史彬，等．冷却塔水循环系统的集成优化[J]．计算机与应用化学，2010，27（11）：1469-1172．

[16] 王守兰，武少华，赵鲁．肉类行业清洁生产管理指标与指标体系研究[C]．中国商品学会学术研讨会暨学会成立 10 周年庆祝大会，2005：74-81．

[17] BUSTILLO-LECOMPTE C F, MEHRVAR M. Slaughterhouse wastewater characteristics, treatment, and management in the meat processing industry: A review on trends and advances[J]. Journal of Environmental Management, 2015, 161(15): 287-302.

[18] KARGI F, UYGUR A. Nutrient removal performance of a sequencing batch reactor as a function of the sludge age [J]. Enzyme and Microbial Technology, 2002, 31(6): 842-847.

[19] AZIZ A, BASHEER F, SENGAR A, et al. Biological wastewater treatment (anaerobic-aerobic) technologies for safe discharge of treated slaughterhouse and meat processing wastewater[J]. Science of the Total Environment 2019, 686: 681-708.

[20] 林海龙，李巧燕．厌氧环境微生物学[M]．哈尔滨：哈尔滨工业大学出版社，2014：140．

[21] TONG S, WANG S, ZHAO Y, et al. Enhanced alure-type biological system (E-ATBS) for carbon, nitrogen and phosphorus removal from slaughterhouse wastewater: A case study[J]. Bioresource Technology, 2019, 274: 244-251.

[22] 常丽春，王凯军．污水生物脱氮的理论研究与工程应用新进展[J]．城市管理与科技，2005，7（1）：17-19．

[23] 吕永涛，张瑶，闫建平，等．电子受体及投加方式对反硝化除磷及 N_2O 释放影响[J]．水处理技术，2017，43（12）：38-42．

[24] 郎龙麒，万俊锋，王杰，等．生物除磷技术在水处理中的应用和研究进展[J]．水处理技术，2013，39（12）：11-15．

[25] TONG S, ZHAO Y, ZHU M, et al. Effect of the supernatant reflux position and ratio on the nitrogen removal performance of anaerobic-aerobic slaughterhouse wastewater treatment process[J]. Environmental Engineering Research, 2020, 25(3): 309-315.

[26] 佟爽．屠宰及肉类加工废水营养物质深度去除技术研究[D]．北京：中国肉类食品综合研究中心，2019.
[27] 赵燕，刘艳娟，祝明，等. 一种除磷吸附微球、吸附柱及在水处理中的应用[P]：中国，201910217309.9.2019-03-21.
[28] 陆晓华，成官文．环境污染控制原理[M]．武汉：华中科技大学出版社，2010：171.
[29] 陈平，阚连宝．污水处理厂恶臭气体的危害与控制[J]．广东化工，2013，40（3）：110.
[30] 赵学蕴，金维续．鸡粪、废骨、皮渣复合肥产业化研究及应用[J]．农村实用技术与信息，1999（7）：12-13.